PASS

자동차정비

산업기사

유형별실기

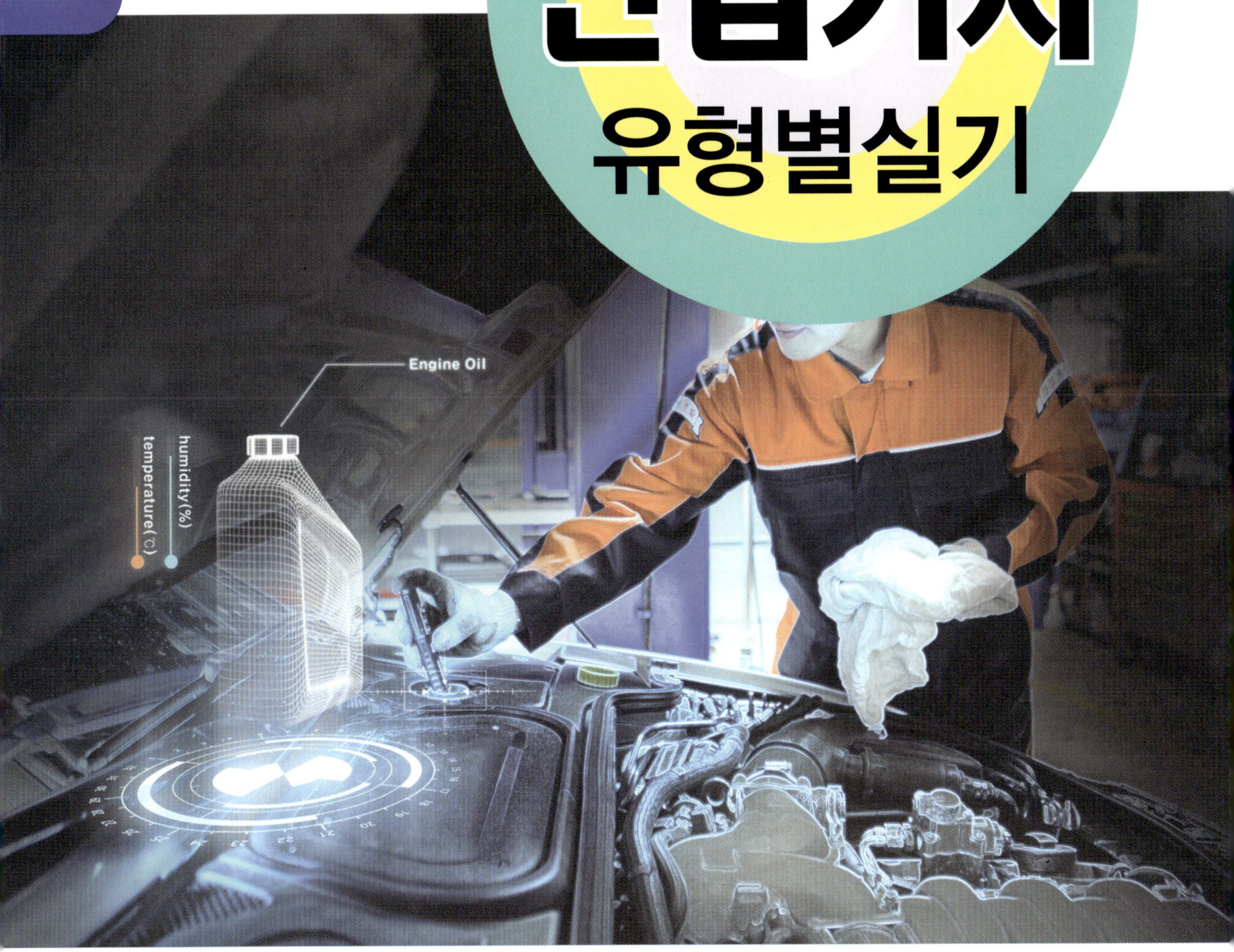

GoldenBell

www.gbbook.co.kr

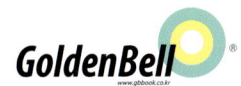

★ **불법복사는 지적재산을 훔치는 범죄행위입니다.**
저작권법 제97조의 5(권리의 침해죄)에 따라 위반자는 5년 이하의 징역 또는 5천만원 이하의 벌금에 처하거나 이를 병과할 수 있습니다.

Preface

　자동차정비산업기사 실기시험이 11개 안에서 14개 안으로 변경됨에 따라 변경된 안을 기본으로 새롭게 「**패스 자동차정비산업기사 유형별실기**」를 집필하였습니다. 그동안 「최신 산업기사 자동차정비 실기 답안지 작성법」이 많은 수검자들에게 사랑을 받아 왔었으며, 자동차 정비 산업기사 자격증 취득에도 필수 수험서가 되었습니다만 수험생들의 답답한 마음을 후련하게 풀어주지 못했음을 인정합니다.

　그래서 이번에는 수험생들이 원하는 사진을 많이 넣어서 현장감 있는 시험장의 모습을 담아 보았고 사진마다 작업의 내용을 서술함으로써 이해를 도왔습니다. 단순히 사진으로 시험 보는 방법만 기술한 것이 아니라 규정 값을 벗어났을 때 있을 수 있는 영향 등을 서술하여 단순기능만이 아니라 원인 규명과 현장에서도 적용할 수 있는 실력을 갖추도록 하였습니다.

　많은 수험생들이 "실기(2차)시험은 몇 번 봐야 합격하는 거야"라는 통념을 깨기 위한 수험서가 되길 기대하여 봅니다.

　이 책의 특징을 살펴보면 다음과 같습니다.

> ① 분해조립이 있는 문제는 **분해조립 방법**을 **사진**으로 설명하여 혼자서도 문제를 해결하도록 하였습니다.
> ② 시험문제를 **안별**로 **정리**하여 신속하게 찾아볼 수 있도록 하였습니다.
> ③ 시험장 분위기가 그동안 일반 공구와 포터블 테스터기를 이용하던 범위를 벗어나 **종합 테스터기**가 많이 사용하는 추세에 맞추어서 **첨단 정비기기로 진단하는 방법**을 서술하였습니다.
> ④ 실기 시험장에 있는 장비로 서술하였으며, 직접 조작해 보지 않더라도 쉽게 다룰 수 있도록 자세한 설명으로 실기시험에 부족함이 없도록 하였습니다.
> ⑤ 모든 지면의 사진을 컬러로 하여 입체감을 증대하고 시각적 피로감을 줄였으며, **생생한 현장 사진**으로 충실하게 편집하였습니다.

　끝으로 이 책으로 실기시험을 대비하는 수험생들에게 영광스런 합격이 있기를 바랍니다. 곳곳에 미흡한 점이 많이 있으리라 생각되며, 차후에 계속 보완하여 나갈 것입니다. 이 책을 만들기까지 물심양면으로 도와주신 김길현 사장님과 직원 여러분에게 진심으로 감사드립니다.

저자일동

CONTENTS

공통사항 – 엔진 분해 조립

- 엔진 분해 조립 ······ 16

자동차 정비산업기사 01 안

엔진
1. 크랭크축 메인저널 오일간극 측정 ······ 28
2. 시동회로, 점화회로, 연료장치 점검 후 시동 ······ 32
3. 공회전 속도 확인, 배기가스 측정 ······ 38
4. 맵 센서(급가감속시) 파형 분석 ······ 44
5. 디젤엔진 인젝터 탈·부착, 연료 압력(고압) 점검 ······ 53

섀시
1. 전륜 현가장치의 쇽업소버 탈·부착 작동상태 확인 ······ 57
2. 종감속 기어장치 링 기어 백래시, 런 아웃 점검 ······ 60
3. ABS 브레이크 패드 탈·부착 ······ 64
4. 전(앞) 또는 후(뒤) 제동력 측정 ······ 66
5. 자동변속기 자기진단 ······ 71

전기
1. 크랭킹 전압 강하, 전류 소모 시험 ······ 73
2. 전조등 광도, 광축 점검 ······ 80
3. ETACS 감광식 룸램프 작동 전압 점검 ······ 83
4. 와이퍼 회로 점검 수리 ······ 89

자동차 정비산업기사 02 안

엔진
1. 캠축 휨 측정 ······ 94
2. 시동회로, 점화회로, 연료장치 점검 후 시동 ······ 95
3. 공전속도 확인, 인젝터 파형 측정 ······ 96
4. 맵 센서(급가감속시) 파형 분석 ······ 99
5. 디젤엔진 연료 압력 센서 탈·부착, 매연 측정 ······ 100

섀시
1. 후륜 현가장치 쇽업소버 스프링 탈·부착 ······ 112
2. 최소 회전반경 측정, 토(toe) 조정 ······ 114
3. 브레이크 패드 탈·부착, 작동 상태 점검 ······ 120
4. 전(앞) 또는 후(뒤) 제동력 측정 ······ 120
5. ABS 자기진단 ······ 120

전기
1. 발전기 출력 전압 및 출력 전류의 점검 ······ 122

2. 전조등 광도, 광축 점검 -- 129
3. ETACS 도어 중앙 잠금장치 작동신호 점검 ------------------------------- 132
4. 에어컨 작동 회로의 점검 수리 -- 135

자동차 정비산업기사 03 안

엔진
1. 크랭크축 축방향 유격 측정 --- 140
2. 시동회로, 점화회로, 연료장치 점검 후 시동 ---------------------------- 142
3. 공전속도 확인, 배기가스 측정 --- 143
4. 산소 센서 파형 분석 --- 143
5. 연료 압력 조절 밸브 탈·부착, 연료 압력(고압) 점검 ------------------ 147

섀시
1. 전륜 현가장치의 스트럿 어셈블리(또는 코일 스프링) 탈·부착 작동상태 확인 148
2. 캠버와 토(toe) 측정, 토(toe) 조정 --------------------------------------- 149
3. 브레이크 휠 실린더 탈·부착 작동상태 점검 ---------------------------- 157
4. 전(앞) 또는 후(뒤) 제동력 측정 -- 159
5. 자동변속기 자기진단 -- 159

전기
1. 크랭킹 전류 소모, 전압 강하 시험 -- 159
2. 전조등 광도, 광축 점검 --- 160
3. 에어컨 외기 온도 입력 신호값 점검 -------------------------------------- 160
4. 전조등 회로의 점검 수리 --- 162

자동차 정비산업기사 04 안

엔진
1. 피스톤 링 엔드 갭 측정 --- 166
2. 시동회로, 점화회로, 연료장치 점검 후 시동 ---------------------------- 168
3. 공회전 확인, 인젝터 파형 점검 -- 169
4. 스텝 모터(또는 ISA) 파형 분석 --- 169
5. 연료 압력 센서 탈·부착, 매연 측정 -------------------------------------- 172

섀시
1. 드라이브 액슬축 탈·부착 작동 상태 점검 ------------------------------- 172
2. 셋백과 토(toe) 측정, 토(toe) 조정 --------------------------------------- 177
3. 브레이크 라이닝 슈 탈·부착 작동 상태 점검 --------------------------- 183
4. 전(앞) 또는 후(뒤) 제동력 측정 -- 184
5. ABS 자기진단 --- 184

전기
1. 발전기 다이오드 및 로터 코일의 점검 ----------------------------------- 184
2. 전조등 광도, 광축 점검 --- 188
3. ETACS 열선 스위치 입력 신호 점검 ------------------------------------- 188
4. 파워 윈도우 회로 점검 수리 --- 191

자동차 정비산업기사 05 안

엔진
1. 오일펌프 사이드 간극 측정 ---------- 196
2. 시동회로, 점화회로, 연료장치 점검 후 시동 ---------- 199
3. 공회전 확인, 배기가스 점검 ---------- 199
4. 점화 1차 파형 분석 ---------- 199
5. 연료 압력 센서 탈·부착, 인젝터 리턴량 측정 ---------- 203

섀시
1. 클러치 마스터 실린더 탈·부착 작동상태 확인 ---------- 205
2. 캐스터와 토(toe) 측정, 토(toe) 조정 ---------- 207
3. 휠 실린더 탈·부착 브레이크 작동상태 확인 ---------- 214
4. 전(앞) 또는 후(뒤) 제동력 측정 ---------- 214
5. 자동변속기 자기진단 ---------- 214

전기
1. 에어컨의 벨트와 블로워 모터 탈·부착, 압력 측정 ---------- 215
2. 전조등 광도, 광축 점검 ---------- 220
3. ETACS 와이퍼 간헐 시간조정 스위치 점검 ---------- 221
4. 미등 및 제동등 회로 점검 수리 ---------- 225

자동차 정비산업기사 06 안

엔진
1. 캠축 양정 측정 ---------- 230
2. 시동회로, 점화회로, 연료장치 점검 후 시동 ---------- 232
3. 공회전 확인, 연료 압력 측정 ---------- 232
4. 점화 코일 1차 파형 분석 ---------- 235
5. 연료 압력 조절 밸브 탈·부착, 매연 측정 ---------- 235

섀시
1. 변속조절 솔레노이드 밸브, 오일펌프와 필터 탈·부착 ---------- 236
2. 브레이크 페달 자유간극과 높이 측정 ---------- 239
3. 전륜 브레이크 캘리퍼 탈·부착 작동 상태 점검 ---------- 242
4. 전(앞) 또는 후(뒤) 제동력 측정 ---------- 244
5. ABS 자기진단 ---------- 244

전기
1. 기동 모터 전기자 코일, 솔레노이드 시험 ---------- 245
2. 전조등 광도, 광축 점검 ---------- 250
3. ETACS 점화키 홀 조명 출력신호 점검 ---------- 251
4. 경음기 회로 점검 수리 ---------- 253

자동차 정비산업기사 07 안

엔진
1. 실린더 헤드 변형도 점검 ---- 256
2. 시동회로, 점화회로, 연료장치 점검 후 시동 ---- 258
3. 공회전 확인, 배기가스 점검 ---- 258
4. 공기유량 센서 파형 분석 ---- 258
5. 연료 압력 조절 밸브 탈·부착, 인젝터 리턴량 측정 ---- 262

섀시
1. 클러치 어셈블리 탈·부착, 디스크 장착 상태 확인 ---- 263
2. 최소 회전반경 측정, 토(toe) 조정 ---- 264
3. 브레이크 마스터 실린더 탈부착 작동상태 점검 ---- 265
4. 전(앞) 또는 후(뒤) 제동력 측정 ---- 266
5. 자동변속기 자기진단 ---- 266

전기
1. 발전기 다이오드 및 브러시 상태 점검 ---- 267
2. 전조등 광도, 광축 점검 ---- 270
3. 에어컨 증발기 온도 센서 출력값 측정 ---- 270
4. 방향지시등 회로 점검 수리 ---- 272

자동차 정비산업기사 08 안

엔진
1. 실린더 마모량 측정 ---- 276
2. 시동회로, 점화회로, 연료장치 점검 후 시동 ---- 281
3. 퍼지 컨트롤 솔레노이드 밸브 점검 ---- 282
4. 점화 코일 1차 파형 분석 ---- 284
5. 디젤엔진 인젝터 탈·부착, 매연 측정 ---- 284

섀시
1. 파워 스티어링 오일펌프 벨트 탈·부착 에어빼기 ---- 285
2. 링 기어 백래시와 런 아웃 측정 ---- 287
3. 후륜 주차 브레이크 레버 탈·부착, 작동상태 확인 ---- 288
4. 전(앞) 또는 후(뒤) 제동력 측정 ---- 289
5. ABS 자기진단 ---- 289

전기
1. 와이퍼 모터 탈·부착, 소모 전류의 점검 ---- 290
2. 전조등 광도, 광축 점검 ---- 294
3. 자동 에어컨 외기 온도 입력 신호값 점검 ---- 294
4. 미등 및 번호등 회로 점검 수리 ---- 296

자동차 정비산업기사 09안

엔진
1. 크랭크축 메인저널 마모량 측정 ---- 300
2. 시동회로, 점화회로, 연료장치 점검 후 시동 ---- 302
3. 가솔린 엔진 배기가스 점검 ---- 302
4. 스텝 모터(또는 ISA) 파형 분석 ---- 302
5. 디젤엔진 연료 압력 센서 탈·부착, 공전속도 점검 ---- 305

섀시
1. 파워 스티어링 오일펌프 벨트 탈·부착 에어빼기 ---- 305
2. 링 기어 백래시와 런 아웃 측정 ---- 306
3. 전륜 브레이크 캘리퍼 탈·부착, 작동 상태 점검 ---- 306
4. 전(앞) 또는 후(뒤) 제동력 측정 ---- 306
5. 자동변속기 자기진단 ---- 306

전기
1. 다기능 스위치 교환 및 경음기 음량의 측정 ---- 307
2. 전조등 광도, 광축 점검 ---- 310
3. ETACS 도어 중앙 잠금장치 작동신호 점검 ---- 310
4. 와이퍼 회로 점검 수리 ---- 310

자동차 정비산업기사 10안

엔진
1. 크랭크축 축방향 유격 측정 ---- 312
2. 시동회로, 점화회로, 연료장치 점검 후 시동 ---- 312
3. 공회전 확인, 연료 압력 측정 ---- 313
4. #1번 TDC 센서 파형 분석 ---- 313
5. 디젤엔진 인젝터 탈부착, 매연 측정 ---- 316

섀시
1. 전륜 허브 및 너클 탈·부착 작동 상태 확인 ---- 316
2. 토(toe) 측정, 토(toe) 조정 ---- 319
3. 휠 실린더 탈·부착 브레이크 작동상태 점검 ---- 320
4. 전(앞) 또는 후(뒤) 제동력 측정 ---- 320
5. ABS 자기진단 ---- 320

전기
1. 파워 윈도우 레귤레이터 탈·부착 모터 전류소모 시험 ---- 321
2. 전조등 광도, 광축 점검 ---- 326
3. ETACS 컨트롤 유닛 전원 전압 점검 ---- 326
4. 실내등 및 도어 오픈 경고등 회로 점검 수리 ---- 329

자동차 정비산업기사 11 안

엔진
1. 크랭크축 핀저널 오일간극 측정 ---- 334
2. 시동회로, 점화회로, 연료장치 점검 후 시동 ---- 336
3. 공전속도 확인, 인젝터 파형 측정 ---- 336
4. 흡입공기 유량센서 파형 분석 ---- 336
5. 디젤엔진 인젝터 탈·부착, 매연 측정 ---- 337

섀시
1. 링 기어 백래시와 접촉면 상태 조정 ---- 337
2. 셋백과 토(toe) 측정 ---- 337
3. 전륜 브레이크 캘리퍼 탈·부착, 작동 상태 점검 ---- 338
4. 전(앞) 또는 후(뒤) 제동력 측정 ---- 338
5. 자동변속기 자기진단 ---- 338

전기
1. 에어컨 벨트와 블로워 모터 탈·부착, 라인 압력 점검 ---- 338
2. 전조등 광도, 광축 점검 ---- 339
3. ETACS 와이퍼 간헐 시간조정 스위치 점검 ---- 339
4. 파워 윈도우 회로 점검 수리 ---- 343

자동차 정비산업기사 12 안

엔진
1. 크랭크축 메인저널 오일간극 측정 ---- 346
2. 시동회로, 점화회로, 연료장치 점검 후 시동 ---- 346
3. 공회전 속도 확인, 배기가스 측정 ---- 347
4. 점화 코일 1차 파형 분석 ---- 347
5. 연료압력 조절 밸브 탈착, 연료 압력(고압) 점검 ---- 347

섀시
1. 후륜 현가장치 쇽업쇼버 스프링 탈·부착 ---- 348
2. 캐스터와 토(toe)의 측정 ---- 348
3. ABS 브레이크 패드 탈·부착 ---- 349
4. 전(앞) 또는 후(뒤) 제동력 측정 ---- 349
5. ABS 자기진단 ---- 349

전기
1. 크랭킹 전류소모, 전압강하 시험 ---- 349
2. 전조등 광도, 광축 점검 ---- 350
3. ETACS 열선 스위치 입력 회로 점검 ---- 350
4. 전조등 회로의 점검 수리 ---- 353

자동차 정비산업기사 13안

엔진
1. 크랭크축 축방향 유격 측정 ---------- 356
2. 시동회로, 점화회로, 연료장치 점검 후 시동 ---------- 356
3. 공전속도 확인, 인젝터 파형 측정 ---------- 357
4. 맵 센서 파형 분석 ---------- 357
5. 연료 압력 센서 탈부착, 매연 측정 ---------- 357

섀시
1. 전륜 스트럿 어셈블리(또는 코일 스프링) 탈·부착 작동 상태 확인 ---------- 358
2. 브레이크 페달 자유간극 측정 ---------- 358
3. 휠 실린더 탈·부착 브레이크 작동상태 점검 ---------- 358
4. 전(앞) 또는 후(뒤) 제동력 측정 ---------- 358
5. 자동변속기 자기진단 ---------- 358

전기
1. 발전기 정류 다이오드 및 로터 코일 점검 ---------- 359
2. 전조등 광도, 광축 점검 ---------- 359
3. ETACS 열선 스위치 입력신호(전압) 측정 ---------- 359
4. 방향지시등 회로 점검 수리 ---------- 359

자동차 정비산업기사 14안

엔진
1. 캠축 휨 측정 ---------- 362
2. 시동회로, 점화회로, 연료장치 점검 후 시동 ---------- 362
3. 공전속도 확인, 배기가스 측정 ---------- 363
4. 산소 센서 파형 분석 ---------- 363
5. 연료 압력 조절 밸브 탈부착, 연료 압력 측정 ---------- 363

섀시
1. 드라이브 액슬축 탈·부착 작동 상태 확인 ---------- 364
2. 최소 회전 반경 측정, 토 조정 ---------- 364
3. 브레이크 라이닝 슈 탈·부착 작동상태 점검 ---------- 365
4. 전(앞) 또는 후(뒤) 제동력 측정 ---------- 365
5. ABS 자기진단 ---------- 365

전기
1. 크랭킹 전압강하, 전류소모 시험 ---------- 366
2. 전조등 광도, 광축 점검 ---------- 366
3. ETACS 와이퍼 간헐 시간조정 스위치 점검 ---------- 366
4. 미등 및 제동등 회로 점검 수리 ---------- 366

국가기술자격검정 실기시험문제

● 실기시험문제(1안~14안) ---------- 2

Guide

•••• **출제기준**

| 직무분야 | 기계 | 중직무분야 | 자동차 | 자격종목 | 자동차정비산업기사 | 적용기간 | 2025.1.1.~2027.12.31 |

○ **직무내용**
자동차의 엔진, 섀시, 전기·전자장치, 친환경 자동차 등의 결함이나 고장부위를 진단, 정비, 검사하고 관리하는 직무이다.

| 실기검정방법 | 작업형 | 시험시간 | 5시간 30분 정도 |

실기과목명	주요항목	세부항목
1. 자동차정비 실무	1. 네트워크통신장치 정비	1. 네트워크통신장치 점검·진단하기 2. 네트워크통신장치 수리하기 3. 네트워크통신장치 교환하기 4. 네트워크통신장치 검사하기
	2. 가솔린 전자제어 장치 정비	1. 가솔린 전자제어장치 점검·진단하기 2. 가솔린 전자제어장치 조정하기 3. 가솔린 전자제어장치 수리하기 4. 가솔린 전자제어장치 교환하기 5. 가솔린 전자제어장치 검사하기
	3. 디젤전자제어 장치 정비	1. 디젤 전자제어장치 점검·진단하기 2. 디젤 전자제어장치 조정하기 3. 디젤 전자제어장치 수리하기 4. 디젤 전자제어장치 교환하기 5. 디젤 전자제어장치 검사하기
	4. 배출가스장치 정비	1. 배출가스장치 점검·진단하기 2. 배출가스장치 조정하기 3. 배출가스장치 수리하기 4. 배출가스장치 교환하기 5. 배출가스장치 검사하기
	5. 자동변속기 정비	1. 자동변속기 점검·진단하기 2. 자동변속기 조정하기 3. 자동변속기 수리하기 4. 자동변속기 교환하기 5. 자동변속기 검사하기

실기과목별	주요항목	세부항목
	6. 유압식 현가장치 정비	1. 유압식 현가장치 점검·진단하기 2. 유압식 현가장치 교환하기 3. 유압식 현가장치 검사하기
	7. 전자제어 현가장치 정비	1. 전자제어 현가장치 점검·진단하기 2. 전자제어 현가장치 조정하기 3. 전자제어 현가장치 수리하기 4. 전자제어 현가장치 교환하기 5. 전자제어 현가장치 검사하기
	8. 전자제어 조향장치 정비	1. 전자제어 조향장치 점검·진단하기 2. 전자제어 조향장치 조정하기 3. 전자제어 조향장치 수리하기 4. 전자제어 조향장치 교환하기 5. 전자제어 조향장치 검사하기
	9. 전자제어 제동장치 정비	1. 전자제어 제동장치 점검·진단하기 2. 전자제어 제동장치 조정하기 3. 전자제어·제동장치 수리하기 4. 전자제어·제동장치 교환하기 5. 전자제어·제동장치 검사하기
	10. 편의장치 정비	1. 편의장치 점검·진단하기 2. 편의장치 조정하기 3. 편의장치 수리하기 4. 편의장치 교환하기 5. 편의장치 검사하기
	11. 냉난방장치 정비	1. 냉난방장치 점검·진단하기 2. 냉난방장치 수리하기 3. 냉난방장치 교환하기 4. 냉난방장치 검사하기
	12. 하이브리드 고전압장치 정비	1. 하이브리드 전기장치 점검·진단하기 2. 하이브리드 전기장치 수리하기 3. 하이브리드 전기장치 교환하기 4. 하이브리드 전기장치 검사하기
	13. 전기자동차정비	1. 전기자동차 고전압 배터리 정비하기 2. 전기자동차 전력통합제어 장치 정비하기 3. 전기자동차 구동장치 정비하기 4. 전기자동차 편의·안전장치 정비하기
	14. 수소연료전지차 정비	1. 수소 공급장치 정비하기 2. 수소 구동장치 정비하기

자동차정비산업기사 실기시험문제 (1~7안)

과목	안	1 안	2 안	3 안	4 안	5 안	6 안	7 안
엔	①	엔진 분해 / 크랭크축 메인저널 오일간극 측정 / 기록표 기록 / 조립	엔진 분해 / 캠축 휨 측정 / 기록표 기록 / 조립	엔진 분해 / 크랭크축 축방향 유격 측정 / 기록표 기록 / 조립	엔진 분해 / 피스톤 링 엔드 갭 측정 / 기록표 기록 / 조립	엔진 분해 / 오일펌프 사이드 간극 측정 / 기록표 기록 / 조립	엔진 분해 / 캠축 양정 측정 / 기록표 기록 / 조립	엔진 분해 / 실린더 헤드 변형 점검 / 기록표 기록 / 조립
	②	부품교환 / 시동회로, 배터리, 런아웃 점검 / 기록표 기록 / 시동	부품교환 / 시동회로, 연료장치 점검 · 수리/시동	부품교환 / 시동회로, 연료장치 점검 · 수리/시동	부품교환 / 시동회로, 연료장치 점검 · 수리/시동	부품교환 / 시동회로, 연료장치 점검 · 수리/시동	부품교환 / 시동회로, 연료장치 점검 · 수리/시동	부품교환 / 시동회로, 연료장치 점검 · 수리/시동
	③	배기가스(CO, HC) 측정 / 기록표 기록	인젝터 파형분석 서지전압 분사시간 / 기록표 기록	배기가스(CO, HC) 측정 / 기록표 기록	인젝터 파형분석 서지전압 분사시간 / 기록표 기록	배기가스(CO, HC) 측정 / 기록표 기록	연료 압력 측정 / 기록표 기록	배기가스(CO, HC) 측정 / 기록표 기록
	④	맵 센서 파형(급 가감속시) 분석 / 기록표 기록	맵 센서의 파형(급 가감속시) 분석 / 기록표 기록	산소 센서 파형분석 / 기록표 기록	스텝 모터(또는 ISA) 파형 분석 / 기록표 기록	점화 코일 1차 파형 분석 / 기록표 기록	점화 코일 1차 파형 분석 / 기록표 기록	흡입 공기유량 센서 파형 분석 / 기록표 기록
진	⑤	전자제어 디젤기관 인젝터 탈 · 부착 / 시동 / 연료 압력(고압) 점검 / 기록표 기록	전자제어 디젤기관 연료 압력 센서 탈 · 부착 / 시동 / 매연 측정 / 기록표 기록	전자제어 디젤기관 연료 압력 조정밸브 탈 · 부착 / 시동 / 연료 압력(고압) 점검 / 기록표 기록	전자제어 디젤기관 연료 압력 센서 탈 · 부착 / 시동 / 매연 측정 / 기록표 기록	전자제어 디젤기관 연료 압력 리턴량 측정 / 시동 / 매연량 측정 / 기록표 기록	전자제어 디젤기관 연료 압력 조정밸브 탈 · 부착 / 시동 / 매연 측정 / 기록표 기록	전자제어 디젤기관 연료 압력 조정 밸브 탈 · 부착 / 시동 / 인젝터 리턴량 측정 / 기록표 기록
새	①	전륜 숙임쇼바 탈 · 부착 / 작동상태 확인	훌륭 숙임쇼바 스프링 탈 · 부착 / 작동상태 확인	전륜 허가 스트럿 어셈블리 탈 · 부착 / 작동상태 확인	드라이브 액슬축 탈거 / 부착 / 작동상태 확인	유압 클러치 마스터 실린더 탈 · 부착 / 작동상태 확인	자동 변속기 SCSV, 오일펌프 탈 · 부착 / 작동상태 확인	클러치 어셈블리 탈 · 부착 / 클러치 디스크 장착 상태 확인
	②	중감속 장치 링 기어 백래시, 런아웃 측정 / 기록표 기록 / 백래시 조정	최소 회전반경 측정 / 기록표 기록 / 타이로드 엔드 탈 · 부착 / 토 규정값으로 조정	캠버와 토 측정 / 기록표 기록 / 타이로드 엔드 탈 · 부착 / 토 규정값으로 조정	셋백과 토 측정 / 기록표 기록 / 타이로드 엔드 탈 · 부착 / 토 규정값으로 조정	캐스터와 토 측정 / 기록표 기록 / 타이로드 엔드 탈 · 부착 / 토 규정값으로 조정	브레이크 페달 자유간극 측정 / 기록표 기록 / 자유간극과 페달 높이 규정값으로 조정	최소 회전반경 측정 / 기록표 기록 / 타이로드 엔드 탈 · 부착 / 토 규정값으로 조정
시	③	ABS 브레이크 패드 탈 · 부착 / 작동상태 점검	ABS 브레이크 패드 탈 · 부착 점검	휠 실린더(또는 캘리퍼) 탈 · 부착 / 작동상태 점검	브레이크 라이닝 슈(또는 패드) 탈 · 부착 / 작동상태 점검	휠 실린더 탈 · 부착 / 브레이크 및 하드 베어링 점검	브레이크 캘리퍼 탈 · 부착 / 작동상태 점검	브레이크 마스터 실린더 탈 · 부착 / 브레이크 작동상태 점검
	④	전(후) 제동력 측정 / 기록표 기록	전(후) 제동력 측정 / 기록표 기록	전(후) 제동력 측정 / 기록표 기록	브레이크 제동력 기록	전(후) 제동력 측정 / 기록표 기록	전(후) 제동력 측정 / 기록표 기록	전(후) 제동력 / 기록표 기록
	⑤	자동변속기 자기진단 / 이상 내용 기록표 작성	ABS 자기진단 / 이상 내용 기록표 작성	자동변속기 자기진단 / 이상 내용 기록표 작성	ABS 자기진단 / 이상 내용 기록표 작성	자동변속기 자기진단 / 이상 내용 기록표 작성	ABS 자기진단 / 이상 내용 기록표 작성	자동변속기 자기진단 / 이상 내용 기록표 작성
전	①	시동모터 탈 · 부착 / 작동상태 확인 / 크랭킹 전압강하, 전류 소모 시험 / 기록표 기록	발전기 탈 · 부착 / 출력 측정 / 기록표 기록	시동모터 탈 · 부착 / 작동상태 확인 / 크랭킹 전압강하, 전류 소모 시험 / 기록표 기록	발전기 분해 / 정류 다이오드, 로터 코일 점검 / 조립 / 작동상태 확인	에어컨 벨트와 블로워 모터 탈 · 부착 / 작동상태 확인 / 에어컨 압축력 측정 / 기록표 기록	기동 모터 분해 / 전기자 코일, 솔레노이드 스위치 점검 / 조립 / 작동상태 확인	발전기 분해 / 다이오드 및 브러시 점검 / 기록표 기록 / 작동 상태 확인
	②	전조등 광도, 광축 측정 / 기록표 기록	전조등 광도, 광축 측정 / 기록표 기록	전조등 광도, 광축 측정 / 기록표 기록	전조등 광도, 광축 측정 / 기록표 기록	전조등 광도, 광축 측정 / 기록표 기록	전조등 광도, 광축 측정 / 기록표 기록	전조등 광도, 광축 측정 / 기록표 기록
기	③	에탁스 김장시 룸 램프 작동 변화 전압 측정 / 기록표 기록	에탁스 도어 센트롤 로킹 스위치, 운전석 도어 모듈 작동신호 점검 / 기록표 기록	에어컨 외기 온도 입력 신호값 점검 / 기록표 기록	에탁스 열선 스위치 입력 신호 (전압) 측정 / 기록표 기록	에탁스 와이퍼 간헐 시간 조정 스위치 위치별 작동신호 점검 / 기록표 기록	에어컨 점화 신호 점검 / 기록표 기록	에어컨 외기 증발기 온도 센서 출력값 점검 / 기록표 기록
	④	와이퍼 회로 점검 / 이상 개소(2곳) 수리	에어컨 회로 점검 / 이상 개소(2곳) 수리	전조등 회로 점검 / 이상 개소(2곳) 수리	미등 및 제동등 회로 점검 / 이상 개소(2곳) 수리	경음기 회로 점검 / 이상 개소(2곳) 수리	파워 윈도우 회로 점검 / 이상 개소(2곳) 수리	방향 지시등 회로 점검 / 이상 개소(2곳) 수리

자동차정비산업기사 실기시험문제 (7~14안)

과목		8안	9안	10안	11안	12안	13안	14안
엔	①	엔진 분해 / 실린더 마모량 측정 / 기록표 작성 / 조립	엔진 분해 / 메인저널 마모량 측정 / 기록표 작성 / 조립	엔진 분해 / 크랭크축 축방향 유격 측정 / 기록표 작성 / 조립	엔진 분해 / 핀 저널 오일간극 측정 / 기록표 작성 / 조립	엔진 분해 / 크랭크축 메인저널 오일간극 점검 / 기록표 작성 / 조립	엔진 분해 / 크랭크축 축방향 유격 측정 / 기록표 작성 / 조립	엔진 분해 / 캠축 힘 측정 / 기록표 작성 / 조립
	②	부품교환 / 시동확인 / 연료장치 점검 · 수리 / 시동	부품교환 / 시동확인 / 연료장치 점검 · 수리 / 시동	부품교환 / 시동확인 / 연료장치 점검 · 수리 / 시동	부품교환 / 시동확인 / 연료장치 점검 · 수리 / 시동	부품교환 / 시동확인 / 연료장치 점검 · 수리 / 시동	부품교환 / 시동확인 / 연료장치 점검 · 수리 / 시동	부품교환 / 시동확인 / 연료장치 점검 · 수리 / 시동
	③	파지 컨트롤 솔레노이드 밸브 점검 / 기록표 기록	배기가스(CO, HC) 측정 / 기록표 기록	연료 압력 측정 / 기록표 기록	인젝터 파형 분석 / 기록표 기록	배기가스(CO, HC) 측정 / 기록표 기록	인젝터 파형 분석 / 기록표 기록	배기가스(CO, HC) 측정 / 기록표 기록
	④	점화 코일 1차 파형 분석 / 기록표 기록	점화 코일 1차 파형 분석 / 기록표 기록	TDC(또는 ISA) 센서 파형 분석 / 기록표 기록	스텝 모터(또는 ISA) 파형 분석 / 기록표 기록	점화 코일 1차 파형 분석 / 기록표 기록	캠 센서 파형출력 가동(속도) 분석 / 기록표 기록	산소 센서 파형 분석 / 기록표 기록
	⑤	전자제어 디젤기관 인젝터 탈 · 부착 / 시동 / 매연측정 / 기록표 기록	전자제어 디젤기관 연료 압력 센서 · 부착 / 시동 / 매연측정 점검 / 기록표 기록	전자제어 디젤기관 인젝터 탈 · 부착 / 시동 / 매연측정 / 기록표 기록	전자제어 디젤기관 연료 압력 탈 · 부착 · 시동 / 매연측정 점검 / 기록표 기록	전자제어 디젤기관 연료 압력 조절 밸브 탈 · 부착 / 시동 / 연료 압력(고압) 점검 / 기록표 기록	전자제어 디젤기관 연료 압력 센서 · 부착 / 시동 / 매연측정 / 기록표 기록	전자제어 디젤기관 연료 압력 조절 밸브 탈 · 부착 · 시동 / 연료 압력 점검 / 기록표 기록
새	①	파워 스티어링 오일펌프 및 벨트 탈 · 부착 / 에어 빼기 작업 / 작동상태 확인	파워 스티어링 오일펌프 탈 · 부착 / 에어빼기작업 / 작동상태 확인	전륜 허브 및 너클 탈 · 부착 / 작동상태 확인	중감속기어 장치 사이드 기어 시임, 스페이서 탈 · 부착 / 링기어 백래시와 링기어 접촉상태 바르게 조정	후륜 숙업쇼버 스프링 탈 · 부착 / 작동상태 확인	전륜 헝거 스트럿 어셈블리 탈 · 부착 / 작동상태 확인	드라이브 액슬축 탈거 / 부착 / 작동상태 확인
	②	중감속 링 기어 백래시와 런 아웃 측정 / 기록표 기록 / 백래시 규정값으로 조정	중감속 장치 링 기어 백래시와 런 아웃 측정 / 기록표 기록 / 백래시 규정값으로 조정	토 측정 / 기록표 기록 / 타이로드 엔드 탈 · 부 · 토 규정값으로 조정	샌트와 캠버 측정 / 기록표 기록 / 타이로드 엔드 탈 · 부 · 토 규정값으로 조정	캐스타와 토(toe)측정 / 기록표 기록 / 타이로드 엔드 탈 · 부 · 토 규정값으로 조정	브레이크 패달 자유간극 측정 / 기록표 기록 / 자유간극 패달 높이 규정값으로 조정	최소 회전반경 측정 / 기록표 기록 / 타이로드 엔드 탈 · 부 · 토 규정값으로 조정
	③	주차 브레이크 레버(또는 브레이크 슈) 탈 · 부착 / 작동상태 점검	전륜 브레이크 캘리퍼 탈 · 부 / 작동상태 점검	후륜 브레이크 활 실린더 탈 · 부 / 작동상태 점검	전륜 브레이크 캘리퍼 탈 · 부 / 작동상태 점검	전륜 브레이크 활 실린더(또는 캘리퍼) 탈 · 부 / 작동상태 점검	ABS 브레이크 패드 탈 · 부착 / 브레이크 작동상태 점검	브레이크 라이닝 슈(또는 패드) 탈 · 부 / 작동상태 점검
	④	전(후) 제동력 측정 / 기록표 기록	전(후) 제동력 측정 / 기록표 기록	전(후) 제동력 측정 / 기록표 기록	전(후) 제동력 측정 / 기록표 기록	전(후)자동력 측정 / 기록표 기록	전(후)자동력 측정 / 기록표 기록	전(후) 제동력 측정 / 기록표 기록
	⑤	ABS 자기진단 / 이상 내용 기록표 작성	자동변속기 자기진단 / 이상 내용 기록표 작성	ABS 자기진단 / 이상 내용 기록표 작성	자동변속기 자기진단 / 이상 내용 기록표 작성	ABS 자기진단 / 이상 내용 기록표 작성	자동변속기 자기진단 / 이상 내용 기록표 작성	ABS 자기진단 / 이상 내용 기록표 작성
전	①	와이퍼 모터 탈 · 부착 / 와이퍼 블러시 작동 상태 확인 / 소모 전류 점검 / 기록표 기록	다기능 스위치 탈 · 부착 / 작동 확인 / 경음기(혼) 음량 점검 / 기록표 기록	파워 윈도우 레귤레이터 탈 · 부착 / 윈도우 모터 전류 측정 / 기록표 기록	에어컨 벨트와 블로워 모터 탈 · 부착 / 크랭킹 전류소모 및 전압강하, 전류소모 시험 / 기록표 기록	에어컨 윈도우 탈 · 부착 / 작동상태 확인 / 크랭킹 전류강하, 전류소모 시험 / 기록표 기록	발전기 탈 · 부착 / 정류 다이오드 코일 점검 / 기록표 기록	시동모터 탈 · 부착 / 작동상태 확인 / 크랭킹 전압강하, 전류소모 시험 / 기록표 기록
	②	전조등 광도, 광축 측정 / 기록표 기록	전조등 광도, 광축 측정 / 기록표 기록	전조등 광도, 광축 측정 / 기록표 기록	전조등 광도, 광축 측정 / 기록표 기록	전조등 광도, 광축 측정 / 기록표 기록	전조등 광도, 광축 측정 / 기록표 기록	전조등 광도, 광축 측정 / 기록표 기록
	③	에어컨 외기 온도 입력 신호값 점검 / 기록표 기록	에탁스 센트롤 도어 록킹 스위치, 운전석 도어 모듈 자동 신호 점검 / 기록표 기록	에탁스 컨트롤 유닛의 전원 전압 점검 / 기록표 기록	에탁스 열선 스위치 입력 신호 스위치 위치(전압) 점검 / 기록표 기록	에탁스 열선 스위치 입력 신호 (전압) 측정 / 기록표 기록	에탁스 열선 스위치 입력 신호 (전압) 측정 / 기록표 기록	에탁스 와이퍼 간헐 시간 조정 스위치 위치(전압) 측정 / 기록표 기록
	④	미등 및 번호등 회로 점검 / 이상 개소(2곳) 수리	와이퍼 회로 점검 / 이상 개소(2곳) 수리	실내등 도어 오픈 경고등 회로 점검 / 이상 개소(2곳) 수리	파워 윈도우 회로 점검 / 이상 개소(2곳) 수리	전조등 회로 점검 / 이상 개소(2곳) 수리	방향지시등 회로 점검 / 이상 개소(2곳) 수리	미등 및 제동등 회로 점검 / 이상 개소(2곳) 수리

※ 표시된 부분은 답안지 작성 항목임.

자동차정비산업기사

엔진 분해 조립
- 현대 SOHC 엔진(쏘나타 II, III)
- 현대 DOHC 엔진(쏘나타 II, III)
- 기아 DOHC 엔진(세피아)

국가기술자격검정실기시험문제 공통

자 격 종 목	자동차 정비산업기사	작 품 명	자동차 정비 작업

- 비 번호
- 시험시간 : 5시간 30분(엔진 : 140분, 섀시 : 120분, 전기 : 70분)
  ※ 시험 안 및 요구사항 일부내용이 변경될 수 있음

정비산업기사 공통 — 엔진 분해 조립

엔진 분해 조립시 주의사항

① 분해·조립 작업은 반드시 엔진의 정면에서 한다.
② 분해한 부품에서 볼트 및 너트를 빼내지 말고 끼워진 상태로 부품을 탈거한다.
③ 분해하기 위해 볼트 및 너트를 풀 때는 바깥쪽에서 중앙을 향하여, 조일 때는 중앙에서 바깥쪽을 향하도록 하고, 특히 실린더 헤드 볼트의 경우는 풀고, 조이는 순서에 주의하여야 변형을 방지할 수 있다.
④ 분해한 부품의 접촉면이 바닥에 직접 닿지 않도록 한다.
⑤ 부품은 분해한 순서로 정리 정돈한 후 분해의 역순으로 조립한다.
⑥ 조립이 복잡한 부품은 표기를 한 후 분해한다.
⑦ 볼트 및 너트는 반드시 토크 렌치를 이용하여 규정 토크로 조인다.
⑧ 개스킷은 반드시 신품으로 교환한다.
⑨ 부품대를 사용하며 아래 칸부터 채워서 위로 올라오도록 한다.

 동영상  동영상

01 현대 SOHC 엔진(쏘나타 II, III)

01 분해조립을 하기 위한 준비 모습
작업대 위에 엔진과 공구 박스와 부품대가 놓여 있고 필요한 공구만 준비되어 있다.

02 분해조립을 하기 위해 준비 중인 모습
엔진 분해 조립을 하기 위하여 공구를 준비하고 있는 학생들의 모습이다.

03 분해 조립을 위해 필요한 공구 작업대에 준비

감독위원으로부터 분해조립의 지시를 받은 후 공구 박스에서 엔진의 본체를 분해하는데 필요한 공구만을 작업대 한쪽에 정리하고 분해 작업을 시작한다.

04 흡기다기관 탈거

서지 탱크, 인젝터 하니스 커넥터, 인젝터와 연료 압력 조절기가 장착된 상태로 딜리버리 파이프를 탈거한 후 흡기 다기관을 분해한다.

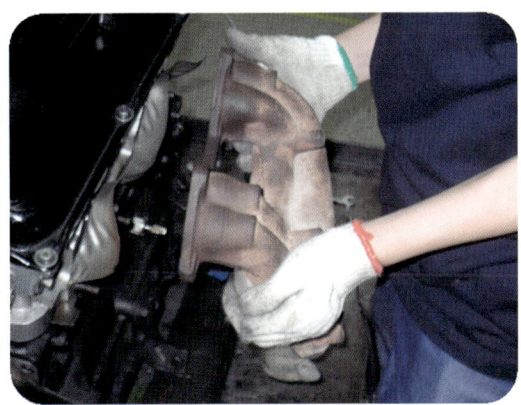

05 배기 다기관 탈거

배기 다기관에서 인슐레이터를 탈거한 후 배기 다기관을 탈거한다.

06 타이밍 벨트 탈거

로커암 커버(실린더 헤드 커버)를 탈거하고 크랭크축 풀리 및 상하 타이밍 벨트 커버, 타이밍 벨트를 탈거한다.

07 로커암 샤프트 어셈블리 탈거

로커암 샤프트 어셈블리를 탈거한 후 고정 볼트를 샤프트에 끼워 로커암 및 스프링이 이탈되지 않도록 한다.

08 실린더 헤드 탈거

힌지 핸들을 이용하여 대각선의 바깥쪽에서 중앙을 향하여 약간 풀어 놓은 후 스피드 핸들로 헤드 볼트를 푼다.

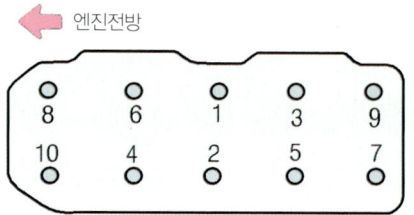

▲ 실린더 헤드 볼트 분리 순서   ▲ 실린더 헤드 볼트 조임 순서

09 오일 팬 탈거
오일 팬 고정 볼트를 풀고 오일 팬의 한쪽을 고무 해머로 두드려 실린더 블록에서 오일 팬을 분리한다.

10 오일 필터 탈거
오일펌프 스트레이너를 탈거 한 후 오일 필터 렌치를 이용하여 오일 필터를 탈거한다.

11 커넥팅 로드 베어링 캡 탈거
커넥팅 로드 베어링 캡에 마크를 하고 스피드 핸들을 이용하여 고정 너트를 푼 다음 베어링 캡을 분리한다.

12 피스톤 및 커넥팅 로드 어셈블리 탈거
해머 손잡이를 이용하여 커넥팅 로드가 실린더 벽에 긁히지 않도록 밀어서 빼낸 후 커넥팅 로드 베어링 캡을 끼워 놓는다.

13 피스톤 및 커넥팅 로드 어셈블리 정리
올바른 조립을 위하여 실린더 번호에 따라 해당 커넥팅 로드를 순서대로 정리한다.

14 프런트 케이스 탈거
특수공구를 사용하여 스프로킷을 탈거한 후 프런트 케이스 고정 볼트를 풀어서 분해한다.

15 플라이 휠 탈거
힌지 핸들을 이용하여 플라이 휠 고정 볼트를 약간 풀어 준 후 스피드 핸들을 이용하여 고정 볼트를 완전히 풀어 분리한다.

16 오일 실 케이스 탈거
리어 플레이트와 리어 오일 실 케이스를 실린더 블록에서 탈거한다.

17 메인 베어링 캡 탈거
메인 베어링 캡 볼트를 풀고 베어링과 베어링 캡을 탈거한 후 캡 번호 순서대로 정리해 둔다. 크랭크축을 수직으로 들어낸다.

18 분해된 부품이 부품대에 정리된 모습
조립은 분해의 역순으로 이루어지기 때문에 분해 순서에 따라 정리된 모습을 볼 수 있다.

19 피스톤 조립(1)
특수공구 피스톤 링 컴프레서가 있는 경우 피스톤 링을 압축한 후 실린더에 피스톤을 끼우고 해머 자루를 이용하여 조립한다.

20 피스톤 조립(2)
피스톤 링 압축기와 플라이어를 이용하여 피스톤 링을 압축한 후 실린더에 피스톤을 끼우고 해머 자루를 이용하여 조립한다.

21 실린더 헤드 볼트 조임 방법(1)
왼손으로 실린더 헤드를 몸 바깥쪽으로 밀고 오른 손으로 힌지 핸들을 내 몸 안쪽으로 당기면서 실린더 헤드 볼트를 조인다.

22 실린더 헤드 볼트 조임 방법(2)
왼손으로 실린더 헤드를 몸 안쪽으로 당기고 오른 손으로 힌지 핸들을 내 몸 안쪽으로 당기면서 실린더 헤드 볼트를 조인다.

02 현대 DOHC 엔진(쏘나타 Ⅱ, Ⅲ)

엔진 분해 조립시 주의사항

① 분해 정비를 실행하기 전에 케이블의 손상과 회로의 쇼트로 인한 소손을 방지하기 위하여 배터리의 ⊖ 케이블을 분리한다.
② 바디, 시트 및 플로어의 손상과 오염을 방지하기 위하여 커버를 사용한다.
③ 적절한 공구, 추천된 공구 및 규정된 공구 사용은 정비작업의 확실한 수행과 능률을 위하여 중요하다.
④ 부품은 순정품을 사용하여야 한다.

⑤ 한번 사용한 코터 핀, 가스켓, O-링, 오일 실, 로크 와셔 및 셀프 록킹 너트는 재사용하지 않고 신품으로 교환한다.
⑥ 분해된 부품은 재사용할 경우 순조롭고 쉽게 하기 위하여 그룹별로 깨끗하게 정돈한다.
⑦ 장착위치에 따라 볼트와 너트는 경도와 설계가 다양하므로 각각 분리된 볼트 및 너트는 섞이지 않도록 한다.
⑧ 부품을 검사 및 재조립할 경우에는 세척한다.
⑨ 필요한 경우 누출을 방지하기 위하여 실러나 가스켓을 사용한다.
⑩ 모든 볼트와 너트의 조임 토크를 준수하여야 한다.
⑪ 정비 작업이 완료되었을 경우에는 작업이 적절히 이루어졌는지 혹은 문제가 해결되었는지 여부를 최종적으로 확인한다.

01 분해조립 하기 위한 준비 모습
작업대 위에 엔진과 공구 박스와 부품대가 놓여 있고 필요한 공구만 준비되어 있다.

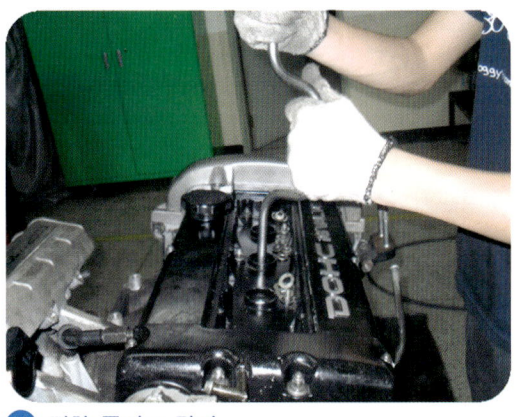

02 점화 플러그 탈거
센터 커버를 탈거하고 고압 케이블을 분리한 다음 점화 플러그 소켓을 이용하여 점화 플러그를 탈거한다.

03 스로틀 바디 탈거
스로틀 바디에 연결된 공기 흡입 호스, 액셀러레이터, 냉각수 호스 및 스로틀 바디를 탈거한다.

04 실린더 헤드 커버 탈거
실린더 헤드 커버를 탈거한 후 크랭크 각 센서, 캠축 스프로킷, 캠축 베어링 캡, 캠축, 오토래시 어저스터를 탈거한다.

05 실린더 헤드 탈거

실린더 헤드 볼트를 대각선 바깥쪽에서 안쪽을 향하여 힌지 핸들로 한번 풀어 놓은 후 스피드 핸들로 풀어 실린더 헤드를 탈거한다.

06 물 펌프 탈거

파워 스티어링 오일펌프를 설치하는 브래킷을 탈거한 후 물 펌프를 탈거한다.

07 오일 필터 탈거

필터 렌치로 오일 필터를 풀 때 오일이 새어나오므로 걸레를 준비하고 필터 렌치는 될 수 있는 한 접촉면 쪽 가까이 걸고 오일 필터를 반시계 방향으로 돌려 탈거한다.

08 카운터 밸런스 샤프트 탈거

실린더 블록에서 플러그를 풀고, 카운터축이 움직이지 않도록 스크루 드라이버를 약 60mm 이상 끼운 상태에서 스프로켓 분리한다.

09 크랭크축 스프로켓 탈거

시험장에 차량은 많이 분해 조립하여 별문제 없지만 처음 분해 차량은 기어 풀러를 이용하여 스프로켓을 분해하는 경우가 많다.

10 커넥팅 로드 베어링 캡 탈거

커넥팅 로드 베어링 캡에 마크를 하고 스피드 핸들을 이용하여 고정 너트를 푼 다음 베어링 캡을 분리한다.

11 피스톤 및 커넥팅 로드 어셈블리 탈거

해머 손잡이를 이용하여 커넥팅 로드가 실린더 벽에 긁히지 않도록 밀어서 빼낸 후 커넥팅 로드 베어링 캡을 끼워 놓는다.

12 피스톤 및 커넥팅 로드 어셈블리 정리

올바른 조립을 위하여 실린더 번호에 따라 해당 커넥팅 로드를 순서대로 정리한다.

13 프런트 케이스 탈거

특수공구를 사용하여 스프로킷을 탈거한 후 프런트 케이스 고정 볼트를 풀어서 분해한다.

14 플라이 휠 탈거

힌지 핸들을 이용하여 플라이 휠 고정 볼트를 약간 풀어 준 후 스피드 핸들을 이용하여 고정 볼트를 완전히 풀어 분리한다.

15 오일 실 케이스 탈거

리어 플레이트와 리어 오일 실 케이스를 실린더 블록에서 탈거한다.

16 메인 베어링 캡 탈거

메인 베어링 캡 볼트를 풀고 베어링과 베어링 캡을 탈거한 후 캡 번호 순서대로 정리해 둔다. 크랭크축을 수직으로 들어낸다.

03 기아 DOHC 엔진(세피아)

01 작업대를 깨끗이 정리
작업대 위에 어지럽게 흩어져 있는 장갑, 공구 등을 정리하고 분해 조립에 필요한 공구만을 정리한다.

02 흡기·배기 매니폴드 탈거
스로틀 바디를 탈거한 후 서지탱크 및 흡기 매니폴드 브래킷과 흡기 매니폴드를 탈거한다. 배기 매니폴드도 탈거한다.

03 실린더 헤드 커버 탈거
서모스탯 하우징 및 실린더 헤드 커버를 탈거한 후 오토 래시 어저스터를 탈거한다.

04 캠축 탈거
캠축 스프로킷 고정 볼트를 풀고 스프로킷을 떼어낸 후 베어링 캡 볼트를 풀고 베어링 캡, 캠축을 탈거한다.

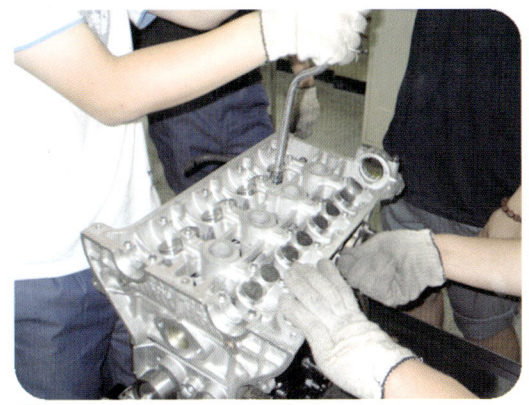

05 실린더 헤드 탈거
힌지 핸들을 이용하여 실린더 헤드 볼트를 대각선 바깥쪽에서 안쪽을 향하여 한번 풀고 다시 스피드 핸들로 풀어 실린더 헤드를 탈거한다.

06 오일 팬 탈거
실린더 헤드 탈거한 후 뒤집어서 오일 팬을 분리한다. 대각선에 4개의 볼트는 나중에 푼다.

07 오일펌프 스트레이너 탈거
스피드 핸들을 이용하여 오일펌프 스트레이너 고정 볼트 2개를 풀어 탈거한다.

08 피스톤 및 커넥팅 로드 어셈블리 탈거
커넥팅 로드 베어링 캡 볼트를 풀고 실린더 벽이 긁히지 않도록 밀어서 피스톤 및 커넥팅 로드 어셈블리를 탈거한다.

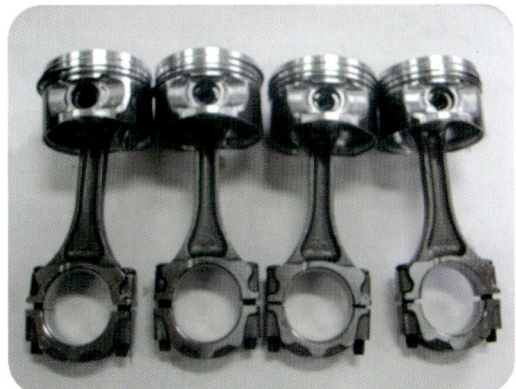

09 분해 정리된 피스톤 및 커넥팅 로드 어셈블리
피스톤 및 커넥팅 로드 어셈블리를 탈거하면 반드시 베어링 캡을 가조립하여 실린더 순서대로 놓는다.

10 플라이 휠 탈거
플라이 휠 고정 볼트를 힌지 핸들로 한번 풀고 스피드 핸들 또는 래칫 핸들로 풀어 플라이 휠을 탈거한다.

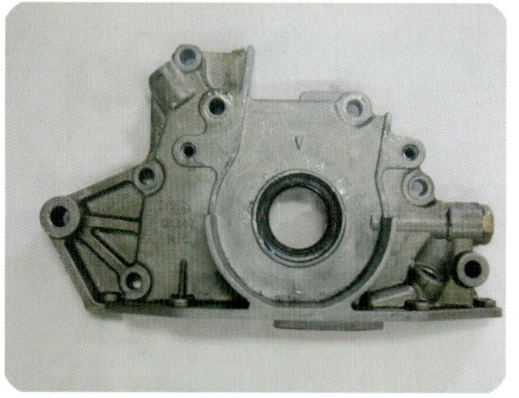

11 프런트 오일펌프 어셈블리 탈거

프런트 케이스에는 오일펌프가 내장되어 있으며, 탈거할 때 오일 실이 손상되지 않도록 조심하여 탈거한다.

12 리어 오일 실 리테이너 케이스 탈거

리어 플레이트와 리어 오일 실 리테이너 케이스 탈거한다.

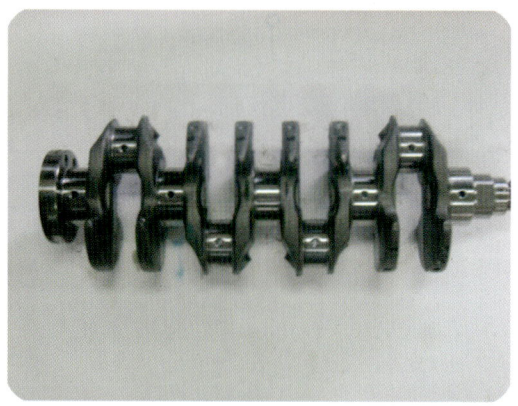

13 크랭크 샤프트 탈거

메인 저널 베어링 캡에 표시를 하고 힌지 핸들로 메인 저널 베어링 캡 볼트를 한번 풀고 스피드 핸들로 풀어 탈거한다.

14 크랭크 샤프트 스프로킷 타이밍 마크 위치

크랭크축 스프로킷 타이밍 마크와 프런트 오일펌프 어셈블리의 타이밍 마크를 일치시킨다.

15 캠축 스프로킷의 타이밍 마크

흡배기 캠축 스프로킷의 타이밍 마크와 타이밍 벨트 리어 플레이트의 마크를 일치시킨다.

16 텐셔너 스프링의 장착

텐셔너 스프링을 커팅 플라이어로 잡고 힘껏 당겨서 포스트에 걸어 장착한다.

자동차정비산업기사

국가기술자격검정 실기시험문제

1. 엔 진

1. 주어진 엔진을 기록표의 측정 항목까지 분해하여 기록표의 요구사항을 측정 및 점검하고 본래 상태로 조립하시오.
2. 주어진 자동차의 전자제어 엔진에서 감독위원의 지시에 따라 1가지 부품을 탈거한 후(감독위원에게 확인) 다시 부착하고 시동에 필요한 관련 부분의 이상개소(시동회로, 점화회로, 연료장치 각 2개소)를 점검 및 수리하여 시동하시오.
3. 2항의 시동된 엔진에서 공회전 속도를 확인하고 감독위원의 지시에 따라 배기가스를 측정하여 기록표에 기록하시오.(단, 시동이 정상적으로 되지 않은 경우 본 항의 작업은 할 수 없음)
4. 주어진 자동차 엔진에서 맵 센서의 파형을 분석하여 그 결과를 기록표에 기록하시오.(측정조건 : 급가감속 시)
5. 주어진 전자제어 디젤엔진에서 인젝터를 탈거한 후(감독위원에게 확인) 다시 부착하여 시동을 걸고 공회전시 연료압력을 점검하여 기록표에 기록하시오.

2. 섀 시

1. 주어진 자동차에서 전륜 현가장치의 쇽업소버를 탈거한 후(감독위원에게 확인) 다시 부착하여 작동상태를 확인하시오.
2. 주어진 종감속장치에서 링 기어의 백래시와 런 아웃을 측정하여 기록표에 기록한 후 백래시가 규정값이 되도록 조정하시오.
3. ABS가 설치된 주어진 자동차에서 브레이크 패드를 탈거한 후(감독위원에게 확인) 다시 부착하여 브레이크 작동상태를 점검하시오.
4. 3항의 작업 자동차에서 감독위원의 지시에 따라 전(앞) 또는 후(뒤) 제동력을 측정하여 기록표에 기록하시오.
5. 주어진 자동차에서 자동 변속기에서 자기진단기(스캐너)를 이용하여 각종 센서 및 시스템 작동 상태를 점검하고 기록표에 기록하시오.

3. 전 기

1. 주어진 자동차에서 시동모터를 탈거한 후(감독위원에게 확인) 다시 부착하여 작동상태를 확인하고 크랭킹시 전류소모 및 전압강하 시험을 하여 기록표에 기록하시오.
2. 주어진 자동차에서 전조등 시험기로 전조등을 점검하여 기록표에 기록하시오.
3. 주어진 자동차에서 감광식 룸램프 기능이 작동시 편의장치(ETACS 또는 ISU) 커넥터에서 작동 전압의 변화를 측정하고 이상여부를 확인하여 기록표에 기록하시오.
4. 주어진 자동차에서 와이퍼 회로를 점검하여 이상개소(2곳)를 찾아서 수리하시오.

국가기술자격검정실기시험문제 1안

| 자격종목 | 자동차 정비산업기사 | 작품명 | 자동차 정비 작업 |

- 비 번호
- 시험시간 : 5시간 30분(엔진 : 140분, 섀시 : 120분, 전기 : 70분)

※ 시험 안 및 요구사항 일부내용이 변경될 수 있음

정비산업기사 01 엔진 1

크랭크축 메인저널 오일간극 측정

주어진 엔진을 기록표의 측정 항목까지 분해하여 기록표의 요구사항을 측정 및 점검하고 본래 상태로 조립하시오.

01 분해 조립

01 크랭크축 스프로킷 및 프런트 오일 실 케이스 탈거
크랭크축 스프로킷 고정 볼트를 풀고 크랭크축 스프로킷을 탈거한 후 프런트 오일 실 케이스(오일펌프 어셈블리)를 탈거한다.

02 플라이 휠 탈거
힌지 핸들을 이용하여 플라이 휠 고정 볼트를 한번 풀고 스피드 핸들로 볼트를 풀어 플라이 휠을 탈거한다.

03 리어 오일 실 케이스 탈거

스피드 핸들을 이용하여 오일 실 케이스 고정 볼트를 풀고 오일 실 케이스와 리어 플레이트를 탈거한다.

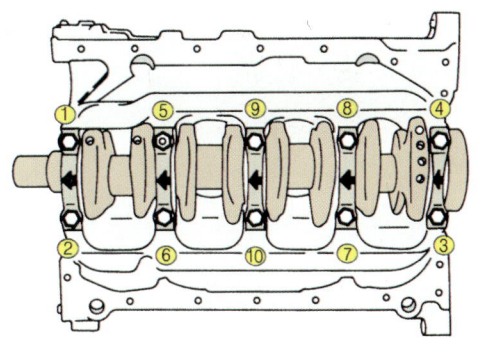

04 메인 저널 베어링 캡 볼트 풀기 순서

메인 저널 베어링 캡 볼트 풀기 순서는 그림에 나타낸 바와 같이 중앙을 향하여 반시계 방향을 풀면 된다.

05 메인 저널 베어링 캡 탈거

메인 저널 베어링 캡 볼트의 풀기 순서에 따라 힌지 핸들로 한번 풀고 스피드 핸들로 풀어 메인 저널 베어링 캡을 탈거한다.

06 메인 저널 베어링 캡 정리

탈거된 메인 저널 베어링 캡은 순서에 맞도록 화살표가 전방을 향하도록 가지런히 정리한다.

07 크랭크축 탈거

크랭크축을 수직으로 들어 올려 메인 저널이 다른 부분에 접촉되어 상처가 발생되지 않도록 탈거한다.

08 에어건으로 메인 저널 베어링 청소

조립하기 전에 에어건을 이용하여 베어링부와 오일 통로 등을 불어내어 이물질이 없도록 한다.

09 오일 건으로 메인 저널 베어링 주유

조립하기 전에 오일 건을 이용하여 베어링에 오일을 바르고 크랭크축을 조립하여야 한다.

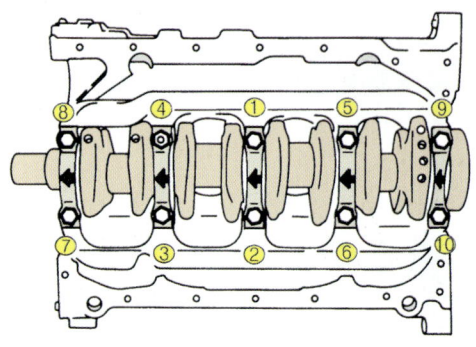

10 크랭크축 메인 저널 베어링 캡 볼트 조임 순서

메인 저널 베어링 캡 볼트 조임 순서는 중앙에서 바깥쪽을 향하여 시계방향으로 조이면 된다.

11 크랭크축 부착

크랭크축을 설치하고 메인 저널 베어링 캡 볼트를 중앙에서 바깥쪽을 향하여 시계방향으로 가조임하여 부착한다.

12 메인 베어링 캡을 규정 토크로 조립

규정 토크를 3차로 나누어 토크렌치로 메인 저널 베어링 캡 볼트를 중앙에서 바깥쪽을 향하여 시계방향으로 완전 조립한다.

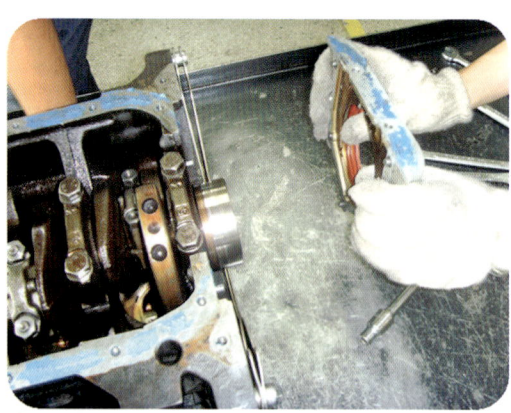

13 리어 오일 실 케이스 부착

리어 플레이트를 설치하고 오일 실 케이스의 오일 실에 오일을 바른 후 설치하여 고정 볼트를 조여 오일 실 케이스를 부착한다.

14 플라이 휠 부착

플라이 휠 고정 볼트를 스피드 핸들로 가조임 한 후 토크렌치로 볼트를 규정 토크로 조여 플라이 휠을 부착한다.

15 프런트 오일 실 케이스와 스프로킷 부착

프런트 오일 실에 오일을 바르고 프런트 오일 실 케이스를 부착한 후 스프로킷을 크랭크축에 장착한다.

02 크랭크축 메인 저널 베어링 오일 간극 측정

01 메인 저널 외경 측정 (1)

메인 저널을 깨끗한 헝겊으로 닦고 마이크로미터의 0점을 확인한 후 오일 구멍을 피하여 같은 축방향 위치에서 엔진 앞쪽(크랭크축 스프로킷 방향)과 뒤쪽(플라이휠 방향)의 저널 외경을 측정한다.

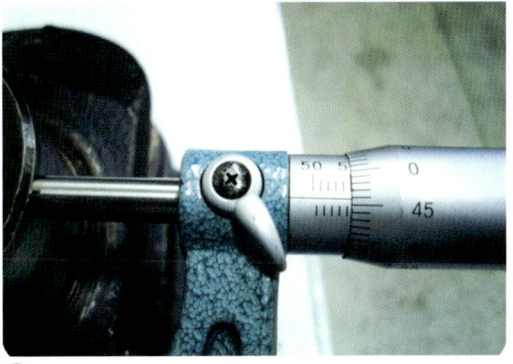

02 메인 저널 외경 측정 (2)

메인 저널을 깨끗한 헝겊으로 닦고 마이크로미터의 0점을 확인한 후 현재 측정하는 위치의 저널 외경과 직각 방향의 저널 외경을 측정한다. 4곳의 최소 외경을 선택한다.

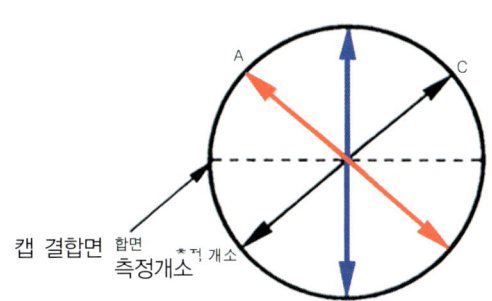

03 메인 저널 베어링 내경 측정(1)

텔레스코핑 게이지를 이용하여 메인 저널 베어링의 내경을 그림과 같이 측정한다. 이때 베어링의 오일 홈을 피하여 측정한다.

04 메인 저널 베어링 내경 측정(2)

메인 저널 베어링의 4개소 내경을 측정하여 최대 내경을 선택한다. 오일 간극 = 베어링 최대 내경 − 저널 최소 외경이다.

실기시험 기록지

➡ 엔진 1. 크랭크축 오일 간극 측정
엔진 번호 :

측정항목	① 측정(또는 점검)		② 판정 및 정비(또는 조치)사항		득 점
	측정값	규정(정비한계)값	판정(□에 '✔' 표)	정비 및 조치할 사항	
크랭크 축 메인저널 오일 간극			□ 양 호 □ 불 량		

비번호		감독위원 확 인	

※ 감독위원이 지정하는 부위를 측정한다.

【 크랭크축 메인저널 오일 간극 】

차종	규정값	차종	규정값
아반떼 MD	0.021~0.042(한계 0.050)mm	K3 YD	0.020~0.041mm
쏘나타 YF	0.016~0.034mm	K5 JF	0.020~0.041mm
쏘나타 LF	0.016~0.034mm	모닝 TA	0.006~0.024mm
쏠라티 EU	0.030~0.054mm	레이 TAM	0.006~0.024mm
싼타페 TM	0.026~0.044mm	스포티지 QL	0.020~0.041mm
I40(VF)	0.016~0.034mm	쏘울 SK3	0.020~0.041mm
SM6(K9K)	0.010~0.054mm	SM6(M4R)	0.024~0.065mm(1, 4, 5번) 0.012~0.065mm(2, 3번)
SM5(M4R)	0.024~0.065mm(1, 4, 5번) 0.012~0.065mm(2, 3번)	SM3(H4M)	0.024~0.034mm
QM3(K9K)	0.010~0.054mm		

1) 베어링 윤활 간극이 크면
   - 오일 소비량이 증대된다.
   - 유압이 낮아진다.

2) 베어링 윤활 간극이 작으면
   - 마찰 및 마멸이 증대된다.
   - 소결 현상이 발생된다.

정비산업기사 01

시동회로, 점화회로, 연료장치 점검 후 시동

엔진 2

주어진 자동차의 전자제어 엔진에서 감독위원의 지시에 따라 1가지 부품을 탈거한 후(감독위원에게 확인) 다시 부착하고 시동에 필요한 관련 부분의 이상개소(시동회로, 점화회로, 연료장치 중 2개소)를 점검 및 수리하여 시동하시오.

01 현대 차종(아반떼 1.5DOHC)

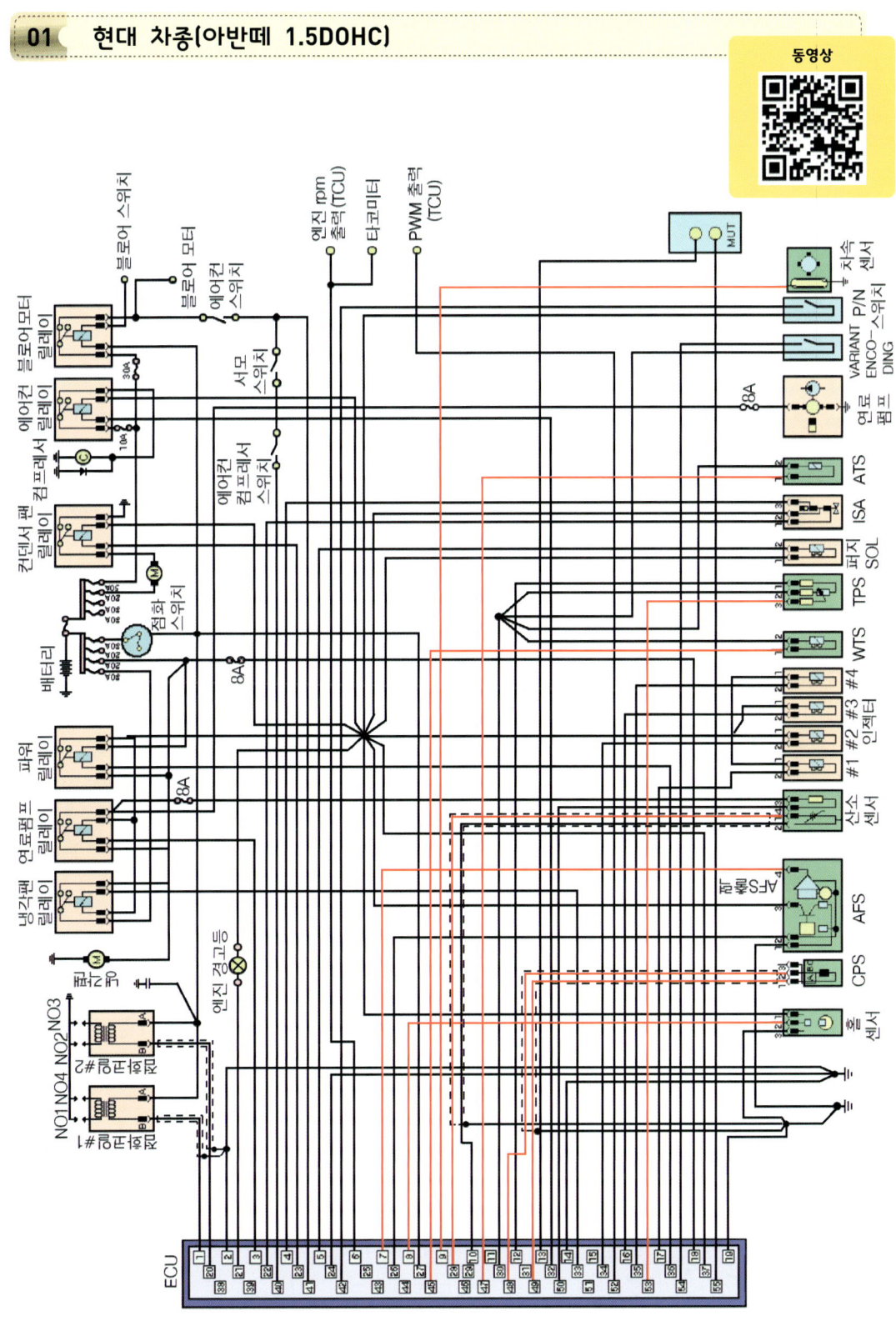

02 한국 GM 차종(레간자)

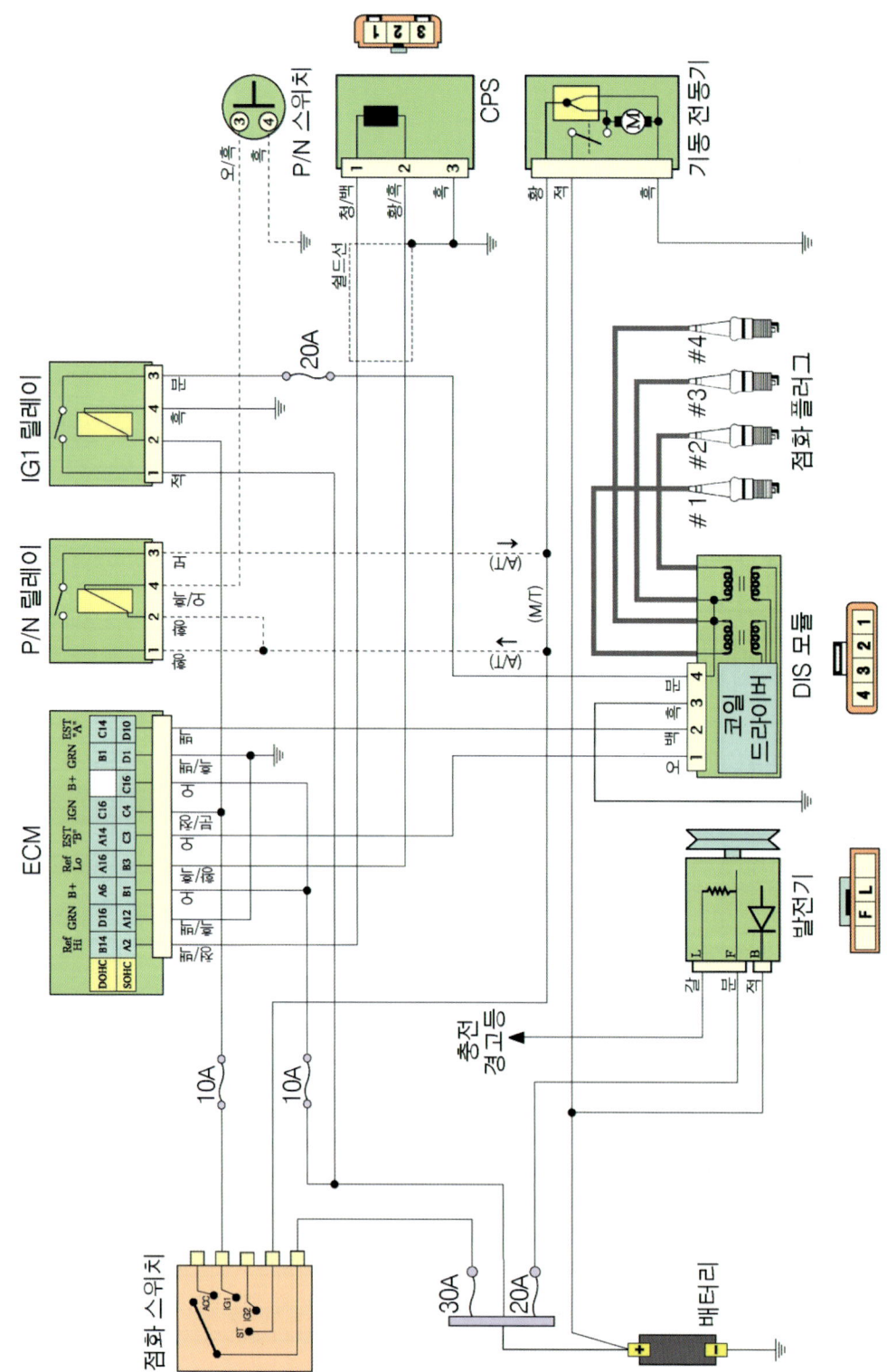

03 기아 차종(스펙트라)

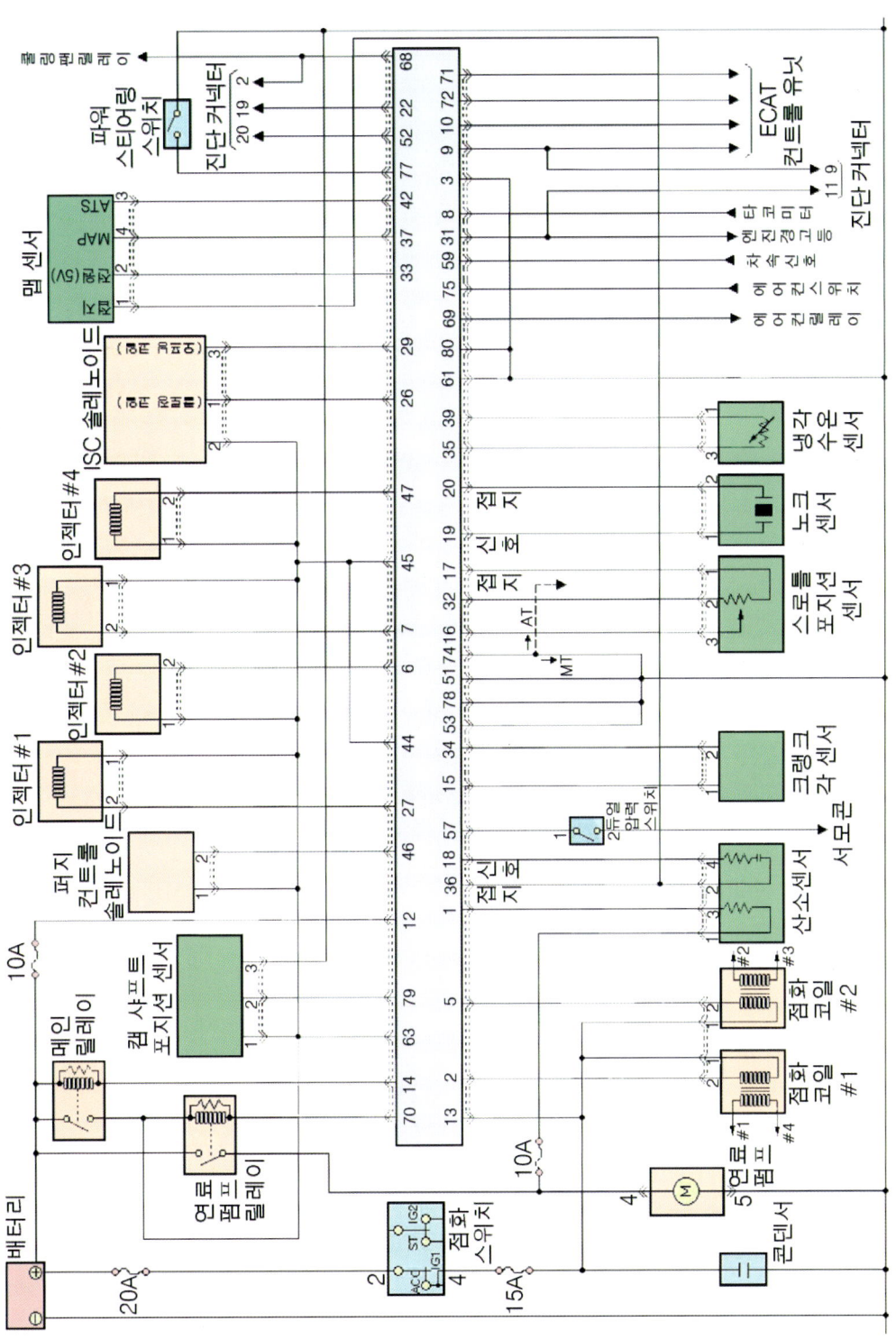

04 점검 부위

01 기동 전동기 ST 단자 점검
기동 전동기의 ST 단자 배선이 빠져 있거나 헐겁게 연결되어 있는지 점검한다.

02 키 스위치 배선 커넥터 점검
메인 퓨즈 및 키 스위치 배선의 커넥터가 빠져 있거나 헐겁게 연결되어 있는지 점검한다.

03 TDC 및 크랭크각 센서 배선 커넥터 점검
컨트롤 릴레이, TDC 센서 및 크랭크각 센서 배선의 커넥터가 빠져 있거나 헐겁게 연결되어 있는지 점검한다.

04 MAP 센서 및 TPS 배선 커넥터 점검
MAP 센서 및 스로틀 포지션 센서 배선의 커넥터가 빠져 있거나 헐겁게 연결되어 있는지 점검한다.

05 연료 펌프 배선 커넥터 점검
연료 탱크에서 연료 펌프 배선의 커넥터가 빠져 있거나 헐겁게 연결되어 있는지 점검한다.

06 인젝터 배선 커넥터 점검
인젝터 배선의 커넥터가 빠져 있거나 헐겁게 연결되어 있는지 점검한다.

07 파워 트랜지스터 배선 커넥터 점검
파워 트랜지스터 배선의 커넥터가 빠져 있거나 헐겁게 연결되어 있는지 점검한다.

08 점화 코일 1차 배선 커넥터 점검
점화 코일 1차 배선의 커넥터가 빠져 있거나 헐겁게 연결되어 있는지 점검한다.

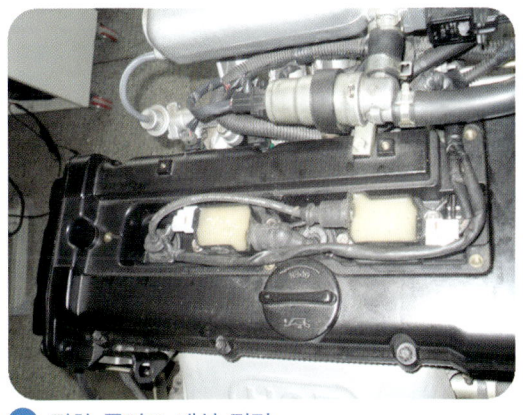

09 점화 플러그 배선 점검
점화 플러그 배선이 빠져 있거나 헐겁게 연결되어 있는지 점검한다.

10 ECU 배선 커넥터 점검
ECU 배선의 커넥터가 빠져 있거나 헐겁게 연결되어 있는지 점검한다.

11 ISA 배선 커넥터 점검
아이들 스피드 액추에이터 배선의 커넥터가 빠져 있거나 헐겁게 연결되어 있는지 점검한다.

정비산업기사 01 엔진 3
공회전 속도 확인, 배기가스 측정

2항의 시동된 엔진에서 공회전 속도를 확인하고 감독위원의 지시에 따라 배기가스를 측정하여 기록표에 기록하시오.(단, 시동이 정상적으로 되지 않은 경우 본 작업은 할 수 없음)

01 엔진 공회전 속도 확인(하이스캔 프로 이용)

❶ 스캐너에 전원 및 자기진단 커넥터를 연결하고 시동

❷ 수행하고자 하는 차량 진단 기능 선택

❸ 점검하고자 하는 차량 제작사 선택

❹ 점검하려는 차종 선택

❺ 엔진 제어 가솔린 선택

❻ 엔진 형식 선택

07 서비스 데이터 선택

08 엔진 회전수 확인

09 도움 버튼이용 기준값 확인

02 배기가스 CO, HC 테스터

동영상

동영상

01 CO, HC 테스터(QROTECH)

이 테스터기는 CO, HC, CO_2, O_2, λ, NOx 6 종류의 가스를 측정할 수 있다.

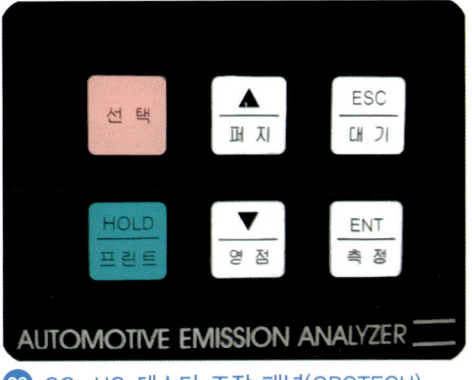

02 CO, HC 테스터 조작 패널(QROTECH)

조작 패널은 선택, 퍼지, 대기, 프린트, 영점, 측정의 6개 버튼이 배치되어 있다.

03 CO, HC 테스터(HORIBA)

이 테스터기는 CO, HC, CO_2, O_2, λ, NOx 6 종류의 가스를 측정할 수 있다.

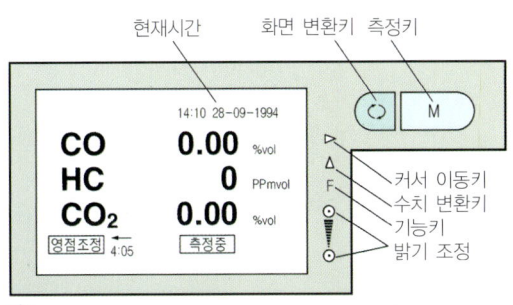

04 CO, HC 테스터 조작 패널(HORIBA)

조작 패널은 화면 변환키, 측정키, 커서 이동키, 수치 변환키, 기능키, 밝기 조정 키가 배치되어 있다.

03 배기가스 CO, HC 측정

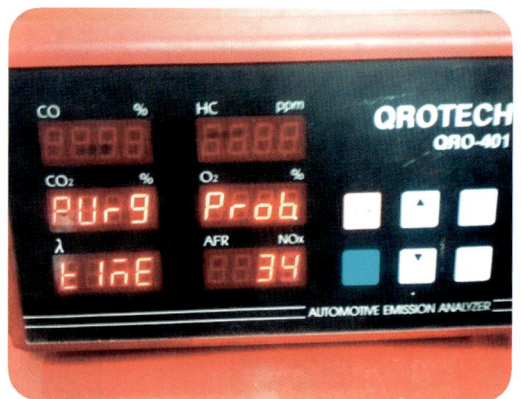

01 테스터의 퍼지 작업 실시
조작 패널에서 퍼지 버튼을 눌러 퍼지 작업을 실시한다.

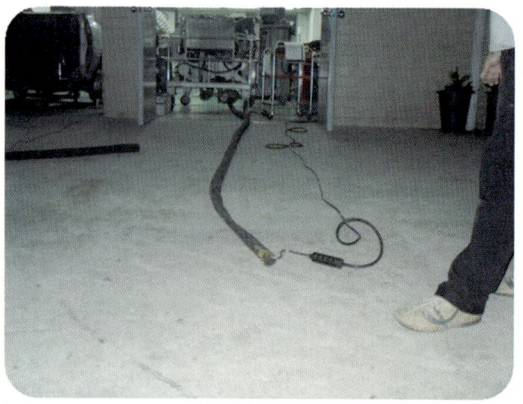

02 배기가스 프로브를 배기구에 장착
배기 파이프에 프로브를 약 30cm 정도 삽입시켜 장착한다.

03 측정 버튼을 눌러 배기가스 측정
측정 버튼을 누르면 흡입 펌프가 배기가스를 흡입하면서 측정이 이루어진다.

04 측정값 판독
엔진의 아이들링 상태에서 안정된 측정값을 나타낼 때 측정값을 판독하여야 한다.

실기시험 기록지

➡ 엔진 3. 배기가스 점검
　　자동차 번호 :

항목	① 측정(또는 점검)		② 판정 (□에 '✔' 표)	득 점
	측정값	기준값		
CO			□ 양 호	
HC			□ 불 량	

비번호		감독위원 확 인	

※ 감독위원이 제시한 자동차등록증(또는 차대번호)을 활용하여 차종 및 연식을 적용합니다.
※ 자동차 검사기준 및 방법에 의하여 기록 판정합니다.
※ CO는 소수점 둘째자리 이하는 버리고 0.1% 단위로 기록합니다.
※ HC는 소수점 첫째자리 이하는 버리고 1ppm 단위로 기록합니다.

【 배기가스 배출 허용기준(CO, HC) 】

차 종		제작일자	일산화탄소	탄화수소	공기과잉율
경자동차		1997년 12월 31일 이전	4.5% 이하	1,200ppm 이하	1±0.1 이내 다만, 기화기식 연료공급 장치 부착 자동차는 1±0.15이내 촉매 미부착 자동차는 1±0.20 이내
경자동차		1998년 1월 1일부터 2000년 12월 31일까지	2.5% 이하	400ppm 이하	
경자동차		2001년 1월 1일부터 2003년 12월 31일까지	1.2% 이하	220ppm 이하	
경자동차		2004년 1월 1일 이후	1.0% 이하	150ppm 이하	
승용 자동차		1987년 12월 31일 이전	4.5% 이하	1,200ppm 이하	
승용 자동차		1988년 1월 1일부터 2000년 12월 31일까지	1.2% 이하	220ppm 이하(휘발유·알코올자동차) 400ppm 이하(가스자동차)	
승용 자동차		2001년 1월 1일부터 2005년 12월 31일까지	1.2% 이하	220ppm 이하	
승용 자동차		2006년 1월 1일 이후	1.0% 이하	120ppm 이하	
승합·화물·특수 자동차	소형	1989년 12월 31일 이전	4.5% 이하	1,200ppm 이하	
승합·화물·특수 자동차	소형	1990년 1월 1일부터 2003년 12월 31일까지	2.5% 이하	400ppm 이하	
승합·화물·특수 자동차	소형	2004년 1월 1일 이후	1.2% 이하	220ppm 이하	
승합·화물·특수 자동차	중형·대형	2003년 12월 31일 이전	4.5% 이하	1200ppm 이하	
승합·화물·특수 자동차	중형·대형	2004년 1월 1일 이후	2.5% 이하	400ppm 이하	

※ 제작사별 차대번호 표기방식

1. 현대 자동차 차대번호의 표기 부호(화물차)

※ 차대번호 형식(VIN : Vehicle Identification Number – 현대 아반떼 XD)

K	M	H	D	N	4	1	A	P	3	U	6	6	0	6	2	0
①	②	③	④	⑤	⑥	⑦	⑧	⑨	⑩	⑪	⑫	⑬	⑭	⑮	⑯	⑰

| 제작 회사군 | 자동차 특성군 | 제작 일련 번호군 |

① **K** : 국제배정 국적표시 – K : 한국, J : 일본, 1 : 미국,
② **M** : 제작사를 나타내는 표시 – M : 현대, L : 대우, N : 기아, P : 쌍용 자동차
③ **H** : 자동차 종별 표시 – H : 승용차, F : 화물트럭, J : 승합차량
④ **D** : 차종 – J : 엘란트라, E : 쏘나타3, F : 마이티, D : 아반떼 XD
⑤ **N** : 세부차종 및 등급 L : 스탠다드(STANDARD, L), M : 디럭스(DELUXE, GL),
  N : 슈퍼 디럭스(SUPER DELUXE, GLS)
⑥ **4** : 차체형상 – 4도어 세단(4DR SEDAN)
⑦ **1** : 안전장치
  1 : 액티브 벨트 (운전석 + 조수석), 2 : 패시브 벨트 (운전석 + 조수석)
  3 : 운전석 – 액티브 벨트 + 에어백
  4 : 운전석과 조수석 – 액티브 벨트 + 에어백, 조수석 – 액티브 벨트 또는 패시브 벨트
⑧ **A** : 엔진형식 – N : 1500cc 가솔린 차량, D : 2000cc 가솔린 차량
⑨ **P** : 운전석 – P : 왼쪽 운전석, R : 오른쪽 운전석
⑩ **3** : 제작년도 – M : 1991, N : 1992, P : 1993, R : 1994, S : 1995, T : 1996, V : 1997, W : 1998,
  X : 1999, Y : 2000, 1 : 2001, 2 : 2002, 3 : 2003 ……
⑪ **U** : 공장 기호 – C : 전주공장, U : 울산공장, M : 인도공장, Z : 터키공장
⑫~⑰ **660620** : 차량 생산 일련 번호

2. 기아 자동차 차대번호의 표기 부호(쏘렌토)

```
K  N  A    J  C  5  2  1  8    2  A  0  5  4  1  5  8
①  ②  ③    ④  ⑤  ⑥  ⑦  ⑧  ⑨   ⑩  ⑪  ⑫  ⑬  ⑭  ⑮  ⑯  ⑰
  제작 회사군      자동차 특성군         제작 일련 번호군
```

- ① **K** : 국제배정 국적표시 - K : 한국, J : 일본, 1 : 미국,
- ② **N** : 제작사를 나타내는 표시 - M ; 현대, L : 대우, N : 기아, P : 쌍용 자동차
- ③ **A** : 자동차 종별 표시 - A : 승용차, C : 화물차, E : 전차종(유럽수출)
- ④⑤ **JC** : 차종 - JC : (쏘렌토), FE : 세라토, MA : 카니발, GD : 옵티마, FC : 카렌스
- ⑥⑦ **52** : 차체형상 - 52 : 5도어 스테이션 웨곤, 22 : 4도어 세단, 24 : 5도어 해치백, 62 : 5도어 밴
- ⑧ **1** : 엔진 형식 - 1 : 쏘렌토 2500cc 커먼레일 엔진
- ⑨ **8** : 확인란 - 8 : A/T+4륜 구동, 1 : 4단구동, 2 : 5단 수동, 3 : A/T, 4 : 4단 수동+4륜 구동, 5 : 5단 수동+4륜 구동, 6 : 4단 수동+서브 T/M, 7 : 5단 수동+서브T/M, 9 : CVT
- ⑩ **2** : 제작년도 - M : 1991, N : 1992, P : 1993, R : 1994, S : 1995, T : 1996, V : 1997, W : 1998, X : 1999, Y : 2000, 1 : 2001, 2 : 2002, 3 : 2003 ……
- ⑪ **A** : 공장 기호 - 화성(내수), S : 소하리(내수), K : 광주(내수), 6 : 소하리(수출), 5 : 화성(수출), 7 : 광 주(수출)
- ⑫~⑰ **054158** : 차량 생산 일련 번호

3. 대우 자동차 차대번호의 표기 부호(누비라)

```
K  L  A    J  F  6  9  V  D    V  K  0  9  1  4  3  5
①  ②  ③    ④  ⑤  ⑥  ⑦  ⑧  ⑨   ⑩  ⑪  ⑫  ⑬  ⑭  ⑮  ⑯  ⑰
  제작 회사군      자동차 특성군         제작 일련 번호군
```

- ① **K** : 국제배정 국적표시 - K : 한국, J : 일본, 1 : 미국
- ② **L** : 제작사를 나타내는 표시 - M : 현대, L : 대우, N : 기아, P : 쌍용 자동차
- ③ **A** : 자동차 종별 표시 - A : 승용차 내수용
- ④ **J** : 차종 - J : 누비라, V : 레간자, T : 라노스
- ⑤ **F** : 변속기 형식 - F : 전륜구동·수동 변속기, A : 전륜 구동·자동 변속기
- ⑥⑦ **69** : 차체 형상 - 69 : 4도어 노치백, 35 : 웨건, 48 : 4도어 해치백
- ⑧ **V** : 원동기 형식 - Y : 1.5 SOHC·MPFI·FAN Ⅰ, V : 1.5 DOHC·MPFI·FAN Ⅰ, 3 : 1.8 DOHC·MPFI·FAN Ⅱ
- ⑨ **D** : 용도구분 - D : 내수용
- ⑩ **V** : 제작년도 - M : 1991, N : 1992, P : 1993, R : 1994, S : 1995, T : 1996, V : 1997, W : 1998, X : 1999, Y : 2000, 1 : 2001, 2 : 200……
- ⑪ **K** : 공장 기호 - K : 군산 공장, B : 부평공장
- ⑫~⑰ **091435** : 차량 생산 일련 번호

4. 쌍용 자동차 차대번호의 표기 부호(체어맨)

K	P	B	N	E	2	A	9	1	2	P	0	3	1	2	9	9
①	②	③	④	⑤	⑥	⑦	⑧	⑨	⑩	⑪	⑫	⑬	⑭	⑮	⑯	⑰

제작 회사군 ── 자동차 특성군 ── 제작 일련 번호군

① **K** : 국제배정 국적표시 – K : 한국, J : 일본, 1 : 미국,
② **P** : 제작사를 나타내는 표시 – M : 현대, L : 대우, N : 기아, P : 쌍용 자동차
③ **B** : 자동차 종별 표시 – A : 소형 승용, B : 대형 승용, F : 중형승용, K : 소형승합,
　　　　　　　　　　　　　 J : 중형 승합, H : 소형 화물, G : 중형 화물, C : 대형 화물
④ **N** : 차량 기본 형식
⑤ **E** : 차체형상 – C : 캡 오버, B : 본닛, S : 세미 트레일러, E : 기타형상, M : 단체구조, F : 프레임 구조
⑥ **2** : 세부 차종 – 2 : 승용
⑦ **A** : 기타 특성 – A : 일반, B : 승용겸 화물, C : 지프, E : 기타, G : 밴, F : 덤프, K : 견인, J : 구난
⑧ **9** : 원동기 구분 – 엔진 배기량으로 영문 및 아라비아 숫자로 표기
⑨ **1** : 대조 번호 – 1 : 미정정,
⑩ **2** : 제작년도 – M : 1991, N : 1992, P : 1993, R : 1994, S : 1995, T : 1996, V : 1997,
　　　　　　　　　 W : 1998, X : 1999, Y : 2000, 1 : 2001, 2 : 2002, 3 : 2003 ……
⑪ **P** : 공장 기호 – P : 평택
⑫~⑰ **031299** : 차량 생산 일련 번호

5. 자동차 등록증(쏘나타NF –2005)

자동차등록증

제2007-006260호　　　　　　　　　　　　　　　　　최초 등록일 : 2005년 11월 08일

① 자동차 등록 번호	02소 2885	② 차　　종	중형승용	③ 용도	자가용
④ 차　　　명	NF 소나타(SONSTA)	⑤ 형식 및 년식	NF-20GL-A1		2005
⑥ 차 대 번 호	KMAHET41BP5A123456	⑦ 원동기 형식	G4KA		
⑧ 사 용 본 거 지	경기도 양주시 광사동 313-4 신도 8차 아파트***동 ***호				
소유자 ⑨ 성명(명칭)	김광수	⑩ 주민(사업자) 등록번호	***117-*******		
⑪ 주　　　소	경기도 양주시 광사동 313-4 신도 8차 아파트***동 -***호				

자동차 관리법 제8조등의 규정에 의하여 위와 같이 등록하였음을 증명합니다.

- 위반하기 쉬운사항 -
※ 위반시 과태료 처분(뒷면 기재 참조)
　o 주소 및 사업장 소재지 변경 15일 이내
　o 정기검사 만료일 전후 15일 이내
　o 책임 보험료 가입 만료일 이전 이내 가입(100만원 이하 과태료)
　o 말소 등록폐차일로 부터 30일 이내(50만원 이하 과태료)

2005 년 03 월 12 일

양 주 시 장

01 맵 센서(급가감속시) 파형 분석

엔진 4

주어진 자동차의 엔진에서 맵 센서의 파형을 분석하여 그 결과를 기록표에 기록하시오.(측정조건 : 급가감속시)

01 맵 센서 설치 위치

(1) 아반떼 XD

(2) 누비라

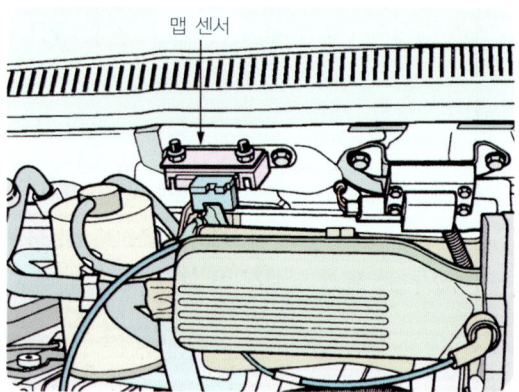

02 맵 센서 파형 측정

(1) Hi-DS를 이용한 맵 센서 측정

01 측정 대상 차량에서 맵 센서 설치 위치 확인
Hi-DS 테스터의 배터리 전원선 붉은색을 (+)에, 흑색을 (-)에 연결한다.

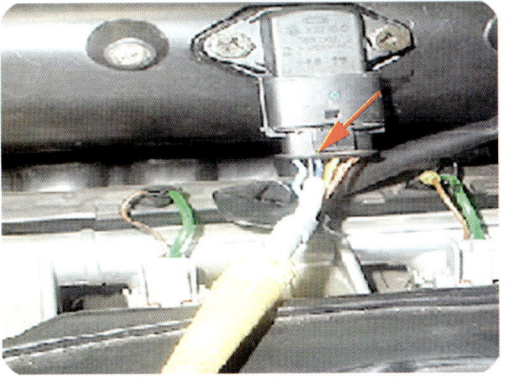

02 맵 센서의 커넥터에서 출력 단자 확인
Hi-DS 테스터의 오실로스코프 컬러 프로브를 맵 센서 출력 단자에, 흑색 프로브를 차체에 접지한다.

03 모니터 바탕 화면에서 Hi-DS 바로가기 아이콘 클릭
엔진을 워밍업시킨 후 공회전시킨다. 모니터 바탕 화면에서 바로가기 아이콘을 클릭한다.

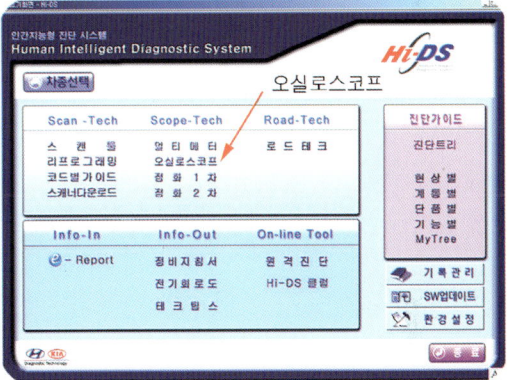

04 오실로스코프 항목 선택
초기 화면에서 차종선택을 클릭하여 차량의 제원을 설정한 후 확인 버튼을 클릭한다. 그리고 오실로스코프 항목을 선택한다.

05 오실로스코프 환경 설정 버튼 클릭
오실로스코프 화면의 상단 환경 설정 버튼 ▣을 클릭하면 우측의 측정 범위 설정 화면이 나타난다.

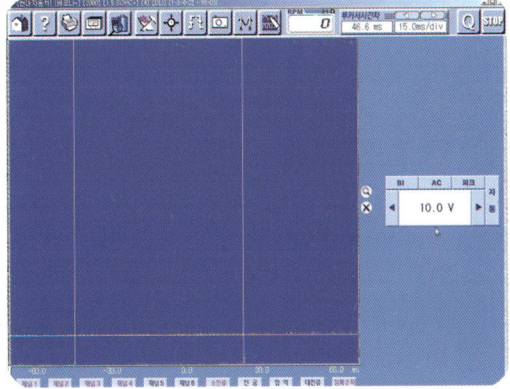

06 측정 범위 설정
시간축 : 1.0~1.5ms, 150.0ms/div, 10.0V로 설정하고 화면 하단에서 맵 센서의 출력 단자에 연결한 채널 선으로 선택한다.

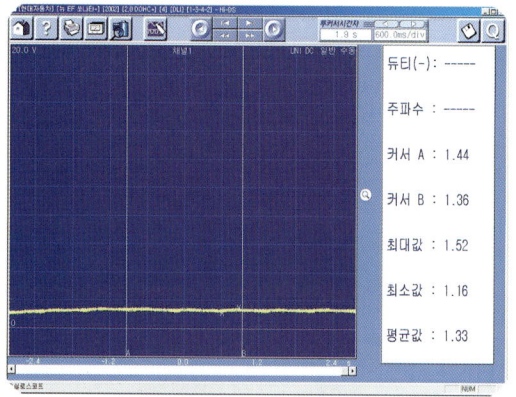
07 공회전 상태에서 MAP 센서의 출력 파형

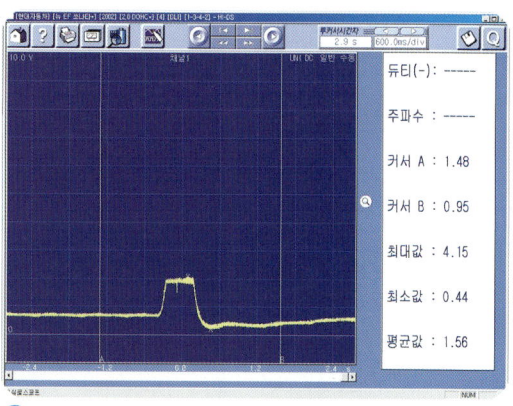
08 급가속 상태의 MAP 센서 출력 파형

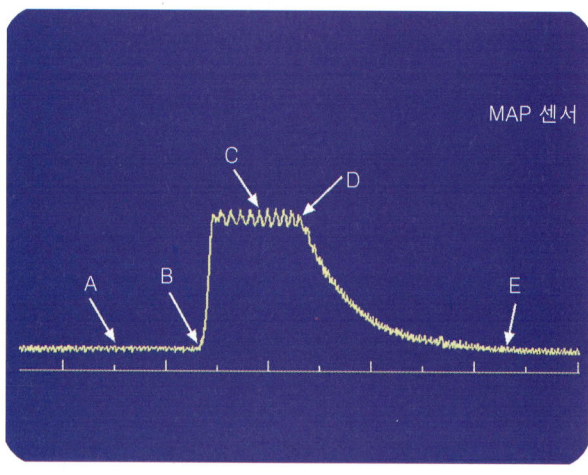
MAP 센서

09 급가감속시 맵 센서 정상 파형

A : **공전 상태** – 공전 상태에서 일정한 전압으로 유지되고 있다.

B : **급가속 시작** – 액셀러레이터 페달을 밟으면서 압력이 증가(진공은 감소)하면서 센서의 저항이 감소하여 전압이 급상승한다.

C : **스로틀 밸브 완전 열림** – 스로틀 밸브가 열린 상태에서 최고 전압이 약 5V가 출력되며, 맥동 현상이 발생하는 것은 밸브 서징이나 흡기다기관의 맥동 흐름이다.

D : **스로틀 밸브 닫힘** – 스로틀 밸브가 닫힘에 따라 센서의 저항이 증가하면서 흐르는 전압이 떨어진다.

E : **다시 공전 상태** – 스로틀 밸브가 닫힌 상태에서 공전상태로 돌아와 일정한 전압이 출력되고 있다.

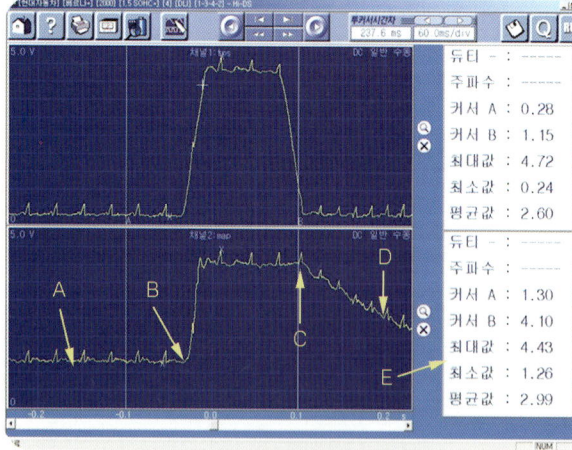

10 위 채널은 TPS 파형, 아래 채널은 맵 센서 파형

A : **공전 상태** – 공전이 조용하게 이루어지고 있으며, 일정한 맥동을 갖는다.

B : **급가속 시작** – 액셀러레이터 페달을 밟으면 진공이 감소하고 맵 센서의 저항값이 낮아져 전압이 급상승한다.

C : **스로틀 밸브 닫힘** – 급감속 상태에서 TPS값은 급격히 떨어지지만 MAP 센서는 압력이 서서히 증가하면서 저항값이 증가하여 전압이 떨어진다.

D : **다시 공전 상태** – 전압이 0.5V이하로 떨어졌다가 다시 약 1V 정도로 상승한다.

E : **최대값과 최소값** – WOT 상태일 때 4.22V로 최대값 5V에 근접하고 있고 최소값은 1.3V로 출력되고 있어 규정값 약 1.0V에 근접한다.

(2) Hi-DS Premium

1) 측정전 준비

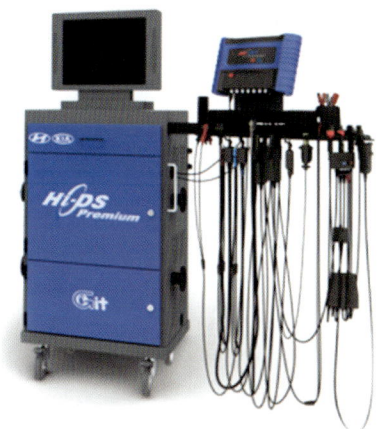

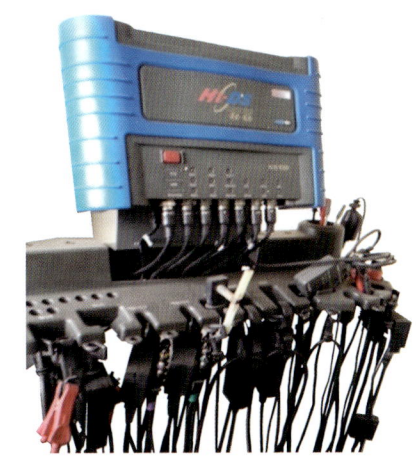

01 파워 서플라이 전원을 ON시킨다.

DC 전원 케이블 (+), (-)를 파워 서플라이에 연결 후(항시 연결시켜 놓는다) 파워 서플라이 전원 스위치를 ON으로 한다.

02 계측 모듈의 스위치를 ON시킨다.

배터리 케이블을 계측 모듈에 연결하고, 다른 한쪽은 차량의 배터리(+), (-)단자에 연결한다. DC 전원 케이블을 계측 모듈에 연결한다. 계측 모듈의 스위치를 누른다.

▲ 배터리 케이블

▲ DC 전원 케이블

배터리 케이블을 Hi-DS 계측 모듈에 연결하고 적색 클립은 배터리 (+) 단자에, 흑색 클립은 배터리 (-) 단자에 연결한다.

DC 전원 케이블을 파워 서플라이와 계측 모듈에 연결하여 한다. Hi-DS Premium 내부의 서플라이에서 계측 모듈에 DC 전원을 공급한다.

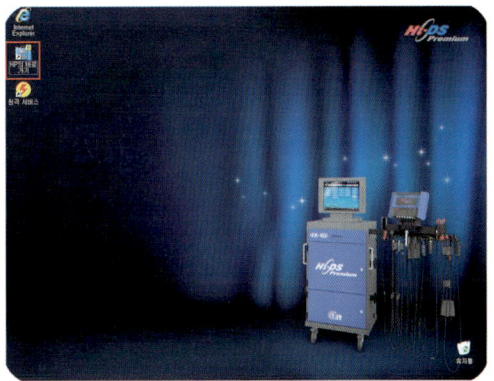

03 모니터, 프린터, PC 전원 ON시킨다.

모니터와 프린터 스위치를 ON시키고 PC의 전원을 ON 시키면 부팅을 시작한다.

04 Hi-DS Premium 실행

부팅이 완료된 상태에서 모니터 바탕 화면에 Hi-DS Premium 바로가기 아이콘을 더블 클릭한다.

자동차정비**산업기사실기**

05 로그인 화면
ID와 Password를 입력하면 메인 화면이 열린다.

06 로그 오프 상태의 화면
검색, 차종 정보의 맞춤정보, 현상별 정보, 사례별 정보, 수리정보 전 기능, 커뮤니티 전 기능, 핫 키의 정비정보매뉴얼, 인터넷 업데이트 등을 할 수 없다.

07 로그 온 상태의 화면
검색, 차종 정보의 맞춤정보, 현상별 정보, 사례별 정보, 수리정보 전 기능, 커뮤니티 전 기능, 핫 키의 정비정보매뉴얼, 인터넷 업데이트 등을 할 수 있다.

08 차종 선택 버튼 클릭
초기 화면 위쪽의 차종 선택 버튼을 클릭하면 제조사, 차종, 연식, 엔진을 선택하는 화면이 표출되면 제조사(현대)를 선택한다.

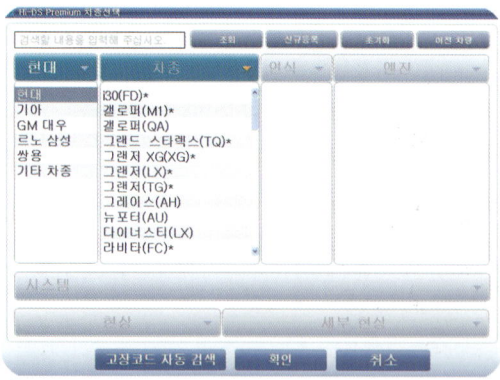

09 차종을 선택하는 방법
조회를 통해 선택하는 방법, 직접 입력하여 선택하는 방법, 이전 차량 버튼을 눌러 선택하는 3가지 방법이 있다.

10 제조사, 차종, 연식, 엔진 형식 선택화면
제조사, 차종, 연식, 엔진 형식을 차례로 선택한 후 시스템 버튼을 클릭하면 시스템 선택 창이 표출된다.

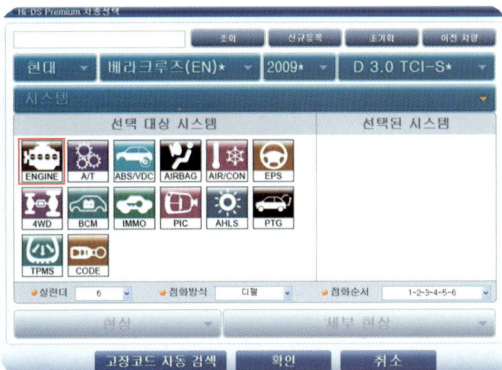
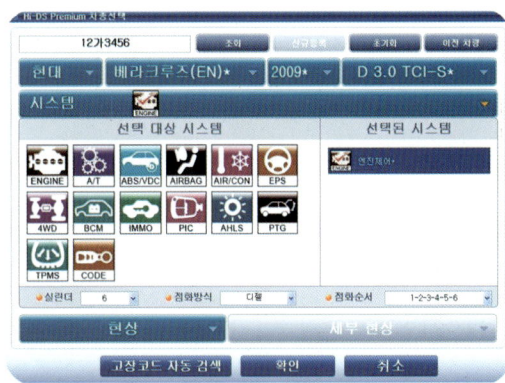

11 점검할 대상의 시스템 선택
좌측의 시스템 선택 항목에서 점검할 대상의 시스템 아이콘을 클릭하여 시스템을 선택한다.

12 단일 시스템 선택을 선택한 상태의 화면
하나의 선택 대상 시스템을 선택하면 선택된 시스템의 아이콘이 선택된 시스템으로 이동한다.

13 다중 시스템 선택을 선택한 상태의 화면
다수의 선택 대상 시스템을 선택하면 선택된 시스템의 아이콘이 선택된 시스템으로 이동한다. 완료 후 확인 버튼을 클릭한다.

2) 측정 방법

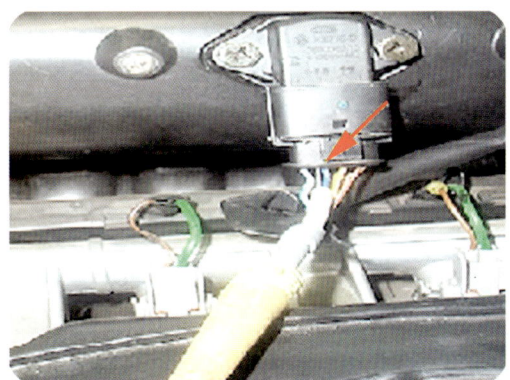

01 측정 대상 차량에서 맵 센서 설치 위치 확인
Hi-DS 테스터의 배터리 전원선 붉은색을 (+)에, 흑색을 (-)에 연결한다.

02 맵 센서의 커넥터에서 출력 단자 확인
Hi-DS 테스터의 오실로스코프 채널 1번 컬러 프로브를 맵 센서 출력 단자에, 흑색 프로브를 차체에 접지한다.

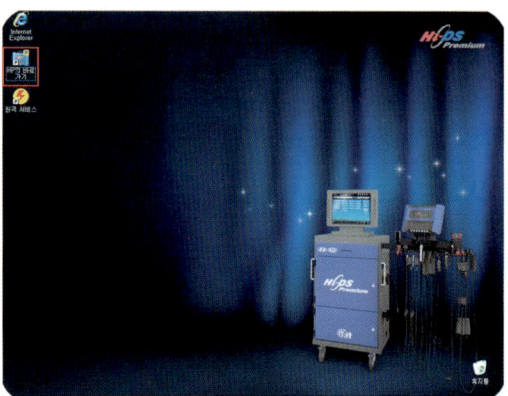

03 Hi-DS Premium을 활성화 한다.

부팅이 완료된 상태에서 모니터 바탕 화면에 Hi-DS Premium 바로가기 아이콘을 더블 클릭한다.

04 로그인 취소 버튼 클릭

시험장에서는 로그인 창이 표출되면 아이디와 비밀번호를 입력하지 않고 로그인 취소 버튼을 클릭한다.

05 사용제약 경고 문구가 표출되면 확인 버튼을 클릭

시험장에서는 사용제한 경고 문구 창이 표출되면 확인 버튼을 클릭한다.

06 오실로스코프 버튼 클릭

오실로스코프 버튼을 클릭하여 차량의 정보를 입력시키는 창을 표출시킨다.

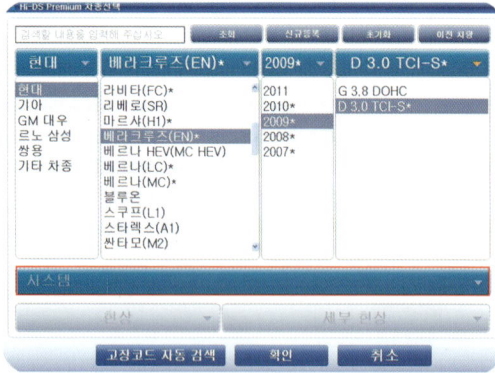

07 차량 정보 입력

제조사, 차종, 연식, 엔진 형식을 순차적으로 선택한 후 시스템 버튼을 클릭한다.

08 점검할 시스템 선택

점검할 시스템을 선택 대상 시스템에서 시스템을 클릭하면 우측에 선택한 후 확인 버튼을 클릭한다.

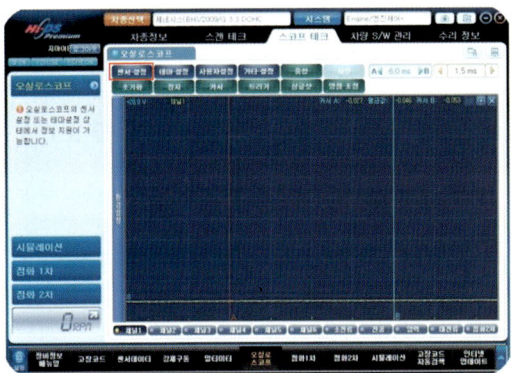

09 상단의 센서 설정 버튼 클릭

스코프 화면 상단의 센서 설정 버튼을 클릭하여 센서 설정 창을 표출시킨다.

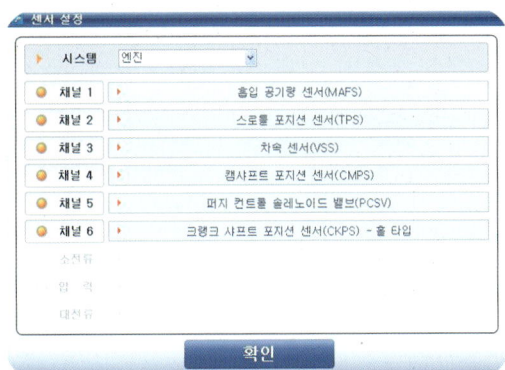

10 센서 및 액추에이터 설정

진단하고자 하는 센서 및 액추에이터를 설정한 후 하단의 확인 버튼을 클릭한다.

11 환경 설정 버튼 클릭

초기 화면 상단 바의 환경 설정 버튼을 클릭하여 파형의 환경을 설정한다.

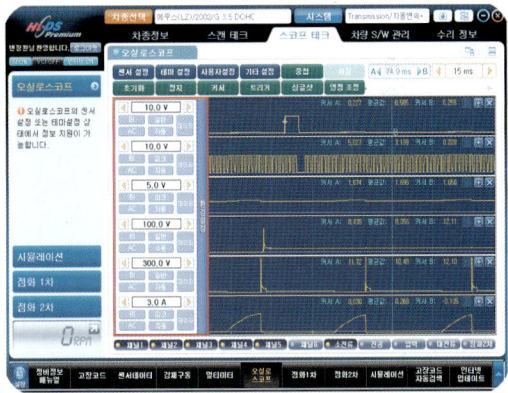

12 각 채널에 알맞은 환경 설정

각 채널(전압축 범위, UNI/BI, 피크/일반, AC/DC, 자동/수동 및 데이터)에 대한 환경을 설정한다.

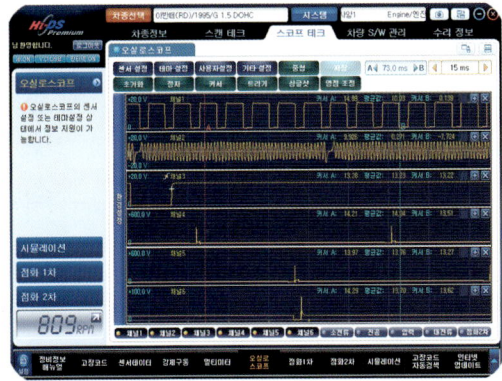

13 오실로스코프 화면을 전체 화면으로 변경시킨다.

오실로스코프 우측 상단의 아이콘을 클릭하여 오실로스코프 화면을 전체 화면으로 변경시킨다.

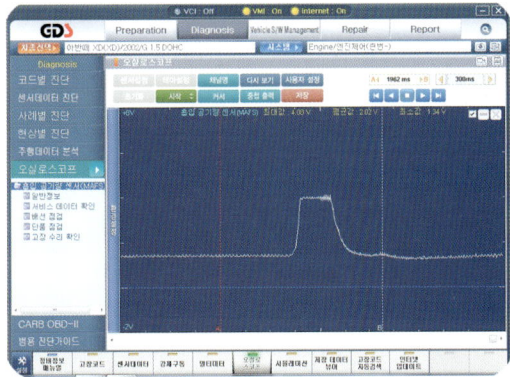

14 급가속시 전체 화면의 MAP 출력파형

엔진을 급가속한 후 정지시킨 화면의 우측에서 최대값과 최소값 및 파형의 상태를 확인하고 프린터를 클릭하여 출력한다.

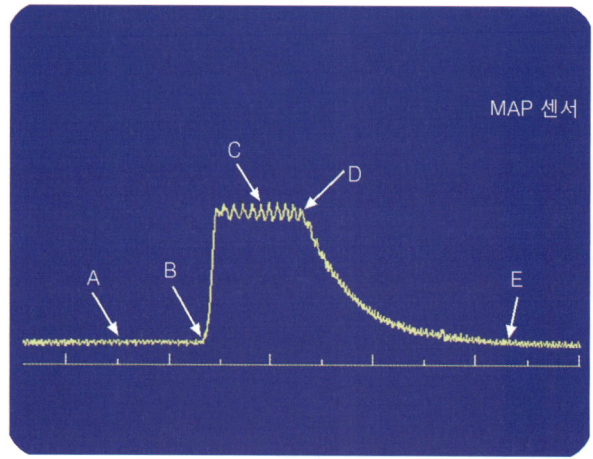

⑮ 급 가감속시 맵 센서 정상 파형.

A : **공전 상태** – 공전 상태에서 일정한 전압으로 유지되고 있다.
B : **급가속 시작** – 액셀러레이터 페달을 밟으면서 압력이 증가(진공은 감소)하면서 센서의 저항이 감소하여 전압이 급상승한다.
C : **스로틀 밸브 완전 열림** – 스로틀 밸브가 열린 상태에서 최고 전압이 약 5V가 출력되며, 맥동 현상이 발생하는 것은 밸브 서징이나 흡기다기관의 맥동 흐름이다.
D : **스로틀 밸브 닫힘** – 스로틀 밸브가 닫힘에 따라 센서의 저항이 증가하면서 흐르는 전압이 떨어진다.
E : **다시 공전 상태** – 스로틀 밸브가 닫힌 상태에서 공전상태로 돌아와 일정한 전압이 출력되고 있다.

⑯ 맵 센서 파형 분석.

A : **공전 상태** – 공전이 조용하게 이루어지고 있으며, 일정한 맥동을 갖는다.
B : **급가속 시작** – 액셀러레이터 페달을 밟으면 진공이 감소하고 맵 센서의 저항값이 낮아져 전압이 급상승한다.
C : **스로틀 밸브 닫힘** – 급감속 상태에서 MAP 센서는 진공이 서서히 증가하면서 저항값이 증가되어 전압이 떨어진다.
D : **다시 공전 상태** – 이 지점을 지나서 A지점에 이르면 전압이 0.5V이하로 떨어졌다가 다시 약 1V 정도로 상승한다.
• **최대값과 최소값** – WOT 상태일 때 4.22V로 최대값 5V에 근접하고 있고 최소값은 1.3V로 출력되고 있어 규정값 약 1.0V에 근접한다.

실기시험 기록지

▶ 엔진 4. 센서 파형 분석
자동차 번호 :

	비번호		감독위원 확 인	
측정 항목	파형 상태			득 점
파형 측정	요구사항 조건에 맞는 파형을 프린트하여 아래 사항을 분석 후 뒷면에 첨부 ① 파형에 불량 요소가 있는 경우에는 반드시 표기 및 설명 하여야 함 ② 파형의 주요 특징에 대하여 표기 및 설명 하여야 함			

01 디젤엔진 인젝터 탈·부착, 연료 압력(고압) 점검

정비산업기사 / 엔진 5

주어진 전자제어 디젤엔진에서 인젝터를 탈거한 후(감독위원에게 확인) 다시 부착하여 시동을 걸고 공회전시 연료 압력을 점검하여 기록표에 기록하시오.

01 인젝터 탈·부착

(1) 인젝터 탈·부착시 주의사항

① 커먼레일 연료 분사 시스템은 극도로 높은 압력(1600bar) 하에서 작동함으로 주의를 요한다.
② 엔진 작동 중이나 시동을 끈 후 30초 동안은 커먼레일 연료 분사 시스템과 관련된 어떠한 작업도 해서는 안된다.
③ 항상 작업 안전 사항을 지켜야 한다.
④ 작업 영역을 청결하게 유지해야 하며, 커먼레일의 구성부품은 항상 청결하게 취급한다.
⑤ 특별한 상황을 제외 하고는 인젝터를 분리하지 않는다.
⑥ 연료 시스템 조립시 내부에 이물질의 유입이 없도록 주의해서 조립한다.
⑦ 연료 인젝터, 튜브, 호스 등 이물질의 유입 방지용 보호 캡은 장착 바로 직전에 탈거한다.
⑧ 인젝터 탈·장착시 인젝터 접촉부는 세척하고 O-링은 새것으로 교환하여 준다.
⑨ 인젝터 O-링 개스킷에 디젤유를 도포한 다음 실린더 헤드에 삽입한다.
⑩ 실린더 헤드에 인젝터를 삽입할 때 수직 방향으로 충격 등의 손상이 없도록 정확히 삽입한다.
⑪ 고압 연료 튜브는 재 사용하지 않는다.
⑫ 고압 연료 튜브 조립시 플레어 너트와 상대 부품과 수직으로 체결한다.

(2) 인젝터 탈·부착

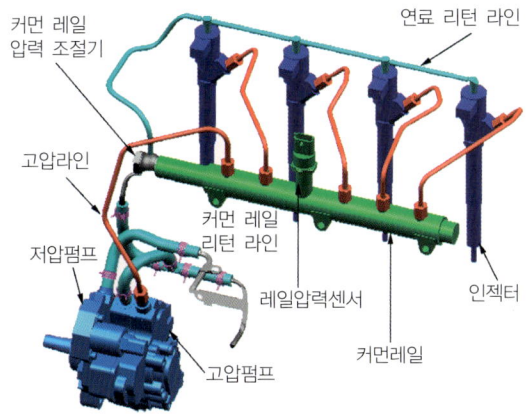

▲ CRDI 고압 연료라인 구성도

고압펌프, 고압 연료 파이프, 커먼 레일, 연료 압력 조절기. 레일 압력 센서, 인젝터, 연료 리턴 파이프 등으로 구성되어 있다.

▲ CRDI 고압 연료라인 구성품

고압펌프, 고압 연료 파이프, 커먼 레일, 연료 압력 조절기. 레일 압력 센서, 인젝터, 연료 리턴 파이프 등으로 구성되어 있다.

01 인젝터 설치 상태의 모습

인젝터, 커넥터, 리턴 호스, 고압 파이프가 설치된 상태의 모습이다.

02 인젝터 커넥터 분리

인젝터를 탈거하기 전에 모든 인젝터에서 전원이 공급되는 커넥터를 분리한다.

▲ 인젝터에 커넥터가 설치된 모습

▲ 인젝터에 리턴 호스가 연결된 모습

03 인젝터 상단의 연료 리턴 호스 탈거

인젝터 상단에 설치되어 있는 클립을 분리하고 연료 리턴 호스를 탈거한다.

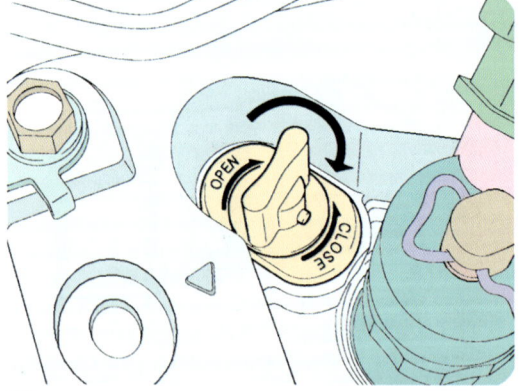

04 레버를 시계방향으로 돌려 탈거

인젝터 클램프를 고정하는 클램프 볼트를 풀기 위해서는 레버를 시계방향을 돌려 탈거하여야 한다.

05 인젝터 클램프 탈거
클램프 마운팅 볼트를 풀고 인젝터 클램프를 탈거한다.

06 인젝터 탈거
인젝터 리무버로 인젝터를 탈거한다. 장착은 역순으로 시행한다.

02 연료 압력 측정

(1) 연료 압력(고압) 측정

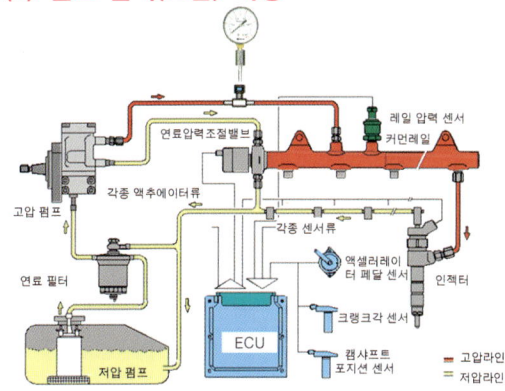

▲ 연료 압력(고압)을 점검하기 위한 준비 상태

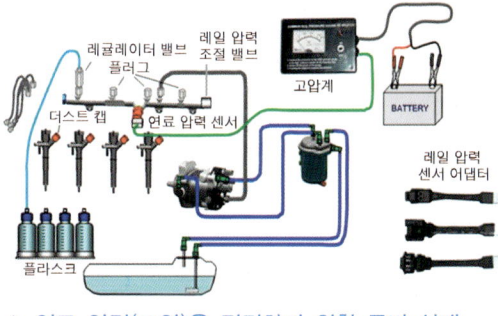

▲ 연료 압력(고압)을 점검하기 위한 준비 상태

01 커먼 레일에 압력 레귤레이터 밸브 장착
인젝터의 모든 고압 파이프를 탈거하고 더스트 캡을 장착한 후 커먼레일에 레귤레이터 밸브와 플러그를 장착한다.

02 레일 압력 센서 어댑터 장착
레일 압력 센서 커넥터를 탈거하고 레일 압력 센서 어댑터와 고압게이지를 레일 압력 센서와 배터리에 연결한다.

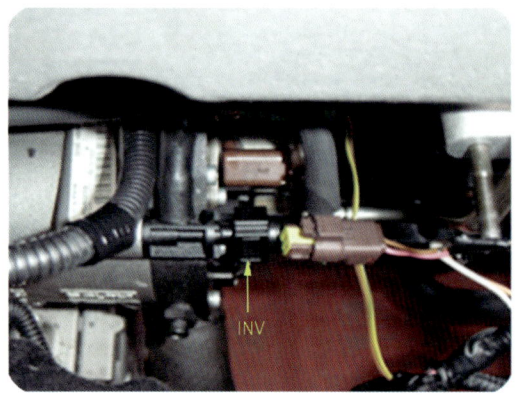

03 IMV 커넥터 탈거

고압 펌프의 IMV(Inlet Metering Valve) 커넥터를 탈거한다.

04 고압 압력 게이지의 최대 압력값 측정

고압 압력 게이지 스위치를 ON시키고 엔진을 5초간 크랭킹하여 게이지의 최대 압력값을 측정한다.(정확도를 위해 2회 이상 실시한다.)

(2) 연료 압력(고압) 측정 판정

고압 펌프 압력	판 정	비 고
1000~1500bar	고압 펌프 정상	
0~1000bar	고압 펌프 & 레일 압력 조절 밸브 비정상	저압 연료 라인 점검
0 미만	레일 압력 센서 비정상	레일 압력 센서 & 테스터기 점검

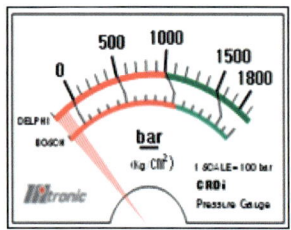 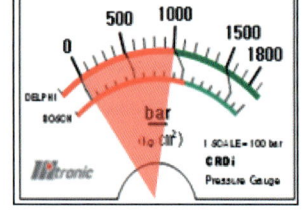 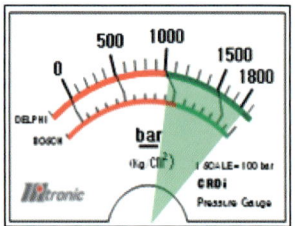

▲ 레일 압력 비정상   ▲ 고압펌프 & 레일 압력 조절 밸브 비정상   ▲ 정상

실기시험 기록지

▶ 엔진 5. 전자제어 디젤엔진 점검
자동차 번호 :

측정항목	① 측정(또는 점검)		② 판정 및 정비(또는 조치)사항		득 점
	측정값	규정(정비한계)값	판정(□에 '✔' 표)	정비 및 조치할 사항	
연료 압력 (고압)			□ 양 호 □ 불 량		

비번호 / 감독위원 확 인

【차종별 커먼레일 연료 압력 규정값 (작동/시동)】

차종	bar	MPa	공회전	차종	bar	MPa	공회전
I30 PD 1.6	2000	200	850±100	K3 YD 1.6(작동/시동)	2000	200	790±100
	230	23			120	12	
I40 VF 1.7	2000	200	850±100	K5 JF 1.7	2000	200	790±100
	230	23			120	12	
싼타페 TM 2.0	2000	200	790±100	K7 YG 2.2	2000	200	790±100
	120	12			120	12	
싼타페 TM 2.2	2000	200	790±100	스포티지 QL 2.0	1800	180	790±100
	120	12			120	12	
아반떼 MD 1.6	1600	160	830±100	스포티지 QL 1.6	2000	200	850±100
	230	23			230	23	
엑센트 RB 1.6	2000	200	850±100	쏘렌토 UM 2.0	2000	200	790±100
	230	23			120	12	

1) 연료압력이 높을 때
 - 연료 압력 조절 밸브가 닫힌 상태로 고장
 - 연료 압력 조절 밸브 전원, 제어선 단선
 - 레일 압력 센서 전원, 제어선 단선
 - 연료 압력 조절 밸브 커넥터 탈거
 - 레일 압력 센서 커넥터 탈거
 - 연료 리턴 파이프의 굴곡, 막힘

2) 연료 압력이 낮을 때
 - 연료 압력 조절 밸브가 열린 상태로 고장
 - 레일 압력 센서 낮은 전압으로 설정(ECU 고장)
 - 레일 압력 센서 전원, 제어선 단선
 - 레일 압력 센서 커넥터 탈거

정비산업기사 01 샤시 1 전륜 현가장치의 쇽업소버 탈·부착 작동상태 확인

주어진 자동차에서 전륜 현가장치의 쇽업소버를 탈거한 후(감독위원에게 확인) 다시 부착하여 작동상태를 확인하시오.

01 쇽업소버 탈·부착

(1) 쇽업소버 탈거

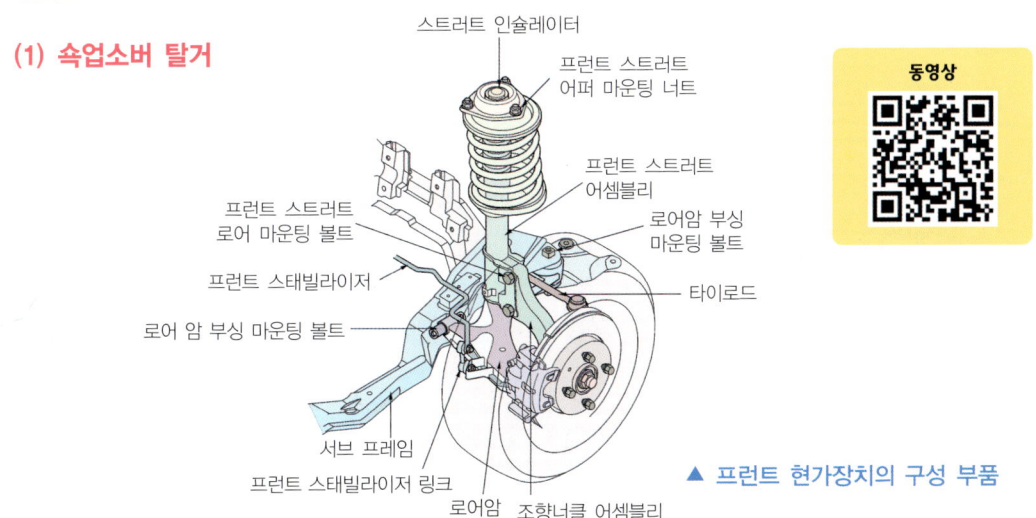

▲ 프런트 현가장치의 구성 부품

01 휠 및 타이어 탈거
리프트로 들어올리기 전에 휠 너트를 약간 풀고 리프팅한 후 휠 너트를 완전히 풀어 휠 및 타이어를 탈거한다.

02 브레이크 호스 브래킷 탈거
스트러트 어셈블리에서 브래킷 고정 볼트 및 너트를 풀어 브레이크 호스 브래킷(휠 스피드 센서 케이블 포함)을 탈거한다.

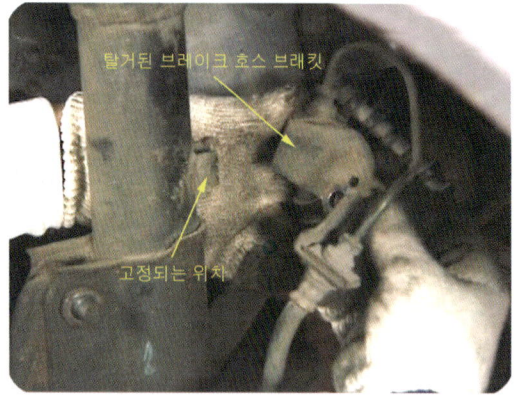

03 브레이크 호스 브래킷을 탈거한 모습
브레이크 호스, 휠 스피드 센서, 배선 하니스 등을 철사를 이용하여 조향 너클에 묶어 정리한다.

04 스트러트 상부 체결용 너트 탈거
장착하는 경우에는 상부 고정 너트를 약간 조여 걸어 놓은 후 너클과 스러스트 마운틴 볼트를 체결한 후 조인다.

05 스트러트 하단부 마운틴 볼트 탈거
장착하는 경우에는 상부 고정 너트를 약간 조여 걸어 놓은 후 너클과 스러스트 마운틴 볼트를 체결한 후 조인다.

06 스트러트 어셈블리를 조심하여 아래로 당겨 탈거
스트러트 어셈블리 상부가 기울어져 브레이크 호스 등이 손상되지 않도록 한다. 장착은 탈거 순서의 역순으로 시행한다.

(2) 쇽업소버 스프링 교환

01 스트러트 어셈블리를 스프링 압축기에 설치
스프링 압축기를 스프링 시트 아래 스트러트와 인슐레이터 커버 아래 부분의 스프링에 확실하게 고정한다.

02 인슐레이터 더스트 커버 분리
인슐레이터 더스트 커버를 (-) 드라이버로 분리한 후 도포되어 있는 그리스를 제거한다.

03 코일 스프링 압축
스프링에 약간의 장력이 생길 때까지 스프링을 압축한다.

04 셀프 록킹 너트 탈거
스트러트 상부의 셀프 록킹 너트를 복스 렌치로 탈거한다.

05 더스트 커버 탈거
스트러트에서 인슐레이터, 스프링 시트, 코일 스프링 및 더스트 커버, 고무 범퍼 등을 탈거한다.

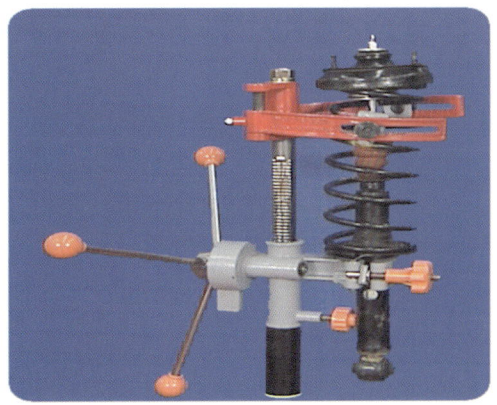

06 조립이 완료된 모습
신품의 코일 스프링으로 장착하는 경우 탈거의 역순으로 시행한다.

정비산업기사 01 섀시 2
종감속 기어장치 링 기어 백래시, 런 아웃 점검

주어진 종감속 장치에서 링 기어의 백래시와 런 아웃을 측정하여 기록표에 기록한 후 백래시가 규정값이 되도록 조정하시오.

01 종감속 기어장치 및 차동기어 장치 분해 조립

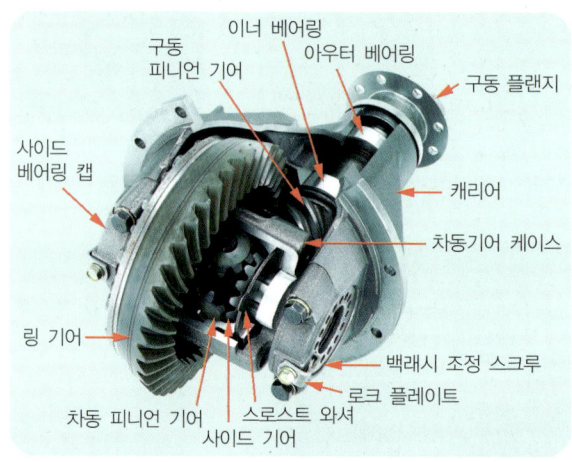

▲ 종감속 기어 및 차동기어 장치 구성 부품

01 좌우 사이드 베어링 캡에 표기
사이드 베어링 캡에 좌·우가 바뀌지 않도록 핀 펀치 등을 이용하여 표기를 해 둔다.

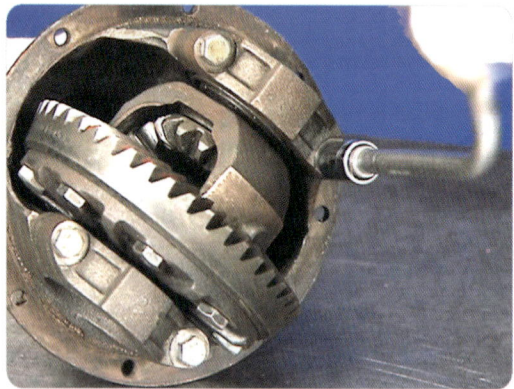

02 좌우 사이드 베어링 캡 탈거
좌우 사이드 베어링 캡 볼트를 힌지 핸들로 한번 풀고 스피드 핸들로 풀어 캡과 사이드 베어링 및 차동기어 케이스를 분리한다.

03 차동 피니언 샤프트 고정 핀 탈거
핀 펀치와 해머를 이용하여 차동 피니언 샤프트를 고정하는 핀을 탈거한다.

04 링 기어 탈거
링 기어 고정 볼트를 풀고 차동기어 케이스에서 링 기어를 탈거한다.

05 차동 피니언 기어와 사이드 기어 탈거
차동 피니언 샤프트를 빼낸 후 차동 피니언 기어를 탈거한 후 사이드 기어와 스러스트 와셔를 탈거한다. 조립은 분해의 역순으로 시행한다.

02 링 기어의 백래시와 런 아웃 점검

(1) 링 기어 백래시 점검

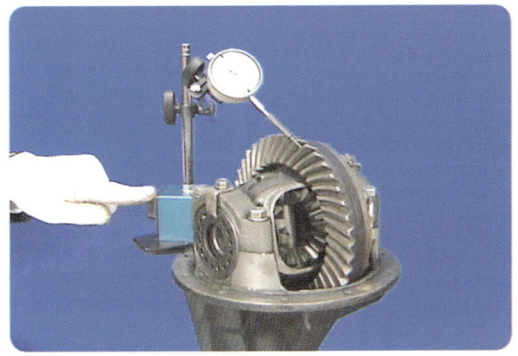

01 링 기어 백래시 측정 준비
링 기어와 구동 피니언 기어의 백래시 점검은 구동 피니언 기어가 회전하지 못하도록 구동 플랜지를 바이스 등에 고정한다.

02 다이얼 게이지 설치
다이얼 게이지를 캐리어에 부착하고 다이얼 게이지 스핀들을 링 기어 잇면에 직각이 되도록 접촉시킨다.

03 백래시 측정
다이얼 게이지의 0점을 조정한 후 링 기어를 좌우로 움직이면서 지침을 확인한다. 백래시는 일반적으로 0.13~0.18mm 이다.

04 백래시를 조정하는 방법.
링 기어의 백래시는 스크루를 이용하여 조정하는 방법과 심을 증감시켜 조정하는 방법이 있다. 사진은 스크루 조정 타입이다.

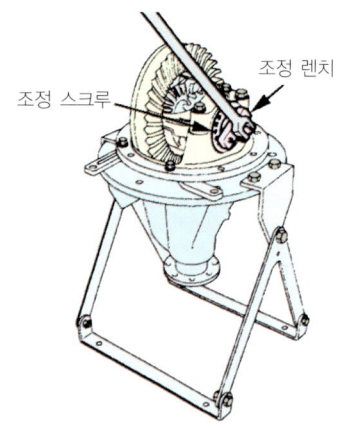

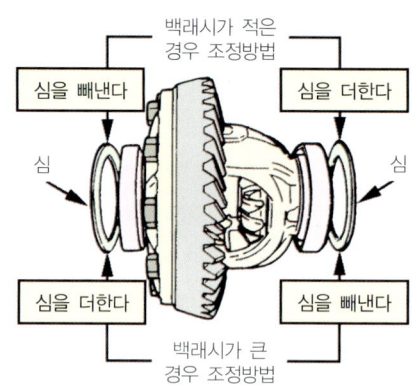

05 조정 스크루로 백래시를 조정하는 방법
백래시가 큰 경우 그림의 우측 조정 스크루를 풀고 좌측 조정 스크루를 조인다. 백래시가 적은 경우 그림의 좌측의 조정 스크루를 풀고 우측 조정 스크루를 조인다.

06 심으로 백래시를 조정하는 방법
백래시가 큰 경우 그림의 우측에서 조정 심을 빼내 좌측에 조정 심을 넣어 증가시킨다. 백래시가 적은 경우 그림의 좌측에서 조정 심을 빼내 우측에 조정 심을 넣어 증가시킨다.

(2) 링 기어 런 아웃 점검

동영상

01 링 기어 런 아웃 측정 준비

링 기어 런 아웃 점검은 구동 피니언 기어와 링 기어가 회전할 수 있도록 캐리어를 바이스 등에 고정한다.

02 링 기어 런 아웃 측정

다이얼 게이지를 차동기어 케이스에 접촉되는 면에 직각으로 설치하고 0점을 조정한 후 링 기어를 1회전시키면서 측정한다.

실기시험 기록지

▶ 섀시 2. 링 기어 점검
　　작업대 번호 :

측정항목	① 측정(또는 점검)		② 판정 및 정비(또는 조치)사항		득 점
	측정값	규정(정비한계)값	판정(□에 '✔' 표)	정비 및 조치할 사항	
백래시			□ 양 호 □ 불 량		
런아웃					

비번호 : 　　　　감독위원 확인 :

【 차종별 백래시 규정값 】

차 종	링 기어		조정법
	백래시	런아웃	
갤로퍼/ 테라칸/ 스타렉스	0.11~0.16mm	0.05mm 이하	
싼타페	0.08~0.13		
록스타	0.09~0.11	—	
마이티	0.20~0.28mm	0.05mm 이하	
그레이스	0.11~0.16	0.05mm 이하	
에어로 버스	0.25~0.33mm (한계 0.6mm)	0.2mm 이하	

백래시가 적은 경우 조정방법 : 심을 빼낸다 / 심을 더한다
백래시가 큰 경우 조정방법 : 심을 더한다 / 심을 빼낸다

▲ 심 조정 형식

정비산업기사 01 — ABS 브레이크 패드 탈·부착

새시 3

ABS가 설치된 주어진 자동차에서 브레이크 패드를 탈거한 후(감독위원에게 확인) 다시 부착하여 브레이크 작동 상태를 점검하시오.

01 브레이크 패드 탈·부착

01 휠 너트를 약간씩 풀어 놓는다.
작업을 하기 전에 타이어가 지면에 접촉된 상태에서 휠 너트를 약간씩 풀어 놓는다.

02 휠 및 타이어 탈거
차축을 리프트 업 또는 잭업한 후 휠 너트를 완전히 풀어 휠 및 타이어를 탈거한다.

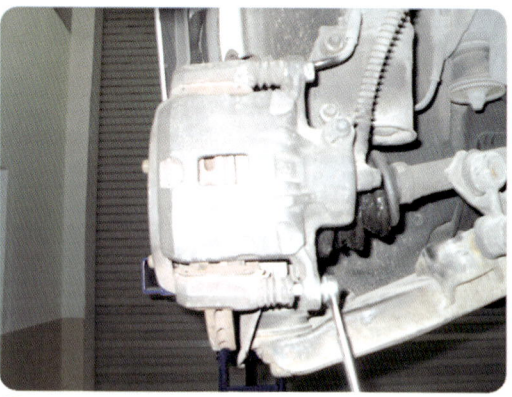

03 가이드 로드 볼트 탈거
캘리퍼 어셈블리 하단의 캘리퍼 어셈블리를 지지하는 가이드 로드 볼트를 풀어서 탈거한다.

04 캘리퍼 어셈블리를 들어 올린다.
들어 올린 캘리퍼 어셈블리는 철사를 이용하여 지지한다. 이때 브레이크 호스는 분리하지 않는다. ABS의 톤 휠이 보인다.

05 패드를 탈거하기 쉽게 디스크에서 이격시킨다.
드라이버를 이용하여 브레이크 패드를 디스크에서 이격시켜 간극을 크게 하여 브레이크 패드의 탈거가 쉽도록 준비한다.

06 브레이크 패드 탈거
디스크를 중심으로 우측의 캘리퍼 브래킷에서 브레이크 패드를 탈거한다.

07 브레이크 패드 탈거
디스크를 중심으로 좌측의 캘리퍼 브래킷에서 브레이크 패드를 탈거한다.

08 패드 심과 리테이너 탈거
패드 심과 패드 리테이너를 탈거한다. 부착은 탈거의 역순으로 하며, 완료되면 브레이크 페달을 밟아 작동 상태를 확인한다.

01 전(앞) 또는 후(뒤) 제동력 측정

섀시 4

3항의 작업 자동차에서 감독위원의 지시에 따라 전(앞) 또는 후(뒤) 제동력을 측정하여 기록표에 기록하시오.

01 제동력 시험 전 준비사항

① 시험기 본체의 댐퍼 오일의 유량을 점검한다.(부족하면 스핀들유를 보충한다.)
② 롤러에 오일이나 흙이 묻어 있으면 깨끗이 닦아낸다.
③ 리프트를 작동시키는 공기 압축기의 공기 압력이 7~10kg/cm²정도인가를 확인한다.
④ 점검 자동차의 타이어 공기 압력이 규정값인지를 확인하고, 타이어 트레드의 이 물질을 제거한 후 마모 상태를 점검한다.
⑤ 점검 자동차는 공차 상태에서 운전자 1인이 승차하여 시험한다.

02 제동력 시험 방법

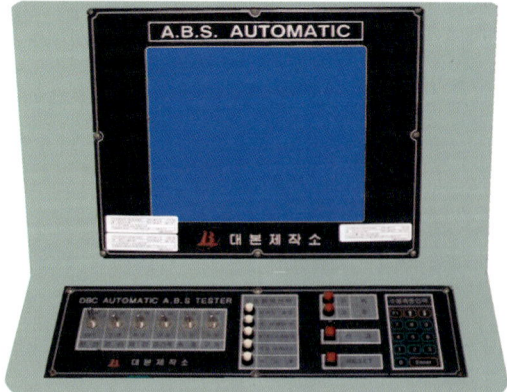
▲ ABS 오토매틱 테스터 본체

▲ 브레이크 테스터 및 스피드 미터 테스터 리프트와 롤러

01 차량을 제동력 측정기 답판에 진입시킨다.
측정 대상 자동차를 제동력 측정기 답판과 직각이 되도록 진입시킨다.

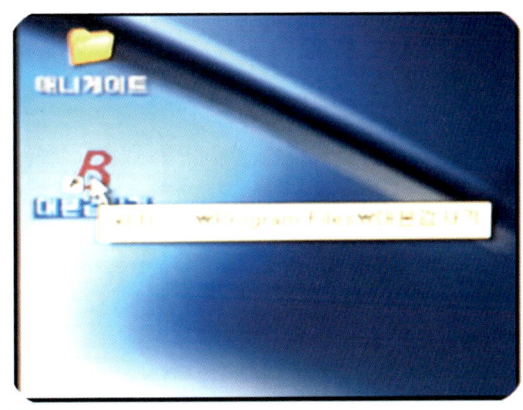

02 메인 화면에서 대본검사기 아이콘 클릭
메인 화면에서 대본검사기 아이콘을 클릭하면 로그인 메뉴가 표출된다.

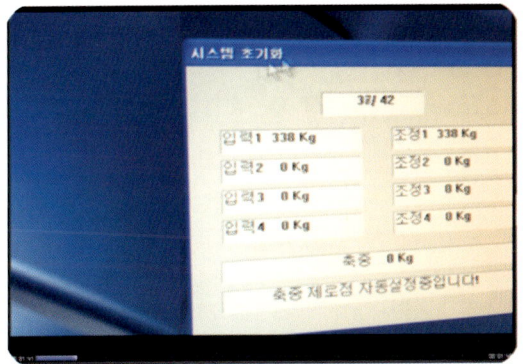

03 로그인 메뉴가 표출되면 취소 클릭

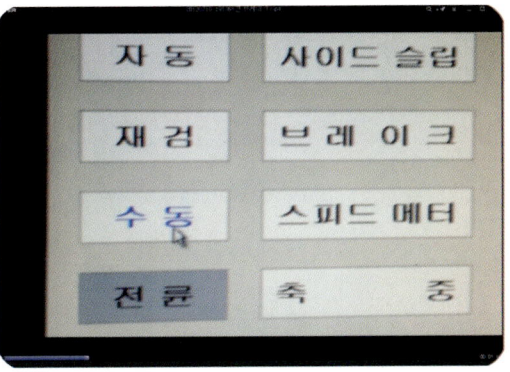

04 선택 메뉴에서 수동 클릭
현재의 선택 메뉴 화면 좌측의 자동, 재검, 수동, 전륜 중에서 수동을 클릭한다.

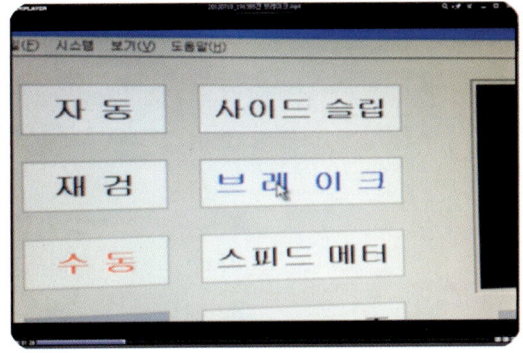

05 선택 메뉴에서 브레이크 클릭
현재의 선택 메뉴 화면 우측의 사이드 슬립, 스피드 메터, 축중, 택시 메터 중에서 브레이크를 클릭한다.

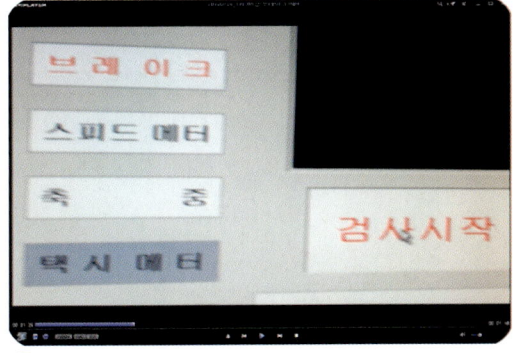

06 선택 메뉴에서 검사 시작 클릭
현재의 선택 메뉴 화면 우측의 검사 시작을 클릭한다.

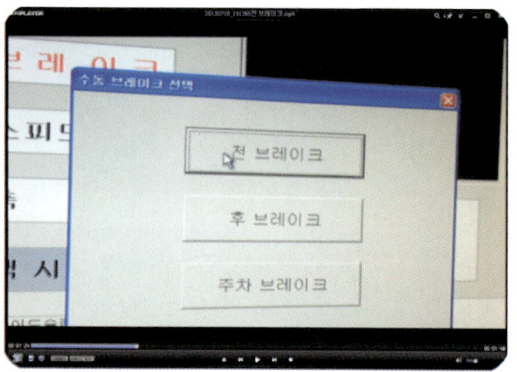

07 선택 메뉴에서 전 브레이크 클릭

표출된 수동 브레이크 선택 메뉴에서 전 브레이크, 후 브레이크, 주차 브레이크 중에서 준비된 차량의 전 브레이크를 클릭한다.

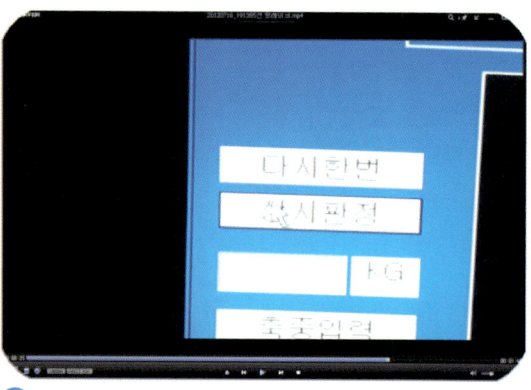

08 상시 판정 클릭

표출된 전 브레이크 측정 화면의 좌측 하단에서 상시 판정을 클릭하여 최대 판정으로 변환한다.

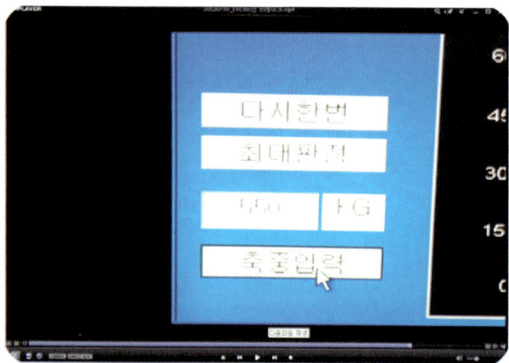

09 축중 입력

축중 입력을 클릭하고 시험관이 제시한 축중 550을 입력한다. 키 보드에서 ENTER을 클릭하면 리프트가 내려가고 롤러가 회전한다.

10 보조원에게 「브레이크를 밟으세요」 라고 주문

롤러가 회전하면 운전석의 보조원에게 브레이크 페달을 밟으세요. 라고 주문한다. 이때 좌, 우측 제동력의 최대값이 홀드 된다. 제동력 합과 편차 및 적합과 부적합이 표출된다.

11 제동력 합이 부적합한 경우 표출된 화면

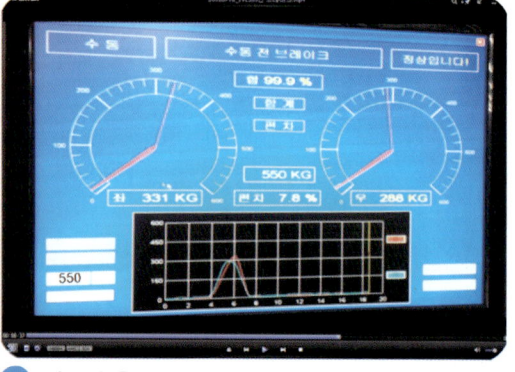

12 제동력 합 및 차가 정상인 경우 표출된 화면

03 제동력 판정 방법

① 제동력의 총합 = $\dfrac{\text{앞·뒤, 좌·우 제동력의 합}}{\text{차량 중량}} \times 100 = $ **50%** 이상 되어야 합격

② 앞바퀴 제동력의 총합 = $\dfrac{\text{앞, 좌·우 제동력의 합}}{\text{앞축중}} \times 100 = $ **50%** 이상 되어야 합격

③ 뒷바퀴 제동력의 총합 = $\dfrac{\text{뒤, 좌·우 제동력의 합}}{\text{뒤축중}} \times 100 = $ **20%** 이상 되어야 합격

④ 좌우 제동력의 편차 = $\dfrac{\text{큰쪽 제동력} - \text{작은쪽 제동력}}{\text{당해 축중}} \times 100 = $ **8%** 이내면 합격

⑤ 주차 브레이크 제동력 = $\dfrac{\text{뒤, 좌·우 제동력의 합}}{\text{차량 중량}} \times 100 = $ **20%** 이상 되어야 합격

실기시험 기록지

➡ 섀시 4. 제동력 점검
　　자동차 번호 :

비번호		감독위원 확인	

① 측정(또는 점검)				② 판정 및 정비(또는 조치)사항		득점
위 치	구분	측정값	기준값 (□에 '✔'표)	산출근거	판정(□에 '✔'표)	
제동력 위치 (□에 '✔'표) □ 앞 □ 뒤	좌		□ 앞 □ 뒤 축중의	편차	□ 양 호 □ 불 량	
	우		제동력 편차	합		
			제동력 합			

※ 측정 위치는 감독위원이 지정하는 위치에 □에 '✔' 표시합니다.
※ 자동차 검사기준 및 방법에 의하여 기록 판정합니다.
※ 측정값의 단위는 시험장비 기준으로 작성합니다.
※ 산출근거에는 단위를 기록하지 않아도 됩니다.

■ 차종별 중량 (현대)

차종 항목	AVANTE		i 30				VERACRUZ			
	1.6 VVT	1.6 VGT	1.6 VVT	2.0 VVT			3.0 (2WD)	3.0 (4WD)	3.8 (2WD)	3.8 (4WD)
배기량(CC)	1,591	1,591	1,582	1,582	1,591	1,591	1,975	1,975	2,959	2,959	3,778	3,778
공차중량(kg)	1,173	1,191	1,321	1,328	1,227	1,247	1,290	1,305	2,030	2,112	1,970	2,110
변속방식	M/T 5	A/T 4	M/T 5	A/T 4	M/T 5	A/T 4	M/T 5	A/T 4	A/T 6	A/T 6	A/T 6	A/T 6
연비(km/L)	15.8	15.2	20.5	16.5	16.0	15.2	13.3	12.4	11.0	10.7	8.5	8.1
에너지 등급	1	1	1	1	1	1	2	3	3	3	4	5

■ 차종별 축량 (기아)

항목 \ 차종	CERATO											
	1.6 CVVT(4)	1.6 VGT(4)	2.0 CVVT(4)	2.0 D(4)	1.6 CVVT(5)	1.6 VGT(5)	2.0 CVVT(5)	2.0 D(5)				
배기량(CC)	1,591	1,591	1,582	1,582	1,975	1,975	1,591	1,591	1,582	1,582	1,975	1,975
공차중량(kg)	1,189	1,214	1,265	1,330	1,285	1,259	1,215	1,240	1,295	1,305	1,300	1,300
변속방식	M/T 5	A/T 4	M/T 5	A/T 4	A/T4	M/T	M/T 5	A/T 4	M/T 5	A/T 4	A/T 4	M/T 5
연비(km/L)	15.1	13.2	20.7	16.0	12.0	13.5	15.1	13.2	16.0	13.5	12.0	13.5
에너지 등급	1	2	1	1	3	2	1	2	1	1	3	1

■ 차종별 중량 (kg)

항목	프라이드(Pride)										
	1.4 D(가) 4도어		1.4 D(가) 5도어		1.6 CVVT 4도어		1.6 CVVT 5도어		1.5 (디) 4도어		1.5 (디) 5도어	
배기량(CC)	1,399	1,399	1,399	1,399	1,599	1,599	1,599	1,599	1,493	1,493	1,493	1,493
공차중량(kg)	1,077	1,099	1,080	1,102	1,079	1,101	1,847	1,124	1,135	1,145	1,160	1,170
변속방식	M/T	A/T	M/T	A/T	M/T	A/T	M/T	A/T	M/T	A/T	M/T	A/T
연비(km/L)	15.4	13.1	15.4	13.1	14.7	13.0	14.7	13.0	20.5	16.9	20.5	16.9
에너지 등급	2	3	2	3	2	3	2	3	1	1	1	1

■ 차종별 중량 (현대)

항목	투싼(Tucson)				싼타페(Santafe)			
	2.0 VGT 2WD(디젤)	2.0 VGT(4WD)	2.0 VVT(가)	2.0 VGT(2WD)	2.2 VGT (2WD)		2.2 VGT(4WD)	
배기량(CC)	1,991	1,991	1,991	1,975	1,991	2,188	2,188	2,188	2,188
공차중량(kg)	1,615	1,635	1,710	1,520	1,847	1,817	1,847	1,907	1,941
변속방식	M/T 6	A/T 4	M/T 6	A/T 4	A/T 5	M/T 5	A/T 5	M/T 5	A/T 5
연비(km/L)	15.2	12.6	14.3	9.8	12.6	14.4	12.5	14.0	11.7
에너지 등급	1	2	1	4	2	1	1	1	2

※ 전축의 중량은 공차중량의 약 60%를 잡아준다. 후륜은 40%를 잡는다.

정비산업기사 01 — 자동변속기 자기진단

섀시 5

주어진 자동차에서 자동 변속기에서 자기진단기(스캐너)를 이용하여 각종 센서 및 시스템 작동 상태를 점검하고 기록표에 기록하시오.

동영상

01 진단기로 자동변속기 점검

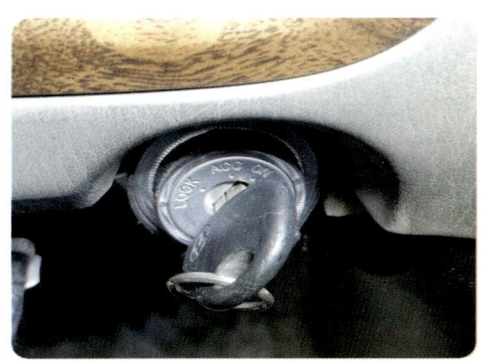

❶ 스캐너를 OBD단자에 연결하고 키를 ON시킨다.

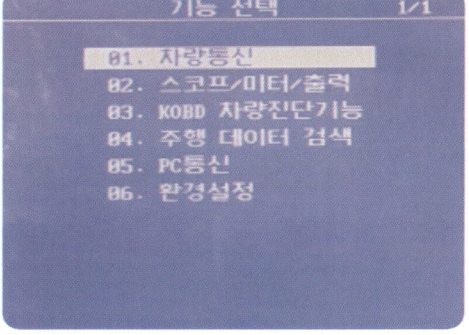

❷ 스캐너를 ON하고 차량통신을 선택한다.

❸ 자동차 제작회사를 선택한다.

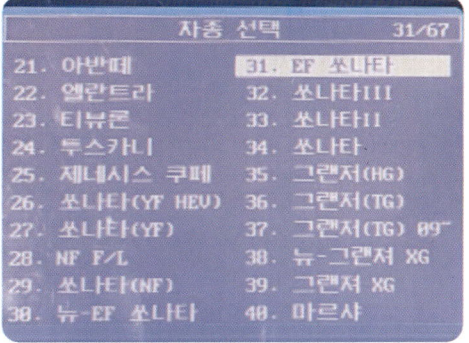

❹ 차종을 선택한다.

❺ 자동변속기를 선택한다.

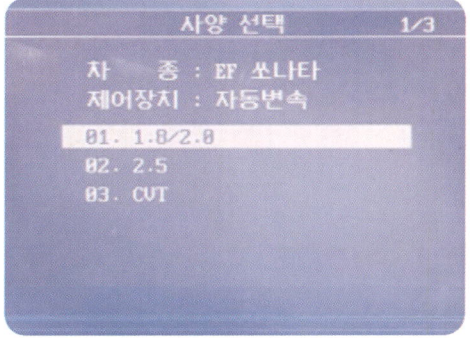

❻ 배기량을 선택한다.

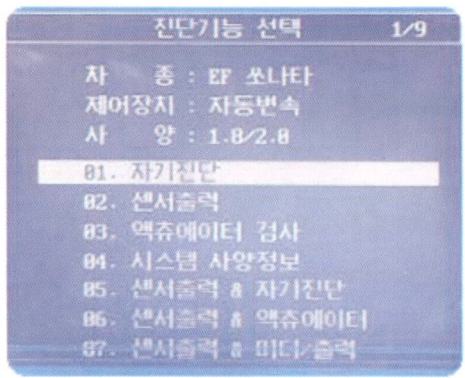
❼ 자기진단을 선택한다.

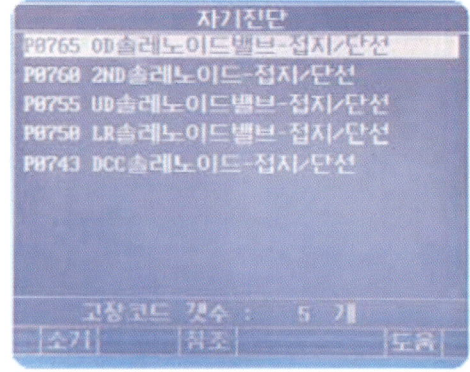
❽ 자기진단 결과를 확인하고 이상부위를 답안지에 기록하고 판정한다.

실기시험 기록지

점검항목	① 점검(또는 측정)		② 판정 및 정비(또는 조치)사항	득 점
	고장 부분	내용 및 상태	정비 및 조치할 사항	
자기 진단				

▶ 섀시 5. 자동변속기 점검
　　작업대 번호 :
비번호 / 감독위원 확인

- 엔드 클러치에서 점검하여야 할 부분
    ① 실링의 마모
    ② 엔드 클러치 하우징 리테이너의 마모
    ③ D-링의 마모
    ④ 클러치 디스크, 플레이트의 마모
    ⑤ 스냅 링과 리액션 플레이트 사이의 간극(0.6~0.85mm)

- 엔드 클러치가 작동 불량일 때 일어날 수 있는 현상은?
    ① 4단으로 변속 불가능
    ② 1-2단 혹은 3-4단 변속시 과도한 충격 진동이 발생함.
    ③ 고단 변속시 엔진 rpm이 갑자기 증가함
    ④ 3단 기어에 고정됨

01 크랭킹 전압강하, 전류소모 시험

정비산업기사 / 전기 1

주어진 자동차에서 시동모터를 탈거한 후(감독위원에게 확인) 다시 부착하여 작동상태를 확인하고 크랭킹시 전류소모 및 전압강하 시험을 하여 기록표에 기록하시오.

01 기동 전동기 탈·부착, 작동시험

동영상

(1) 기동 전동기 탈·부착

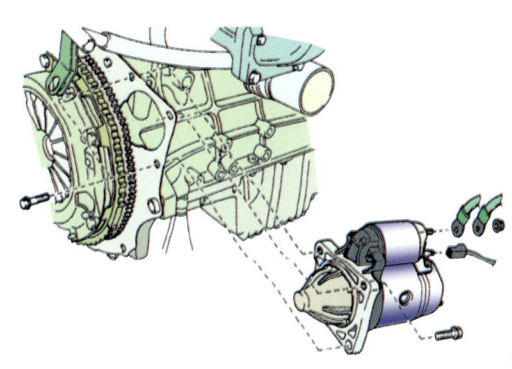
▲ 기동 전동기 설치 위치도

▲ 실제 기동 전동기 설치 위치 사진

01 배터리 ⊖ 단자 커넥터에서 케이블 탈거

02 트랜스액슬에서 스피드 미터 케이블 탈거

❸ 솔레노이드에서 B단자에서 배터리 케이블과 ST단자의 키 스위치 배선 탈거

❹ 트랜스액슬에서 고정 볼트 2개를 풀고 기동 전동기를 탈거. 부착은 장착의 역순으로 시행 후 작동시험을 한다.

(2) 기동 전동기 고장 원인(작동 시험)

① 회전력이 부족하고 전류값이 규정보다 떨어진다 – 정류자와 브러시 접촉저항이 크다

② 전류는 규정대로 흐르는데 회전력이 부족하다 – 정류자의 단락 절연 불량

③ 전류가 흐르지 않는다
  ㉠ 전기자 코일 또는 계자 코일의 단선
  ㉡ 브러시 연결선 단선
  ㉢ 정류자와 브러시간 접촉 불량

④ 큰 전류가 흐른다
  ㉠ 전기자 코일 또는 계자 코일의 단락
  ㉡ 전기자 코일 또는 계자 코일의 접지
  ㉢ 회전 저항이 크다.

02 크랭킹 전류 소모 시험 및 전압 강하 시험

(1) 훅 미터를 이용한 시험

1) 크랭킹 시 전류 소모 시험

01 훅 미터를 클립핑 한다.

배터리 용량을 확인한 후 훅 미터를 배터리에서 기동 전동기에 연결된 케이블에 클립핑을 한 후 0점을 조정한다.

02 기동 전동기를 크랭킹하면서 전류 측정

기동 전동기를 크랭킹하면서 DATE HOLD 버튼을 눌러 전류를 측정한다. 배터리 용량의 3배 이하의 전류이면 양호한 상태이다.

2) 크랭킹 시 전압 강하 시험

01 멀티미터를 배터리 단자에 연결

멀티미터의 셀렉터를 20V 레인지에 설정한 후 적색 테스터 리드는 배터리 (+) 단자에, 흑색 테스터 리드는 (−) 단자에 연결한다.

02 멀티미터를 배터리 단자에 연결

기동 전동기를 크랭킹시키면서 DATE HOLD 버튼을 눌러 전압을 측정한다.

(2) Hi-DS를 이용한 전류 소모 시험

1) 테스터기 연결법

① **배터리 전원선** : 붉은색을 ⊕, 검은색을 ⊖에 연결한다.
② **오실로스코프 프로브** : 컬러 프로브를 배터리 ⊕단자에, 흑색 프로브를 차체에 접지한다.
③ **대전류 프로브** : 1000A에 선정 후 대전류 0점 조정하고 기동 전동기 B단자로 들어가는 배터리 배선에 훅을 건다.

01 대전류 프로브 세팅
대전류 프로브는 100A와 1000A의 측정 위치가 있다. 크랭킹 전류 소모 시험은 프로브의 스위치를 1000A 위치로 한다.

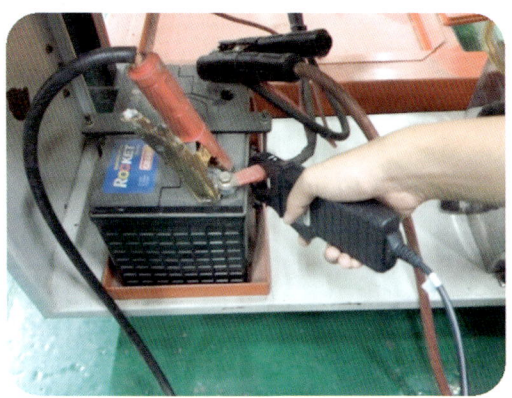

02 대전류 프로브를 (+)케이블에 클립을 건다.
대전류 프로브를 케이블의 클립을 기동 전동기의 B단자 케이블에 물리고 배터리의 용량을 확인한다.

2) 측정 순서

01 모니터 바탕 화면에서 바로가기 아이콘 클릭
모니터 바탕 화면에서 바로가기 아이콘을 클릭한다.

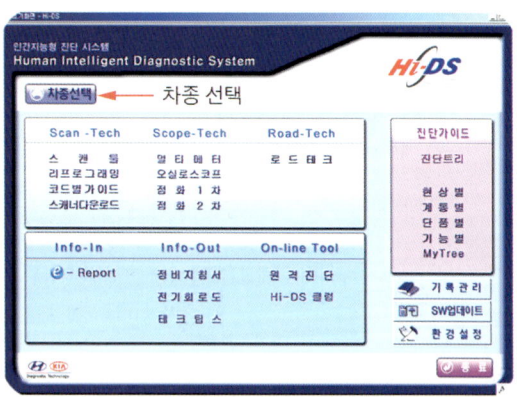

02 초기 화면에서 차종 선택 버튼 클릭
차종 선택 버튼을 클릭하여 제원 입력창을 표출시킨다.

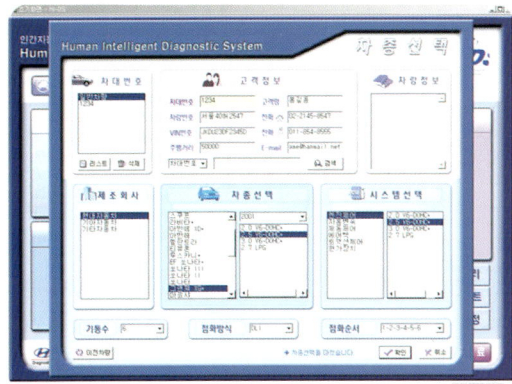

03 차량 제원 설정
제조회사, 차종 선택, 시스템별 선택을 차례대로 한 후 확인 버튼을 클릭한다.

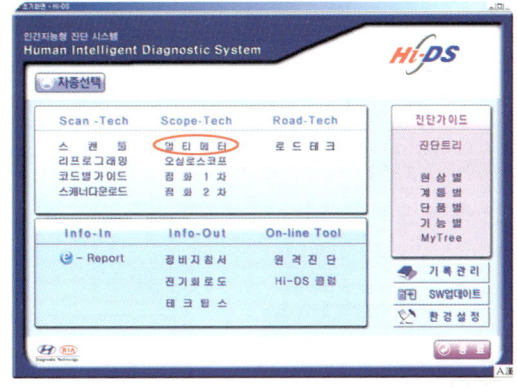

04 초기 화면에서 멀티메터 항목 선택
모니터 바탕 화면에서 바로가기 아이콘을 클릭하여 멀티미터 화면을 표출시킨다.

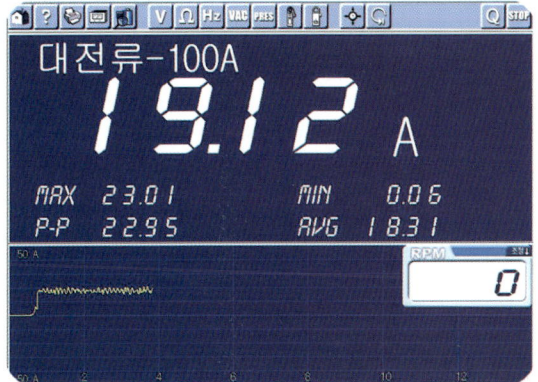

05 툴바에서 ▨을 클릭하여 대전류 측정모드로 이동
멀티미터 화면의 툴바에서 대전류 아이콘 ▨을 클릭하면 대전류 측정 모드로 이동한다.

06 대전류 프로브를 배터리 케이블에 클립핑 한다.
대전류 프로브를 배터리에서 기동 전동기에 연결된 케이블에 기동 전동기 가까이에 걸어서 크랭킹한다.

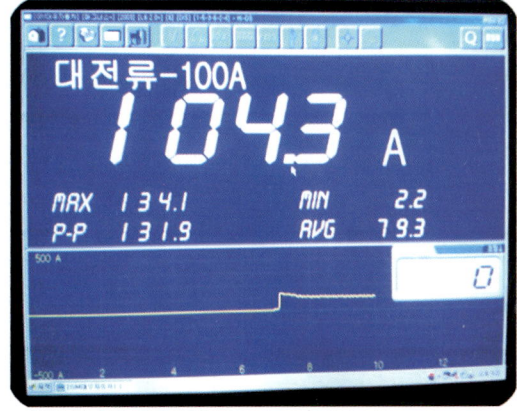

07 기동 전동기를 크랭킹 하면서 전류 측정
크랭킹 전류가 배터리 용량의 3배 이하의 전류가 측정되면 양호한 상태이다.

(3) Hi-DS를 이용한 전압 강하 시험

1) 테스터기 연결법

① **배터리 전원선** : 붉은색을 ⊕, 검은색을 ⊖에 연결한다.

② 멀티미터 프로브를 배터리 ⊕ 단자에 붉은색을, ⊖ 단자에 검은색을 연결한다.

2) 측정 순서

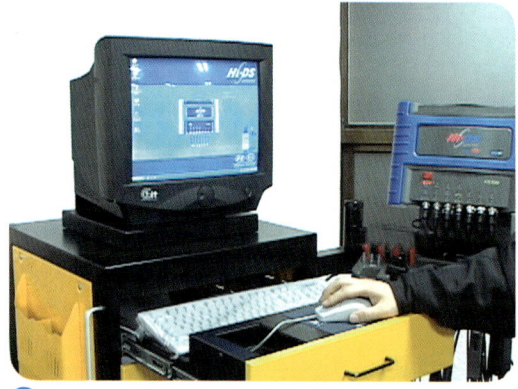

01 모니터 바탕 화면에서 바로가기 아이콘 클릭
모니터 바탕 화면에서 바로가기 아이콘을 클릭한다.

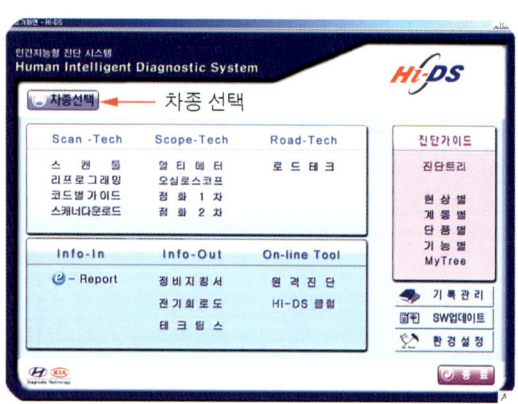

02 초기 화면에서 차종 선택 버튼 클릭
차종 선택 버튼을 클릭하여 제원 입력창을 표출시킨다.

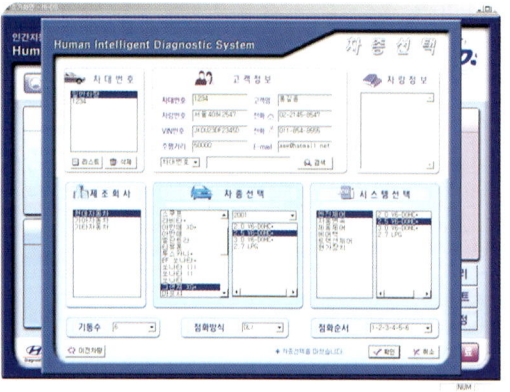

03 차량 제원 설정
제조회사, 차종 선택, 시스템별 선택을 차례대로 한 후 확인 버튼을 클릭한다.

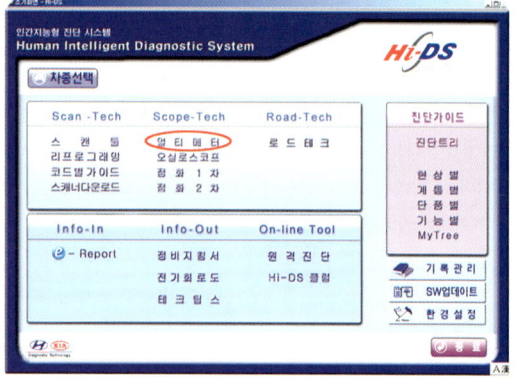

04 초기 화면에서 멀티메터 항목 선택
모니터 바탕 화면에서 바로가기 아이콘을 클릭하여 멀티미터 화면을 표출시킨다.

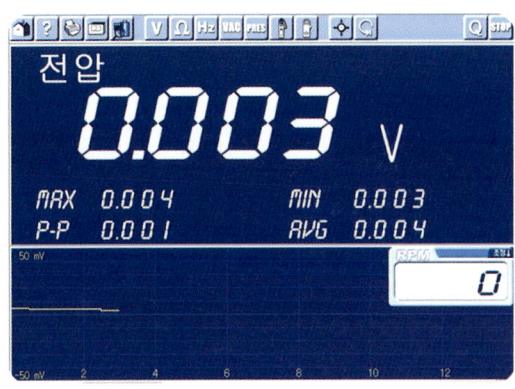
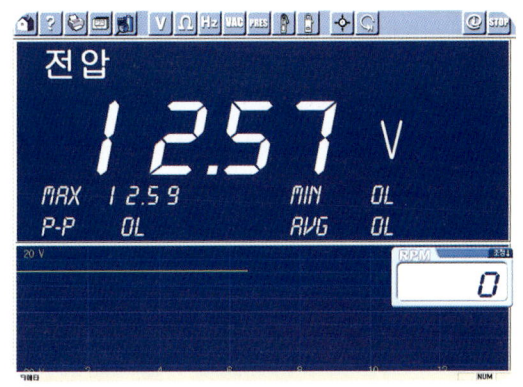

05 툴바에서 V을 클릭하여 전압 측정모드로 이동
멀티미터 화면의 툴바에서 전압 아이콘 V을 클릭하면 전압 측정 모드로 이동한다.

06 기동 전동기를 크랭킹 하면서 전압 측정
기동 전동기를 크랭킹 하면서 전압 강하는 20% 이내이면 양호하다. 전압 강하의 규정값은 12V − 2.4V = 9.6V 이상이다.

실기시험 기록지

▶ 전기 1. 시동모터 점검
　　자동차 번호 :

측정 항목	① 측정(또는 점검)		② 판정 및 정비(또는 조치)사항		득점
	측정값	규정(정비한계)값	판정(□에 '✔'표)	정비 및 조치할 사항	
전압 강하			□ 양 호		
전류 소모		전류소모 규정값 산출근거 기록	□ 불 량		

비번호 :　　　　감독위원 확인 :

【 일반적인 규정값 】

항 목	전압강하(V)	소모전류(A)
일반적인 규정값	축전지 전압의 20%까지	축전지 용량의 3배 이하
예(12V −45AH)	9.6V 이상	135A

- **크랭킹 전류 소모가 규정값 보다 작고, 전압 강하가 큰 원인**
  - **축전지 불량** : 충전 후 재점검
  - **축전지 터미널 열결 상태 불량** : 축전지 터미널 체결 볼트 꼭 조임.
  - **기동 전동기 불량**(링 기어가 물리지 않는 회전, 브러시 마모량 과다, 오버러닝 클러치 불량, 브러시 스프링 장력 감소 등) : 기동 전동기 수리 및 교환

- **크랭킹 전류 소모가 규정값 보다 크고, 전압 강하가 큰 원인**
  - **전기자 코일 단락** : 전기자 코일 교환
  - **계자 코일의 단락** : 계자 코일 교환
  - **전기자 축 휨** : 전기자 코일 교환
  - **전기자 축 베어링 파손** : 베어링 교환
  - **엔진 본체의 고장**(크랭크축 베어링의 윤활부족 및 소착, 피스톤과 실린더 간극의 마찰저항 증가, 밸브장치의 고장 등) : 정비

정비산업기사 01 — 전조등 광도, 광축 점검 [전기 2]

주어진 자동차에서 전조등 시험기로 전조등을 점검하여 기록표에 기록하시오.

01 VHT1000M 프로그램을 더블 클릭

02 측정 버튼을 누른다.

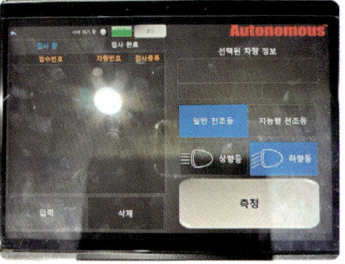
03 다음 화면에서 왼쪽 아래 큰 입력 버튼을 누른다.

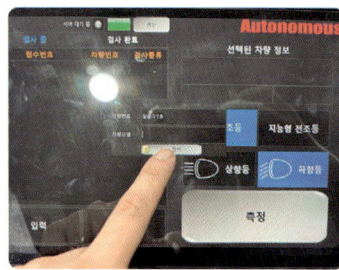
04 작은 상자에서 차량 정보를 기입 후 입력 버튼을 누른다.

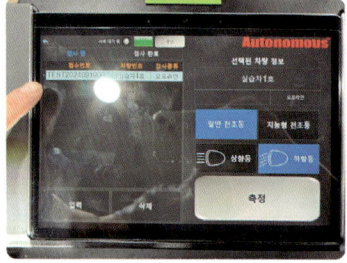
05 이 화면에서 왼쪽에 접수번호 글자 아래 "TEST..." 문구가 확인되면 접수가 완료된 것이다.

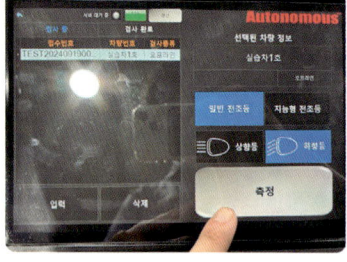
06 접수 완료를 확인했으면 "일반 전조등 → 하향등의 칸에 파란색 불이 확인되면 측정 버튼을 누른다.

07 감독관이 지정하는 위치에서 하향등을 점등시킨다.
(이때, 공회전시 = 무부하시 또는 KEY ON시 등등 감독관이 요구하는 조건에 맞게 하향등을 켠다.)

08 6번에서 측정 버튼을 누르면 다음과 같은 화면이 나온다. 측정하고자 하는 곳이 우측이면 현재 화면 좌측이여서 우측 측정을 하려면 좌측 측정 화면에서 "정대" 버튼을 누른다.

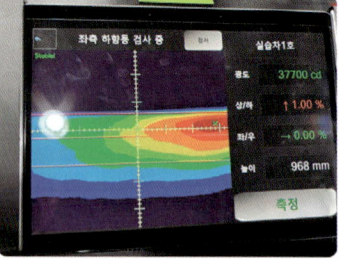
09 8번의 화면에서 정대 버튼을 누르면 위와 같은 화면이 나온다. 여기서 측정 버튼을 누르면 우측 측정 화면으로 넘어간다.

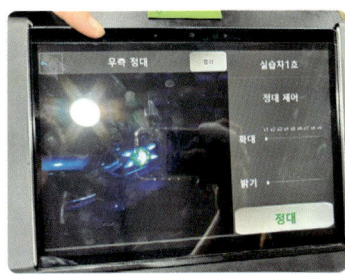
🔟 8번의 화면과 같지만 측정하고자 하는 위치만 우측으로 바뀐 것을 확인하였다. 우측 정대 화면에서 전조등 정 중앙에 초록색 테두리를 센터에 맞도록 기계를 조작하여 좌, 우 그리고 위, 아래 등 센터에 맞춘다.

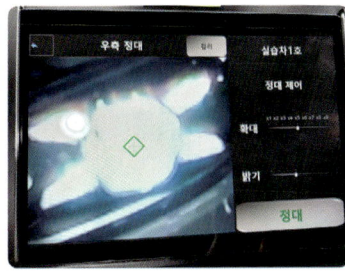
⑪ 초록색 센터 테두리가 잘 보이지 않으면 우측에 정대 제어 밑에 "확대 및 밝기" 등 bar를 늘려서 우측으로 밀면 정밀하게 확인할 수 있다. 확인했으면 정대 버튼을 누른다.

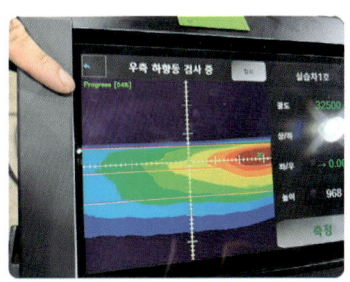
⑫ 왼쪽 상단에 Progress[숫자 %] 등 확인되는데 이 수치가 100%가 되면 문자(stable!)로 바뀐다. 그때 우측에 값을 읽으면 된다.

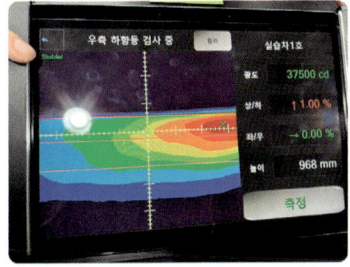
⑬ 왼쪽 상단에 문자로 stable!를 확인했으면 우측에 값을 읽고 답안지에 기입하면 된다. 이 화면에서 측정 버튼을 누르면 다음 화면으로 넘어간다.

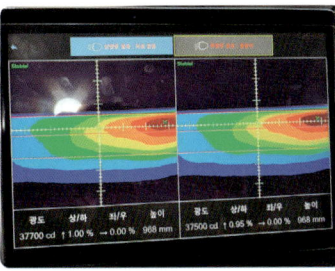
⑭ 여기 화면에서 잠시 좌측과 우측 값이 나오다가 바로 사라진다.

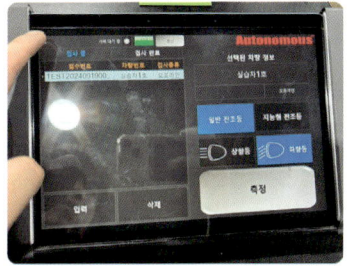
⑮ 왼쪽 상단에 뒤로가기 버튼을 첫 화면까지 계속 누른다.

⑯ 첫 화면에서 조회 버튼을 누른다.

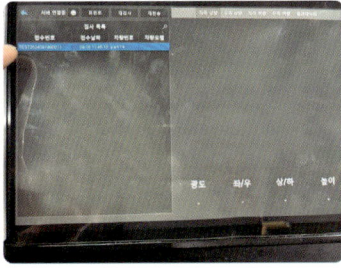
⑰ 이전에 4번 항목에서 접수하고 측정했던 값을 손가락으로 가리키는 버튼을 누른다.

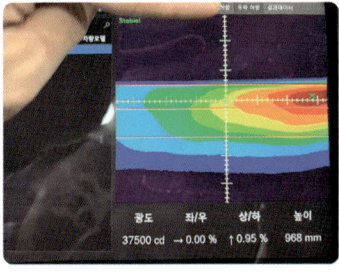
⑱ 우측에 그림에서 읽고자 하는 값을 누른다. 예를 들면 그림과 같이 우측 하향등의 값을 다시 확인하고자 할 때는 우측 하향등을 누르면 그림과 같이 나온다.

실기시험 기록지

▶ 전기 2. 전조등 점검
자동차 번호 :

비번호		감독위원 확 인	

① 측정(또는 점검)			② 판정	득 점
항 목	측정값	기준값	판정 (□에 '✔')	
(□에 '✔') 위치: □ 좌 □ 우 설치 높이 : □ ≤1.0m □ >1.0m	광도	3,000cd 이상	□ 양 호 □ 불 량	
	진폭		□ 양 호 □ 불 량	

※ 측정위치는 감독위원이 지정하는 위치에 □에 '✔' 표시합니다.
※ 자동차 검사기준 및 방법에 의하여 기록 판정합니다.

【 전조등 광도, 광축 검사 기준값 】

항 목	검사기준값		광축의 기준
등화장치	변환빔의 광도는 3000cd 이상일 것		좌우측 전조등(변환빔)의 광도와 광도점을 전조등시험기로 측정하여 광도점의 광도 확인
	변환빔의 진폭은 10m 위치에서 다음 수치 이내일 것		좌우측 전조등(변환빔)의 컷오프선 및 꼭지점의 위치를 전조등 시험기로 측정하여 컷오프선의 적정여부 확인
	설치 높이 ≤ 1.0m	설치 높이 > 1.0m	
	−0.5 ~ −2.5%	−1.0 ~ −3.0%	
	컷오프선의 꺽임점(각)이 있는 경우 꺽임점의 연장선은 우측 상향일 것		변환빔의 컷오프선, 꺽임점(각), 설치상태 및 손상여부 등 안전기준 적합여부를 확인

예 컷 오프선의 수직위치는 자동차의 변환빔 전조등 설치 높이(발광면의 최하단) 대비 아래 기준에 적합할 것(설치 높이 ≤ 1.0m)

$$-0.5\% = \frac{x \times 100}{10}, \quad x = \frac{-0.5 \times 10}{100} = -0.05cm \text{이내}, \quad \% = \frac{-0.05cm \times 100}{10} = 0.5\% \text{이내}$$

$$-2.5\% = \frac{x \times 100}{10}, \quad x = \frac{-2.5 \times 10}{100} = -0.25cm \text{이내}, \quad \% = \frac{-0.25cm \times 100}{10} = 2.5\% \text{이내}$$

※ 설치 높이 > 1.0m : −0.1cm ~ −0.3cm 이내

정비산업기사 01 — ETACS 감광식 룸램프 작동 전압 점검

전기 3

주어진 자동차에서 감광식 룸램프 기능이 작동시 편의장치(ETACS 또는 ISU) 커넥터에서 작동 전압의 변화를 측정하고 이상여부를 확인하여 기록표에 기록하시오.

동영상

01 멀티 테스터를 이용한 작동 전압 측정

01 ETACS 모듈과 단자의 위치도 모습
시험장에는 정비 지침서가 놓여 있다. 상하, 좌우를 보고 측정 단자를 찾는다.

02 감광식 룸 램프 전압 측정 준비 모습
시험장의 여건에 따라 다르지만 이곳에는 디지털 멀티미터가 준비되어 있다.

03 멀티 테스터의 측정 프로브 연결(7번 16번)
시뮬레이터 ETACS 패널에서 측정 프로브를 꽂고 작동 조건에 따라서 전압의 변화를 측정한다.

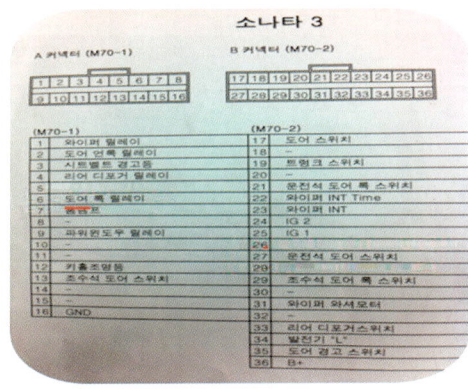

04 ETACS ECU 커넥터와 단자 번호
시험용 차량에 가보면 인쇄된 커넥터의 단자 번호와 배선 명칭이 운전석에 준비되어 있다.

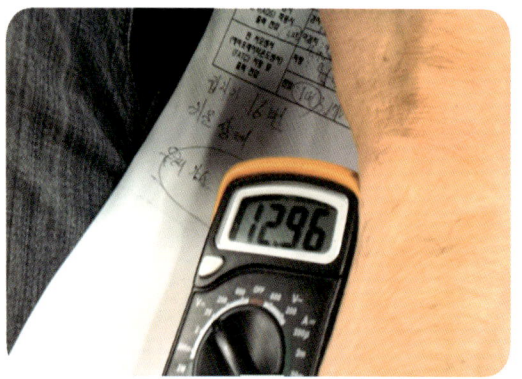
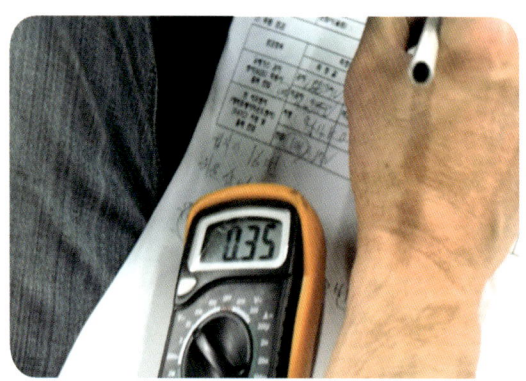

05 키 스위치 OFF 상태에서 도어 닫힘시 전압 측정
키 스위치를 OFF시킨 상태에서 차량의 도어가 모두 닫혔을 때의 전압을 측정한다.

06 키 스위치 OFF 상태에서 도어 열림시 전압 측정
키 스위치를 OFF시킨 상태에서 차량의 도어가 열렸을 때의 전압을 측정한다.

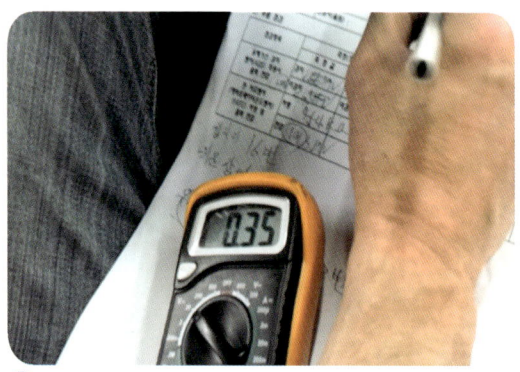

07 키 스위치 ON 상태에서 도어 닫힘시 전압 측정
키 스위치를 ON시킨 상태에서 차량의 도어가 모두 닫혔을 때의 전압을 측정한다.

08 키 스위치 ON 상태에서 도어 열림시 전압 측정
키 스위치를 ON시킨 상태에서 차량의 도어가 열렸을 때의 전압을 측정한다.

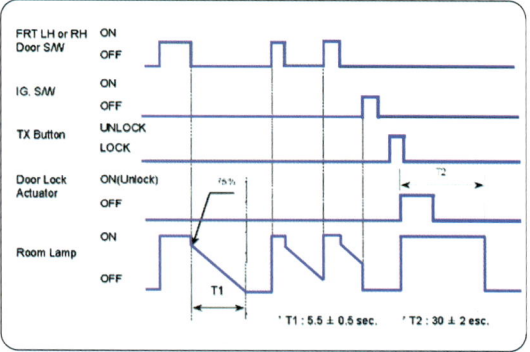

09 키 OFF 상태에서 도어를 닫고 소등되는 시간 측정
키 스위치를 OFF시킨 상태에서 차량의 도어를 닫았을 때 룸 램프가 소등되는 시간을 측정한다.

▲ 감광식 룸 램프 동작 특성

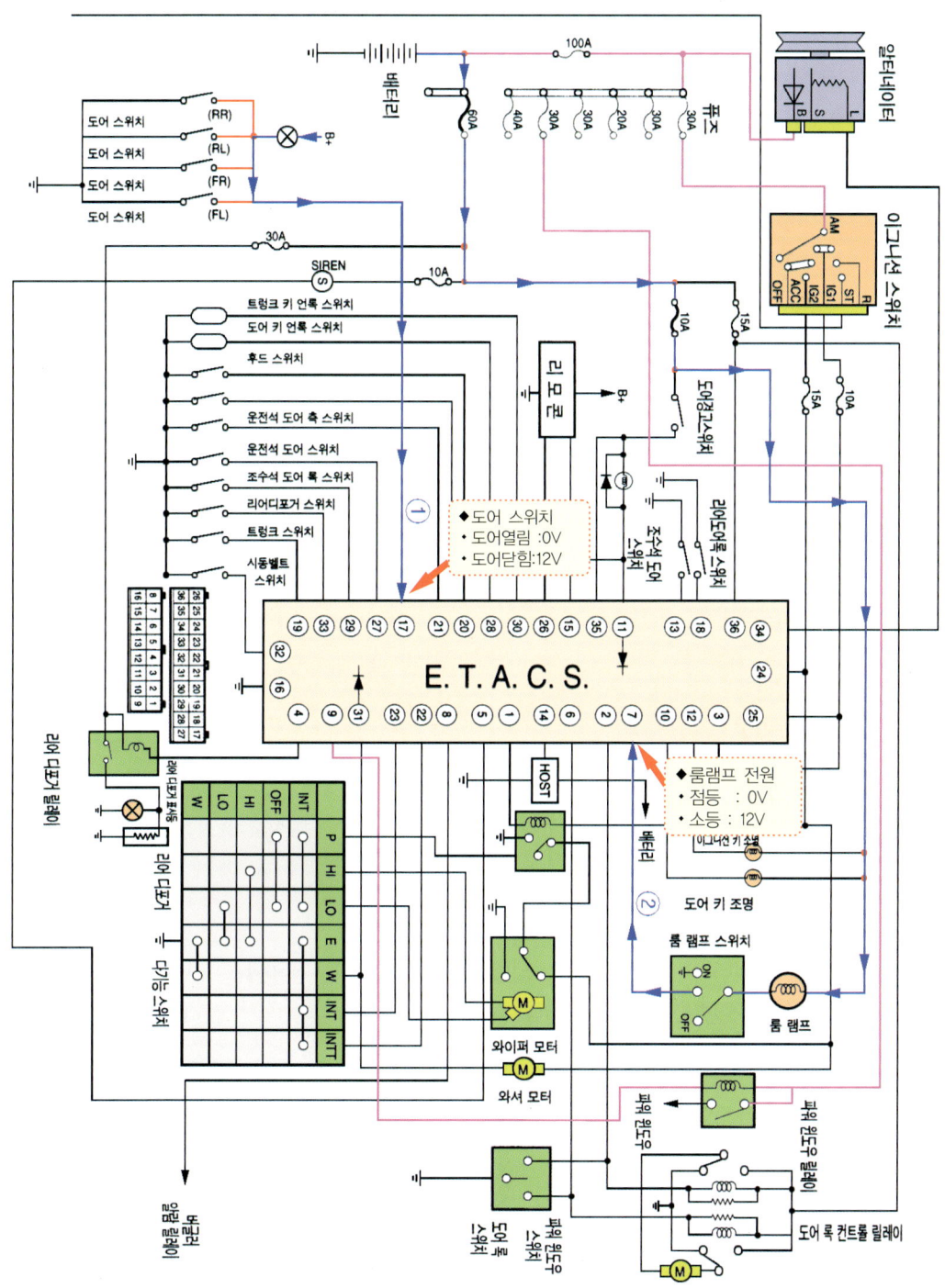

▲ 감광식 실내등 출력 회로 전압 측정 위치

02 Hi-DS Premium을 이용한 작동 전압 측정

(1) 측정 전 준비

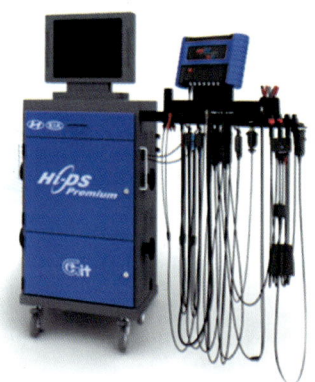
▲ Hi-DS Premium 본체

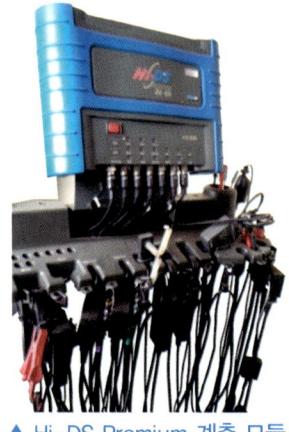
▲ Hi-DS Premium 계측 모듈

▲ 모니터

① **파워 서플라이 전원을 켠다** – DC 전원 케이블 (+), (-)를 파워 서플라이에 연결 후(항상 연결시켜 놓는다) 파워 서플라이 전원 스위치를 ON으로 한다.
② **계측 모듈의 스위치를 켠다** – 배터리 케이블을 계측 모듈에 연결하고, 다른 한쪽은 차량의 배터리 (+), (-)단자에 연결한다. DC 전원 케이블을 계측 모듈에 연결한다. 계측 모듈의 스위치를 누른다.
③ **모니터와 프린터 전원을 켠다** – 전원 스위치를 ON으로 한다.
④ **PC 전원을 켠다** – PC 전원 스위치를 ON하면 부팅을 시작한다.

(2) 감광식 룸 램프 작동 전압 측정

1) 테스터기 연결법

① **배터리 전원선** : 붉은색을 ⊕, 검은색을 ⊖에 연결한다.
② 멀티미터 프로브를 붉은색을 에탁스 A 커넥터 7번 단자에, 검은색을 16번 단자에 연결한다.

▲ 멀티미터 프로브 연결
멀티미터 프로브를 붉은색을 에탁스 A 커넥터 7번 단자에, 검은색을 16번 단자에 연결한다.

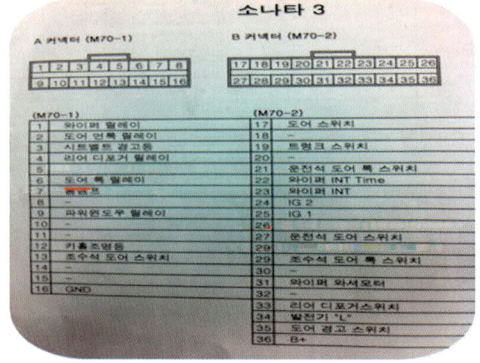
▲ ETACS ECU 커넥터와 단자 번호
시험용 차량에 가보면 인쇄된 커넥터의 단자 번호와 배선 명칭이 운전석에 준비되어 있다.

2) 측정 순서

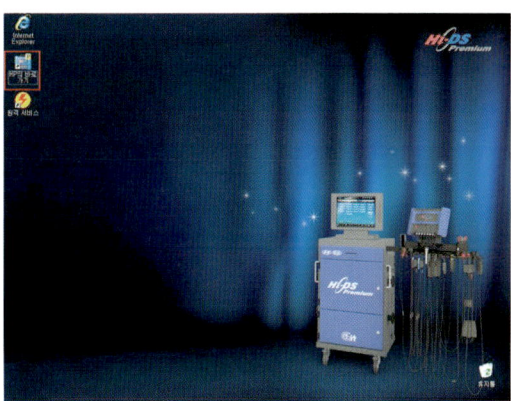

01 Hi-DS Premium을 실행
부팅이 완료된 상태에서 모니터 바탕 화면에 Hi-DS Premium 바로가기 아이콘을 더블 클릭한다.

02 차종 선택 버튼 클릭
초기 화면에서 차종 선택 버튼을 클릭하여 점검할 차량의 제원을 입력한다.

03 점검 차량의 제원 선택
제조사, 차종, 연식 엔진 형식을 순서대로 선택하고 시스템을 클릭한다.

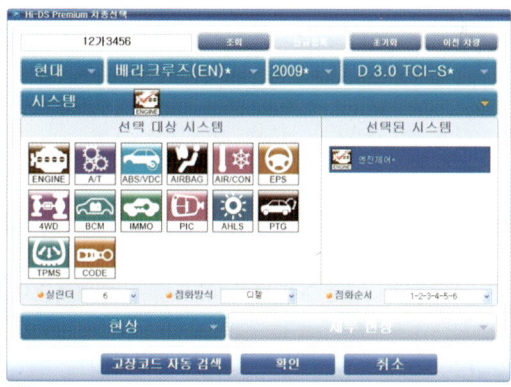

04 점검할 시스템 선택
점검할 시스템을 선택 대상 시스템에서 선택한 후 확인 버튼을 클릭한다.

05 초기 화면에서 오실로 스코프 선택
초기 화면에서 오실로스코프를 선택하거나 하단에서 오실로스코프 버튼을 클릭한다.

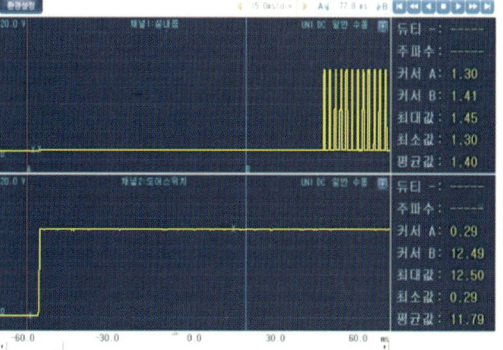

06 룸 램프 제어를 위한 도어 스위치 OFF시 출력 파형
도어를 닫은(도어 스위치를 누르고) 상태에서 1번 채널은 실내등 출력 파형, 2번 채널은 도어 스위치 파형

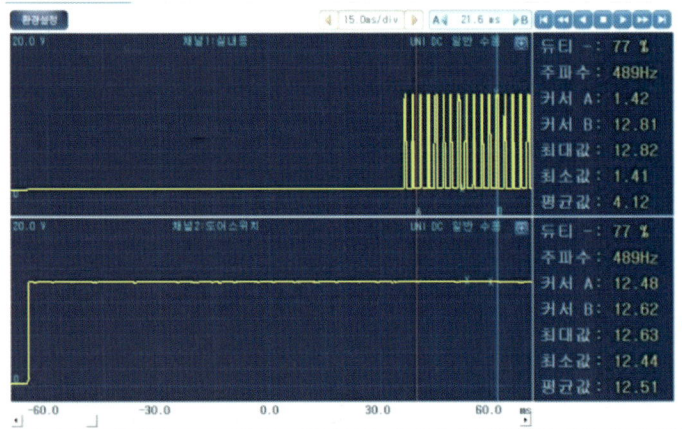

07 룸램프가 완전 소등되고 파형이 출력되면 정지를 누른다.

감광식 룸 램프 작동 전압의 변화는 최대 전압이 12.82V, 최소 전압이 1.41V 이다.

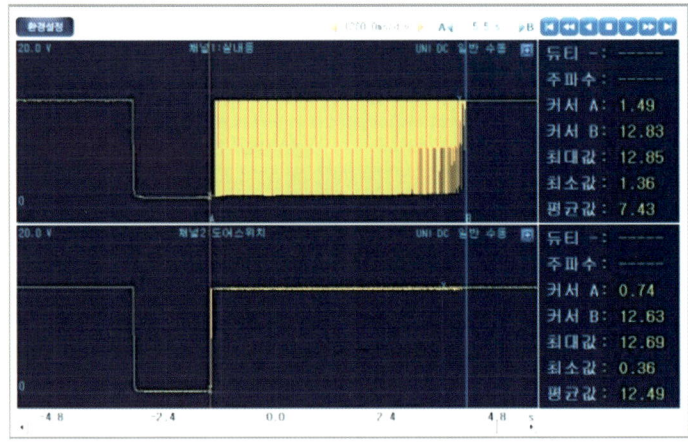

08 감광식 룸 램프의 작동 시간 판독

도어를 닫으면 즉시 75% 감광 후 서서히 감광하여 5~6초 후에 완전히 소등된다. 측정된 파형에서 감광 시간은 5.5sec이다.

실기시험 기록지

▶ 전기 3. 감광식 룸 램프 점검
   자동차 번호 :

점검 항목	① 측정(또는 점검)		② 판정 및 정비(또는 조치)사항		득 점
	감광 시간	전압(V) 변화	판정 (□에 '✔' 표)	정비 및 조치할 사항	
작동 변화			□ 양 호 □ 불 량		

비번호 / 감독위원 확인

※ 파형상태를 가능한 프린트 출력하여 첨부하도록 합니다.

정비산업기사 01 전기 4

와이퍼 회로 점검 수리

주어진 자동차에서 와이퍼 회로를 점검하여 이상 개소(2곳)를 찾아서 수리하시오.

01 와이퍼 스위치의 기능

프런트 와이퍼 스위치
- **MIST** 스위치를 위로 올리고 있는 동안 와이퍼가 작동한다. 스위치를 놓으면 OFF위치로 복귀한다.
- **OFF** 와이퍼 작동이 중지된다.
- **AUTO** 차량속도 또는 비의 양(레인 센싱 와이퍼)에 따라 와이퍼 작동속도가 자동으로 조절된다.
- **LO** LO위치에 놓으면 와이퍼가 저속으로 작동한다.
- **HI** HI위치에 놓으면 와이퍼가 고속으로 작동한다.

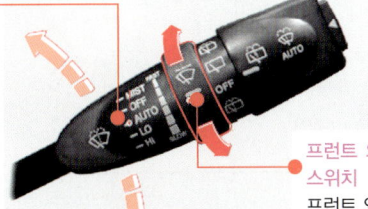

프런트 와이퍼 작동속도 조절 스위치
프런트 와이퍼 스위치를 AUTO위치에 놓고 와이퍼 작동 속도 조절 스위치를 FAST방향으로 돌리면 와이퍼 작동 속도가 빨라지고 SLOW방향으로 돌리면 와이퍼 작동 속도가 느려진다.

리어 와이퍼 스위치
- 스위치를 돌리고 있는 동안만 워셔액이 뿌려지고 와이퍼가 작동한다. 스위치를 놓으면 뒷유리 와이퍼 작동 위치로 복귀하여 뒷유리 와이퍼가 계속 작동된다.
- 뒷유리 와이퍼 작동
- **OFF** 뒷유리 와이퍼 작동 정지
- 스위치를 돌리고 있는 동안만 워셔액이 뿌려지고 와이퍼가 작동한다. 스위치를 OFF 위치로 복귀하면서 뒷유리 와이퍼와 워셔액 작동이 정지한다.

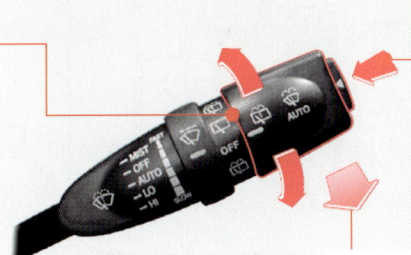

프런트 오토 워셔 스위치
와이퍼 스위치를 OFF 위치에 있을 때 스위치를 누르면 워셔액이 뿌려진 후 와이퍼가 4회 작동하고, 다시 한번 워셔액이 뿌려지고 와이퍼가 3회 작동한다.

프런트 와이퍼 워셔액 연동 기능
- 0.6초 이하로 당기면 : 워셔액이 뿌려지고 와이퍼 1회 작동
- 0.6초 이상 당기면 : 워셔액이 뿌려지고 와이퍼 3회 작동 지속적으로 당기고 있으면 계속 작동됨.

02 와이퍼 회로 단품 점검

(1) 엔진 룸 메인 퓨즈 박스 점검

01 와이퍼 스위치의 작동 상태 점검
키 스위치를 ON 시킨 상태에서 와이퍼 스위치 각 포지션의 작동 상태를 점검한다. 키 박스 커넥터 및 와이퍼 스위치 커넥터를 점검한다.

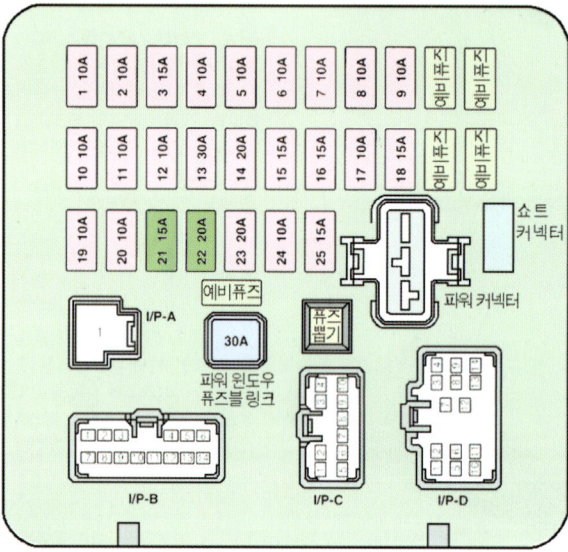

02 실내 퓨즈 박스의 21번, 22번 퓨즈의 상태 점검

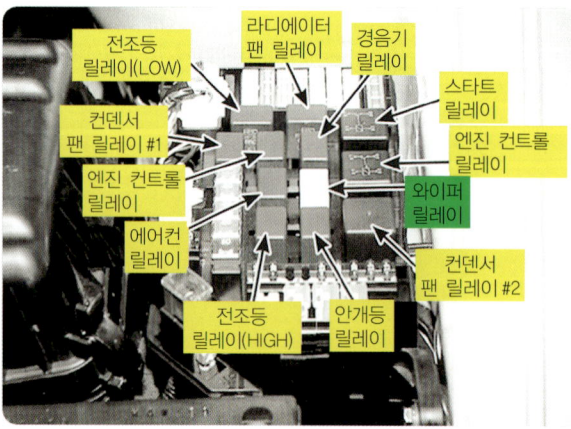

03 엔진룸 메인 퓨즈 박스의 와이퍼 릴레이 점검

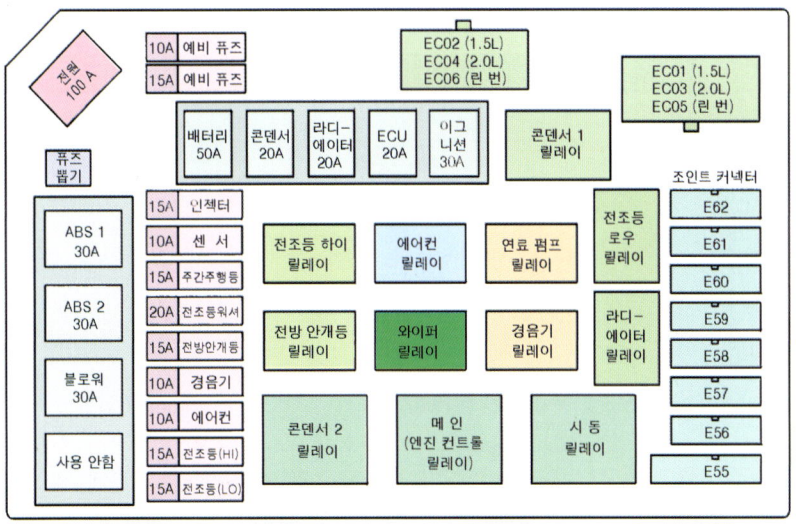

▲ 퓨즈 및 릴레이 배치도

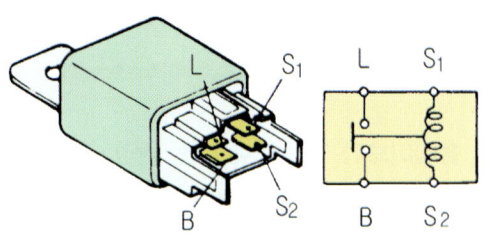

▲ 와이퍼 릴레이 내부 구조도

항 목	통전성
S_1과 S_2단자에 전원이 공급되지 않을 때 L-B사이	통전 안됨
S_1과 S_2단자에 전원이 공급될 때 L-B사이	통 전 됨

04 엔진 룸의 메인 퓨즈 및 릴레이 박스에서 와이퍼 릴레이를 탈거하여 점검

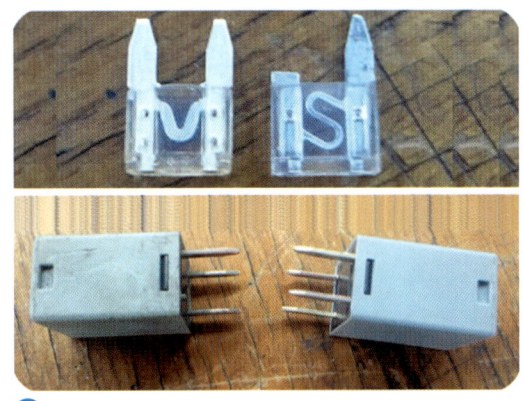

05 엔진 룸 및 실내 퓨즈 박스의 릴레이와 퓨즈 점검

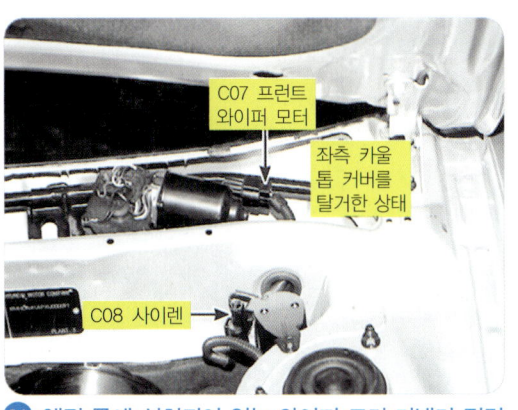

06 엔진 룸에 설치되어 있는 와이퍼 모터 커넥터 점검

🟢 와이퍼가 작동하지 않는 원인

고장 위치	원인	조치사항
배터리	불량	교환
배터리 터미널	연결 상태 불량	재장착
와이퍼 퓨즈	탈거	장착
	단선	교환
와이퍼 릴레이	탈거	장착
	불량	교환
	핀 부러짐	릴레이 교환
와이퍼 모터	불량	교환
	커넥터 탈거	커넥터 장착
	커넥터 불량	커넥터 교환
와이퍼 스위치	불량	교환
	커넥터 탈거	커넥터 장착
	커넥터 불량	커넥터 교환

🟢 와이퍼 모터는 회전하나 블레이드가 작동하지 않는 원인

고장 위치	원인	조치사항
와이퍼 모터 링키지	이탈	장착
	절손	교환
와이퍼 암	설치 볼트 이완	설치 볼트 재장착
	세레이션 마모	교환
와이퍼 링키지 어셈블리 암	설치부 세레이션 마모	교환

자동차정비산업기사

안 02

국가기술자격검정 실기시험문제

1. 엔 진

1. 주어진 엔진을 기록표의 측정 항목까지 분해하여 기록표의 요구사항을 측정 및 점검하고 본래 상태로 조립하시오.
2. 주어진 자동차의 전자제어 엔진에서 감독위원의 지시에 따라 1가지 부품을 탈거한 후(감독위원에게 확인) 다시 부착하고 시동에 필요한 관련 부분의 이상개소(시동회로, 점화회로, 연료장치 중 2개소)를 점검 및 수리하여 시동하시오.
3. 2항의 시동된 엔진에서 공전속도를 확인하고 감독위원의 지시에 따라 인젝터 파형을 측정 및 분석하여 기록표에 기록하시오.(단, 시동이 정상적으로 되지 않은 경우 본 항의 작업은 할 수 없음)
4. 주어진 자동차 엔진에서 맵 센서의 파형을 분석하여 그 결과를 기록표에 기록하시오.(측정조건 : 급가감속시)
5. 주어진 전자제어 디젤엔진에서 연료 압력 센서를 탈거한 후(감독위원에게 확인), 다시 부착하여 시동을 걸고 매연을 측정하여 기록표에 기록하시오.

2. 섀 시

1. 주어진 자동차에서 후륜 현가장치의 쇽업소버 스프링을 탈거한 후(감독위원에게 확인), 다시 부착하여 작동상태를 확인하시오.
2. 주어진 자동차에서 최소 회전반경을 측정하여 기록표에 기록하고 타이로드 엔드를 탈거한 후(감독위원에게 확인), 다시 부착하여 토(toe)가 규정값이 되도록 조정하시오.
3. ABS가 설치된 주어진 자동차에서 브레이크 패드를 탈거한 후(감독위원에게 확인), 다시 부착하여 브레이크 작동상태를 점검하시오.
4. 3항의 작업 자동차에서 감독위원의 지시에 따라 전(앞) 후(뒤) 제동력을 측정하여 기록표에 기록하시오.
5. 주어진 자동차의 ABS에서 자기진단기(스캐너)를 이용하여 각종 센서 및 시스템의 작동 상태를 점검하고 기록표에 기록하시오.

3. 전 기

1. 주어진 자동차에서 발전기를 탈거한 후(감독위원에게 확인), 다시 부착하여 작동상태를 확인하고 출력 전압 및 출력 전류를 점검하여 기록표에 기록하시오.
2. 주어진 자동차에서 전조등 시험기로 전조등을 점검하여 기록표에 기록하시오.
3. 주어진 자동차에서 도어 센트롤 록킹(도어 중앙 잠금장치) 스위치 조작시 편의장치(ETACS 또는 ISU) 및 운전석 도어모듈(DDM) 커넥터에서 작동 신호를 측정하고 이상여부를 확인하여 기록표에 기록하시오.
4. 주어진 자동차에서 에어컨 작동 회로를 점검하여 이상개소(2곳)를 찾아서 수리하시오.

국가기술자격검정실기시험문제 2안

| 자 격 종 목 | 자동차 정비산업기사 | 작 품 명 | 자동차 정비 작업 |

- 비 번 호
- 시험시간 : 5시간30분(엔진 : 140분, 섀시 : 120분, 전기 : 70분)
  ※ 시험 안 및 요구사항 일부내용이 변경될 수 있음

정비산업기사 02 엔진 1 — 캠축 휨 측정

주어진 엔진을 기록표의 측정 항목까지 분해하여 기록표의 요구사항을 측정 및 점검하고 본래 상태로 조립하시오.

01 분해 조립

▶▶▶ 자동차 정비 산업기사 1안 ▶ 28페이지 참조

동영상

02 캠축 휨 측정

01 V블록에 캠축을 올려놓는다.
정반 위에 V블록을 설치하고 캠축을 깨끗이 닦은 후 올려 놓는다.

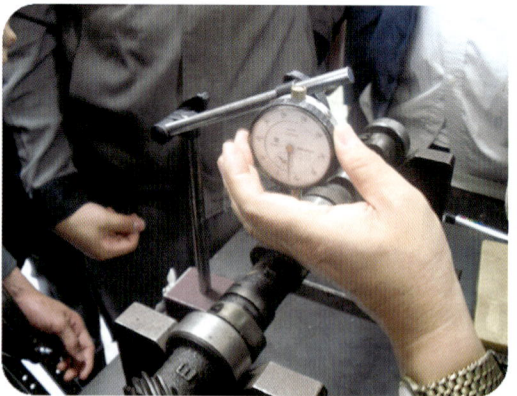

02 캠축의 중앙 저널부에 다이얼 게이지 설치
다이얼 게이지를 캠축의 중앙 저널부에 직각으로 설치한 후 0점을 조정한다.

03 캠축을 1회전시켜 휨 측정

캠축을 서서히 1회전시켜 다이얼 게이지의 최대 움직인 눈금과 최소 움직인 눈금을 판독한다.

> **TIP**
> ① 캠축의 휨량 = 다이얼 게이지 ⊕방향 움직인 값 + 다이얼 게이지 ⊖방향 움직인 값 / 2
> ◆ 다이얼 게이지 ⊕방향 움직인 값 : 0.5mm
> ◆ 다이얼 게이지 ⊖방향 움직인 값 : 0.4mm
> ② 캠축의 휨량(0.45mm) = 0.5mm + 0.4mm / 2

실기시험 기록지

▶ 엔진 1. 엔진 캠축 점검
　　　엔진 번호 :

측정항목	① 측정(또는 점검)		② 판정 및 정비(또는 조치)사항		득점
	측정값	규정(정비한계)값	판정(□에 '✔'표)	정비 및 조치할 사항	
캠축 휨			□ 양　호 □ 불　량		

비번호		감독위원 확　인	

※ 단위가 누락되거나 틀린 경우는 오답으로 채점함.

【차종별 캠축의 휨 규정값(mm)】

차 종	캠축 휨 규정값	차 종	캠축 휨 규정값
엑 셀	0.02 이하	프라이드	0.03 이하
쏘나타	0.02 이하	세 피 아	0.03 이하
르 망	0.03 이하	크레도스	0.03 이하

정비산업기사 02 시동회로, 점화회로, 연료장치 점검 후 시동

엔진 2

주어진 자동차의 전자제어 엔진에서 감독위원의 지시에 따라 1가지 부품을 탈거한 후(감독위원에게 확인) 다시 부착하고 시동에 필요한 관련 부분의 이상개소(시동회로, 점화회로, 연료장치 중 2개소)를 점검 및 수리하여 시동하시오.

▶▶▶ 자동차 정비 산업기사 1안 ▶ 32페이지 참조

정비산업기사 02 공전속도 확인, 인젝터 파형 측정

엔진 3

2항의 시동된 엔진에서 공전속도를 확인하고 감독위원의 지시에 따라 인젝터 파형을 측정 및 분석하여 기록표에 기록하시오.(단, 시동이 정상적으로 되지 않은 경우 본 항의 작업은 할 수 없음)

01 공전속도 확인

>>> 자동차 정비 산업기사 1안 ▶ 38페이지 참조

02 인젝터 파형 측정

(1) Hi-DS를 이용한 점검

1) 테스터기 연결법

① **배터리 전원선** : 붉은색을 (+), 검은색을 (-)에 연결한다.
② **오실로스코프 프로브** : 컬러 프로브를 인젝터 출력 단자에, 흑색 프로브를 차체에 접지한다.

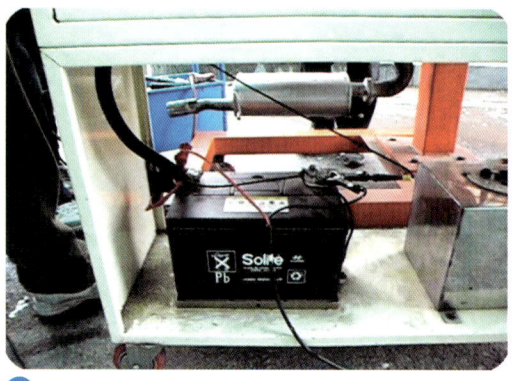
01 배터리에 전원 선 연결

02 엔진에서 인젝터가 설치된 위치 확인

03 인젝터 출력 단자에 브리지를 설치

04 출력 단자 브리지에 컬러 프로브를 연결

05 바탕 화면에서 Hi-DS 아이콘 클릭

엔진을 시동하여 워밍업을 시킨 후 공회전 상태에서 모니터 바탕 화면에서 Hi-DS 아이콘을 클릭하여 활성화 한다.

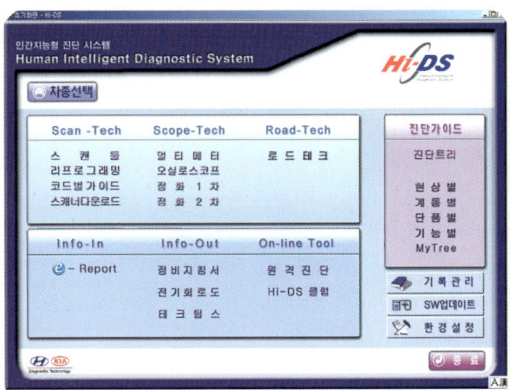

06 초기 화면에서 차종 선택 클릭

초기 화면 왼쪽 위에 있는 차종선택 아이콘을 클릭하여 차종 선택 화면을 활성화 한다.

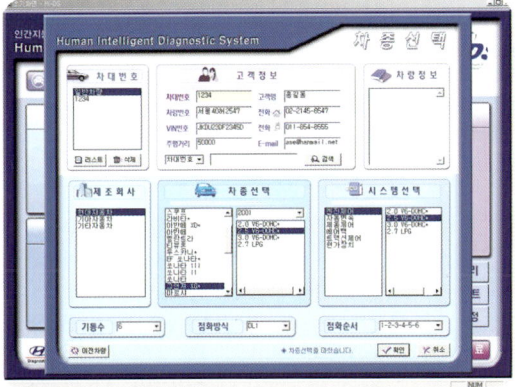

07 차량의 제원 설정

차량의 제조사, 차종, 연식, 시스템 순으로 제원을 설정한 후 확인 버튼을 클릭한다.

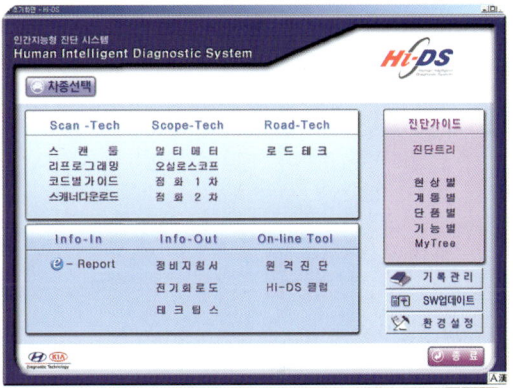

08 오실로스코프 선택

Scope-Tech의 오실로스코프 항목을 클릭하여 오실로스코프 화면을 활성화 한다.

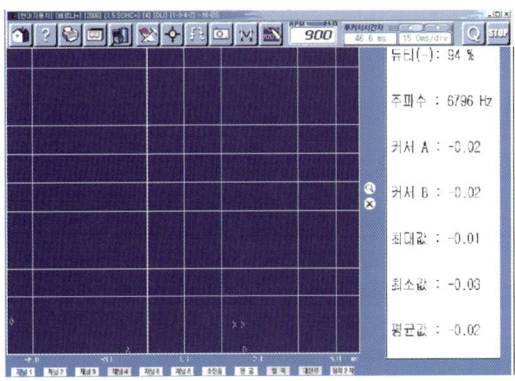

09 오실로스코프 환경 설정 버튼 클릭

오실로스코프 화면의 상단 환경 설정 버튼 을 클릭하면 우측의 측정 범위 설정 화면이 나타난다.

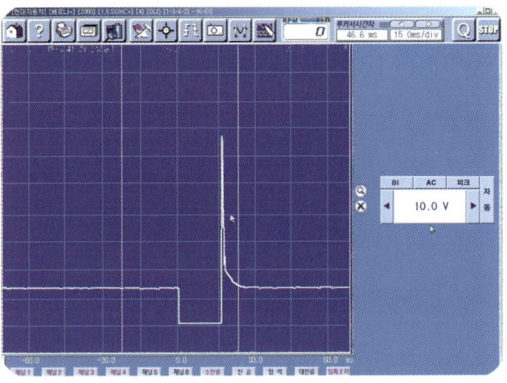

10 측정 범위 설정

시간축 : 1.0~1.5ms, 150.0ms/div, 10.0V로 설정하고 화면 하단에서 인젝터의 출력 단자에 연결한 채널 선으로 선택한다.

97

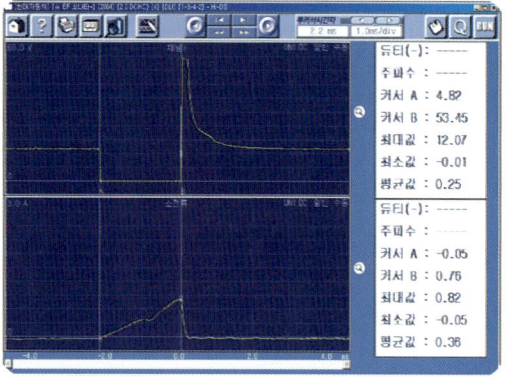
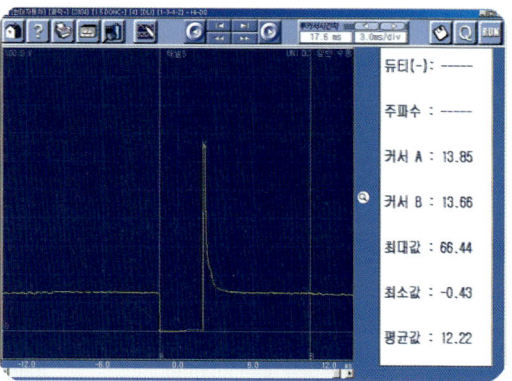

11 화면 상단의 연료 분사시간 판독
상단에 A 커서와 B 커서의 시간차 2.2ms이 연료 분사시간이다.

12 인젝터 서지 전압 판독
A커서와 B 커서 사이의 최대값 66.44V를 판독한다.

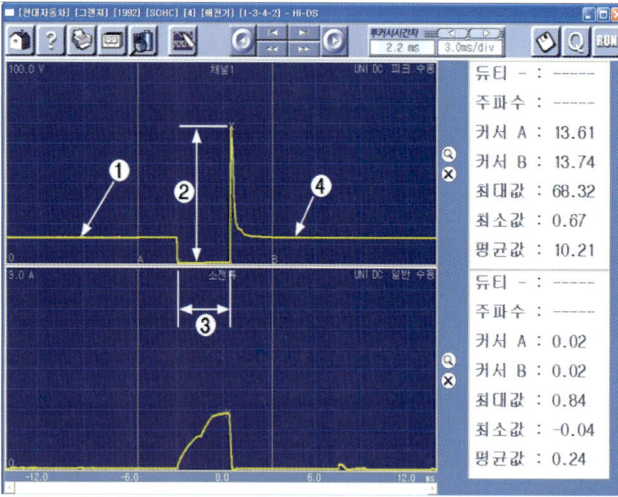

13 인젝터 정상 파형
❶ 인젝터 구동 전원 전압을 나타낸다.
❷ 인젝터 코일의 자장 붕괴시 역기전력으로 서지 전압이라고도 한다.
❸ 인젝터 구동 시간(연료 분사시간)으로 약 2.2ms를 나타내고 있다. (가속 시작 시 파형임) 공전일 때 일반적이 분사시간은 약 2ms 정도이다.
❹ 다음 분사 전까지 발전기 전압 또는 배터리 단자 전압을 나타낸다.

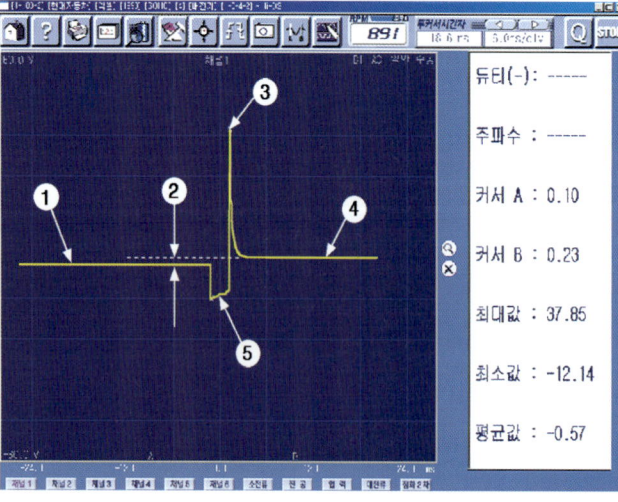

14 인젝터 서킷의 접촉 불량 파형
❶ 인젝터 구동 전원 전압을 나타낸다.
❷ 인젝터 구동전 전압(❶)과 구동 후 전압과 (❹) 차이는 컨트롤 릴레이와 인젝터 사이의 접촉 불량을 나타낸다.
❸ 인젝터 코일의 자장 붕괴시 역기전력으로 서지 전압이라고도 한다.
❺ 인젝터가 작동하는 구간(❺)의 경사는 인젝터 ⊖단자에서 ECU 까지 접촉 불량이 있다.

실기시험 기록지

엔진 3. 인젝터 점검
자동차 번호 :

측정항목	① 측정(또는 점검)		② 판정 및 정비(또는 조치)사항		득 점
	측정값	규정(정비한계)값	판정 (□에 '✔' 표)	정비 및 조치사항	
서지 전압			□ 양 호		
분사 시간			□ 불 량		

※ 공회전 상태에서 측정하고 기준값은 지침서를 찾아 판정한다.

【 차종별 인젝터 저항 규정값(G; 가솔린, D; 디젤, L; LPI) 】

차종		기준값	차종		기준값
아반떼 MD	G	1.5Ω(20℃)	K3 YD	G	1.425~1.575Ω(20℃)
	D	0.125~0.295Ω(20~70℃)		D	0.35~0.43Ω(20℃)
쏘나타 YF	G	13.8~15.2Ω(20℃)	K5 JF	G	1.425~1.575Ω(20℃)
	L	5.0~5.6Ω(20℃)		D	0.35~0.43Ω(20℃)
쏘나타 LF	G	1.5±0.075Ω(20℃)	모닝 TA	G	13.8~15.2Ω(20℃)
	D	0.35~0.43Ω(20℃)		L	1.71~1.89Ω(20℃)
엑센트 RB	G	13.8~15.2Ω(20℃)	레이 TAM	G	9.12~10.08Ω(20℃)
	D	0.35~0.43Ω(20℃)		L	5.0~5.6Ω(20℃)
싼타페 TM	G	1.425~1.575Ω(20℃)	스포티지QL	G	1.5±0.075Ω(20℃)
	D	0.35~0.43Ω(20℃)		D	0.35~0.43Ω(20℃)
I30 PD	G	1.5±0.075Ω(20℃)	쏘울 SK3	G	1.425~1.575Ω(20℃)
	D	0.35~0.43Ω(20℃)		D	0.35~0.43Ω(20℃)
I40 VF	G	1.5Ω(20℃)	K7 YG	G	1.425~1.575Ω(20℃)
	D	0.35~0.43Ω(20℃)		D	0.35~0.43Ω(20℃)

1. 분사시간과 서지전압이 낮은 이유
   - 인젝터 불량(나머지는 정상이나 해당 인젝터만 분사시간과 서지 전압이 낮을 때)
   - 인젝터 커넥터 접촉 저항 증가
   - 컨트롤 릴레이와 인젝터간에 접촉 저항 증가
   - 인젝터와 ECU간 접촉 저항 증가

2. 분사시간과 서지전압이 나타나지 않는 이유
   - 인젝터 불량(나머지는 정상이나 해당 인젝터만 분사시간과 서지 전압이 낮을 때)
   - 인젝터 커넥터 탈거
   - 컨트롤 릴레이와 인젝터간에 단선
   - 인젝터와 ECU간 단선

정비산업기사

02 맵 센서(급가감속시) 파형 분석

엔진 4

주어진 자동차 엔진에서 맵 센서의 파형을 분석하여 그 결과를 기록표에 기록하시오.(측정조건 : 급가감속시)

▶▶▶ 자동차 정비 산업기사 1안 ▶ 44페이지 참조

02 디젤엔진 연료 압력 센서 탈·부착, 매연 측정

주어진 전자제어 디젤엔진에서 연료 압력 센서를 탈거한 후(감독위원에게 확인), 다시 부착하여 시동을 걸고 매연을 측정하여 기록표에 기록하시오.

01 연료 압력 센서 탈·부착

01 엔진에서 커먼레일의 연료 압력 센서 위치 확인

02 연료 압력 센서의 커넥터를 분리한 후 탈거하여 감독관에게 확인을 받는다.

동영상

03 연료 압력 센서를 부착한 후 베선 커넥터 연결

02 매연 측정 순서

(1) 여지식 매연 테스터를 이용 측정하는 방법

01 측정 엔진을 정상 온도로 하고 시험기 준비
전원 코드, 채취관, 액셀러레이터 페달 스위치, 공기 호스를 연결한다.

02 채취관 삽입
머플러에 약 20cm(광투과식의 경우 5cm) 정도 삽입하여 확실하게 고정한다.

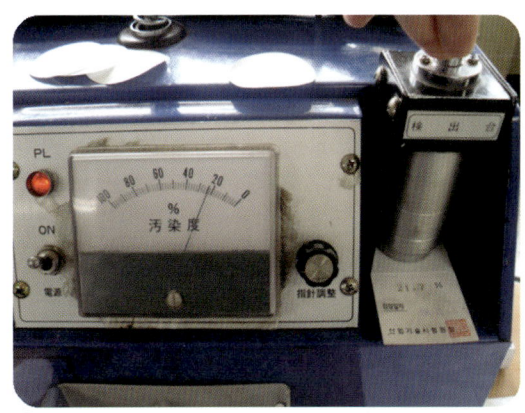

03 표준 검출지를 이용하여 농도 세팅
전원 스위치를 ON 시켜 워밍업 후 표준 검출지를 검출대에 넣고 검출 버튼을 누른 상태에서 표시된 농도에 맞게 세팅한다.

04 에어 버튼을 눌러 청소
에어 버튼을 눌러 압축 공기로 배기가스 채취부를 청소한다. 청소를 하지 않으면 배기가스 농도에 오차가 발생한다.

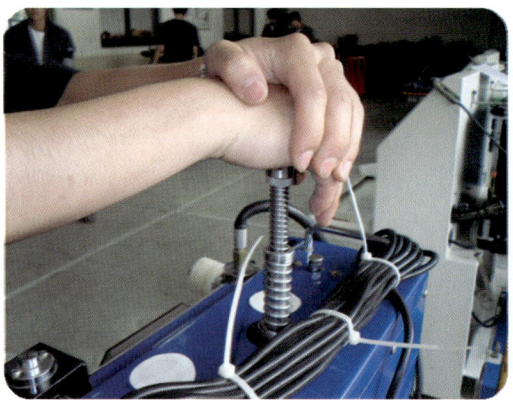

05 흡입 펌프를 눌러 배기가스 채취 준비
흡입 펌프를 눌러 놓고 액셀러레이터 스위치를 액셀러레이터 페달 위에 올려놓고 밟을 때 자동으로 올라오며 흡입된다.

06 여과지 레버를 누르고 여과지 장착구에 1매를 넣는다.
액셀러레이터 스위치로 액셀러레이터 페달을 급속히 4초 동안 지속한 후 여과지를 새것으로 교환한다. ④에서 ⑥까지 3회 반복한다.

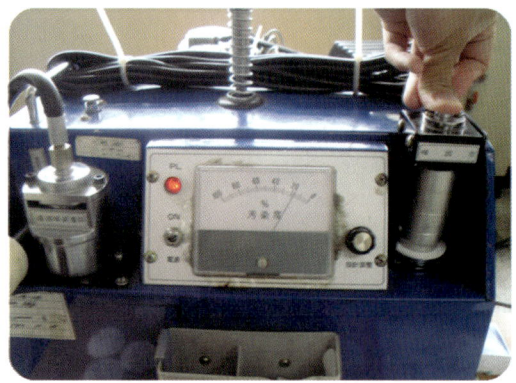

07 여과지에 흡착된 오염도 측정
채취한 3개의 여과지를 각각 측정대에 10매 이상의 깨끗한 여과지 위에 올려놓은 다음 검출 스위치를 눌러 오염도를 측정한다.

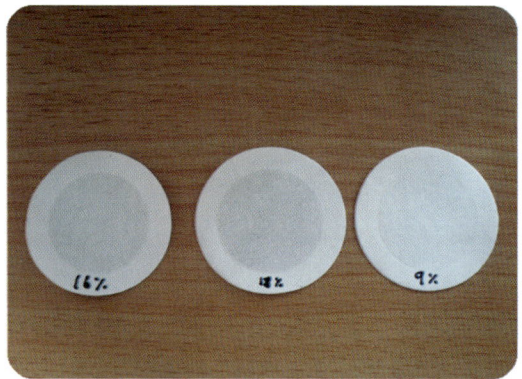

08 측정한 검출지에 오염도 기록
3개 검출지의 오염도를 합산하여 3으로 나눈 평균값이 매연의 측정값이다.

(2) 광학식 매연 테스터를 이용 측정하는 방법(1)

01 측정 엔진을 정상 온도로 하고 시험기 준비
전원 코드, 채취관, 액셀러레이터 페달 스위치, 공기 호스를 연결한다.

02 채취관 삽입
머플러에 약 5cm(여지식의 경우 20cm) 정도 삽입하여 확실하게 고정한다.

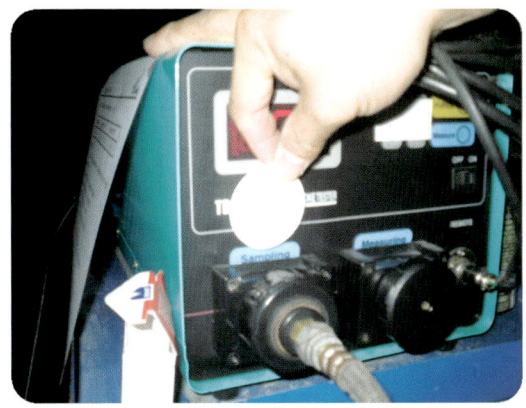

03 여과지 1매를 넣는다.
급가속 공회전을 5~6초 동안 3회를 실시한 한 후 여과지 장착구에 깨끗한 여과지 1매를 넣는다.

04 측정 버튼을 누른다.
급가속 상태를 4초 정도 유지한 후 측정 버튼을 눌러 배기가스를 흡입시켜 매연을 채취한다.

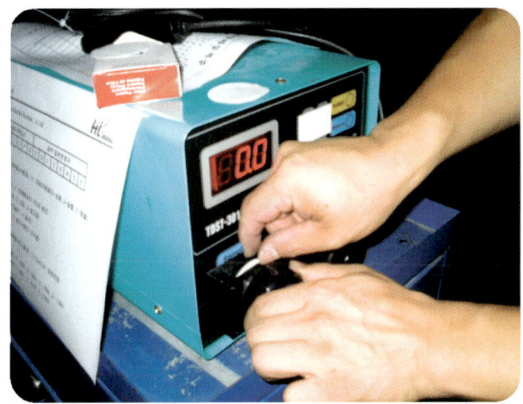

05 매연을 채취된 여과지를 빼낸다.
채취한 여과지를 장착구에서 빼낸다. 1회에 15초 정도 3회(여과지 3매)를 실시하여 채취한다.

06 채취한 여과지를 검출대에 넣는다.
매연이 흡착된 여과지를 검출대에 넣어 매연의 농도를 측정할 준비를 한다. 3매 각각 실시한다.

07 측정 버튼을 누른다.
채취한 3개의 여과지를 각각 측정대에 넣고 검출 스위치를 눌러 오염도를 측정한다.

08 매연의 농도 판독
표시창에 표출된 3개 여과지의 오염도를 합산하여 3으로 나눈 평균값이 매연의 측정값이다.

(3) 광학식(석영 SY-OM 501) 매연 테스터를 이용 측정하는 방법(2)

동영상

동영상

01 전면 모습

본체는 포터블식이며, 전면에 작동키와 측면에 케이블 연결부가 배치되어 있다.

02 기본 액세서리 부품

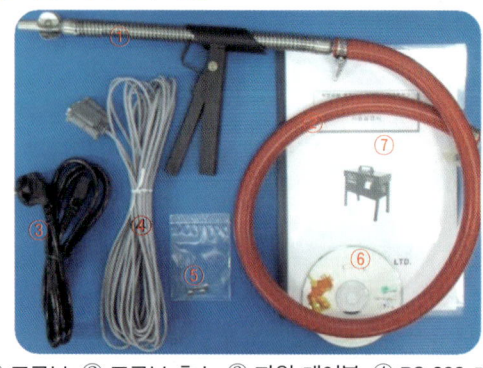

① 프로브, ② 프로브 호스, ③ 파워 케이블, ④ RS 232 케이블, ⑤ 퓨즈, ⑥ 사용 설명서, ⑦ 소프트웨어

03 옵션 부품

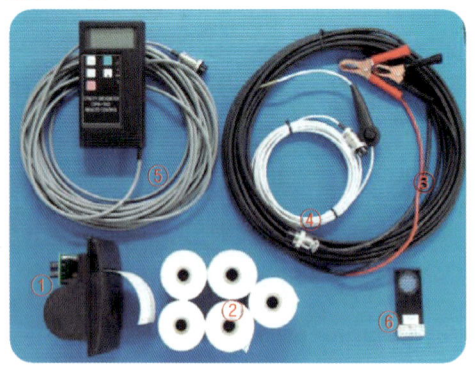

① 내장 프린터, ② 프린터 종이, ③ RPM 센서, ④ 오일 온도 센서, ⑤ 휴대용 단말기, ⑥ 기본 필터

04 측면부 연결단자 모습

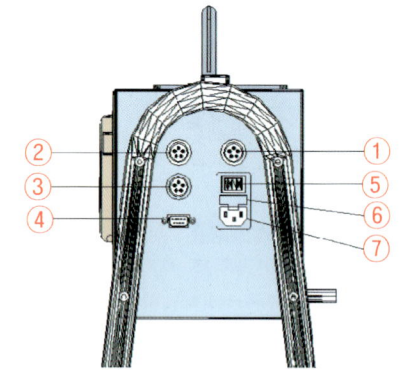

① 휴대용 단말기, ② RPM, ③ 오일 온도 센서, ④ RS 232 케이블, ⑤ 전원 스위치, ⑥ 퓨즈, ⑦ 전원 케이블

05 연결 단자 연결 모습

모든 케이블을 본체의 측면에 배치되어 있는 연결 포트에 연결한다.

06 프로브 연결 모습

뒤쪽에 있는 프로브 호스를 배기가스 배출구에 끼워 넣는다.

07 디스플레이 및 기능 키 구조 모습

① DISPLAY : 표시 화면 선택
② ACCEL : 무부하 가속시험
③ HOLD : 디스플레이 화면 유지
   • HOLD : HOLD 키를 누르면 표시된 화면이 유지. 한 번 더 누르면 보류가 해제된다.
   • PEAK HOLD : HOLD 키를 누르면 측정값의 가장 높은 값이 화면에 표시되고 유지된다. 한 번 더 설정 모드.
④ SET : 측정 모드에서 설정 모드로 이동.
⑤ PRINT : 인쇄
⑥ ESC : 측정 모드에서 자유 가속 시험을 측정 모드로 옮긴다.
⑦ SELECT : 셋업 모드에서 다른 셋업 모드로 이동.
⑧ ▲ : 설정 값 변경.
⑨ SAVE : 각 설정 값을 저장한다.
⑩ SHIFT : 설정 값 변경.

08 워밍업 표시 모습

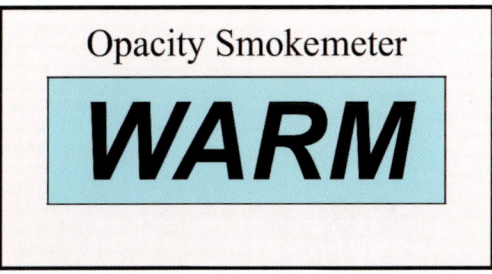

전원 켜면 약 10 초 동안 초기화 프로세스를 수행한다. 3~6분 동안 예열이 수행된다.

09 초기 보정 표시 모습

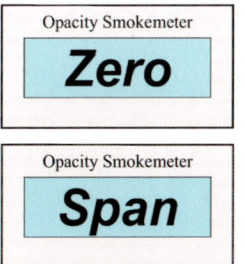
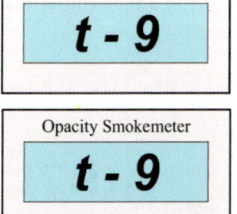

예열이 끝나면 초기 보정이 자동으로 수행된다.

10 초기 보정 완료 표시 모습

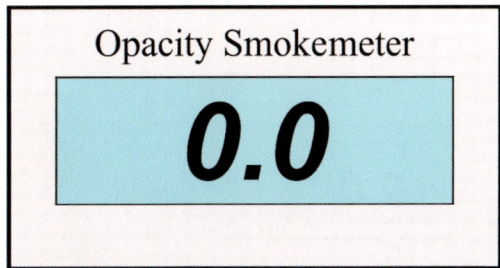

초기 보정이 완료되면 측정 준비 상태에 있음을 디스플레이에 위와 같이 표시한다.

11 측정 준비 표시 모습

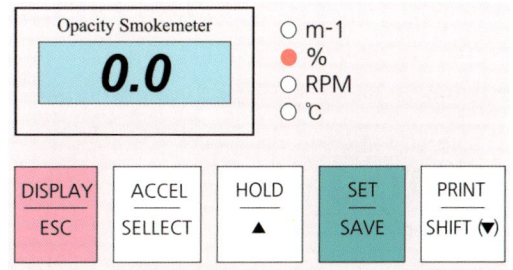

DISPLAY 키 누르면 Smoke (%) → K (m−1) → RPM → ℃가 순차적 진행됨.

12 가스 샘플링 측정값 표시 모습

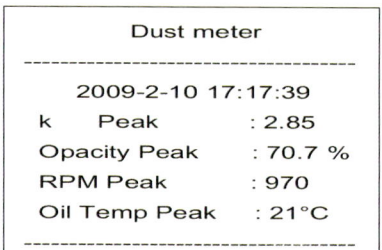

측정값 숫자를 읽은 다음 인쇄하려면 인쇄키를 눌러 프린트 한다.

13 무부하 가속 시험 (검사 모드) 모습

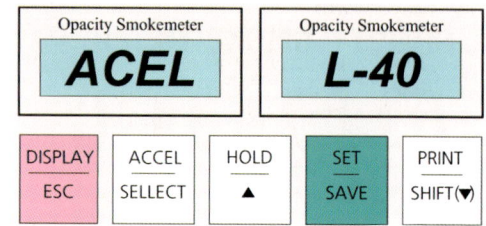

디스플레이에 "ACCEL"이 표시되면 ACCEL 키를 누른다.

14 첫 번째 시험 이동 표시 모습

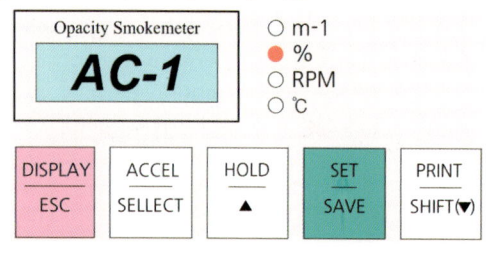

(▲▼) 키 (5 % 변경)를 사용하여 한계를 설정하고 (SET) 키를 누르면 디스플레이에 "AC-1"이 표시되고 4 개의 LED가 깜박거린다.

15 첫 번째 시험 준비 완료 표시 모습

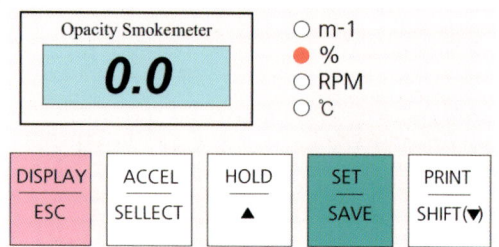

테스트 준비가 되었음을 보여주며, 한 번 더 (SET) 키를 누르면, 하나의 LED가 깜박이고, 버저 소리가 나고 첫 번째 시험을 시작한다.

16 두 번째 시험 이동 표시 모습

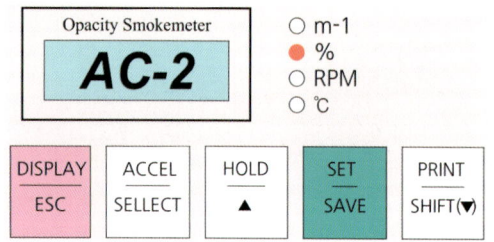

첫 번째 테스트가 끝나면 (SET) 키를 눌러 두 번째 테스트로 이동한다. 디스플레이에 "AC-2"가 표시되고 4 개의 LED가 깜박거린다.

17 두 번째 시험 준비 완료 표시 모습

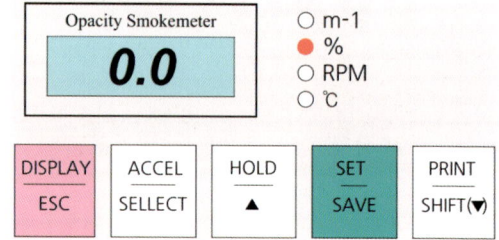

테스트 준비가 되었음을 보여주며, 한 번 더 (SET) 키를 누르면, 하나의 LED가 깜박이고, 버저 소리가 나고 두 번째 시험을 시작한다.

18 세 번째 시험 이동 표시 모습

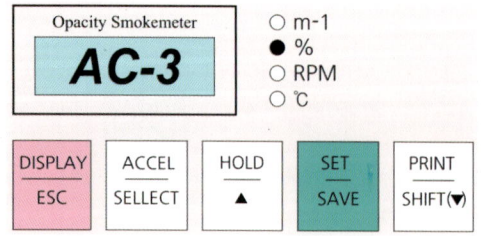

두 번째 테스트가 끝나면 (SET) 키를 눌러 세 번째 테스트로 이동한다. 디스플레이에 "AC-3"가 표시되고 4 개의 LED가 깜박거린다.

19 세 번째 시험 준비 완료 표시 모습

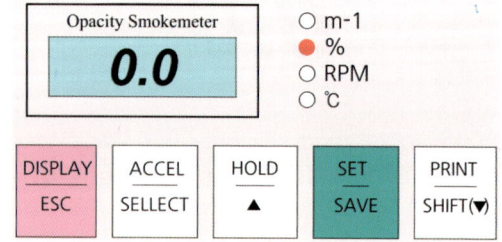

테스트 준비가 되었음을 보여주며, 한 번 더 (SET) 키를 누르면, 하나의 LED가 깜박이고, 버저 소리가 나고 세 번째 시험을 시작한다.

㉑ 결과지 모습

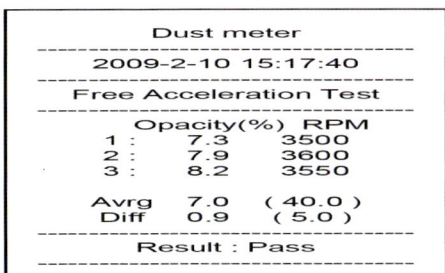

세 번의 테스트 후에 테스트가 자동으로 종료되며, SET 키를 누를 때마다 평균과 차이의 결과가 보이고, PRINT 키를 누르면 인쇄물이 나온다.

㉑ SET UP 방법 모습

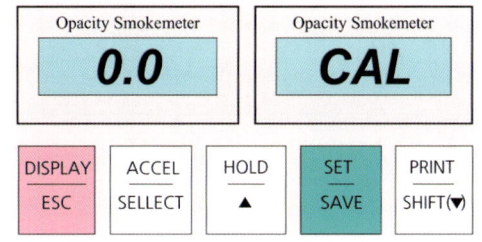

측정 모드에서 (SET) 키를 한 번 눌러 교정 모드를 선택한다.

㉒ 교정 완료 모습

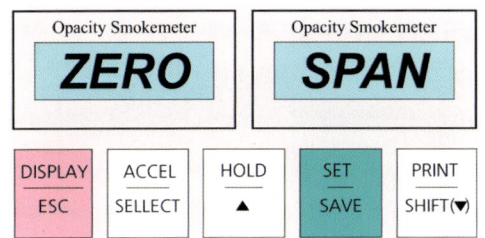

SET 키를 누르면 설정 모드로 이동하며, 순차적으로 CAL-YEAR-TIME-HOLD -PRT-CYL-VERSION-TEST-BT-R로 이동한다.

㉓ 차량 점검년도 세팅 모습

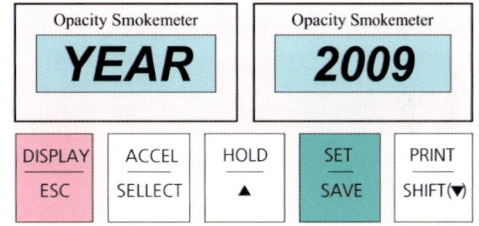

SET 키를 누르면 설정 모드로 이동하며, 순차적으로 CAL-YEAR-TIME-HOLD-PRT-CYL-VERSION-TEST-BT-R로 이동한다.

㉔ 점검일자 세팅모습

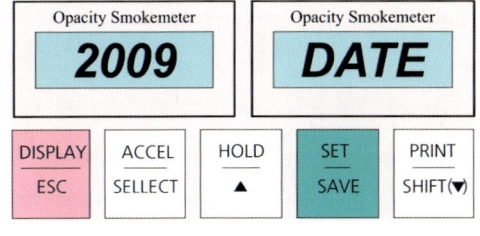

SET 키를 누르면 설정 모드로 이동하며, 순차적으로 CAL-YEAR-TIME-HOLD-PRT-CYL-VERSION-TEST-BT-R로 이동한다.

㉕ 프린터 세팅 모습

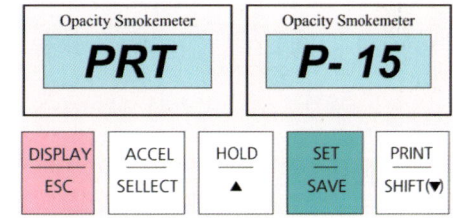

SET 키를 누르면 설정 모드로 이동하며, 순차적으로 CAL-YEAR-TIME-HOLD-PRT-CYL-VERSION-TEST-BT-R로 이동한다.

❷❻ 실린더 세팅 모습

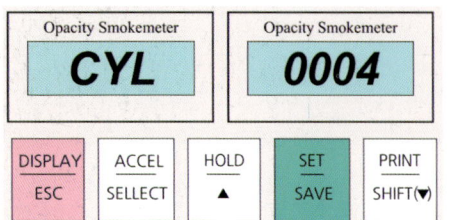

SET 키를 누르면 설정 모드로 이동하며, 순차적으로 CAL-YEAR-TIME-HOLD-PRT-CYL-VERSION-TEST-BT-R로 이동한다.

❷❼ 프로브 연결 모습

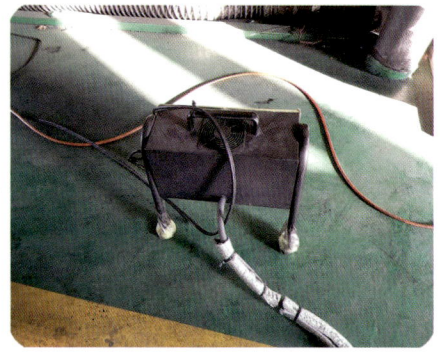

뒤쪽에 있는 프로브 호스를 배기가스 배출구에 끼워 넣는다.

❷❽ 1차 측정 모습

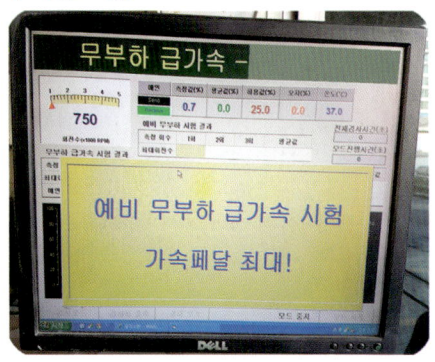

예비 무부하 급가속 시험 모드에서 가속 페달을 최대로 밟는다.

❷❾ 1차 측정 중인 모습

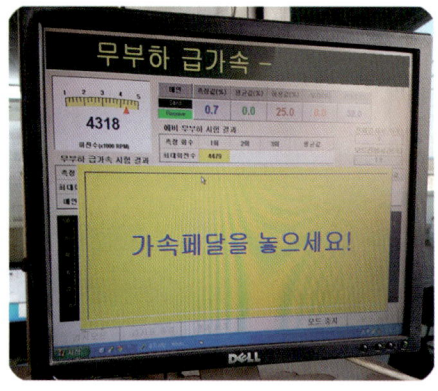

4318rpm에서 측정이 완료된 상태이며, 가속페달을 놓으라고 화면에 나타난다.

❸⓿ 3차 측정 모습

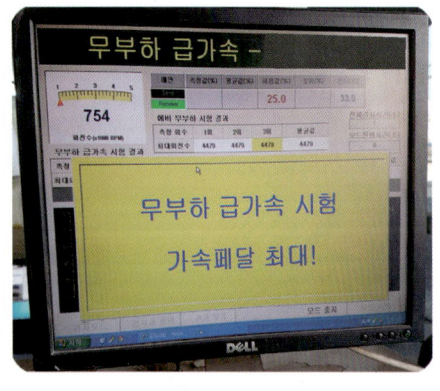

무부하 급가속 시험 모드에서 3번째 측정하기 위해 가속페달을 최대로 밟는다.

❸❶ 3차 측정 중인 모습

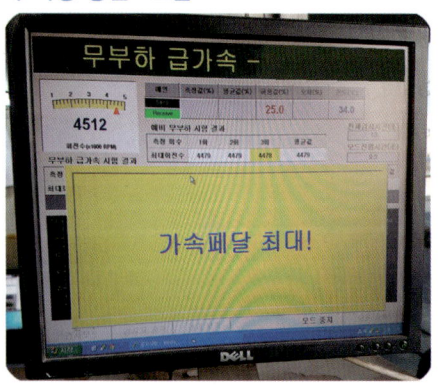

가속 페달을 최대로 밟아 4512 rpm에서 측정하고 있는 모습이다.

32 3차 측정 중인 모습

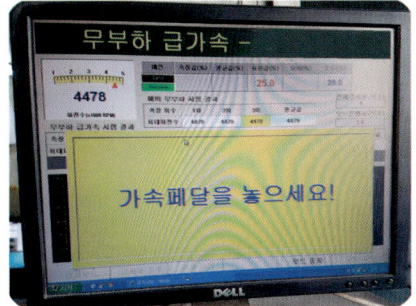

가속 페달을 최대로 밟아 4478 rpm에서 측정하고 있는 모습 이다.

33 3차 측정이 완료된 모습

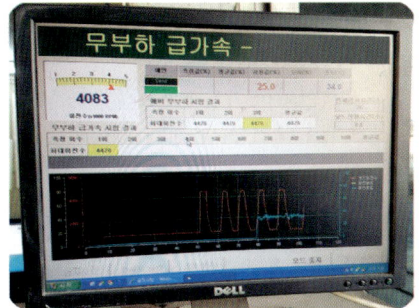

3차 측정이 완료되고 가속 페달을 놓기 직전의 모습이다.

34 3차 측정 후 가속 페달 놓은 모습

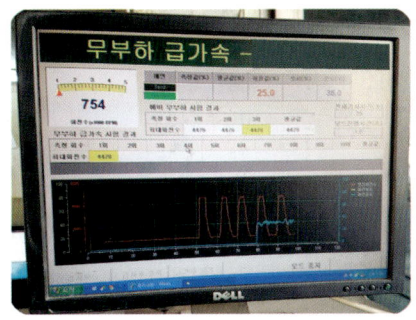

3차 측정이 완료되고 가속 페달을 놓아 754rpm으로 회전하는 모습이다.

35 검사가 종료된 모습

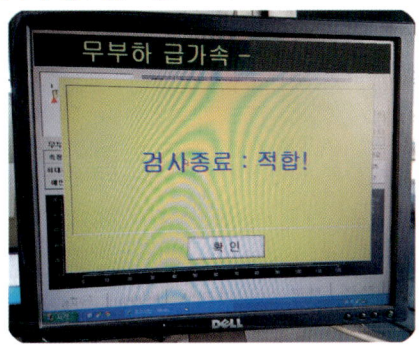

검사가 종료된 후 합격 여부가 화면에 나타난다.

36 측정이 준비된 모습

검차대에서 프로브와 각종 리드 선을 연결하고 준비가 완료된 모습이다.

37 1차 측정이 끝난 모습

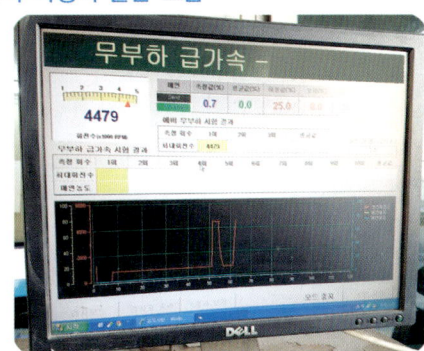

1차 측정이 완료되고 가속 페달을 놓기 직전의 모습이다.

실기시험 기록지

▶ 엔진 5. 매연 점검
  자동차 번호 :

비번호				감독위원 확 인	
① 측정(또는 점검)				② 판정			득 점

① 측정(또는 점검)				② 판정			득 점
차종	연식	기준값	측정값	측정	산출근거(계산)기록	판정(□에 '✔' 표)	
				1회 : 2회 : 3회 :		□ 양 호 □ 불 량	

※ 차종 및 연식은 자동차등록증을 활용하여 기재하고 기준값 적용.
※ 자동차 검사기준 및 방법에 의해서 기록 판정합니다.

※ 제작사별 차대번호 표기방식

① 현대 자동차 제작사별 차대번호의 표기 부호(포터2-2004)

※ **차대번호 형식**(VIN : Vehicle Identification Number)

K	M	F	Z	A	N	7	H	P	C	U	1	2	3	4	5	6
①	②	③	④	⑤	⑥	⑦	⑧	⑨	⑩	⑪	⑫	⑬	⑭	⑮	⑯	⑰
제작 회사군			자동차 특성군						제작 일련 번호군							

① **K** : 국제배정 국적표시 – K : 한국, J : 일본, 1 : 미국
② **M** : 제작사를 나타내는 표시 – M : 현대, L : 대우, N : 기아, P : 쌍용 자동차
③ **F** : 자동차 종별 표시 – H : 승용차, F : 화물트럭, J : 승합차량
④ **Z** : 차종 – Z : 포터-2
⑤ **A** : 세부차종 – A : 장축 저상, B : 장축 고상, C : 초장축 저상, D : 초장축 고상
⑥ **N** : 보디타입 – D : 더블 캡, N : 일반캡, S : 슈퍼캡
⑦ **7** : 안전장치 – 7 : 유압식 제동장치, 8 : 공기식 제동장치, 9 : 혼합식 제동장치
⑧ **H** : 엔진형식 – H : 4D56 2.5 TCI, J : A-Engine 2.5 TCI
⑨ **P** : 운전석 – P : 왼쪽 운전석,
      R : 오른쪽 운전석 (미국 및 캐나다 수출 차량 이외는 항상 P를 타각한다.)
⑩ **C** : 제작년도 – •Y : 2000, •1 : 2001, •2 : 2002, •3 : 2003, •4 : 2004,
            •A : 2010, •B : 2011, •C :2012…
⑪ **U** : 공장 기호 – C : 전주공장, U : 울산공장, M : 인도공장, Z : 터키공장
⑫~⑰ **123456** : 차량 생산 일련 번호

자 동 차 등 록 증

제2004-000135호 최초 등록일 : 2012년 05월 27일

① 자동차 등록 번호	92어 7167	② 차 종	소형 화물	③ 용도	자가용
④ 차 명	포터 Ⅱ	⑤ 형식 및 년식	HR-J3SSG2GJKLM6-1		2012
⑥ 차 대 번 호	KMFZAN7HP4U123456	⑦ 원동기 형식	D4BH		
⑧ 사 용 본 거 지	경기도 양주시 광사동 313-4 신도 8차 아파트***동 ***호				
소유자 ⑨ 성명(명칭)	김광수	⑩ 주민(사업자) 등록번호	***117-*******		
⑪ 주 소	경기도 양주시 광사동 313-4 신도 8차 아파트***동 -***호				

자동차 관리법 제8조등의 규정에 의하여 위와 같이 등록하였음을 증명합니다.

-위반하기 쉬운사항-

※위반시 과태료 처분(뒷면 기재 참조)
 ○ 주소 및 사업장 소재지 변경 15일 이내
 ○ 정기검사 만료일 전후 15일 이내
 ○ 책임 보험료 가입 만료일 이전 이내 가입(100만원 이하 과태료)
 ○ 말소 등록폐차로 부터 30일 이내(50만원 이하 과태료)

2012 년 05 월 27 일

양 주 시 장

【 차종별 / 년도별 매연 허용 기준값 】

차 종		제작일자		매연 여지 반사식(참조용)	광투과식
경자동차 및 승용자동차		1995년 12월 31일이전		40% 이하	60% 이하
		1996년 1월 1일부터 2000년 12월 31일까지		35% 이하	55% 이하
		2001년 1월 1일부터 2003년 12월 31일까지		30% 이하	45% 이하
		2004년 1월 1일부터 2007년 12월 31일까지		25% 이하	40% 이하
		2008년 1월 1일 이후		10% 이하	20% 이하
승합·화물·특수 자동차	소형	1995년 12월 31일 이전		40% 이하	60% 이하
		1996년 1월 1일부터 2000년 12월 31일까지		35% 이하	55% 이하
		2001년 1월 1일부터 2003년 12월 31일까지		30% 이하	45% 이하
		2004년 1월 1일부터 2007년 12월 31일까지		25% 이하	40% 이하
		2008년 1월 1일 이후		10% 이하	20% 이하
	중·대형	1992년 12월 31일 이전		40% 이하	60% 이하
		1993년 1월 1일부터 1995년 12월 31일까지		35% 이하	55% 이하
		1996년 1월 1일부터 1997년 12월 31일까지		30% 이하	45% 이하
		1998년 1월 1일부터 2000년 12월 31일까지	시내버스	25% 이하	40% 이하
			시내버스 외	30% 이하	45% 이하
		2001년 1월 1일부터 2004년 9월 30일까지		25% 이하	45% 이하
		2004년 10월 1일부터 2007년 12월 31일까지		25% 이하	40% 이하
		2008년 1월 1일 이후		10% 이하	20% 이하

정비산업기사 02 섀시 1 - 후륜 현가장치 쇽업소버 스프링 탈·부착

주어진 자동차에서 후륜 현가장치의 쇽업소버 스프링을 탈거한 후(감독위원에게 확인) 다시 부착하여 작동상태를 확인하시오.

01 차체에서 리어 스트러트 어셈블리 탈·부착

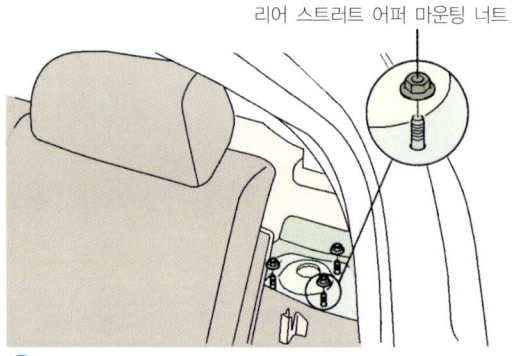

01 리어 스트러트 어퍼 마운팅 너트 분리
리어 시트를 탈거 한 후 리어 스트러트 어퍼 마운팅 너트를 분리한다.

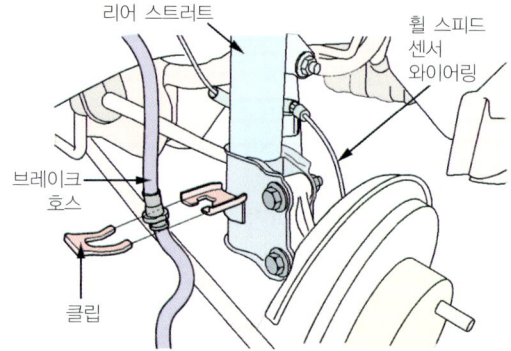

02 리어 스트러트에서 브레이크 호스 분리
리어 휠 및 타이어를 탈거한 후 리어 스트러트에서 클립을 탈거하여 브레이크 호스를 어퍼 마운팅 너트를 분리한다.

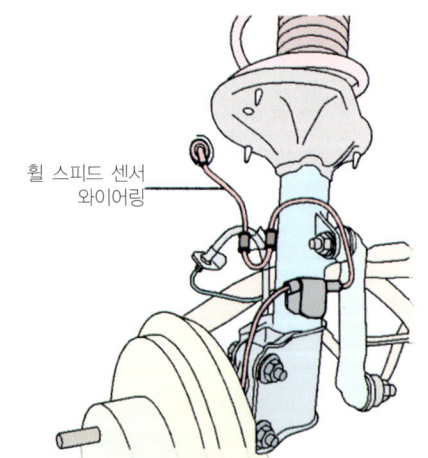

03 휠 스피드 센서 와이어링 분리
리어 스트러트에서 볼트를 풀고 휠 스피드 센서 와이어링을 분리한다.

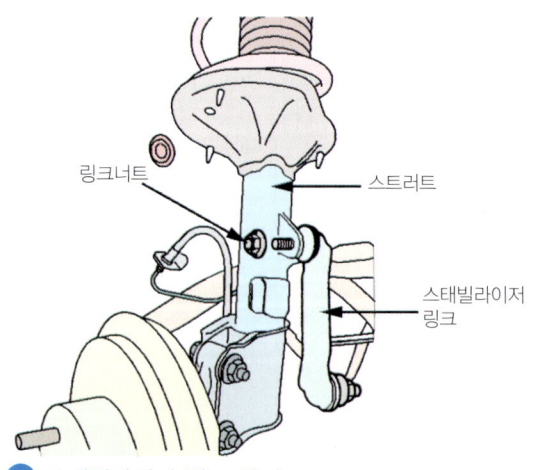

04 스태빌라이저 링크 탈거
리어 스트러트에서 스태빌라이저 링크 너트를 풀고 스태빌라이저 링크를 탈거한다.

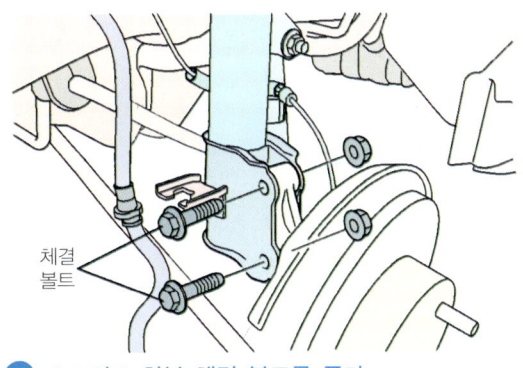

05 스트러트 하부 체결 볼트를 푼다.
리어 스트러트 하부에서 체결 볼트를 풀고 리어 스트러트 어셈블리를 탈거한다.

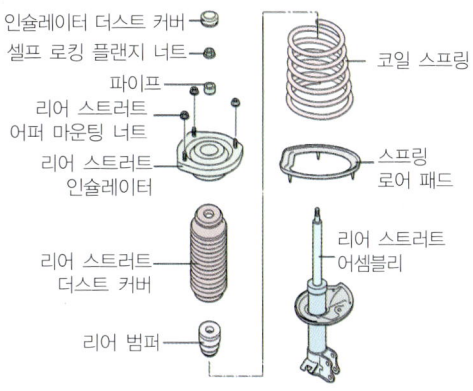

▲ 리어 쇽업소버의 구성 부품

02 스트러트 어셈블리에서 스프링 탈·부착

01 쇽업소버 스프링 컴프레서에 스트러트 설치

02 코일 스프링에 약간의 장력이 있을 때까지 압축

03 셀프 로킹 플랜지 너트 분리
인슐레이터 더스트 커버를 분리하고 스트러트 상부의 셀프 로킹 너트를 분리한다.

04 리어 스트러트 인슐레이터 탈거

05 스트러트에서 코일 스프링 탈거

06 스프링 로어 패드, 리어 범퍼, 터스트 커버 탈거

정비산업기사 02 섀시 2

최소 회전반경 측정, 토(toe) 조정

주어진 자동차에서 최소 회전반경을 측정하여 기록표에 기록하고 타이로드 엔드를 탈거한 후(감독위원에게 확인), 다시 부착하여 토(toe)가 규정값이 되도록 조정하시오.

01 최대 조향각 측정 방법

① 자동차 앞바퀴를 잭으로 들고 회전반경 게이지(turn table)의 중심에 올려놓는다. 이때 자동차를 수평으로 하기 위하여 뒤 바퀴에도 회전반경 게이지 두께의 받침판을 고인다.
② 앞바퀴를 직진상태로 한다.
③ 자동차 앞쪽을 2~3회 눌러 제자리를 잡을 수 있도록 한다.
④ 앞바퀴 허브 중심에서 뒷바퀴 허브 중심사이의 거리(축거)를 측정한다.
⑤ 회전반경 게이지의 고정 핀을 빼낸다.

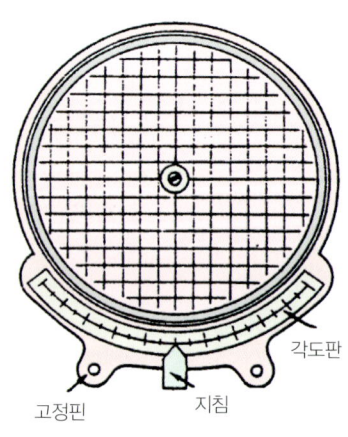
▲ 회전 반경 게이지

⑥ 좌·우로 조향핸들을 최대로 회전시킨 후 조향각을 읽는다. 이때 조향각은 자동차에 따라서 다르나 일반적으로 안쪽이 크고, 바깥쪽은 안쪽보다 작다.

▲ 최대 조향각 측정

동영상

02 최소 회전반경 측정 방법

자동차의 최소 회전반경은 바깥쪽 앞바퀴자국의 중심선을 따라 측정할 때에 12m를 초과하여서는 아니된다.

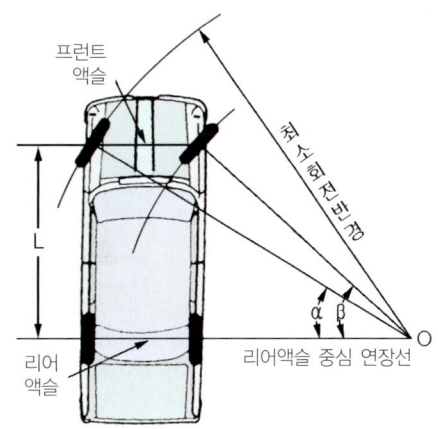

1. 측정 조건
① 측정 대상 자동차는 공차상태이어야 한다.
② 측정 대상 자동차는 측정 전에 충분한 길들이기 운전을 하여야 한다.
③ 측정 대상 자동차는 측정 전 조향륜 정렬을 점검하여야 한다.
④ 측정 장소는 평탄 수평하고 건조한 포장도로이어야 한다.

2. 측정 방법
① 변속기어를 전진 최하단에 두고 최대의 조향각도로 서행하며, 바깥쪽 타이어의 접지면 중심점이 이루는 궤적의 직경을 우회전 및 좌회전시켜 측정한다.
② 측정 중에 타이어가 노면에 대한 미끄러짐 상태와 조향장치의 상태를 관찰한다.

③ 좌회전 및 우회전에서 구한 반경 중 큰 값을 당해 자동차의 최소 회전 반경으로 하고 성능 기준에 적합한지를 확인한다.

3. 최소 회전반경 공식에 대입하여 산출하는 방법

최소 회전반경 구하는 공식에 측정한 축거와 바깥쪽 바퀴의 최대 조향각 값을 대입하고 계산하여 구한다.

$$R = \frac{L}{\sin\alpha} + r$$

· R : 최소회전반경(m) · sinα : 바깥쪽 앞바퀴의 조향각 · r : 바퀴 접지면 중심과 킹핀 중심과의 거리

exercise

측정한 축거가 2,500mm, 내측 조향각이 37°, 외측 조향각이 30°일 때 최소 회전 반경은? (단, r값은 100mm로 한다)

① 계산방법 : $R = \dfrac{2,500mm}{\sin 30°} + 100mm = 5,100mm$

② 판   정 : 최소회전반경은 5.1m

▲ 전장, 축거, 오버행

■ 차종별 축간거리 및 조향각 기준값

차종	축거	조향각	
		내측	외측
아반떼 MD	2700mm	39.90° +0.5°, −1.5°	32.80°
쏘나타 YF	2795mm	39.83°±1.5°	33.01°
쏘나타 LF	2795mm	40.45°±2°	33.50°
아반떼 CN7	2720mm	39.70° +0.5°, −1.5°	32.70°
싼타페 TM	2765mm	33.5°~37.5°	31.5°
I30 PD	2650mm	39.50° +0.5°, −1.5°	32.60°
I40 VF	2770mm	40.04°±1.5°	32.96°

차종	축거	조향각	
		내측	외측
K3 YD	2700mm	39.60°±1.5°	32.50°
K5 JF	2850mm	40.48°±2.0°	33.50°
K7 YG	2855mm	38.80° +0.5°, −1.5°	32.50°
모하비 HM	2895mm	39.75°±1°30'	34.30°
스포티지 QL	2630mm	39.50° +0.5°, −1.5°	32.30°
쏘울 SK3	2570mm	37°~39°	31.90°
봉고3 PU	2810mm	38.85°	34.54°

실기시험 기록지

▶ 섀시 2. 최소 회전반경 측정
　　작업대 번호 :

점검 항목	① 측정(또는 점검) 및 기준값		② 판정 및 정비(또는 조치)사항		득 점
	측정값	측정값 (최소회전반경)	산출근거	판정(□에 '✔'표)	
회전방향 (□에 '✔'표) □ 좌 □ 우	r			□ 양　호 □ 불　량	
	축거				
	조향각도				
	최소회전반경				

※ 회전 방향 및 바퀴의 접지면 중심과 킹핀과의 거리(r)는 감독위원이 제시합니다.
※ 자동차검사기준 및 방법에 의하여 기록, 판정합니다.
※ 산출근거에는 단위를 기록하지 않아도 됩니다.

【 차종별 규정값(현대) 】

차 종	토인값 (mm)	차 종	토인값 (mm)	차 종	토인값 (mm)	차 종	토인값 (mm)	차 종	토인값 (mm)
아토스	2±3	싼타모	0±3	쏘나타	+3~-3	엘란트라	0±3	그레이스	1±2
엑센트	0±3	쏘나타Ⅱ	0±3	갤로퍼	5.5±3.5	아반떼	0±3	다이너스티	0±3
에쿠스	0±3	쏘나타Ⅲ	0±3	엑 셀	+3~-3	티뷰론	0±3	라비타	0±2
베르나	0±3	EF쏘나타	0±3	스타렉스	0±3	그랜저XG	0	리베로	0±3
스쿠프	1±3	마르샤	0±3	트라제XG	-3~+3	그랜저	0±3	싼타모 2WD	0±3
싼타페	0±2	아반떼XD	0±2	투스카니	0±2	테라칸	3±3	포 터	2±2

※ 성능기준값은 안이나 밖으로 5m/km 이하로 되어 있음

동영상

03 타이로드 엔드 탈·부착

01 좌우의 타이로드 설치 위치 확인
자동차를 평탄한 장소에 주차하고 주차 브레이크를 채운 후 타이어를 탈거한다.

02 슬로트 너트에서 스플릿 핀 탈거
슬로트 너트에서 스플릿 핀을 탈거한 후 너트를 볼트 끝 단에 일치할 때까지 푼다.

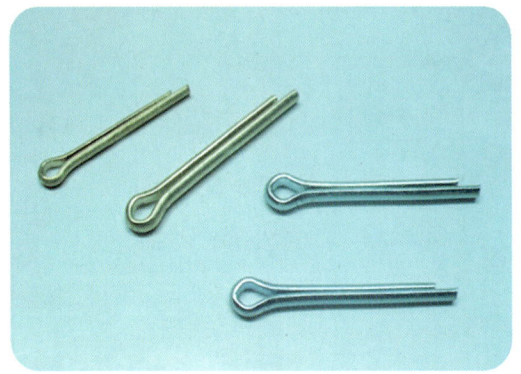

▲ 스플릿 핀

▲ 슬로트 너트

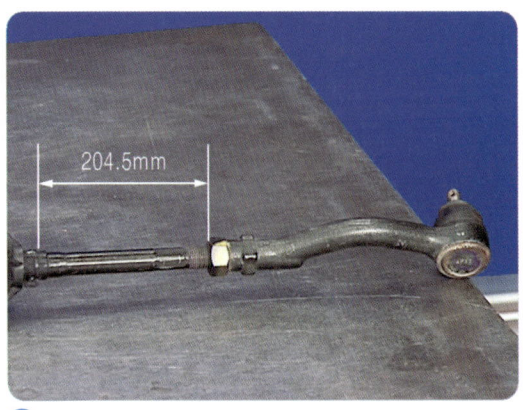

03 타이로드 엔드와의 길이 측정

차량에 설치되어 있는 상태에서 길이를 측정하거나 나사산이 몇 개인지를 확인하여 둔다.

04 타이로드 엔드 풀러를 이용하여 엔드 볼 탈거

타이로드 엔드 풀러를 이용하여 엔드 볼을 가압한 후 너트를 완전히 풀고 스티어링 암에서 엔드 볼을 분리한다.

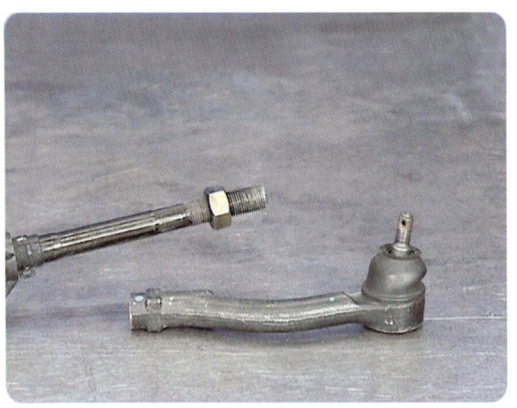

05 분해된 타이로드와 엔드

▲ 타이로드 엔드 고정 볼트 풀기

▲ 스티어링 암에서 타이로드 엔드를 탈거한 상태

▲ 각종 타이로드와 엔드

04 토(toe) 조정

부정확한 토우는 타이어의 편마모를 가져오게 되며, 직진 주행시 핸들의 위치가 똑바로 서지 못하게 된다.

① 토인의 조정은 타이로드 또는 타이로드 엔드의 고정 너트를 풀고 타이로드 또는 타이로드 엔드를 회전시켜 길이를 늘이고 줄여서 조정한다.
② 뒤쪽으로 타이로드가 있는 경우에는 다음과 같이 변한다.
　㉮ 타이로드 길이를 늘일 때 : 토 인으로 된다.
　㉯ 타이로드 길이를 줄일 때 : 토 아웃으로 된다.

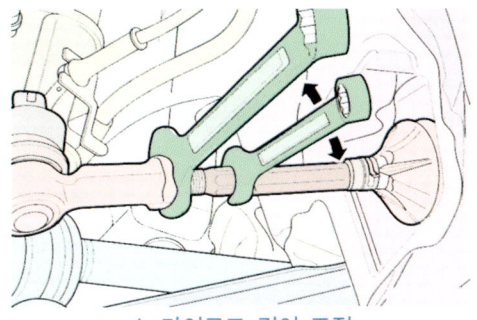
▲ 타이로드 길이 조정

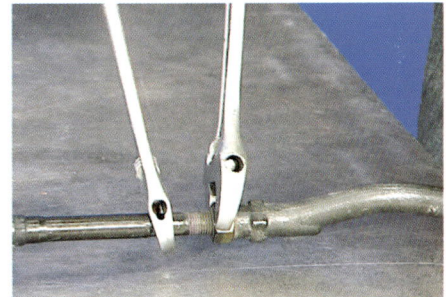
▲ 타이로드 길이 조정

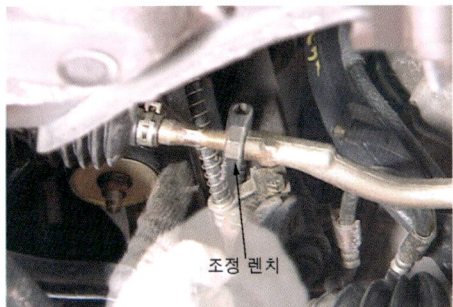
▲ 타이로드 고정 볼트 조립

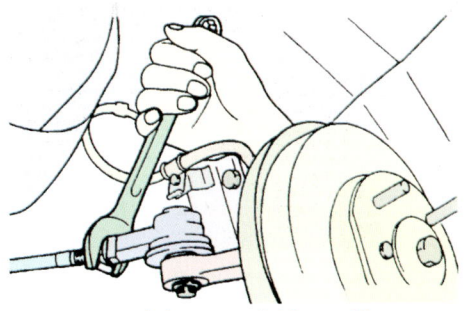
▲ 타이로드 고정 볼트 조립

정비산업기사 02 — 섀시 3
브레이크 패드 탈·부착, 작동 상태 점검

ABS가 설치된 자동차에서 브레이크 패드를 탈거한 후(감독위원에게 확인), 다시 부착하여 브레이크 작동 상태를 점검하시오.

▶▶▶ 자동차 정비 산업기사 1안 ▶ 64페이지 참조

정비산업기사 02 — 섀시 4
전(앞) 또는 후(뒤) 제동력 측정

3항의 작업 자동차에서 감독위원의 지시에 따라 전(앞) 후(뒤) 제동력을 측정하여 기록표에 기록하시오.

▶▶▶ 자동차 정비 산업기사 1안 ▶ 66페이지 참조

정비산업기사 02 — 섀시 5
ABS 자기진단

주어진 자동차의 ABS에서 자기진단기(스캐너)를 이용하여 각종 센서 및 시스템의 작동 상태를 점검하고 기록표에 기록하시오.

1 전자제어 제동장치(ABS) 자기진단

동영상

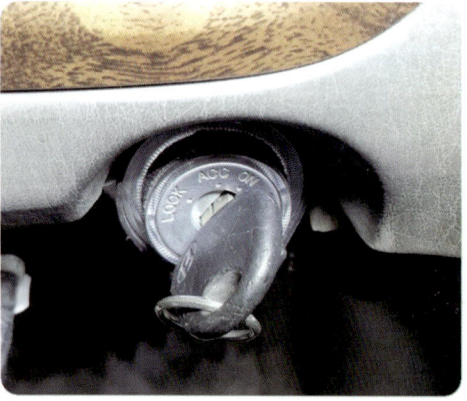
01 스캐너를 차량에 연결한 후 전원을 ON시킨다.

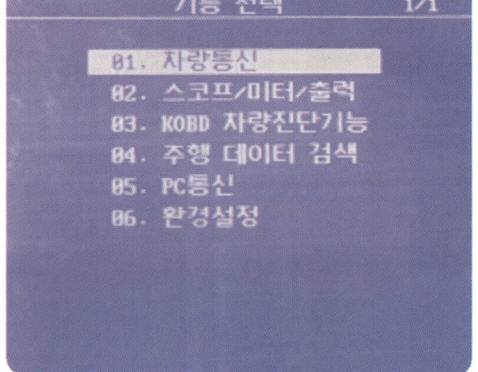
02 기능 선택 메뉴에서 차량통신 선택

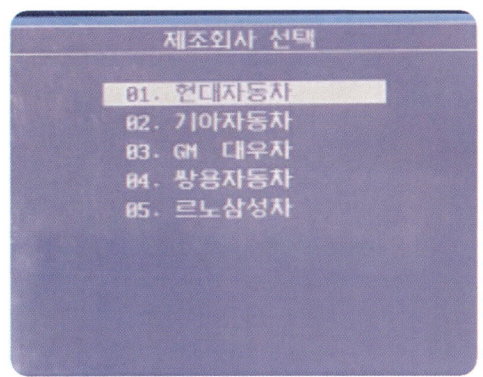
03 제조사 선택

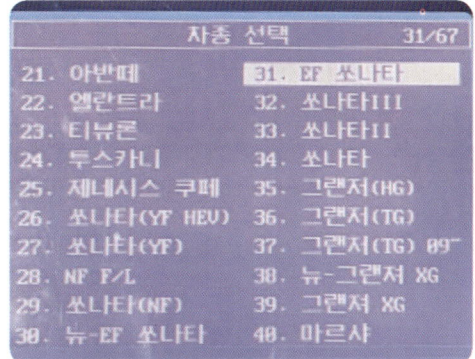
04 차종 선택

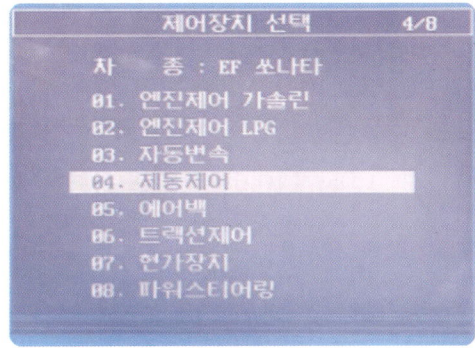
05 제동제어(ABS) 선택

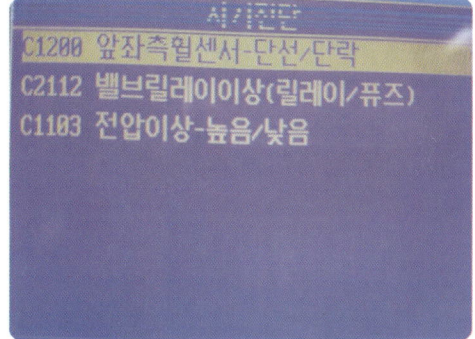
06 자기진단을 선택하고 고장내용 확인

실기시험 기록지

▶ 섀시 5. ABS 점검
　　　작업대 번호 :

점검항목	① 점검(또는 측정)		② 판정 및 정비(또는 조치)사항	득 점
	고장 부분	내용 및 상태	정비 및 조치할 사항	
자기 진단				

비번호　　　　감독위원 확 인

02 발전기 출력 전압 및 출력 전류의 점검

정비산업기사 | 전기 1

주어진 자동차에서 발전기를 탈거한 후(감독위원에게 확인), 다시 부착하여 작동상태를 확인하고 출력 전압 및 출력 전류를 점검하여 기록표에 기록하시오.

동영상

01 발전기 탈·부착

01 배터리 케이블 분리
(−) 케이블을 먼저 분리한 후 (+) 케이블을 분리한다.

02 발전기에서 배선 탈거
발전기 뒤쪽에서 I 단자 커넥터와 B 단자 배선을 탈거한다.

03 발전기 고정 볼트를 이완시킨다.
발전기 고정 볼트를 2~3회전하여 이완시킨다.

04 발전기 장력 조정 나사를 푼다.
발전기의 장력 조정 나사가 위로 들릴 때까지 볼트를 푼다.

05 발전기 장력 조정 나사를 들어올린다.
브래킷에서 장력 조정 나사가 이완되면 위로 들어올린다.

06 발전기 구동 벨트 탈거
구동 벨트를 물 펌프 풀리 및 크랭크축 풀리에서 탈거한다.

07 발전기 하부 고정 볼트 탈거

08 발전기 탈거. 발전기의 조립은 역순.

02 발전기 출력 전압 및 전류 점검

(1) 멀티 테스터와 훅 미터를 이용한 출력 전압·전류 측정

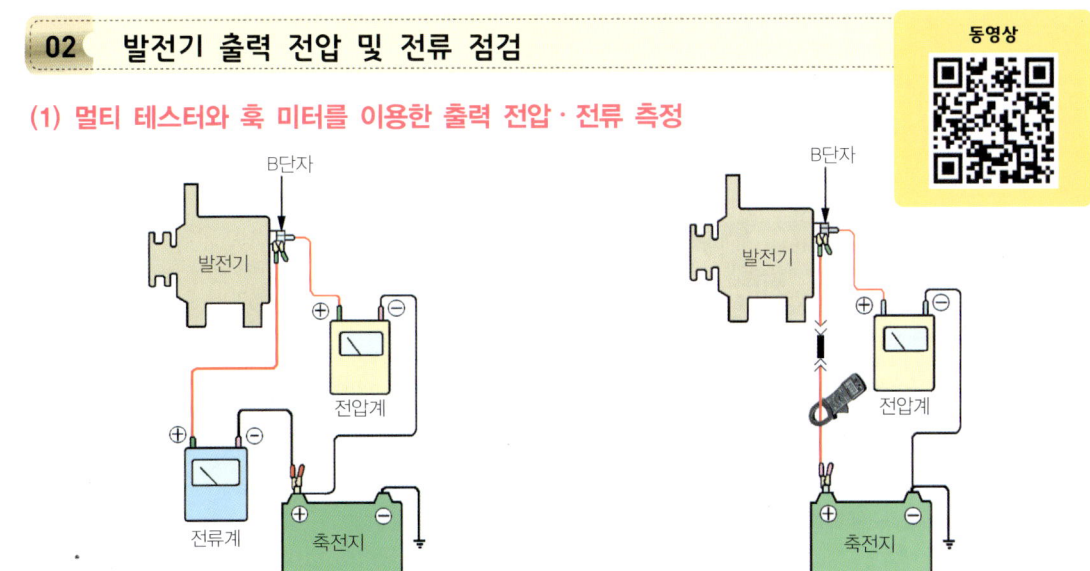

▲ 전압계와 전류계를 이용한 출력 전압과 전류 측정   ▲ 전압계와 훅 미터를 이용한 출력전압과 전류 측정

01 배터리를 방전시킨다.

전조등 스위치를 ON으로 하여 3분 정도 방전시킨다. 완전 충전된 배터리는 출력 전류의 측정값이 적게 나온다

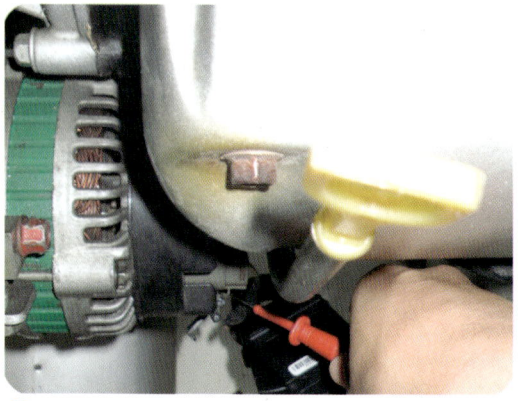

02 발전기의 출력 전압 점검

멀티 테스터 적색 리드를 발전기 B 단자에 대고 흑색 리드를 접지시켜 발전기의 출력 전압을 측정한다.

03 배터리(+)단자에서도 출력 전압의 측정이 가능

발전기 B단자와 배터리 (+) 단자가 연결되어 있으므로 측정이 가능하며 현재 멀티 테스터의 14.50V가 출력 전압이다.

04 발전기의 출력 전류 점검

발전기 B단자와 연결된 출력 선에 훅 미터를 걸어 출력 전류를 측정한다. 현재 훅 미터의 124A가 발전 전류이다.

(2) Hi-DS를 이용한 출력 전압·전류 측정

1) 출력 전압 측정 방법

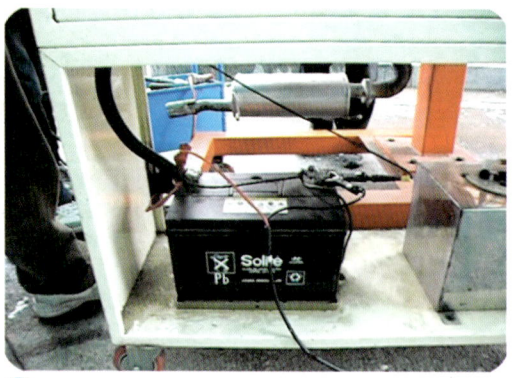

01 배터리 전원선 연결

붉은색 케이블을 배터리 (+), 검은색을 배터리 (-)에 연결한다.

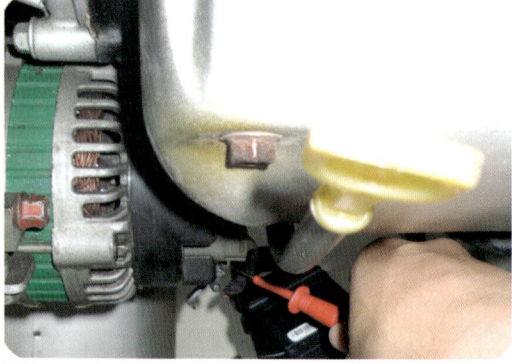

02 멀티미터 프로브 연결

적색 프로브를 발전기 B단자에, 흑색 프로브를 차체에 접지한다.

03 바탕 화면에서 Hi-DS 아이콘 클릭

엔진을 시동하여 워밍업을 시킨 후 공회전 상태에서 모니터 바탕 화면의 Hi-DS 아이콘을 클릭하여 활성화 한다.

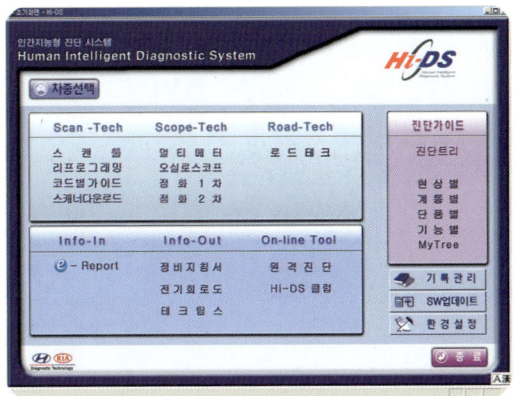

04 초기 화면에서 차종 선택 클릭

초기 화면 왼쪽 위에 있는 차종선택 아이콘을 클릭하여 차종 선택 화면을 활성화 한다.

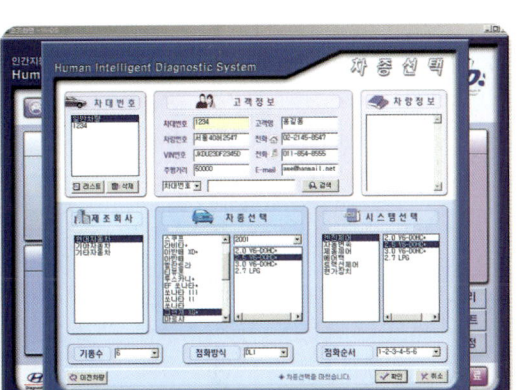

05 차량의 제원 설정

차량의 제조사, 차종, 연식, 시스템 순으로 제원을 설정한 후 확인 버튼을 클릭한다.

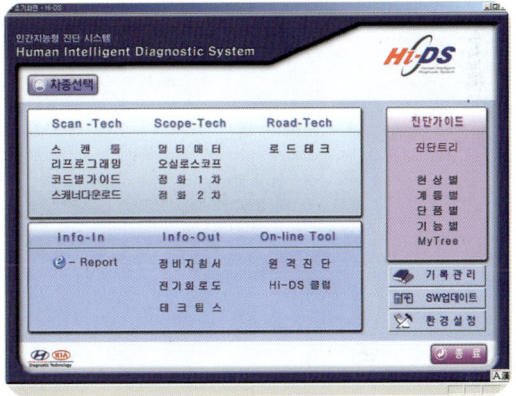

06 멀티미터 선택

Scope-Tech의 멀티미터 항목을 클릭하여 멀티미터 화면을 활성화 한다.

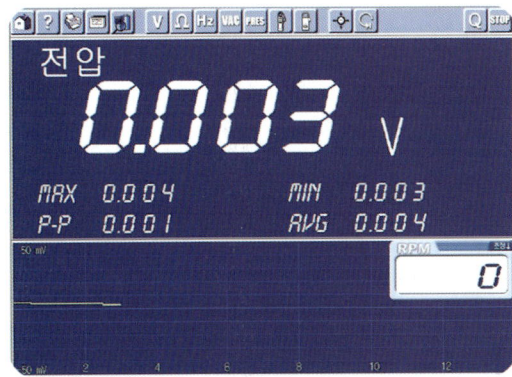

07 멀티미터 활성화면을 표출시킨다.

멀티미터 활성화면 상단의 툴 바에서 전압 아이콘 V 을 클릭하여 전압 측정 모드로 이동한다.

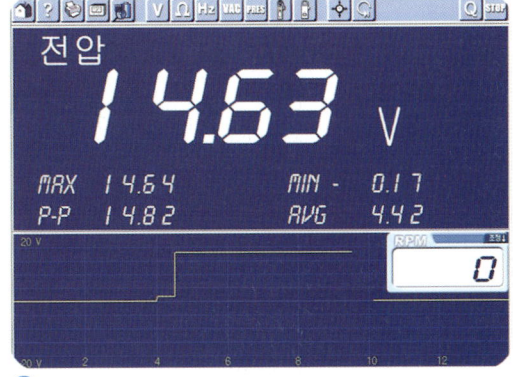

08 화면에 검출된 발전 전압은 14.63V로 정상

발전기 정격 출력 회전수가 될 때까지 엔진의 회전수를 높이고 발전기의 출력 전압을 측정한다.

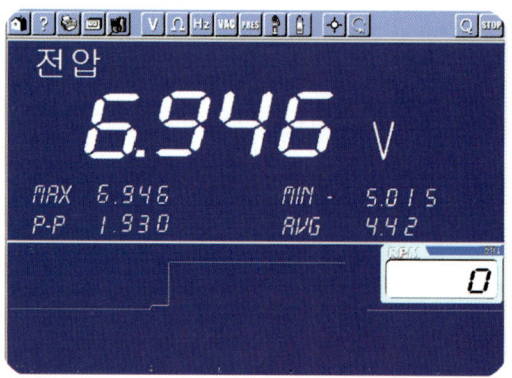

09 화면에 검출된 발전 전압은 6.946V로 불량
로터의 슬립링에 접촉되는 브러시의 불량에 의해 출력 전압이 낮은 상태로 출력되고 있다.

2) 출력 전류 측정 방법

01 배터리 전원선 및 대전류 프로브 연결
붉은색 케이블을 배터리 (+), 검은색을 배터리 (−)에 연결한 후 대전류 프로브를 발전기 B단자 출력 케이블에 걸어 준다. 화살표가 배터리 방향으로 한다.

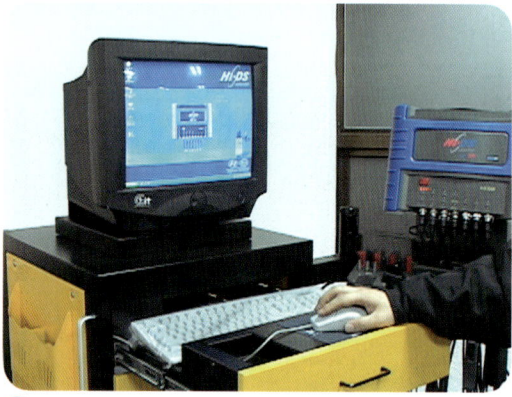

02 바탕 화면에서 Hi-DS 아이콘 클릭
엔진을 시동하여 워밍업을 시킨 후 공회전 상태에서 모니터 바탕 화면의 Hi-DS 아이콘을 클릭하여 활성화 한다.

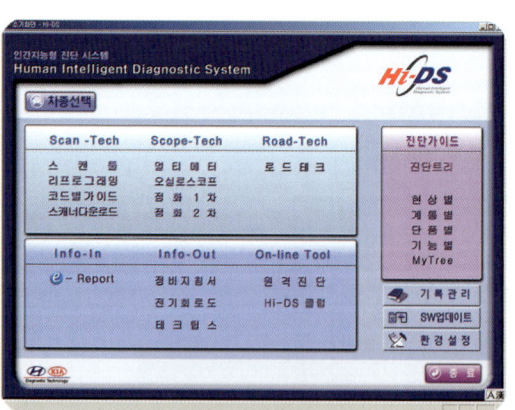

03 초기 화면에서 차종 선택 클릭
초기 화면 왼쪽 위에 있는 차종선택 아이콘을 클릭하여 차종 선택 화면을 활성화 한다.

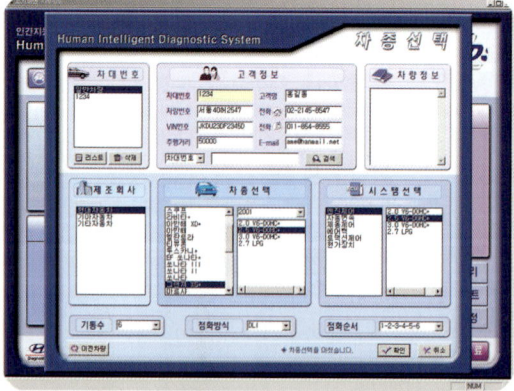

04 차량의 제원 설정
차량의 제조사, 차종, 연식, 시스템 순으로 제원을 설정한 후 확인 버튼을 클릭한다.

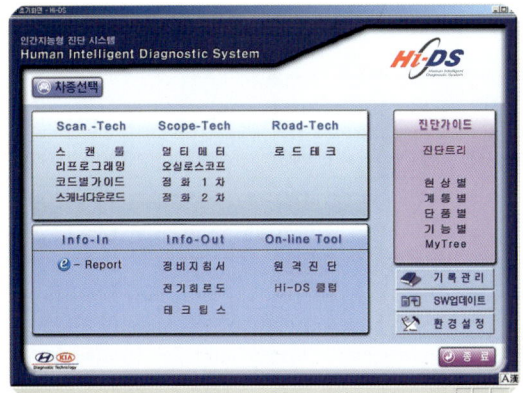

05 멀티미터 선택

Scope-Tech의 멀티미터 항목을 클릭하여 멀티미터 화면을 활성화 한다.

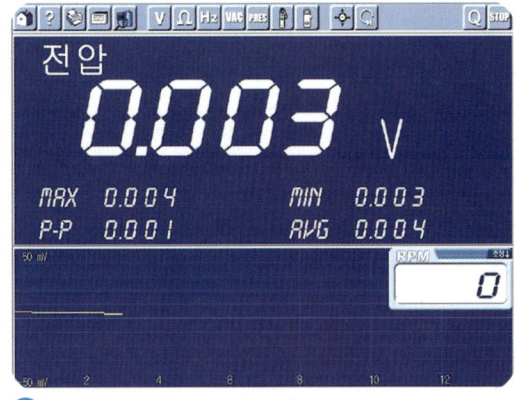

06 멀티미터 활성화면을 표출시킨다.

멀티미터 활성화면 상단의 툴 바에서 대전류 아이콘 을 클릭하여 전류 측정 모드로 이동한다.

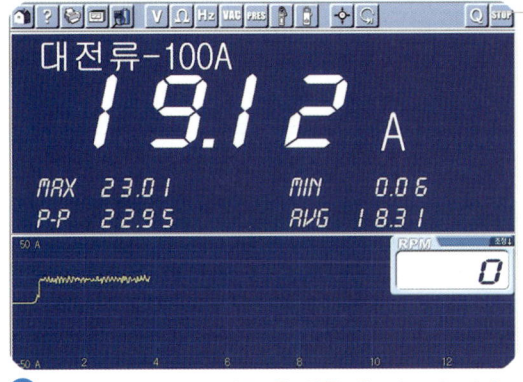

07 충전된 배터리일 경우 출력(충전) 전류가 적다.

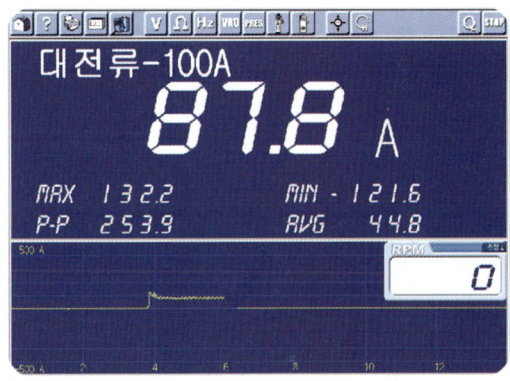

08 방전된 배터리일 경우 출력(충전) 전류가 많다.

실기시험 기록지

▶ 전기 1. 발전기 점검
  자동차 번호 :

측정 항목	① 측정(또는 점검)		② 판정 및 정비(또는 조치)사항		득 점
	측정값	규정(정비한계)값	판정(□에 '✔'표)	정비 및 조치할 사항	
출력 전압			□ 양 호 □ 불 량		
출력 전류					

비번호		감독위원 확 인	

■ 차종별 교류 발전기 출력 성능 특성

차종	정격 전류	정격 출력	회전수 (rpm)	차종	정격 전류	정격 출력	회전수 (rpm)
I30 PD 1.6	130A	13.5V	1000~18000	K3 BD 1.6	110A	13.5V	1000~18000
I30 PD 1.4	130A	13.5V	1000~18000	K3 YD 1.6	110A	13.5V	1000~18000
I40 VF 1.7	130A	13.5V	1000~18000	K5 JF 1.6	130A	13.5V	1000~18000
I40 VF 2.0	120A	13.5V	1000~18000	K5 JF 2.0	120A	13.5V	1000~18000
벨로스터 JS 1.4	130A	13.5V	1000~18000	K7 YG 2.5	150A	13.5V	1000~18000
벨로스터 JS 1.6	130A	13.5V	1000~18000	K7 YG 3.0	180A	13.5V	0~18000
싼타페 TM 2.0	150A	13.5V	1500~18000	레이 TAM 1.0	90A	13.5V	1000~18000
싼타페 TM 2.2	180A	13.5V	1000~18000	모닝 TA 1.0	70A	13.5V	1000~18000
쏘나타 YF 2.0	130A	13.5V	1000~18000	모하비 HM 3.0	180A	13.5V	1000~18000
쏘나타 LF 2.0	150A	13.5V	1000~18000	스포티지 QL 1.6	150A	13.5V	1000~18000
쏘나타 LF 1.7	130A	13.5V	1000~18000	스포티지 QL 2.0	180A	13.5V	1000~18000
쏘나타 LF 1.6	130A	13.5V	1000~18000	쏘울 PS 1.6	130A	13.5V	1000~18000
아반떼 MD	130A	13.5V	1000~18000	쏘울 SK3 1.6	130A	13.5V	1000~18000
엑센트 RB 1.6	120A	12V	1000~18000	프라이드UB 1.4	120A	12V	1000~18000
엑센트 RB 1.4	90A	13.5V	1000~18000	프라이드UB 1.6	110A	13V	1000~18000

○ 출력 전류와 출력 전압이 규정값 보다 낮은 원인

고장 위치	원인	조치사항
와이어링 접속부	느슨해짐	느슨해진 부분 재조임
다이오드	불량	교환
팬벨트	느슨하거나 헐거움	장력 조정
슬립링과 브러시	접촉 불량	교환
배터리	수명이 다 됨	교환
스테이터 코일	단락	발전기 교환
로터 코일	단락	발전기 교환
전압 레귤레이터	불량	교환

○ 출력 전류와 출력 전압이 출력되지 않는 원인

고장 위치	원인	조치사항
발전기 B단자	단락	절연체 교환
팬 벨트	단선	장착
퓨즈블 링크	단선	교환
커넥터 연결부	탈거(R, L)	연결
스테이터 코일	단선	발전기 교환
로터 코일	단선	발전기 교환
전압 레귤레이터	불량	발전기 교환
퓨즈	단선	교환
다이오드	단락	교환

02 전조등 광도, 광축 점검

정비산업기사 / 전기 2

주어진 자동차에서 전조등 시험기로 전조등을 점검하여 기록표에 기록하시오.

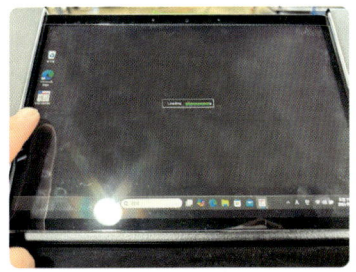

01 VHT1000M 프로그램을 더블 클릭

02 측정 버튼을 누른다.

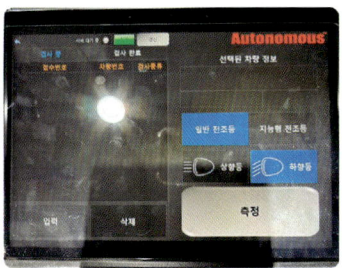

03 다음 화면에서 왼쪽 아래 큰 입력 버튼을 누른다.

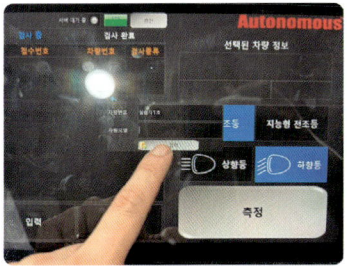

04 작은 상자에서 차량 정보를 기입 후 입력 버튼을 누른다.

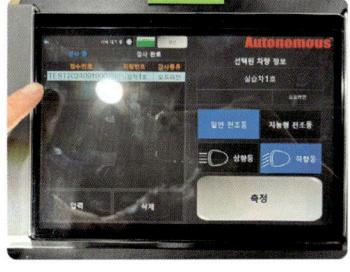

05 이 화면에서 왼쪽에 접수번호 글자 아래 "TEST..." 문구가 확인되면 접수가 완료된 것이다.

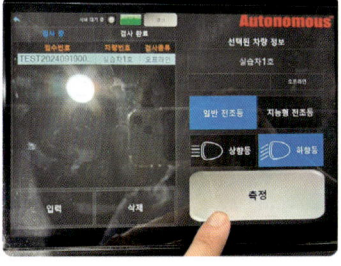

06 접수 완료를 확인했으면 "일반 전조등 → 하향등의 칸에 파란색 불이 확인되면 측정 버튼을 누른다.

07 감독관이 지정하는 위치에서 하향등을 점등시킨다.
(이때, 공회전시 = 무부하시 또는 KEY ON시 등등 감독관이 요구하는 조건에 맞게 하향등을 켠다.)

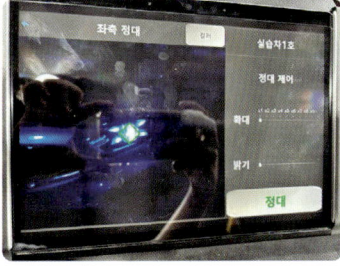

08 6번에서 측정 버튼을 누르면 다음과 같은 화면이 나온다. 측정하고자 하는 곳이 우측이면 현재 화면 좌측이여서 우측 측정을 하려면 좌측 측정 화면에서 "정대" 버튼을 누른다.

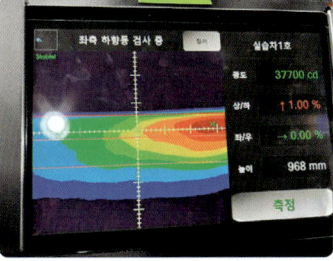

09 8번의 화면에서 정대 버튼을 누르면 위와 같은 화면이 나온다. 여기서 측정 버튼을 누르면 우측 측정 화면으로 넘어간다.

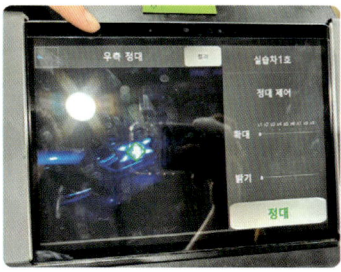
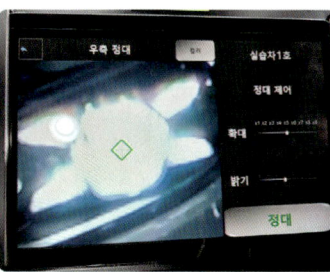
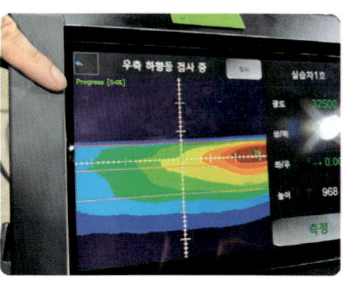

⑩ 8번의 화면과 같지만 측정하고자 하는 위치만 우측으로 바뀐 것을 확인하였다. 우측 정대 화면에서 전조등 정 중앙에 초록색 테두리를 센터에 맞도록 기계를 조작하여 좌, 우 그리고 위, 아래 등 센터에 맞춘다.

⑪ 초록색 센터 테두리가 잘 보이지 않으면 우측에 정대 제어 밑에 "확대 및 밝기" 등 bar를 늘려서 우측으로 밀면 정밀하게 확인할 수 있다. 확인했으면 정대 버튼을 누른다.

⑫ 왼쪽 상단에 Progress[숫자 %] 등 확인되는데 이 수치가 100%가 되면 문자(stable!)로 바뀐다. 그 때 우측에 값을 읽으면 된다.

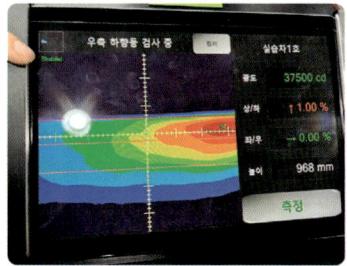
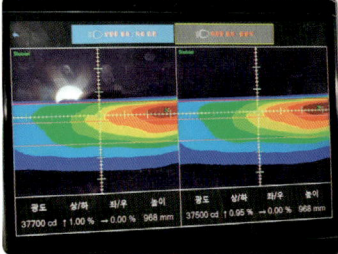
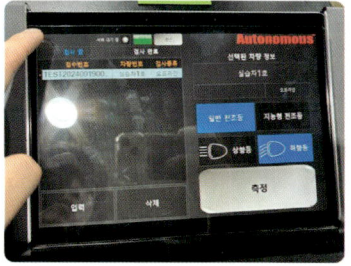

⑬ 왼쪽 상단에 문자로 stable!를 확인했으면 우측에 값을 읽고 답안지에 기입하면 된다. 이 화면에서 측정 버튼을 누르면 다음 화면으로 넘어간다.

⑭ 여기 화면에서 잠시 좌측과 우측 값이 나오다가 바로 사라진다.

⑮ 왼쪽 상단에 뒤로가기 버튼을 첫 화면까지 계속 누른다.

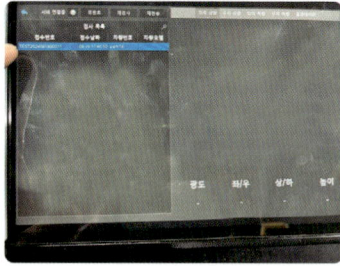
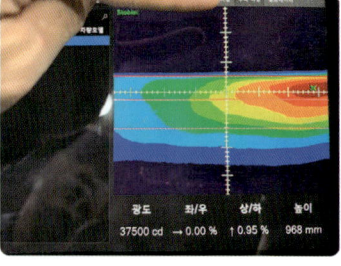

⑯ 첫 화면에서 조회 버튼을 누른다.

⑰ 이전에 4번 항목에서 접수하고 측정했던 값을 손가락으로 가리키는 버튼을 누른다.

⑱ 우측에 그림에서 읽고자 하는 값을 누른다. 예를 들면 그림과 같이 우측 하향등의 값을 다시 확인하고자 할 때는 우측 하향등을 누르면 그림과 같이 나온다.

실기시험 기록지

▶ 전기 2. 전조등 점검
자동차 번호 :

비번호		감독위원 확 인	

① 측정(또는 점검)			② 판정	득 점
항 목	측정값	기준값	판정 (□에 'v')	
(□에 'v') 위치 : □ 좌 □ 우 설치 높이 : □ ≤1.0m □ >1.0m	광도		3,000cd 이상	□ 양 호 □ 불 량	
	진폭			□ 양 호 □ 불 량	

※ 측정위치는 감독위원이 지정하는 위치에 □에 'v' 표시합니다.
※ 자동차 검사기준 및 방법에 의하여 기록 판정합니다.

【 전조등 광도, 광축 검사 기준값 】

항 목	검사기준값		광축의 기준
등화장치	변환빔의 광도는 3000cd 이상일 것		좌우측 전조등(변환빔)의 광도와 광도점을 전조등시험기로 측정하여 광도점의 광도 확인
	변환빔의 진폭은 10m 위치에서 다음 수치 이내일 것		좌우측 전조등(변환빔)의 컷오프선 및 꼭지점의 위치를 전조등 시험기로 측정하여 컷오프선의 적정여부 확인
	설치 높이 ≤ 1.0m	설치 높이 > 1.0m	
	−0.5 ~ −2.5%	−1.0 ~ −3.0%	
	컷오프선의 꺽임점(각)이 있는 경우 꺽임점의 연장선은 우측 상향일 것		변환빔의 컷오프선, 꺽임점(각), 설치상태 및 손상여부 등 안전기준 적합여부를 확인

정비산업기사 02 전기 3
ETACS 도어 중앙 잠금장치 작동신호 점검

주어진 자동차에서 도어 센트롤 록킹(도어 중앙 잠금장치) 스위치 조작시 편의장치(ETACS 또는 ISU) 및 운전석 도어 모듈(DDM) 커넥터에서 작동신호를 측정하고 이상여부를 확인하여 기록표에 기록하시오.

01 멀티 테스터를 이용한 작동 전압 측정

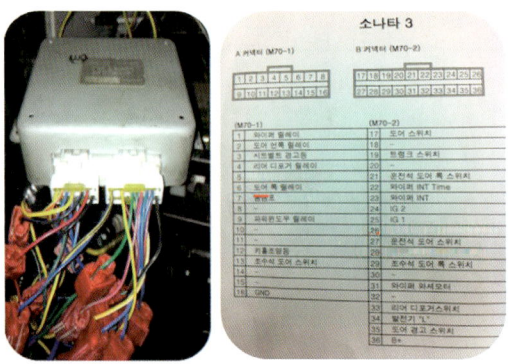

❶ ETACS 모듈과 단자의 위치도
시험장에는 정비 지침서가 놓여 있다. 상하, 좌우를 보고 측정 단자를 찾는다.

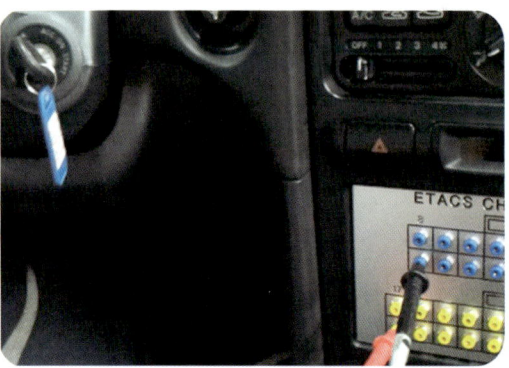

❷ 운전석 도어 모듈 작동 전압 측정 준비 모습
시험장의 여건에 따라 다르지만 이곳에는 디지털 멀티미터가 준비되어 있다.

❸ 멀티 테스터의 측정 프로브 연결(16번 21번)
시뮬레이터 ETACS 패널에서 측정 프로브를 꽂고 작동 조건에 따라서 전압의 변화를 측정한다.

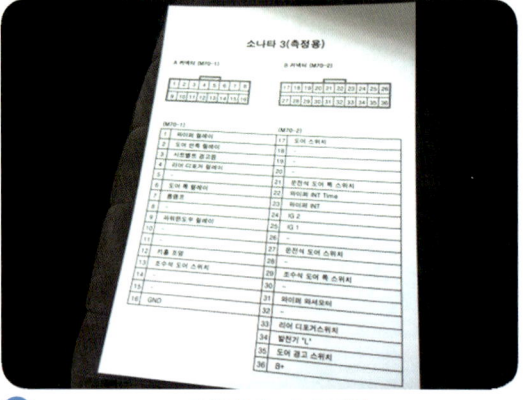

❹ ETACS ECU 커넥터와 단자 번호
시험용 차량에 가보면 인쇄된 커넥터의 단자 번호와 배선 명칭이 운전석에 준비되어 있다.

05 도어 록킹 스위치 잠김시 ON 상태에서 전압 측정
B 커넥터 21번 단자와 A커넥터 16번 단자 사이의 전압을 측정한다.

06 도어 록킹 스위치 잠김시 OFF 상태에서 전압 측정
B 커넥터 21번 단자와 A커넥터 16번 단자 사이의 전압을 측정한다.

07 도어 록킹 스위치 풀림시 ON 상태에서 전압 측정
B 커넥터 21번 단자와 A커넥터 16번 단자 사이의 전압을 측정한다.

08 도어 록킹 스위치 풀림시 OFF 상태에서 전압 측정
B 커넥터 21번 단자와 A커넥터 16번 단자 사이의 전압을 측정한다.

02 센트롤 도어 록킹 작동 회로도

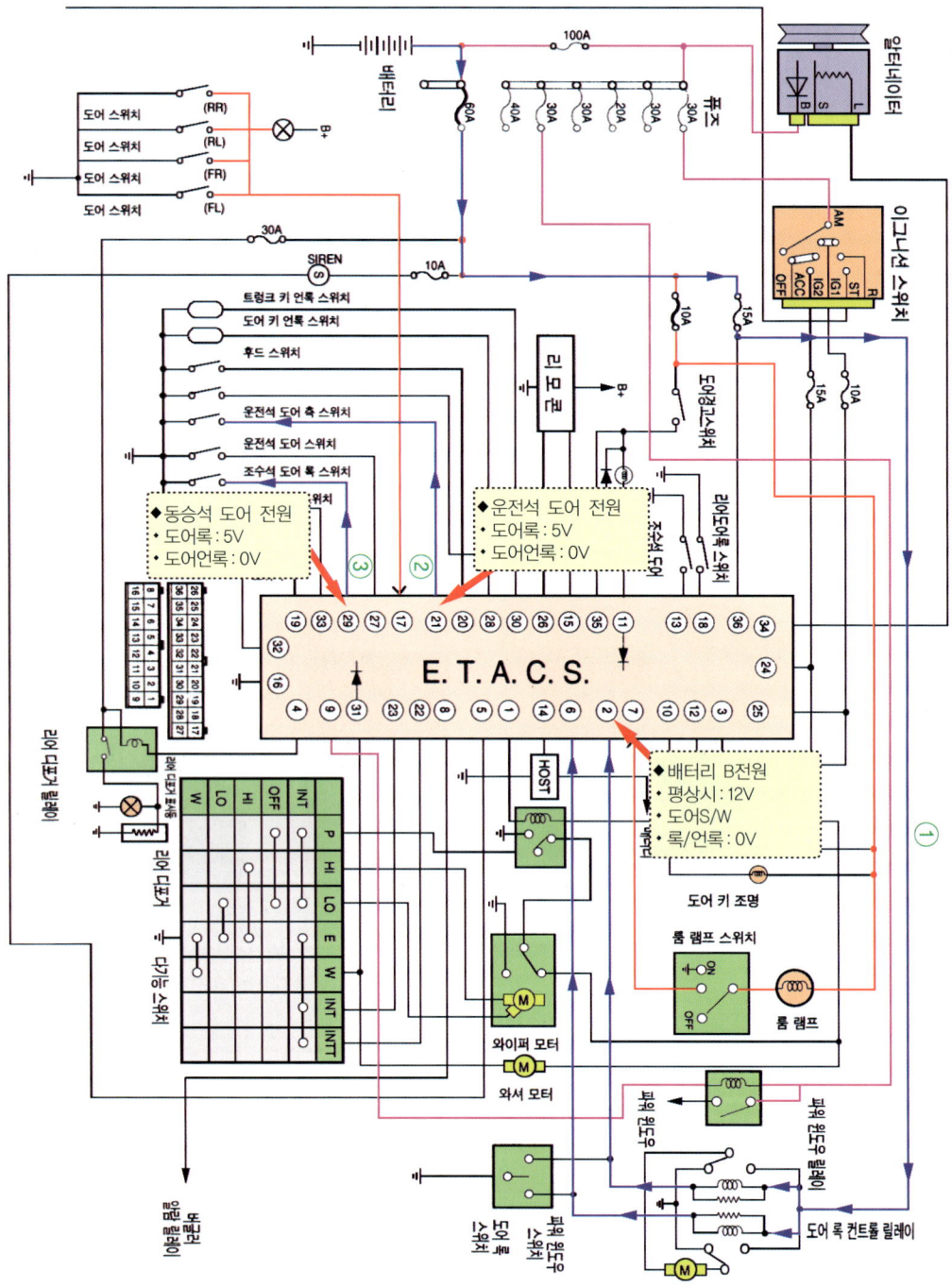

▲ 센트롤 도어록킹 작동회로와 입력전압 측정 위치

실기시험 기록지

▶ 전기 3. 센트롤 도어 록킹 스위치 회로 점검
　　자동차 번호:

비번호		감독위원 확 인	

점검 항목	① 측정(또는 점검)		② 판정 및 정비(또는 조치)사항		득 점
	측정값	규정(정비한계)값	판정 (□에 '✔'표)	정비 및 조치할 사항	
도어 중앙 잠금 장치 신호(전압)	잠김 ON : OFF : 풀림 ON : OFF :		□ 양 호 □ 불 량		

【컨트롤 유닛 기본 입력 전압 규정값】

입·출력 요소		전압 수준	
입 력	운전석, 조수석 도어 록 스위치	도어 닫힘 상태	5V
		도어 열림 상태	0V
출 력	도어 록 릴레이	평상시	12V(접지 해제)
		도어 록 일 때	0V(접지시킴)
	도어 언록 릴레이	평상시	12V(접지 해제)
		도어 언록 일 때	0V(접지시킴)

정비산업기사
02 에어컨 작동 회로의 점검 수리
전기 4

주어진 자동차에서 에어컨 작동 회로를 점검하고 이상 개소(2곳)를 찾아서 수리하시오.

01 쏘나타Ⅱ 에어컨 회로 점검

01 엔진룸 퓨즈 박스에서 릴레이와 퓨즈의 위치 확인
퓨즈 박스 커버에는 릴레이와 퓨즈의 배치도가 표기되어 있다.

02 실내 퓨즈 박스에서 에어컨 관련 퓨즈 확인
퓨즈 박스 커버 안쪽 면에 퓨즈의 배치도가 표기되어 있다.

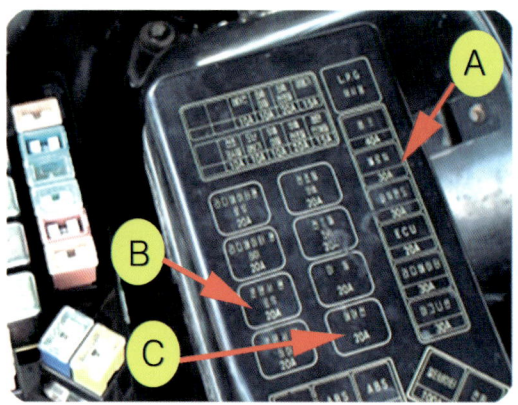

03 퓨즈 박스 커버에서 릴레이 위치 확인
Ⓐ는 블로워 릴레이, Ⓑ는 콘덴서 릴레이, Ⓒ는 에어컨 릴레이다.

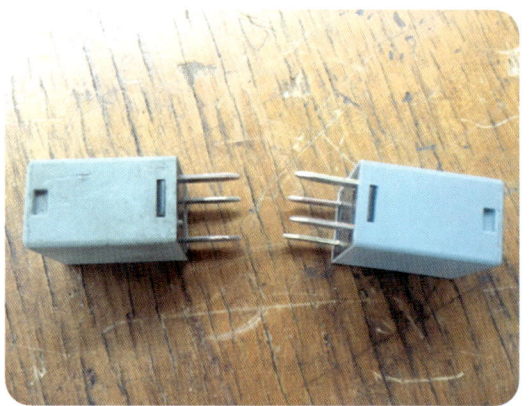

04 릴레이의 외관을 육안으로 점검
좌측 릴레이를 보면 단자가 1개 부러져 있다.(우측은 정상)

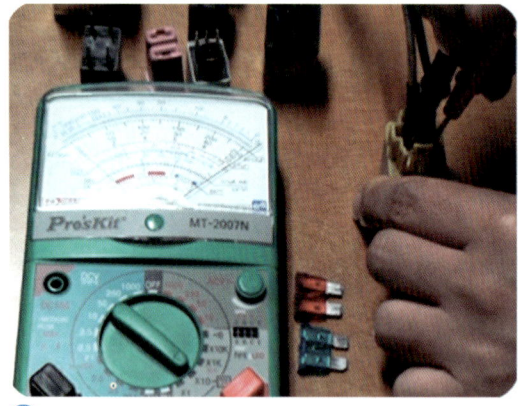

05 릴레이의 작동 여부 점검
단자 S_1과 S_2에 전압을 인가하고 B단자와 L단자간 통전 여부를 점검한다.

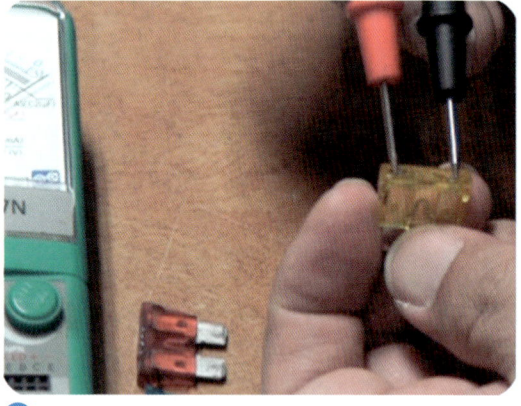

06 퓨즈 점검
퓨즈 박스 커버를 열고 위에서 볼 때 정상적으로 보이지만 핀이 부러져 있는 경우도 있다.

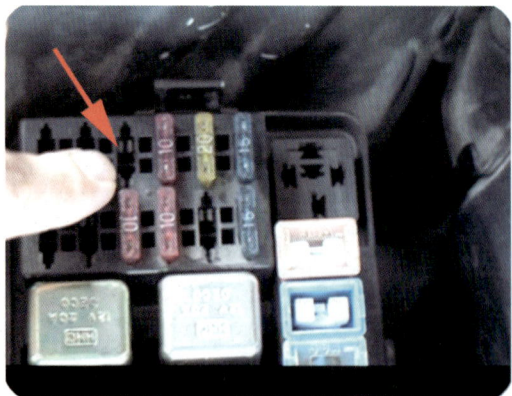

07 퓨즈가 빠져 있는 경우도 있다.
퓨즈 박스 커버를 열고 에어컨 퓨즈의 위치를 확인하고 점검한 결과 퓨즈가 없는 상태이다.

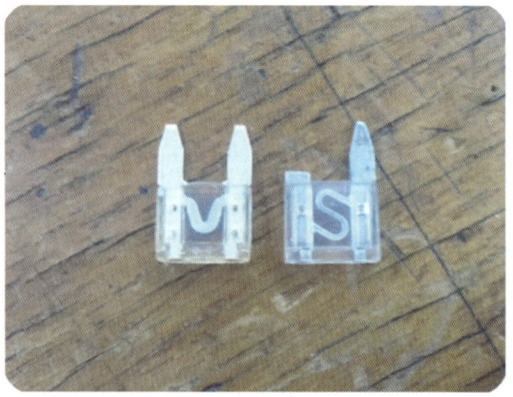

08 퓨즈 점검
2개의 퓨즈 모양은 다르지만 기능은 가다. 좌측의 퓨즈는 정상이지만 우측의 퓨즈는 한쪽이 부러져 있다.

09 에어컨 압력 스위치 점검
어떤 시험장에서는 에어컨의 압력 스위치 커넥터를 빼 놓은 경우도 있다. 콘덴서 팬의 커넥터도 마찬가지이다.

⭕ 블로어 모터가 작동하지 않는 원인

고장 위치	원인	조치사항
배터리	불량	교환
배터리 터미널	연결 상태 불량	재 장착
블로어 모터 퓨즈	탈거	장착
	단선	교환
블로어 모터 릴레이	탈거	장착
	불량	교환
	핀 부러짐	교환
블로어 모터	불량	교환
블로어 모터 송풍속도 조절스위치	불량	교환
블로어 모터 커넥터	불량	교환
	탈거	장착

⭕ 찬바람이 나오지 않는 원인

고장 위치	원인	조치사항
에어컨 컴퓨레서 퓨즈	불량	교환
냉매	냉매 부족	냉매 보충
콘덴서	불량	교환
에어컨 컴프레서 전원 커넥터	탈거	연결
에어컨 릴레이	불량	교환
	탈거	장착
에어컨 컴프레서	불량	교환
에어컨 스위치	불량	교환
에어컨 압력 스위치	불량	교환
에어컨 벨트	장력 불량	장력 조정
	탈거	장착
팽창밸브	고장	교환
이배퍼레이터	불량	조정 및 교환

에어컨 컴프레서가 작동하지 않는 원인

고장 위치	원인	조치사항
에어컨 컴프레서 퓨즈	단선	교환
	핀 부러짐	퓨즈 교환
	탈거	장착
에어컨 컴프레서 전원 커넥터	탈거	장착
에어컨 릴레이	불량	교환
	탈거	부착
에어컨 컴프레서	불량	교환
에어컨 스위치	불량	교환
에어컨 압력 스위치	불량	교환
에어컨 벨트	장력 불량	장력 조정
	탈거	부착

자동차정비산업기사

안 03

국가기술자격검정 실기시험문제

1. 엔진

1. 주어진 엔진을 기록표의 측정 항목까지 분해하여 기록표의 요구사항을 측정 및 점검하고 본래 상태로 조립하시오.
2. 주어진 자동차의 전자제어 엔진에서 감독위원의 지시에 따라 1가지 부품을 탈거한 후(감독위원에게 확인) 다시 부착하고 시동에 필요한 관련 부분의 이상개소(시동회로, 점화회로, 연료장치 중 2개소)를 점검 및 수리하여 시동하시오.
3. 2항의 시동된 엔진에서 공전속도를 확인하고 감독위원의 지시에 따라 공회전시 배기가스를 측정하여 기록표에 기록하시오.(단, 시동이 정상적으로 되지 않은 경우 본 항의 작업은 할 수 없음)
4. 주어진 자동차의 엔진에서 산소센서의 파형을 출력·분석하여 그 결과를 기록표에 기록하시오.(측정조건 : 공회전 상태)
5. 주어진 전자제어 디젤엔진에서 연료 압력 조절 밸브를 탈거한 후(감독위원에게 확인) 다시 부착하여 시동을 걸고 공회전시 연료 압력을 점검하여 기록표에 기록하시오.

2. 섀시

1. 주어진 자동차에서 전륜 현가장치의 스트럿 어셈블리(또는 코일 스프링)를 탈거한 후(감독위원에게 확인) 다시 부착하여 작동상태를 확인하시오.
2. 주어진 자동차에서 휠 얼라인먼트 시험기로 캠버와 토(toe) 값을 측정하여 기록표에 기록한 후 타이로드 엔드를 탈거한 후(감독위원에게 확인) 다시 부착하여 토(toe)가 규정값이 되도록 조정하시오.
3. 주어진 자동차에서 브레이크 휠 실린더(또는 캘리퍼)를 탈거한 후(감독위원에게 확인) 다시 부착하여 브레이크 작동상태를 점검하시오.
4. 3항 작업 자동차에서 감독위원의 지시에 따라 전(앞) 또는 후(뒤) 제동력을 측정하여 기록표에 기록하시오.
5. 주어진 자동차의 자동변속기에서 자기진단기(스캐너)를 이용하여 각종 센서 및 시스템의 작동 상태를 점검하고 기록표에 기록하시오.

3. 전기

1. 주어진 자동차에서 시동모터를 탈거한 후(감독위원에게 확인) 다시 부착하여 작동상태를 확인하고 크랭킹 시 전류소모 및 전압강하 시험을 하여 기록표에 기록하시오.
2. 주어진 자동차에서 전조등 시험기로 전조등을 점검하여 기록표에 기록하시오.
3. 주어진 자동차의 에어컨 회로에서 외기온도 입력 신호값을 점검하여 이상 여부를 확인하여 기록표에 기록하시오.
4. 주어진 자동차에서 전조등 회로를 점검하여 이상개소(2곳)를 찾아서 수리하시오.

국가기술자격검정실기시험문제 3안

| 자 격 종 목 | 자동차 정비산업기사 | 작 품 명 | 자동차 정비 작업 |

- 비 번호
- 시험시간 : 5시간 30분(엔진 : 140분, 섀시 : 120분, 전기 : 70분)
  ※ 시험 안 및 요구사항 일부내용이 변경될 수 있음

정비산업기사 03 엔진 1 — 크랭크축 축방향 유격 측정

주어진 엔진을 기록표의 측정 항목까지 분해하여 기록표의 요구사항을 측정 및 점검하고 본래 상태로 조립하시오.

01 분해 조립

>>> 공통 엔진 분해 조립 ▶ 16페이지 참조

동영상

02 크랭크축 축방향 유격 측정

01 에어건으로 메인 저널 베어링 청소
조립하기 전에 에어건을 이용하여 베어링부와 오일 통로 등을 불어내어 이물질이 없도록 한다.

02 오일 건으로 메인 저널 베어링에 주유
조립하기 전에 오일 건을 이용하여 베어링에 오일을 바르고 크랭크축을 조립하여야 한다.

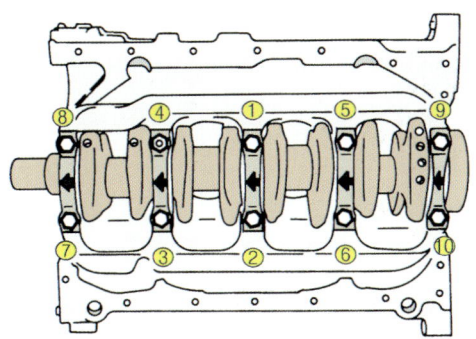

▲ 크랭크축 메인 저널 베어링 캡 볼트 조임 순서
메인 저널 베어링 캡 볼트 조임 순서는 중앙에서 바깥쪽을 향하여 시계방향으로 조이면 된다.

03 크랭크축 부착
크랭크축을 설치하고 메인 저널 베어링 캡 볼트를 중앙에서 바깥쪽을 향하여 시계방향으로 가조임하여 부착한다.

04 메인 저널 베어링 캡을 규정 토크로 조립
규정 토크를 3차로 나누어 토크렌치로 메인 저널 베어링 캡 볼트를 중앙에서 바깥쪽을 향하여 시계방향으로 3회 균일하게 완전 조립한다.

05 축방향 유격을 시크니스 게이지로 측정하는 방법
플라이 바로 크랭크축을 앞쪽에서 뒤쪽으로 밀고 중앙의 스러스트 와셔가 있는 부분에 시크니스 게이지를 밀어 넣어 약간 저항을 느끼는 두께의 시크니스 게이지 표면의 수치를 판독한다.

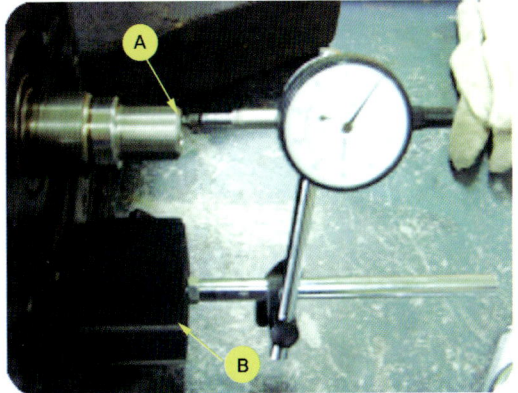

06 축방향 유격을 다이얼 게이지로 측정하는 방법
Ⓐ 부분의 다이얼 게이지 스핀들이 크랭크축과 일직선이 되도록 설치하고 Ⓑ 부분의 다이얼 게이지 설치대인 마그네틱 베이스가 실린더 블록에 설치되어야 한다.

07 크랭크축 앞이나 뒤로 밀고서 유격을 측정
플라이 바 또는 드라이버로 크랭크축을 플라이 휠 쪽으로 밀고 다이얼 게이지의 0점을 조정한 후 다시 플라이휠 쪽에서 다이얼 게이지 방향으로 크랭크축을 밀어 게이지 눈금을 판독한다.

실기시험 기록지

▶ 엔진 1. 크랭크 축 측정
엔진 번호 :

측정항목	① 측정(또는 점검)		② 판정 및 정비(또는 조치)사항		득 점
	측정값	규정(정비한계)값	판정(□에 '✔'표)	정비 및 조치할 사항	
크랭크축 축방향 유격			□ 양 호 □ 불 량		

비번호: ___ 감독위원 확인: ___

※ 감독위원이 지정하는 부위를 측정한다.

【 크랭크축 엔드 플레이(축방향 유격) 】

차종	규정값	차종	규정값
아반떼 MD	0.05~0.25(한계 0.3)mm	K3 YD	0.05~0.25(한계 0.3)mm
쏘나타 YF	0.07~0.25mm	K5 JF	0.05~0.25(한계 0.3)mm
쏘나타 LF	0.07~0.25mm	모닝 TA	0.05~0.25(한계 0.3)mm
쏠라티 EU	0.07~0.25mm	레이 TAM	0.07~0.25mm
싼타페 TM	0.07~0.25mm	스포티지 QL	0.05~0.25(한계 0.3)mm
I40(VF)	0.07~0.25mm	쏘울 SK3	0.05~0.25(한계 0.3)mm
SM6(K9K)	0.045~0.252mm	SM6(M4R)	0.10~0.30mm
SM5(M4R)	0.10~0.30mm	SM3(H4M)	0.098~0.260mm
QM3(K9K)			

1) 크랭크축 축방향 유격이 크면
   - 크랭크축이 앞·뒤로 움직이므로 소음이 발생한다.
   - 실린더, 피스톤, 커넥팅 로드, 엔진 베어링 등에 편 마멸을 일으킨다.
   - 밸브 구동기구 및 클러치에 악영향을 미친다.

2) 크랭크축 축방향 유격이 작으면
   - 스러스트 면에서 열이 발생하여 소손을 일으키기 쉽다.

정비산업기사

03 시동회로, 점화회로, 연료장치 점검 후 시동

엔진 2

주어진 자동차의 전자제어 엔진에서 감독위원의 지시에 따라 1가지 부품을 탈거한 후(감독위원에게 확인) 다시 부착하고 시동에 필요한 관련 부분의 이상개소(시동회로, 점화회로, 연료장치 중 2개소)를 점검 및 수리하여 시동하시오.

▶▶▶ 자동차 정비 산업기사 1안 ▶ 32페이지 참조

03 공전속도 확인, 배기가스 측정

엔진 3

2항의 시동된 엔진에서 공전속도를 확인하고 감독위원의 지시에 따라 공회전 시 배기가스를 측정하여 기록표에 기록하시오.(단, 시동이 정상적으로 되지 않은 경우 본 항의 작업은 할 수 없음)

01 공전속도 확인

>>> 자동차 정비 산업기사 1안 ▶ 38페이지 참조

02 배기가스 측정

>>> 자동차 정비 산업기사 1안 ▶ 40페이지 참조

03 산소 센서 파형 분석

엔진 4

주어진 자동차의 엔진에서 산소 센서의 파형을 출력·분석하여 그 결과를 기록표에 기록하시오.

동영상

01 산소 센서 파형 측정 방법

▲ 아반떼 XD 1.5DOHC 산소 센서 설치 위치

▲ 매그너스 2.0 산소 센서 설치 위치

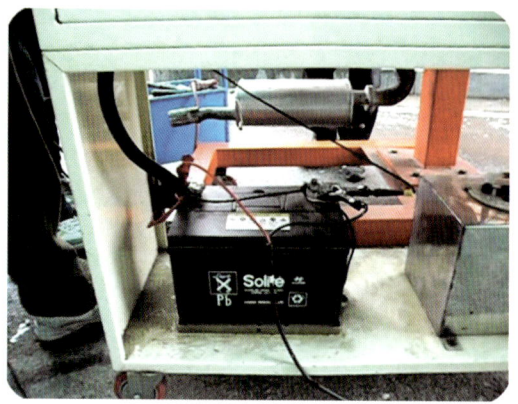

01 배터리 전원 선 연결
테스터의 적색 전원 선을 배터리 (+)에, 검은색 선을 (−)에 연결한다.

02 오실로스코프 프로브 연결
컬러 프로브를 산소 센서 출력 단자에, 흑색 프로브를 차체에 접지시킨다.

03 바탕 화면에서 Hi-DS 아이콘 클릭
엔진을 시동하여 워밍업을 시킨 후 공회전 상태에서 모니터 바탕 화면의 Hi-DS 아이콘을 클릭하여 활성화 한다.

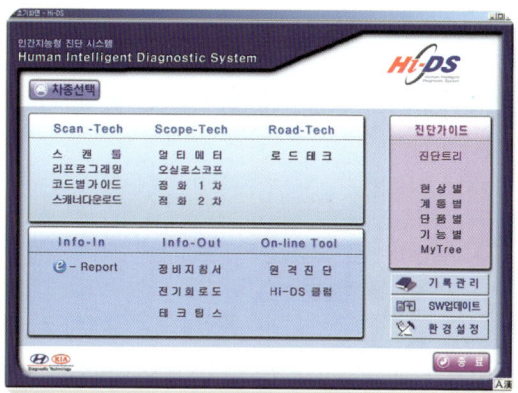

04 초기 화면에서 차종 선택 클릭
초기 화면 왼쪽 위에 있는 차종선택 아이콘을 클릭하여 차종 선택 화면을 활성화 한다.

05 차량의 제원 설정
차량의 제조사, 차종, 연식, 시스템 순으로 제원을 설정한 후 확인 버튼을 클릭한다.

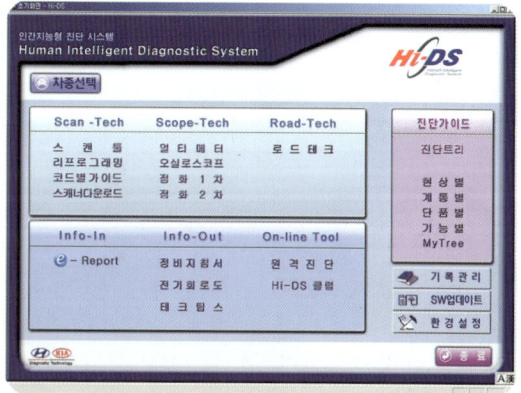

06 오실로스코프 선택
Scope-Tech의 오실로스코프 항목을 클릭하여 오실로스코프 화면을 활성화 한다.

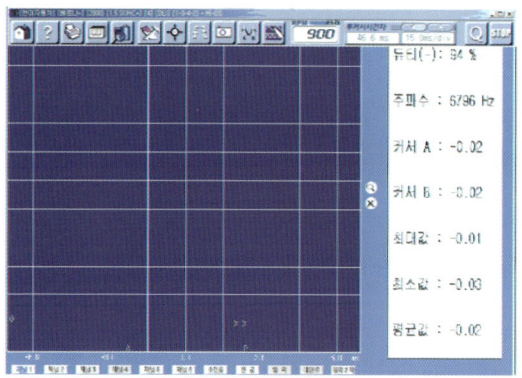

07 오실로스코프 환경 설정 버튼 클릭

오실로스코프 화면의 상단 환경 설정 아이콘을 클릭하면 우측의 측정 범위 설정 화면이 나타난다.

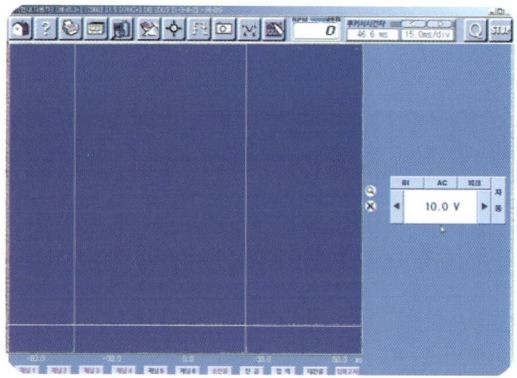

08 측정 범위 설정

시간축 : 1.0~1.5ms, 150.0ms/div, 10.0V로 설정하고 화면 하단에서 산소 센서의 출력 단자에 연결한 채널 선으로 선택한다.

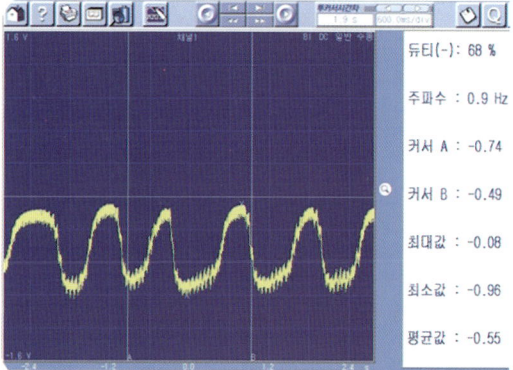

09 정상 파형(1)

파형의 상승 부분과 하강 부분이 균형적으로 0.2~0.9V를 오르내리면 정상이다.

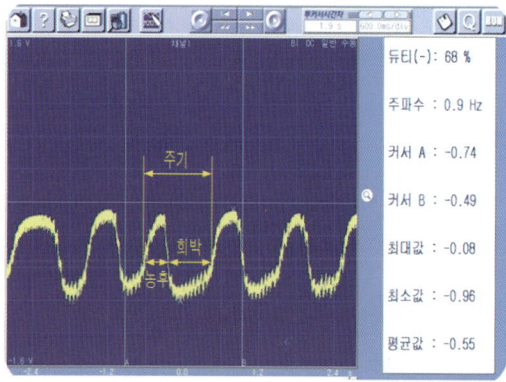

10 정상 파형(2)

1주기 중에서 농후한 부분과 희박한 부분이 50 : 50 정도를 유지하는 것이 정상 파형이다.

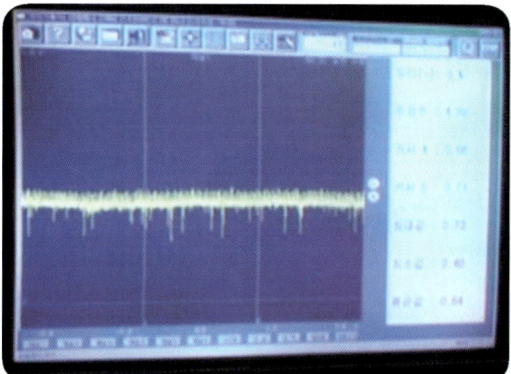

11 혼합기가 농후한 경우의 파형

산소 센서의 고장 또는 연료 누출에 의한 농후한 값을 나타낸다.

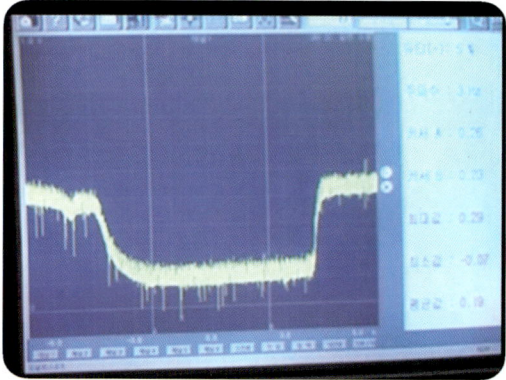

12 혼합기가 희박한 경우의 파형

하강 파형이 지속적으로 0.2를 나타내고 있기 때문에 희박한 상태이다.

02 산소 센서 파형 분석

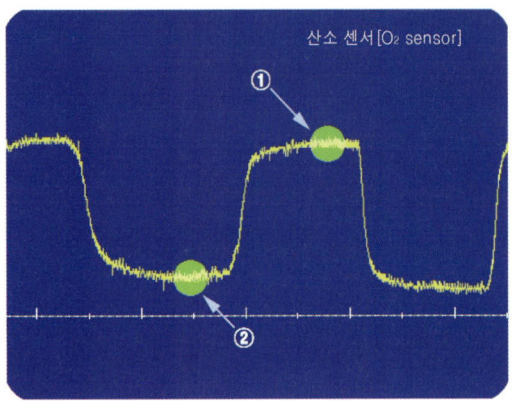

01 정상 파형의 분석
① 부분은 혼합기가 농후한 상태이다.
② 부분은 혼합기가 희박한 상태이다.

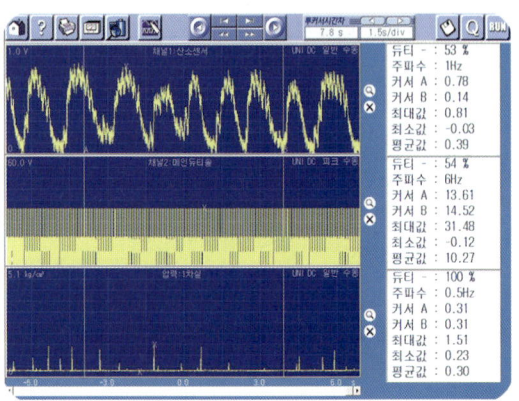

02 정상 파형의 분석
한 주기 중에서 농후 부분과 희박 부분이 50 : 50(듀티값 52%)를 유지하며, 꼭지 부분에서 노이즈 없이 매끄럽게 변화되어야 한다.

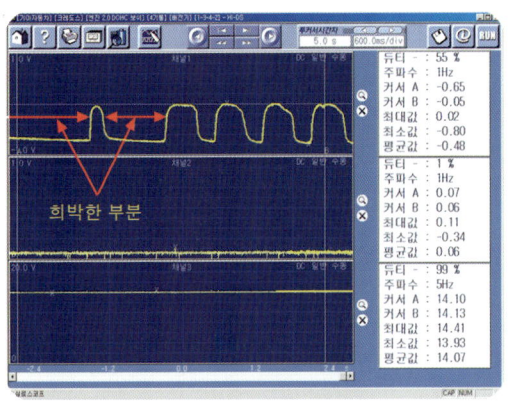

03 간헐적으로 혼합기가 희박한 경우의 파형

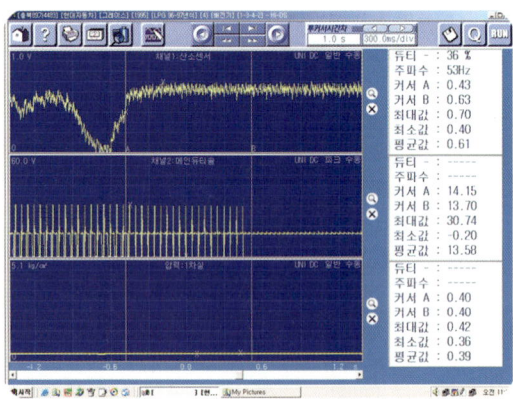

04 농후한 혼합기가 공급되는 경우의 파형

실기시험 기록지

▶ 엔진 4. 센서 파형 분석
자동차 번호:

측정 항목	파형 상태	득 점
파형 측정	요구사항 조건에 맞는 파형을 프린트하여 아래 사항을 분석 후 뒷면에 첨부 ① 파형에 불량 요소가 있는 경우에는 반드시 표기 및 설명 하여야 함 ② 파형의 주요 특징에 대하여 표기 및 설명 하여야 함	

비번호 / 감독위원 확인

03 연료 압력 조절 밸브 탈·부착, 연료 압력(고압) 점검

엔진 5

주어진 전자제어 디젤엔진에서 연료 압력 조절 밸브를 탈거한 후(감독위원에게 확인) 다시 부착하여 시동을 걸고 공회전시 연료압력을 점검하여 기록표에 기록하시오.

01 연료 압력 조절 밸브 탈·부착

① 연료 압력 조절 밸브의 위치 확인

② 연료 압력 조절 밸브의 전원 배선 커넥터 탈거

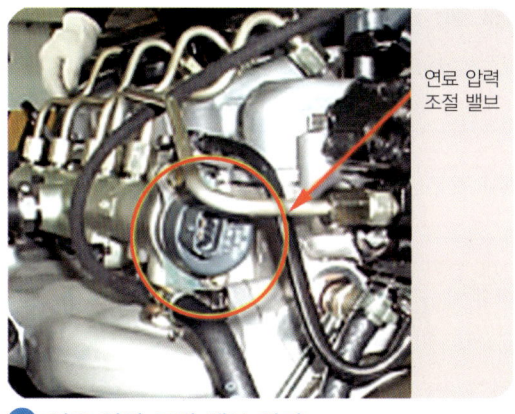

③ 연료 압력 조절 밸브 탈거

④ 감독위원에게 확인 받은 후 탈거의 역순으로 장착

02 연료 압력 점검

≫ 자동차 정비 산업기사 1안 ▶ 55페이지 참조

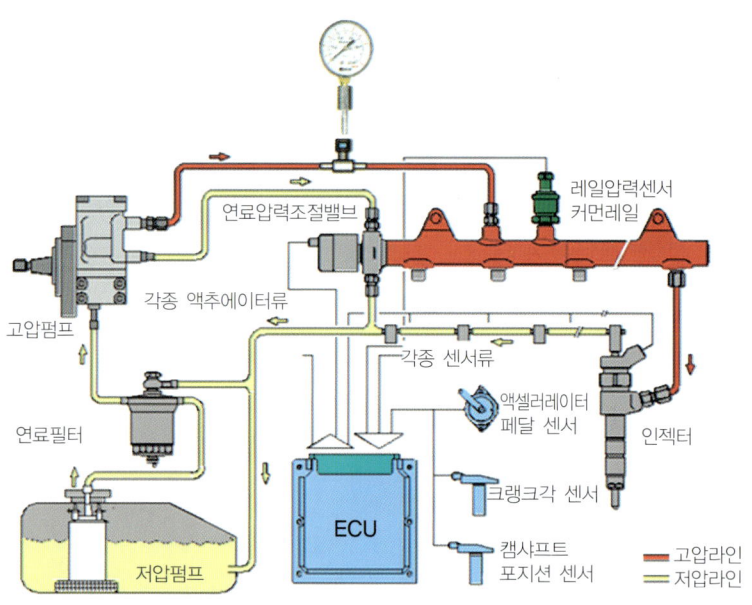

실기시험 기록지

엔진 5. 전자제어 디젤엔진 점검

자동차 번호 :

측정항목	① 측정(또는 점검)		② 판정 및 정비(또는 조치)사항		득 점
	측 정 값	규정(정비한계)값	판정(□에 '✔'표)	정비 및 조치할 사항	
연료 압력 (고압)			□ 양 호 □ 불 량		

비번호: 감독위원 확인:

정비산업기사 03 · 섀시 1

전륜 현가장치의 스트럿 어셈블리(또는 코일 스프링) 탈·부착 작동상태 확인

주어진 자동차에서 전륜 현가장치의 스트럿 어셈블리(또는 코일 스프링)를 탈거한 후(감독위원에게 확인) 다시 부착하여 작동 상태를 확인하시오.

>>> 자동차 정비 산업기사 1안 ▶ 57페이지 참조

정비산업기사 03 — 캠버와 토(toe) 측정, 토(toe) 조정

섀시 2

주어진 자동차에서 휠 얼라인먼트 시험기로 캠버와 토(toe) 값을 측정하여 기록표에 기록한 후 타이로드 엔드를 탈거한 후(감독위원에게 확인) 다시 부착하여 토(toe)가 규정값이 되도록 조정하시오.

01 캠버와 토(toe) 측정

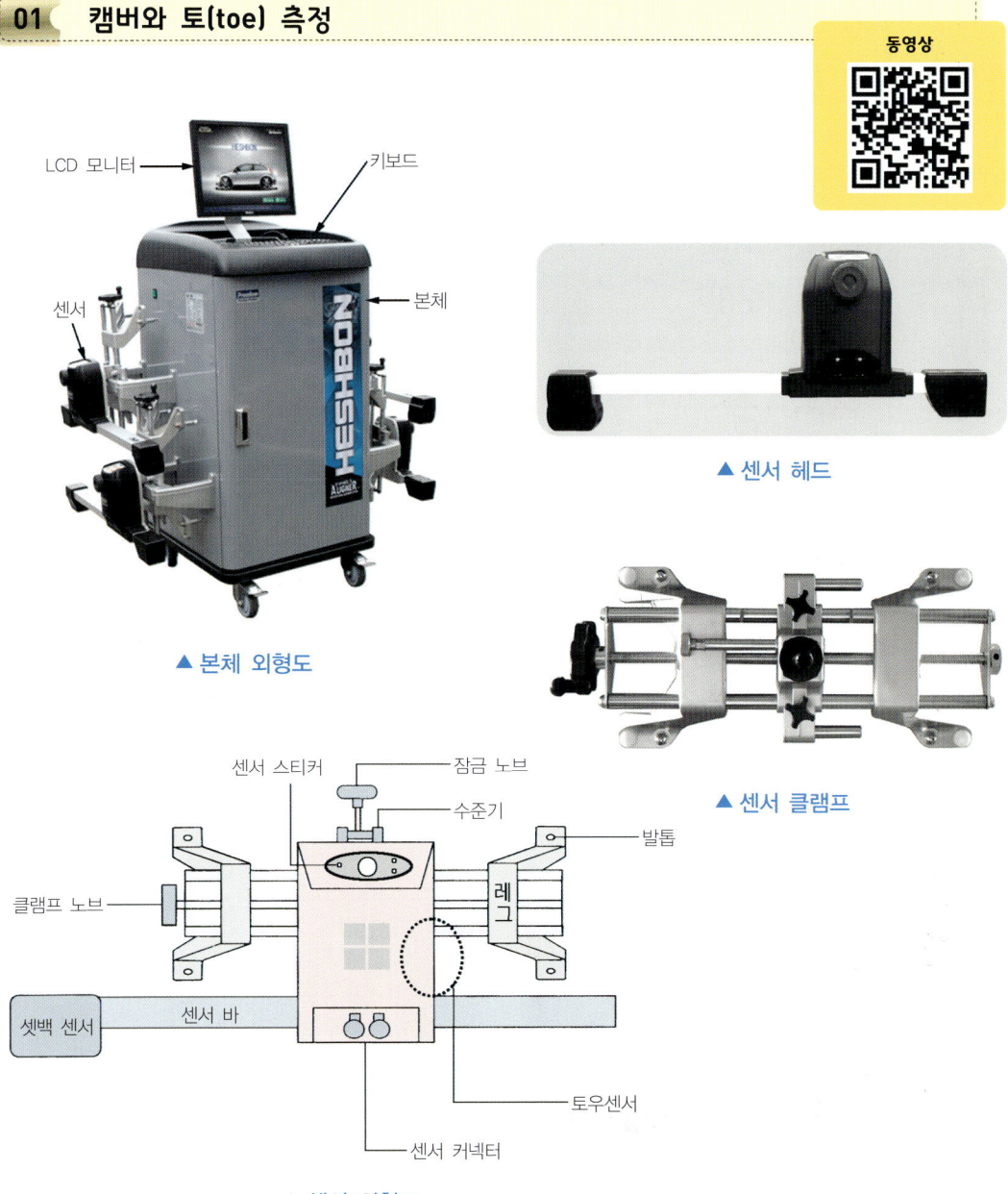

▲ 본체 외형도

▲ 센서 헤드

▲ 센서 클램프

▲ 센서 외형도

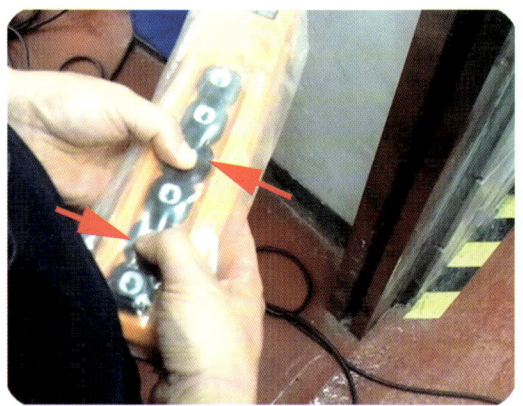

01 차량을 리프팅 한다.

시험 차량을 리프트에 올려놓고 앞뒤 상승 버튼을 동시에 눌러 차량을 리프팅 한다.

02 타이어에 센서 클램프 설치

4바퀴에 센서 클램프를 설치한 후 센서 헤드를 설치하여 측정할 준비를 한다.

03 초기 화면에서 F1 작업시작 버튼 클릭

F1 버튼은 작업을 시작할 때 클릭하며, F2 버튼은 작업을 종료하고 PC의 전원을 OFF시킬 때 클릭한다. F2 버튼을 클릭하면 PC까지 OFF되기 때문에 주의하여야 한다.

04 작업 시작 화면에서 F1 버튼 클릭

F1 버튼은 작업을 시작할 때, F2 버튼은 현재까지 작업된 데이터 검색할 때, F3 버튼은 환경 설정 화면으로 이동할 때, F4 버튼은 초기 화면으로 이동할 때 클릭한다.

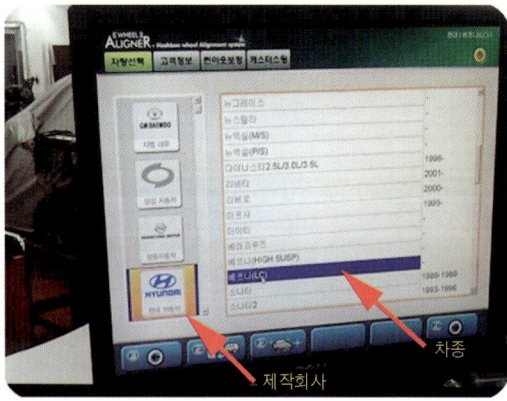

05 차종 선택

차량 선택 버튼을 클릭한 후 제작회사와 차종을 선택하고 하단의 F6 버튼을 클릭한다.

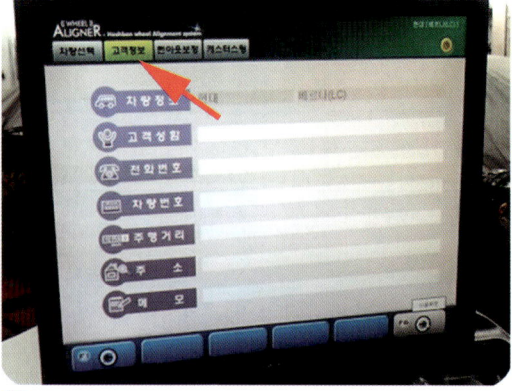

06 고객 정보의 입력을 무시하고 F6 버튼 클릭

고객 정보 입력 창이 표출되면 정보 입력을 무시하고 F6 버튼을 클릭하여 런 아웃 보정 화면을 활성화 한다.

07 런 아웃 보정 버튼 클릭
현재 화면에 4바퀴 모두 세팅이 되지 않았음을 나타내는 반원 모양의 화살표가 붉게 표기되어 있다.

08 앞바퀴를 180도 회전시켜 수평 세팅
센서 헤드가 설치되어 있는 바퀴를 180도 회전시켜 수평이 되도록 세팅한다.

09 수평 세팅
바퀴를 180도 회전시켜 녹색 램프가 점등 되도록 센서의 수평을 유지시킨 후 OK 버튼을 눌러 세팅한다.

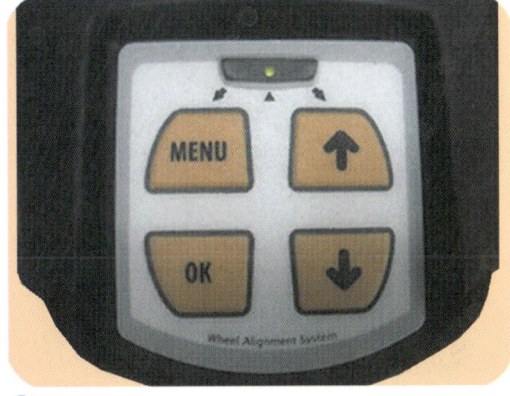

10 세팅 버튼을 확대한 모습
바퀴를 180도 회전시켜 상단의 녹색 램프가 점등되면 아래의 OK 버튼으로 세팅한다.

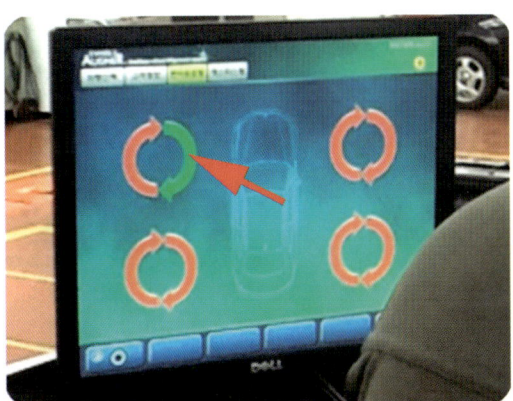

11 세팅이 된 부분은 녹색으로 표시된다.
적색 부분의 반쪽도 세팅을 하여야 한다.

12 앞바퀴를 180도 회전시킨다.
완료되지 않은 반쪽을 세팅하기 위해 회전시킨다.

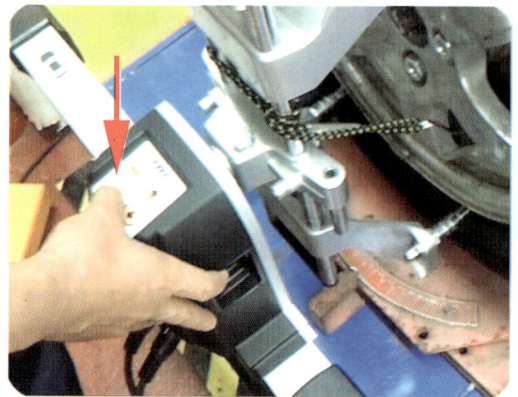

⑬ 수평 세팅
바퀴를 180도 회전시켜 녹색 램프가 점등 되도록 센서의 수평을 유지시킨 후 OK 버튼을 눌러 세팅한다.

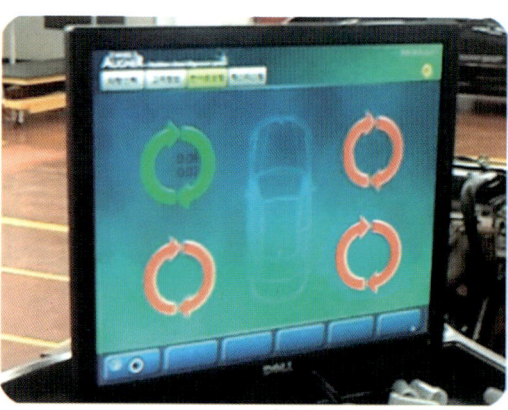

⑭ 운전석 바퀴는 세팅이 완료된 상태
나머지 3바퀴도 이와 같은 방법으로 런 아웃 보정을 세팅하여 4바퀴 모두 녹색으로 표기되어야 완료된 것이다.

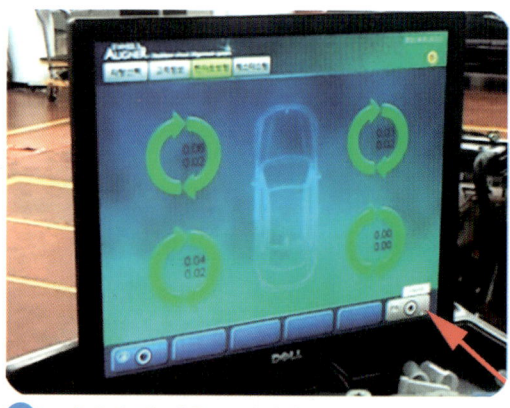

⑮ 4바퀴의 런 아웃 보정이 완료된 상태
보정 순서는 운전석 앞바퀴 → 운전석 뒷바퀴 → 동승석 앞바퀴 → 동승석 뒷바퀴 순서로 런 아웃을 보정한다.

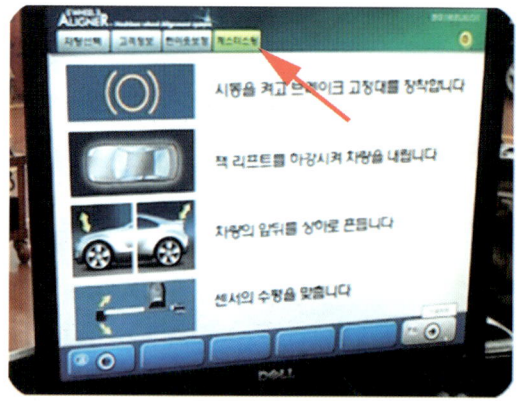

⑯ 캐스터 스윙 모드의 4개 항목 수행
4개의 항목을 순서대로 수행한 후 F6 버튼을 클릭하여 다음 과정을 활성화 한다.

⑰ 브레이크 고정대 장착
엔진 시동을 걸고 브레이크 고정대를 이용하여 브레이크 페달을 고정시킨다.

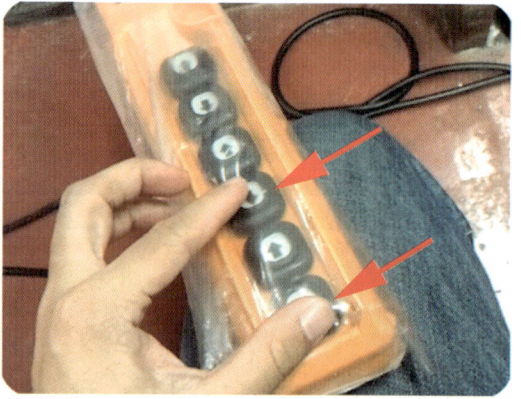

⑱ 리프트를 하강시킨다.
런 아웃 보정 작업이 완료되면 앞뒤 하강 버튼을 동시에 눌러 차량을 턴테이블 위에 내려놓는다.

⑲ 턴테이블의 고정 핀 분리
턴테이블의 좌우 고정 핀을 뽑아서 턴테이블이 자유롭게 움직일 수 있도록 한다.

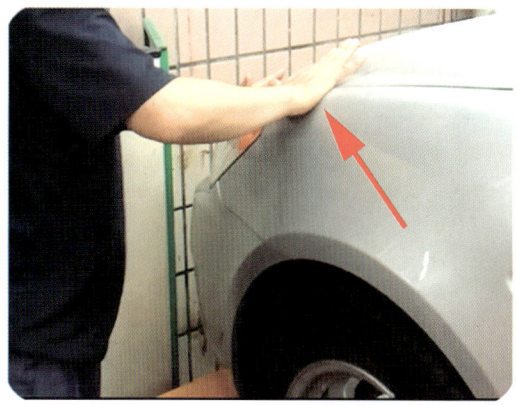

⑳ 앞뒤를 상하로 눌러 조향 링키지 상태 세팅
차량의 앞뒤 차체를 상하로 여러 번 눌러 조향 링키지의 상태를 세팅한다.

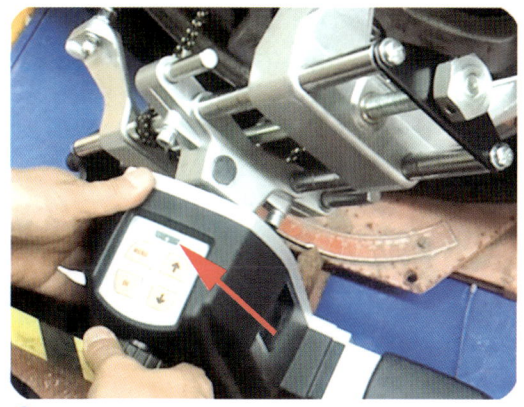

㉑ 센서의 수평을 맞춘다.
4바퀴에 설치되어 있는 센서의 수평을 맞춘다. 이때는 OK 버튼을 누르지 않고 노브를 고정한다.

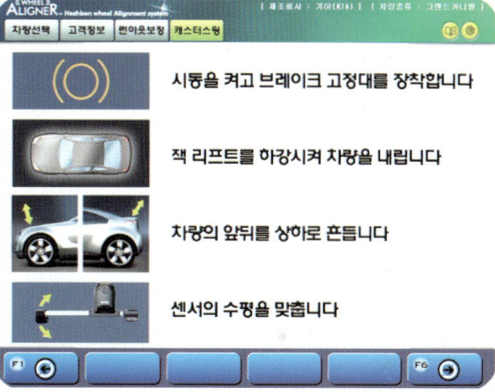

㉒ F6 버튼을 클릭하여 측정 모드로 이동
캐스터 스윙 모드의 4개 항목의 수행이 완료되면 F6 버튼을 클릭하여 측정 모드를 활성화 한다.

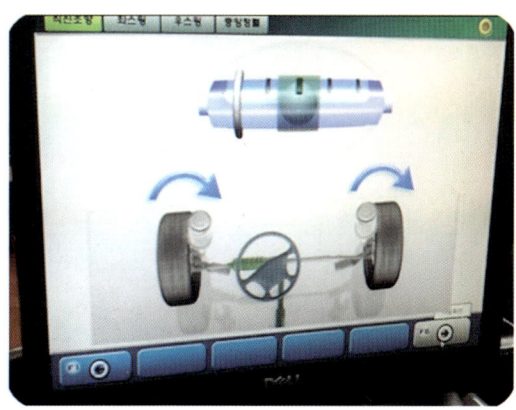

㉓ 직진 조향 세팅
상단 바의 직진조향 버튼을 클릭한 후 조향 핸들을 모니터의 화살표 방향으로 천천히 회전시킨다.

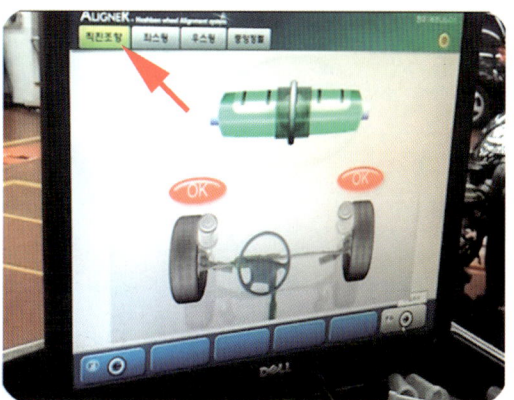

㉔ 직진 조향 모드에서 세팅이 완료된 상태
조향 핸들을 돌려 화면의 바퀴 앞에 OK 가 표시되면 세팅이 완료된 상태이다.

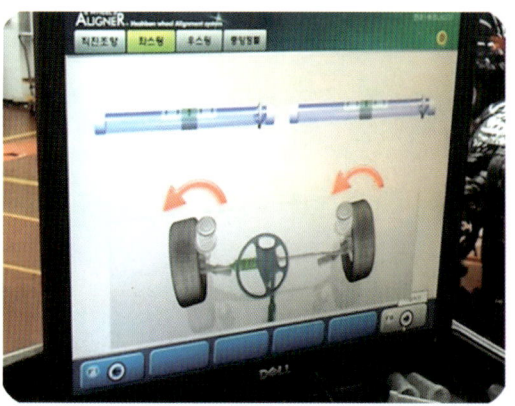

㉕ 좌 스윙 세팅

상단 바의 좌 스윙 버튼을 클릭한 후 조향 핸들을 모니터의 화살표 방향으로 천천히 회전시킨다.

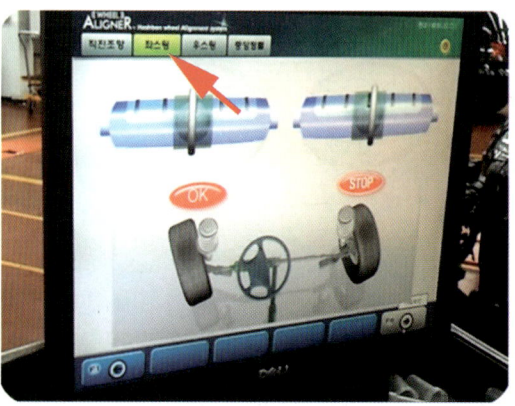

㉖ 좌 스윙 모드에서 세팅이 완료된 상태

조향 핸들을 돌려 화면의 바퀴 앞에 OK 가 표시되면 세팅이 완료된 상태이다.

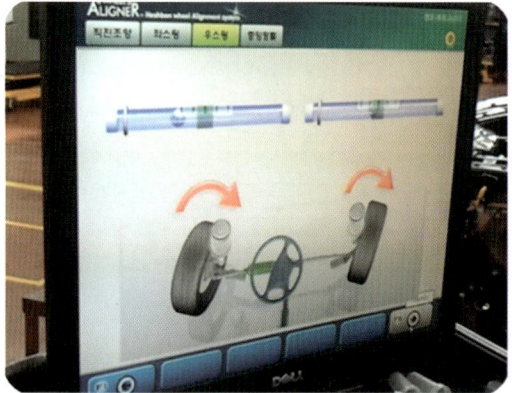

㉗ 우 스윙 세팅

상단 바의 우 스윙 버튼을 클릭한 후 조향 핸들을 모니터의 화살표 방향으로 천천히 회전시킨다.

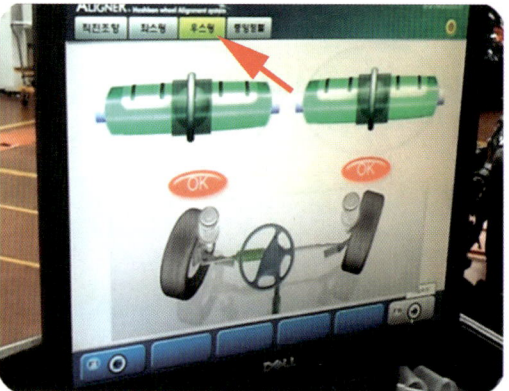

㉘ 우 스윙 모드에서 세팅이 완료된 상태

조향 핸들을 돌려 화면의 바퀴 앞에 OK 가 표시되면 세팅이 완료된 상태이다.

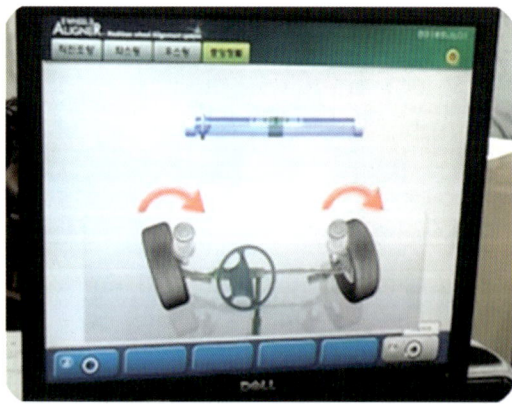

㉙ 중앙 정렬 세팅

상단 바의 중앙 정렬 버튼을 클릭한 후 조향 핸들을 모니터의 화살표 방향으로 천천히 회전시킨다.

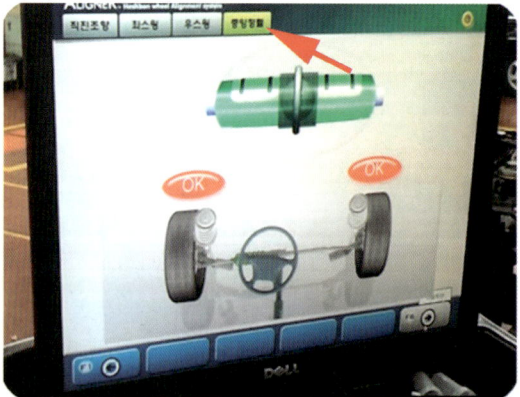

㉚ 중앙 정렬 모드에서 세팅이 완료된 상태

조향 핸들을 돌려 화면의 바퀴 앞에 OK 가 표시되면 세팅이 완료된 상태이다. F6 버튼을 클릭하여 다음 단계로 이동한다.

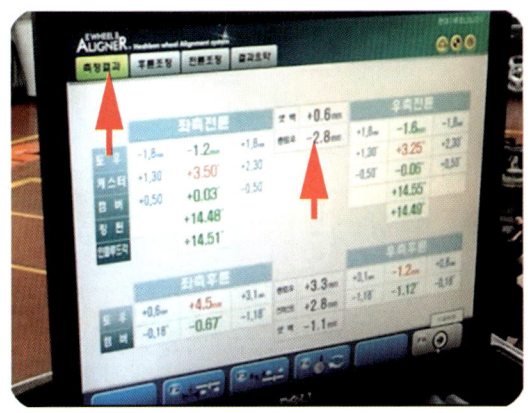

31 측정 결과 버튼 클릭
상단 바의 측정 결과 버튼을 클릭하면 전륜과 후륜의 휠 얼라인먼트 측정값이 표출된다. 측정값을 기록지에 기록한다.

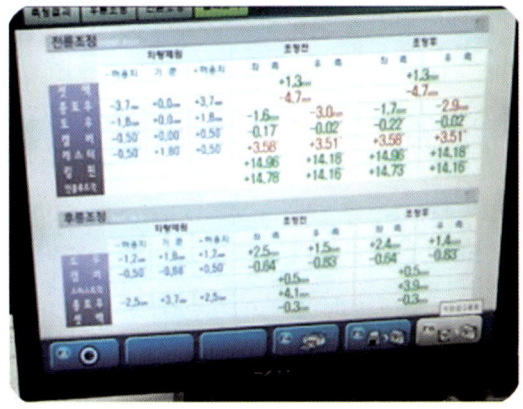

32 전륜 후륜 조정을 완료하고 결과 확인
조정을 하고 상단 바의 결과 요약 버튼을 클릭하면 전륜과 후륜의 휠 얼라인먼트 조정 결과의 요약된 측정값이 표출된다.

02 타이로드 엔드 탈·부착

>>> 자동차 정비 산업기사 2안 ▶ 117페이지 참조

03 토(toe) 조정

>>> 자동차 정비 산업기사 2안 ▶ 119페이지 참조

실기시험 기록지

➡ 섀시 2. 휠 얼라인먼트 점검
  자동차 번호 :

비번호		감독위원 확 인	

측정 항목	① 측정(또는 점검)		② 판정 및 정비(또는 조치)사항		득점
	측정값	규정(정비한계)값	판정(□에 '✔' 표)	정비 및 조치할 사항	
캠버			□ 양 호		
토(toe)			□ 불 량		

【 차종별 캠버 규정값 】

차종	캠버		차종	캠버	
	앞차축	뒤차축		앞차축	뒤차축
I30 PD 1.6	−0.5°~±0.5°	−1.2°~±0.5°	K3 BD 1.6	−0.5°~±0.5°	−1.2°~±0.5°
I30 PD 1.4	−0.5°~±0.5°	−1.2°~±0.5°	K3 YD 1.6	−0.5°~±0.6°	−1.5°~±0.6°
I40 VF 1.7	−0.5°~±0.5°	−1.0°~±0.5°	K5 JF 1.6	−0.5°~±0.5°	−1.0°~±0.5°
I40 VF 2.0	−0.5°~±0.5°	−1.0°~±0.5°	K5 JF 2.0	−0.5°~±0.5°	−1.0°~±0.5°

【 차종별 캠버 규정값 】

차종	캠버		차종	캠버	
	앞차축	뒤차축		앞차축	뒤차축
벨로스터 JS 1.4	−0.5°~±0.5°	−1.2°~±0.5°	K7 YG 2.5	−0.535°~±0.5°	−1.0°~±0.5°
벨로스터 JS 1.6	−0.5°~±0.5°	−1.2°~±0.5°	K7 YG 3.0	−0.535°~±0.5°	−1.0°~±0.5°
싼타페 TM 2.0	−0.5°~±0.5°	−1.0°~±0.5°	레이 TAM 1.0	−0.5°~±0.5°	−0.5°~±0.5°
싼타페 TM 2.2	−0.5°~±0.5°	−1.0°~±0.5°	모닝 TA 1.0	−0.5°~±0.5°	−1.5°~±0.5°
쏘나타 YF 2.0	−0.5°~±0.5°	−1.0°~±0.5°	모하비 HM 3.0	−0.5°~±0.5°	−1.0°~±0.6°
쏘나타 LF 2.0	−0.5°~±0.5°	−1.0°~±0.5°	스포티지 QL 1.6	−0.5°~±0.6°	−1.0°~±0.6°
쏘나타 LF 1.7	−0.5°~±0.5°	−1.0°~±0.5°	스포티지 QL 2.0	−0.5°~±0.6°	−1.0°~±0.6°
쏘나타 LF 1.6	−0.5°~±0.5°	−1.0°~±0.5°	쏘울 PS 1.6	−0.5°~±0.5°	−1.5°~±0.6°
아반떼 MD	−0.5°~±0.5°	−1.5°~±0.5°	쏘울 SK3 1.6	−0.57°~±0.5°	−1.2°~±0.5°
엑센트 RB 1.4, 1.6	−0.5°~±0.5°	−1.5°~±0.5°	프라이드 1.4	−0.5°~±0.5°	−1.5°~±0.5°

【 차종별 토 규정값 】

차종		토		차종		토	
		앞	뒤			앞	뒤
I30 PD 1.6	토탈	0.1°±0.2°	0.2°±0.2°	K3 BD 1.6	토탈	0.1°±0.2°	0.30°±0.3°
	개별	0.05°±0.1°	0.1°±0.1°	K3 BD 1.6	개별	0.05°±0.1°	0.15°±0.15°
I30 PD 1.4	토탈	0.1°±0.2°	0.2°±0.2°	K3 YD 1.6 토탈		0.1°±0.3°	0.4°(+0.6°−0.5°)
	개별	0.05°±0.1°	0.1°±0.1°	K5 JF 1.6 토탈		0.12°±0.2°	0.17°±0.5°
I40 VF 1.7	토탈	0°±0.2°	0.2°±0.2°	K5 JF 2.0 토탈		0.12°±0.2°	0.17°±0.2°
	개별	0°±0.1°	0.1°±0.1°	K7 YG 2.5	토탈	0.12°±0.2°	0.17°±0.2°
I40 VF 2.0	토탈	0°±0.2°	0.2°±0.2°		개별	0.06°±0.1°	0.085°±0.1°
	개별	0°±0.1°	0.1°±0.1°	K7 YG 3.0	토탈	0.12°±0.2°	0.17°±0.2°
벨로스터 JS 1.4	토탈	0.1°±0.2°	0.14°±0.2°		개별	0.06°±0.1°	0.085°±0.1°
	개별	0.05°±0.1°	0.07°±0.1°	레이 TAM 1.0	토탈	0°±0.2°	L−R≤0.23°
벨로스터 JS 1.6	토탈	0.1°±0.2°	0.14°±0.2°		개별	0°±0.1°	0.15°(+0.2° −0.15°)
	개별	0.05°±0.1°	0.07°±0.1°	모닝 TA 1.0	토탈	0.2°±0.2°	L−R≤0.23°
싼타페 TM 2.0	토탈	0.1°±0.2°	0.2°±0.2°		개별	0.1°±0.1°	0.25° (+0.2° −0.15°)
	개별	0.05°±0.1°	0.1°±0.1°	모하비 HM 3.0 토탈		0°±0.3°	0.15°±0.3°
싼타페 TM 2.2	토탈	0.1°±0.2°	0.2°±0.2°	스포티지 QL 1.6 토탈		0.1°±0.3°	0.2°±0.3°
	개별	0.05°±0.1°	0.1°±0.1°	스포티지 QL 2.0 토탈		0.1°±0.3°	0.2°±0.3°
쏘나타 YF 2.0	토탈	0.16°±0.2°	0.17°±0.2°	쏘울 PS 1.6 토탈		0.1°±0.3°	0.3°(+0.6° −0.4°)
	개별	0.08°±0.1°	0.085°±0.1°	쏘울 SK3 1.6	토탈	0.12°±0.2°	0.3°±0.3°
쏘나타 LF 2.0	토탈	0.12°±0.2°	0.17°±0.2°		개별	0.06°±0.1°	0.5°±0.15°
	개별	0.06°±0.1°	0.085°±0.1°	프라이드 1.4	토탈	0.2°±0.2°	0.5°(+0.4° −0.5°)
쏘나타 LF 1.7	토탈	0.12°±0.2°	0.17°±0.2°		개별	0.1°±0.1°	0.25° (+0.20° −0.25°)
	개별	0.06°±0.1°	0.085°±0.1°				
쏘나타 LF 1.7	토탈	0.12°±0.2°	0.17°±0.2°	아반떼 MD	토탈	0.1°±0.2°	0.4°(+0.5°−0.4°)
	개별	0.06°±0.1°	0.085°±0.1°		개별	0.05°±0.1°	0.2°(+0.25°−0.2°)
엑센트 RB 1.6	토탈	0.1°±0.2°	0.4°(+0.5°−0.4°)	엑센트 RB 1.4	토탈	0.1°±0.2°	0.4°(+0.5°−0.4°)
	개별	0.05°±0.1°	0.2°(+0.25°−0.2°)		개별	0.05°±0.1°	0.2°(+0.25°−0.2°)

03 브레이크 휠 실린더 탈·부착 작동상태 점검

섀시 3

주어진 자동차에서 브레이크 휠 실린더(또는 캘리퍼)를 탈거한 후(감독위원에게 확인) 다시 부착하여 브레이크 작동 상태를 점검하시오.

01 휠 실린더 탈·부착

① 휠 고정 너트 4개를 풀고 타이어 탈거

② 드럼의 고정 볼트 2개를 풀고 드럼 탈거

③ 그리스 캡과 분할 핀을 빼내고 휠 허브 너트를 풀어 휠 허브 탈거. 솔을 이용하여 내부의 분진 가루를 깨끗하게 털어낸다.

④ 드럼 브레이크는 휠 실린더, 자동 조정 레버 스프링, 자동 조정 레버, 슈 리턴 스프링, 홀드다운 핀 및 스프링, 클립, 브레이크 슈 등으로 구성되어 있다.

05 자동 조정 레버 스프링 탈거

06 자동 조정 레버 탈거

07 브레이크 슈 스프링 탈거

08 실린더 엔드(브레이크 슈 리턴) 스프링 탈거

09 브레이크 슈 어저스터의 스크루를 돌려 길이를 줄여 브레이크 슈 어저스터 탈거

10 좌측 브레이크 슈 컵 와셔를 눌러 홀드다운 스프링 및 홀드다운 핀을 탈거한 후 브레이크 슈 탈거

⑪ 우측 브레이크 슈 탈거

⑫ 우측 브레이크 슈 탈거

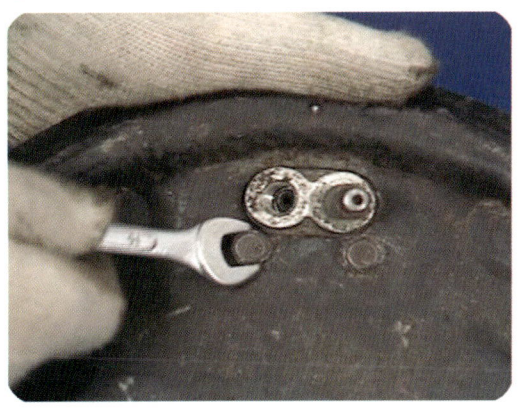
⑬ 백 플레이트에서 휠 실린더 고정 볼트를 풀어 탈거

⑭ 감독위원에게 확인 받고 역순으로 장착

02 브레이크 작동 상태 점검

※ 휠 실린더 탈·부착이 완료되면 공기빼기 작업을 한 후 브레이크를 밟은 상태에서 바퀴에 힌지 핸들을 끼워 힘껏 돌렸을 때 돌아가지 않아야 정상이다.

03 캘리퍼 탈·부착

>>> 자동차 정비 산업기사 6안 ▶ 242페이지 참조

정비산업기사 03 전(앞) 또는 후(뒤) 제동력 측정

새시 4

3항 작업 자동차에서 감독위원의 지시에 따라 전(앞) 또는 후(뒤) 제동력을 측정하여 기록표에 기록하시오.

>>> 자동차 정비 산업기사 1안 ▶ 66페이지 참조

03 자동변속기 자기진단
섀시 5

주어진 자동차의 자동변속기에서 자기진단기(스캐너)를 이용하여 각종 센서 및 시스템의 작동 상태를 점검하고 기록표에 기록하시오.

>>> 자동차 정비 산업기사 1안 ▶ 71페이지 참조

03 크랭킹 전류 소모, 전압 강하 시험
전기 1

주어진 자동차에서 시동모터를 탈거한 후(감독위원에게 확인) 다시 부착하여 작동상태를 확인하고 크랭킹시 전류 소모 및 전압 강하 시험을 하여 기록표에 기록하시오.

>>> 자동차 정비 산업기사 1안 ▶ 73페이지 참조

03 전조등 광도, 광축 점검
전기 2

주어진 자동차에서 전조등 시험기로 전조등을 점검하여 기록표에 기록하시오.

>>> 자동차 정비 산업기사 1안 ▶ 80페이지 참조

03 에어컨 외기 온도 입력 신호값 점검
전기 3

주어진 자동차의 자동 에어컨 회로에서 외기 온도 입력 신호값을 점검하여 이상 여부를 기록표에 기록하시오.

01 외기 온도(AMB) 및 AQS 센서 설치 위치
외기 온도 센서는 콘덴서 앞 센터 멤버에 설치되어 있는 차량과 사이드 미러에 설치되어 있는 차량이 있다.

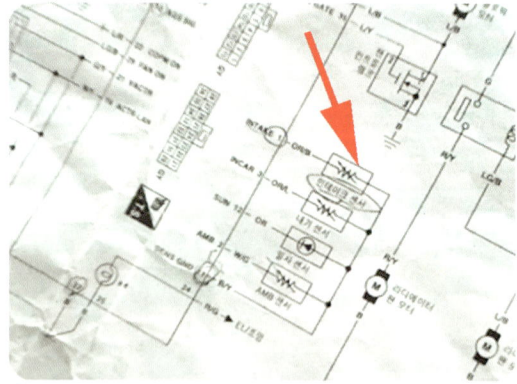

02 외기 온도(AMB) 센서의 회로도
회로도의 1번 단자는 인테이크 센서, 3번 단자는 내기온도 센서, 12번 단자는 일사센서, 2번 단자는 외기온도센서이다.

03 에어컨을 작동시킨다.

엔진을 시동한 후 에어컨의 온도를 18℃로 설정하고 송풍의 세기를 4단으로 하여 에어컨을 작동시킨다.

04 프로드 팁 연결(시뮬레이터가 있는 경우)

센서 회로도에서 확인한 AMB 2번 단자에 적색 프로드 팁을, SENSOR GND 11번 단자에 흑색 프로드 팁을 연결한다.

05 프로드 팁 연결(시뮬레이터가 없는 경우)

ECU 배선 A커넥터의 AMB 2번 단자에 적색 프로드 팁을, SENSOR GND 11번 단자에 흑색 프로드 팁을 연결한다.

06 외기 온도 센서의 입력 전압 판독

센서의 입력 전압은 1.02V이며, 기록지에는 에어컨의 설정온도 18℃와 함께 1.02V/18℃로 기록하여야 한다.

실기시험 기록지

▶ 전기 3. 자동 에어컨 외기온도 센서 점검
자동차 번호 :

점검항목	① 측정(또는 점검)		② 판정 및 정비(또는 조치)사항		득점
	측정값	규정(정비한계)값	판정(□에 '✔'표)	정비 및 조치할 사항	
외기 온도 입력 신호값			□ 양 호 □ 불 량		

비번호 / 감독위원 확인

【 외기온도 센서 저항과 출력 전압 】

온도	저항	출력전압(V)	온도	저항	출력전압(V)
-10℃	157.8kΩ	4.20	10℃	58.8kΩ	4.20
-5℃	122.0kΩ	4.01	20℃	37.3kΩ	4.01
0℃	95.0kΩ	3.80	30℃	24.3kΩ	3.80
5℃	74.5kΩ	3.56	40℃	16.1kΩ	3.56

03. 전조등 회로의 점검 수리

전기 4

주어진 자동차에서 전조등 회로를 점검하여 이상 개소(2곳)를 찾아서 수리하시오.

01 전조등 스위치를 2단으로 돌려 점등 상태 확인
전조등 스위치를 1단으로 돌리면 주차등, 미등, 번호등이 점등되며, 2단으로 돌리면 전조등이 추가로 점등된다.

02 전조등 스위치로 상향 및 하향의 점등 상태 확인
전조등 스위치 2단 위치에서 레버를 조향 핸들의 축을 따라 아래로 내리면 상향등이 점등된다.

03 우측 전조등 회로에 결함이 있는 차량
전조등 스위치에서부터 우측 전조등에 관련된 부품들을 점검하여 이상이 있는 부분을 수리한다.

04 엔진 룸에서 전조등 관련 릴레이 및 퓨즈 점검
릴레이 및 퓨즈의 위치를 커버에서 확인하여 전조등 로우 릴레이와 하이 릴레이 및 로우 퓨즈와 하이 퓨즈를 점검한다.

05 운전석 좌측 발 위쪽에 커버를 화살표 방향으로 점검

06 커버에서 전조등 관련 퓨즈의 위치를 확인하여 점검

07 릴레이 점검
좌측의 릴레이를 보면 단자가 1개 부러져 있으며, 우측의 릴레이는 정상적이다.

08 퓨즈 점검
2개의 퓨즈 모양은 다르지만 기능은 가다. 좌측의 퓨즈는 정상이지만 우측의 퓨즈는 한쪽이 부러져 있다.

09 램프 점검

10 키 스위치, 전조등 스위치, 전조등의 배선 커넥터의 결합 상태 점검

○ 전조등 일부가 작동하지 않는 원인

고장 위치	원인	조치사항
전조등 연결 커넥터	불량	교환
전조등 전구	녹으로 접지 불량	전구 교환
	탈거	장착
	단선	교환
	연결 커넥터 탈거	연결 커넥터 장착
우측 전조등	라인 단선	라인 연결
우측 전조등 퓨즈	탈거	장착
	단선	교환

○ 전조등 모두가 작동하지 않는 원인

고장 위치	원인	조치사항
배터리	불량	교환
	터미널 연결 상태 불량	터미널 재장착
전조등 퓨즈	탈거	장착
	단선	교환
전조등 릴레이	탈거	장착
	불량	교환
	핀 부러짐	릴레이 교환
전조등 전구	탈거	장착
	단선	교환
콤비네이션 스위치	불량	교환
	커넥터 탈거	커넥터 장착
	커넥터 불량	커넥터 교환
전조등 라인	단선	연결

자동차정비산업기사

안 04

국가기술자격검정 실기시험문제

1. 엔진

1. 주어진 엔진을 기록표의 측정 항목까지 분해하여 기록표의 요구사항을 측정 및 점검하고 본래 상태로 조립하시오.
2. 주어진 자동차의 전자제어 엔진에서 감독위원의 지시에 따라 1가지 부품을 탈거한 후(감독위원에게 확인) 다시 부착하고 시동에 필요한 관련 부분의 이상개소(시동회로, 점화회로, 연료장치 중 2개소)를 점검 및 수리하여 시동하시오.
3. 2항의 시동된 엔진에서 공회전 상태를 확인하고 감독위원의 지시에 따라 인젝터의 파형을 분석하여 기록표에 기록하시오.(단, 시동이 정상적으로 되지 않은 경우 본 항의 작업은 할 수 없다)
4. 주어진 자동차의 엔진에서 스텝모터(또는 ISA)의 파형을 출력·분석하여 그 결과를 기록표에 기록하시오.(측정조건 : 공회전 상태)
5. 주어진 전자제어 디젤엔진에서 연료 압력 센서를 탈거한 후(감독위원에게 확인) 다시 부착하여 시동을 걸고 매연을 점검하여 기록표에 기록하시오.

2. 섀시

1. 주어진 전륜구동 자동차에서 드라이브 액슬 축을 탈거하여 액슬 축 부트를 탈거한 후(감독위원에게 확인) 다시 부착하여 작동상태를 확인하시오.
2. 주어진 자동차에서 휠 얼라인먼트 시험기로 셋백(setback)과 토(toe) 값을 측정하여 기록표에 기록하고 타이로드 엔드를 탈거한 후(감독위원에게 확인), 다시 부착하여 토(toe)가 규정값이 되도록 조정하시오.
3. 주어진 자동차에서 브레이크 라이닝 슈(또는 패드)를 탈거한 후(감독위원에게 확인) 다시 부착하여 브레이크 작동상태를 점검하시오.
4. 3항 작업 자동차에서 감독위원의 지시에 따라 전(앞) 또는 후(뒤) 제동력을 측정하여 기록표에 기록하시오.
5. 주어진 자동차의 ABS에서 자기진단기(스캐너)를 이용하여 각종 센서 및 시스템의 작동 상태를 점검하고 기록표에 기록하시오.

3. 전기

1. 주어진 발전기를 분해한 후 정류 다이오드 및 로터 코일의 상태를 점검하여 기록표에 기록하고 다시 본래대로 조립하여 작동상태를 확인하시오.
2. 주어진 자동차에서 전조등 시험기로 전조등을 점검하여 기록표에 기록하시오.
3. 주어진 자동차에서 열선 스위치 조작시 편의장치(ETACS 또는 ISU) 커넥터에서 스위치 입력신호(전압)를 측정하고 이상여부를 확인하여 기록표에 기록하시오.
4. 주어진 자동차에서 파워 윈도우 회로를 점검하여 이상개소(2곳)를 찾아서 수리하시오.

자동차정비산업기사실기

국가기술자격검정실기시험문제 4안

| 자 격 종 목 | 자동차 정비산업기사 | 작 품 명 | 자동차 정비 작업 |

- 비 번호
- 시험시간 : 5시간 30분(엔진 : 140분, 섀시 : 120분, 전기 : 70분)
  ※ 시험 안 및 요구사항 일부내용이 변경될 수 있음

정비산업기사 04 엔진 1 — 피스톤 링 엔드 갭 측정

주어진 엔진을 기록표의 측정 항목까지 분해하여 기록표의 요구사항을 측정 및 점검하고 본래 상태로 조립하시오.

01 분해 조립

>>> 공통 엔진 분해 조립 ▶ 16페이지 참조

02 피스톤 링 이음 엔드 갭 측정

측정시 주의사항

① 피스톤 링을 부러뜨리지 않도록 주의한다.
② 측정은 실린더 마멸이 가장 적은 부분에서 한다.
③ 측정 작업에 사용하는 작업대 및 측정 면은 항상 깨끗하게 유지한다.
④ 피스톤링이 하사점 부분에 내려갔을 때 수평이 유지된 상태에서 측정한다.

동영상

◀ 분해가 완료되어 정돈된 피스톤 어셈블리의 모습

01 피스톤 링을 실린더에 밀어 넣는다.

피스톤 링의 엔드 갭을 축 방향과 축 직각방향을 피해서 실린더에 수직으로 밀어 넣는다.

02 피스톤을 이용하여 실린더에 밀어 넣는다.

피스톤 링을 수평으로 하고 피스톤을 거꾸로 하여 피스톤 링을 하사점까지 밀어 넣는다.

03 피스톤 링 엔드 갭 측정

피스톤을 빼내고 하사점 위치에서 피스톤 링 엔드 갭을 시크니스 게이지로 측정한다.

실기시험 기록지

▶ 엔진 1. 피스톤 링 측정
  엔진 번호 :

측정항목	① 측정(또는 점검)		② 판정 및 정비(또는 조치)사항		득 점
	측정값	규정(정비한계)값	판정(□에 '✔'표)	정비 및 조치할 사항	
피스톤 링 엔드 갭 (이음간극)			□ 양 호 □ 불 량		

비번호 :
감독위원 확인 :

※ 감독위원이 지정하는 부위를 측정한다.

■ 차종별 피스톤 링 엔드 갭 정비제원

▶ 압축 링 이음 간극(단위 mm)

차종	규정값	차종	규정값
아반떼 MD	No1 : 0.04~0.08(한계 0.3) No2 : 0.30~0.45(한계 0.5)	K3 YD	No1 : 0.14~0.18(한계 0.3) No2 : 0.30~0.45(한계 0.5)
쏘나타 YF	No1 : 0.15~0.30 No2 : 0.30~0.45	K5 JF	No1 : 0.15~0.30 No2 : 0.30~0.45
쏘나타 LF	No1 : 0.15~0.30 No2 : 0.30~0.45	모닝 TA	No1 : 0.13~0.25 No2 : 0.30~0.45
쏠라티 EU	No1 : 0.20~0.35 No2 : 0.70~0.90	레이 TAM	No1 : 0.13~0.25 No2 : 0.25~0.40
싼타페 TM	No1 : 0.15~0.25 No2 : 0.25~0.40	스포티지 QL	No1 : 0.14~0.24(한계 0.3) No2 : 0.30~0.45(한계 0.5)
I40(VF)	No1 : 0.15~0.30 No2 : 0.30~0.45	쏘울 SK3	No1 : 0.14~0.24(한계 0.3) No2 : 0.30~0.45(한계 0.5)
SM6(K9K)	020~0.35mm	SM6(M4R)	0.20~0.51mm
SM5(M4R)	0.20~0.51mm	SM3(H4M)	No1 : 0.20~0.30mm No2 : 0.35~0.50mm
QM3(K9K)	020~0.35mm		

▶ 오일 링 이음 간극

차종	규정값	차종	규정값
아반떼 MD	0.20~0.40mm(한계 0.8mm)	K3 YD	0.20~0.40mm(한계 0.8mm)
쏘나타 YF	0.20~0.70mm	K5 JF	0.20~0.70mm
쏘나타 LF	0.20~0.70mm	모닝 TA	0.10~0.40mm
쏠라티 EU	0.20~0.40mm	레이 TAM	0.10~0.40mm
싼타페 TM	0.20~0.40mm	스포티지 QL	0.20~0.40mm(한계 0.8mm)
I40(VF)	0.20~0.50mm	쏘울 SK3	0.20~0.40mm(한계 0.8mm)
SM6(K9K)	0.25~0.50mm	SM6(M4R)	0.15~0.78mm
SM5(M4R)	0.15~0.78mm	SM3(H4M)	0.20~0.60mm
QM3(K9K)	0.25~0.50mm		

(1) 링 엔드 갭이 작을 때 일어나는 현상

① 열팽창으로 고착 발생   ② 실린더 벽의 마멸 증가

(2) 링 엔드 갭이 클 때 일어나는 현상

① 블로바이 발생으로 엔진의 압축 압력 저하   ② 엔진의 출력 저하

정비산업기사 04 엔진 2 — 시동회로, 점화회로, 연료장치 점검 후 시동

주어진 자동차의 전자제어 엔진에서 감독위원의 지시에 따라 1가지 부품을 탈거한 후(감독위원에게 확인) 다시 부착하고 시동에 필요한 관련 부분의 이상개소(시동회로, 점화회로, 연료장치 중 2개소)를 점검 및 수리하여 시동하시오.

▶▶▶ 자동차 정비 산업기사 1안 ▶ 32페이지 참조

정비산업기사 04 — 공회전 확인, 인젝터 파형 점검
엔진 3

2항의 시동된 엔진에서 공회전 상태를 확인하고 감독위원의 지시에 따라 인젝터 파형을 분석하여 기록표에 기록하시오.(단, 시동이 정상적으로 되지 않은 경우 본 항의 작업은 할 수 없음)

01 공회전 확인

>>> 자동차 정비 산업기사 1안 ▶ 38페이지 참조

02 인젝터 파형 분석

>>> 자동차 정비 산업기사 2안 ▶ 96페이지 참조

정비산업기사 04 — 스텝 모터(또는 ISA) 파형 분석
엔진 4

주어진 자동차의 엔진에서 스텝 모터(또는 ISA)의 파형을 출력·분석하여 그 결과를 기록표에 기록하시오.

동영상

01 ISA 파형 출력

▲ 뉴그랜저 XG 스텝 모터 설치 위치

▲ 라노스 1.5DOHC 스텝 모터 설치 위치

▲ 엑센트 1.5SOHC ISA 설치 위치

▲ ISA의 커넥터

01 배터리 전원 선 연결
테스터의 적색 전원 선을 배터리 (+)에, 검은색 선을 (−)에 연결한다.

02 오실로스코프 프로브 연결
채널 1번 적색 닫힘 단자에, 채널 2번 적색 프로브 열림 단자에, 흑색 프로브를 차체에 접지시킨다.

03 바탕 화면에서 Hi-DS 아이콘 클릭
엔진을 시동하여 워밍업을 시킨 후 공회전 상태에서 모니터 바탕 화면의 Hi-DS 아이콘을 클릭하여 활성화 한다.

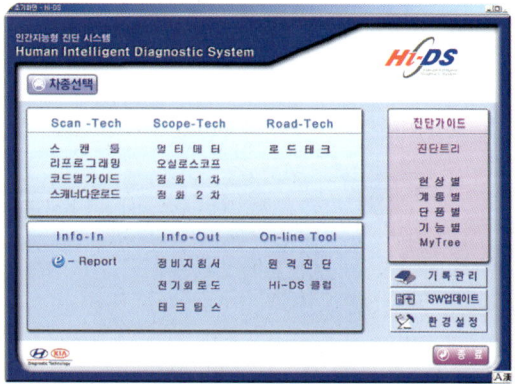

04 초기 화면에서 차종 선택 클릭
초기 화면 왼쪽 위에 있는 차종선택 아이콘을 클릭하여 차종 선택 화면을 활성화 한다.

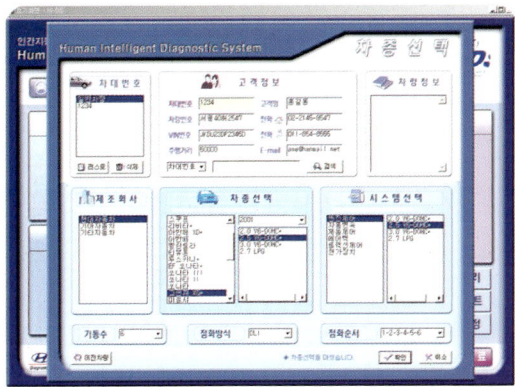

05 차량의 제원 설정

차량의 제조사, 차종, 연식, 시스템 순으로 제원을 설정한 후 확인 버튼을 클릭한다.

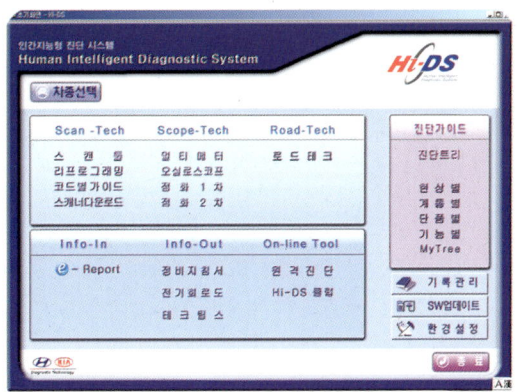

06 오실로스코프 선택

Scope-Tech의 오실로스코프 항목을 클릭하여 오실로스코프 화면을 활성화 한다.

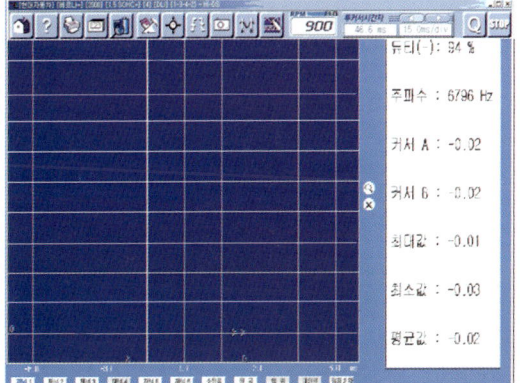

07 오실로스코프 환경 설정 버튼 클릭

오실로스코프 화면의 상단 환경 설정 아이콘을 클릭하면 우측의 측정 범위 설정 화면이 나타난다.

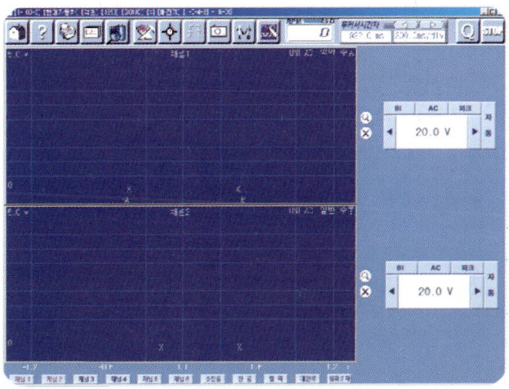

08 측정 범위 설정

투커서 시간축을 300.0ms/div, 20.0V로 설정하고 화면 하단에서 ISA의 출력 단자에 연결한 채널 선으로 선택한다.

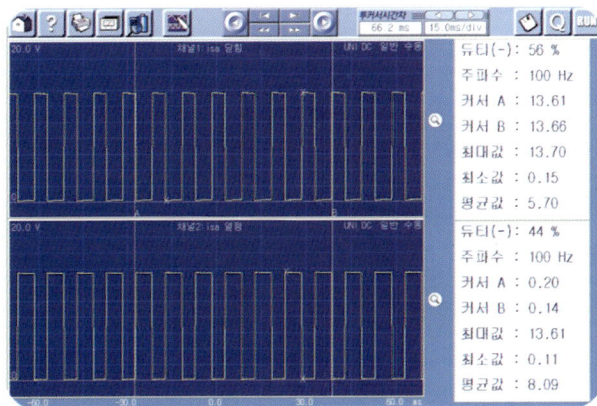

09 실시간 ISA 출력 파형

상단의 STOP 버튼을 클릭하여 파형을 정지시키고 프린트 버튼을 클릭하여 파형을 인쇄 후 분석한다.

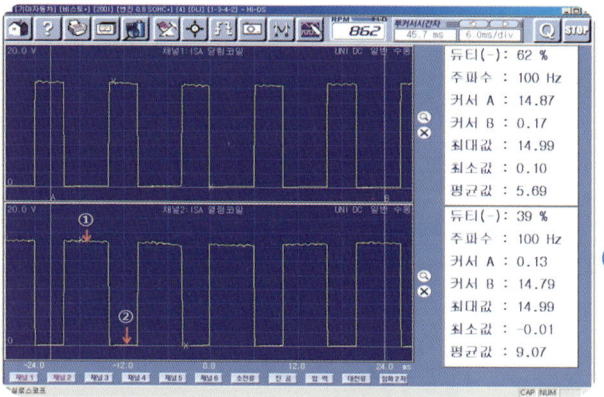

⑩ 채널1은 닫힘 파형이고,
채널 2는 열림 파형
①번 위치는 배터리 전압(최대값)을 나타
내고 ②번 위치는 1V 이하이어야 한다.
열림 코일 듀티값은 약 40% 정도일 것.

실기시험 기록지

▶ 엔진 4. 스텝 모터 파형 분석
  자동차 번호 :

| 비번호 | | 감독위원 확 인 | |

측정 항목	파형 상태	득 점
파형 측정	요구사항 조건에 맞는 파형을 프린트하여 아래 사항을 분석 후 뒷면에 첨부 ① 출력된 파형에 불량 요소가 있는 경우에는 반드시 표기 및 설명 되어야 함 ② 파형의 주요 특징에 대하여 표기 및 설명 되어야 함	

정비산업기사 04 — 연료 압력 센서 탈·부착, 매연 측정

엔진 5

주어진 전자제어 디젤엔진에서 연료 압력 센서를 탈거한 후(감독위원에게 확인) 다시 부착하여 시동을 걸고 매연을 점검하여 기록표에 기록하시오.

>>> 자동차 정비 산업기사 2안 ▶ 100페이지 참조

정비산업기사 04 — 드라이브 액슬축 탈·부착 작동 상태 점검

섀시 1

주어진 전륜 구동 자동차에서 드라이브 액슬축을 탈거하여 액슬축 부트를 탈거한 후(감독위원에게 확인) 다시 부착하여 작동 상태를 확인하시오.

01 드라이브 액슬축 탈·부착

▲ 앞바퀴 우측 드라이브 샤프트 설치 위치   ▲ 앞바퀴 좌측 드라이브 샤프트 설치 위치

01 타이어 탈거

02 허브의 그리스 캡 및 분할 핀 탈거

03 허브 너트 탈거
주차 브레이크를 작동시킨 상태에서 프런트 허브 너트를 탈거한다.

04 타이로드 엔드 탈거
타이로드 엔드 풀러를 사용하여 조향 너클에서 타이로드 엔드를 탈거한다.

05 조향 너클에서 휠 스피드 센서 탈거

06 조향 너클에서 로어암 고정 너트 탈거

07 고정 너트를 완전히 풀지 않고 약간 남겨 놓은 상태에서 조향 너클과 로어암 사이 분리

08 너트를 분리한 후 조향 너클에서 로어암 고정 볼트를 탈거

09 디스크 허브에서 드라이브 샤프트 탈거
플라스틱 해머를 이용하여 디스크 허브에서 드라이브 샤프트를 탈거한다.

10 변속기에서 드라이브 샤프트 탈거
변속기 케이스와 조인트 케이스 사이에 드라이버를 끼워서 드라이브 샤프트를 탈거한다.

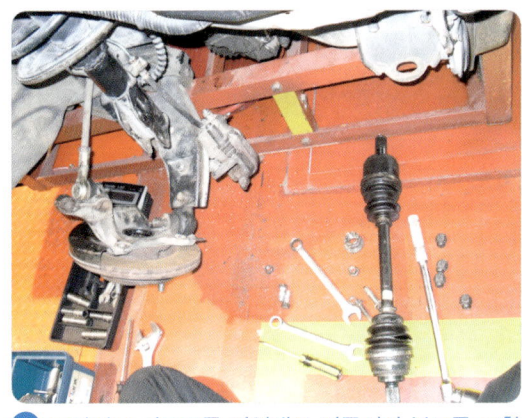

⑪ 드라이브 샤프트를 작업대로 이동시켜 부트를 교환한 후 장착은 탈거의 역순으로 진행

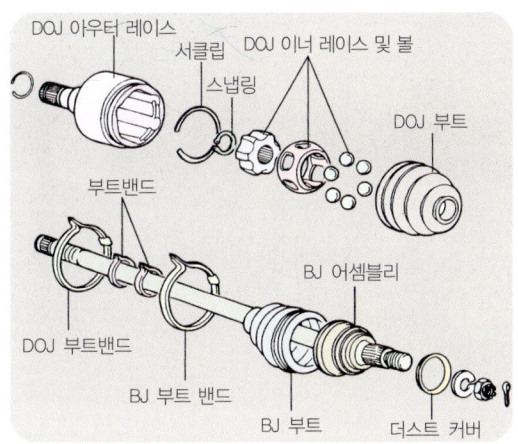

▲ 드라이브 샤프트의 구성 부품

02 드라이브 액슬축 부트 탈·부착

▲ BJ 어셈블리

▲ DOJ 어셈블리

① DOJ 부트 밴드 탈거

② 부트 밴드 탈거

175

03 DOJ 아웃 레이스에서 부트를 당겨 분리

04 DOJ 아우트 레이스에서 서클립 탈거

05 DOJ 이너 레이스에서 스냅 링 탈거

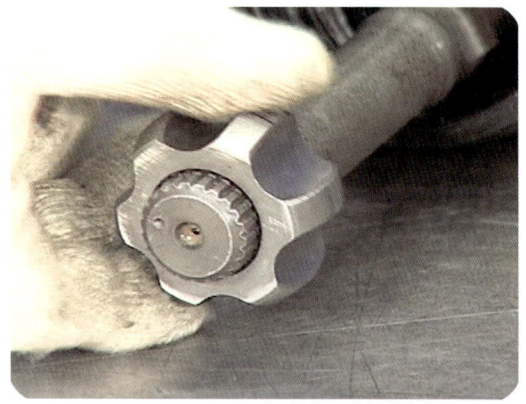

06 드라이브 샤프트에서 DOJ 이너 레이스 탈거

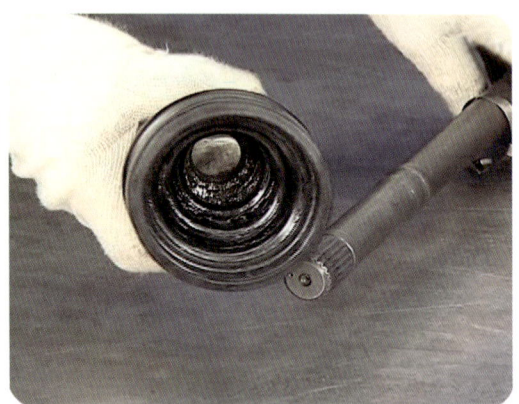

07 드라이브 샤프트에서 부트 탈거

08 탈거하여 감독위원에게 확인 후 역순으로 조립

04 셋백과 토(toe) 측정, 토(toe) 조정

정비산업기사 / 섀시 2

주어진 자동차에서 휠 얼라인먼트 시험기로 셋백(setback)과 토(toe) 값을 측정하여 기록표에 기록하고 타이로드 엔드를 탈거한 후(감독위원에게 확인), 다시 부착하여 토(toe)가 규정값이 되도록 조정하시오.

01 셋백과 토 측정

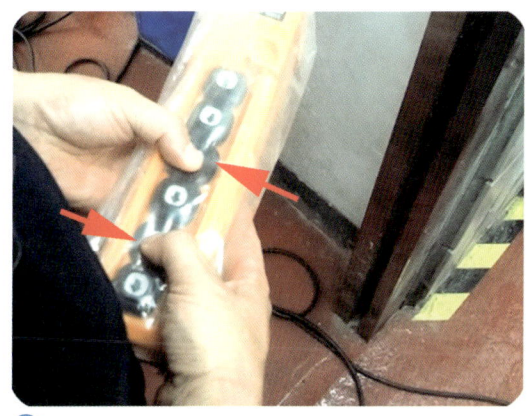

01 차량을 리프팅 한다.
시험 대상 차량을 리프트에 올려놓고 앞뒤 상승 버튼을 동시에 눌러 차량을 리프팅 한다.

02 타이어에 센서 클램프 설치
4바퀴에 센서 클램프를 설치한 후 센서 헤드를 설치하여 측정할 준비를 한다.

03 초기 화면에서 F1 작업시작 버튼 클릭
F1 버튼은 작업을 시작할 때 클릭하며, F2 버튼은 작업을 종료하고 PC의 전원을 OFF시킬 때 클릭한다. F2 버튼을 클릭하면 PC까지 OFF되기 때문에 주의하여야 한다.

04 작업 시작 화면에서 F1 버튼 클릭
F1 버튼은 작업을 시작할 때, F2 버튼은 현재까지 작업된 데이터 검색할 때, F3 버튼은 환경 설정 화면으로 이동할 때, F4 버튼은 초기 화면으로 이동할 때 클릭한다.

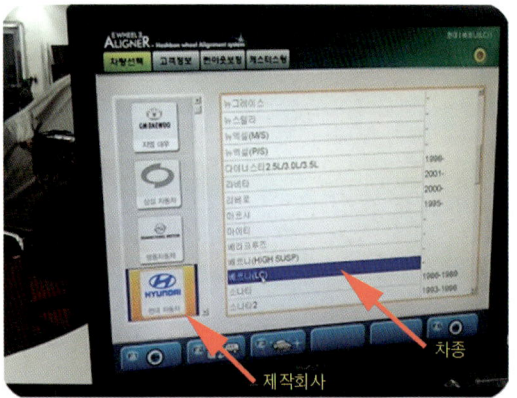

05 차종 선택
차량 선택 버튼을 클릭한 후 제작회사와 차종을 선택하고 하단의 F6 버튼을 클릭한다.

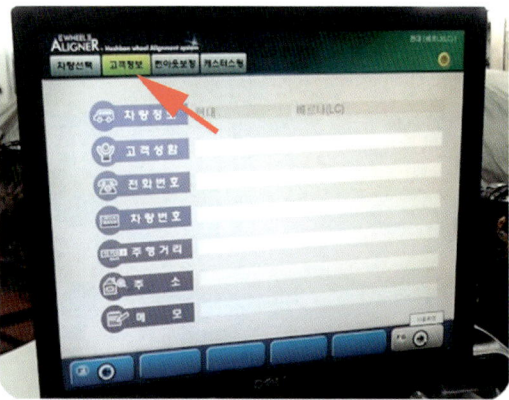

06 고객 정보의 입력을 무시하고 F6 버튼 클릭
고객 정보 입력 창이 표출되면 정보 입력을 무시하고 F6 버튼을 클릭하여 런 아웃 보정 화면을 활성화 한다.

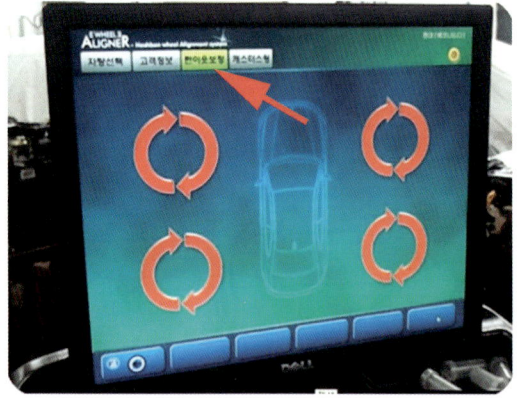

07 런 아웃 보정 버튼 클릭
현재 화면에 4바퀴 모두 세팅이 되지 않았음을 나타내는 반원 모양의 화살표가 붉게 표기되어 있다.

08 앞바퀴를 180도 회전시켜 수평 세팅
센서 헤드가 설치되어 있는 바퀴를 180도 회전시켜 수평이 되도록 세팅한다.

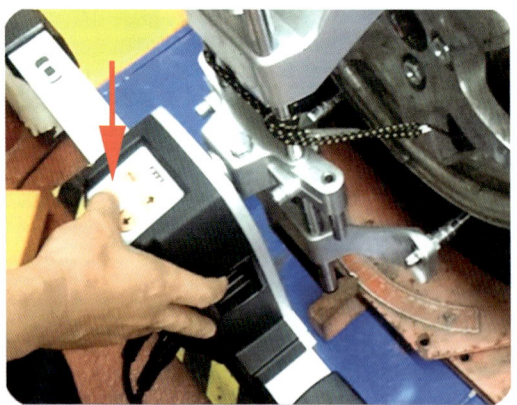

09 수평 세팅
바퀴를 180도 회전시켜 녹색 램프가 점등 되도록 센서의 수평을 유지시킨 후 OK 버튼을 눌러 세팅한다.

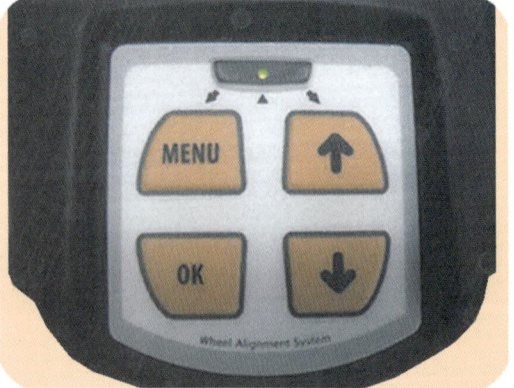

10 세팅 버튼을 확대한 모습
바퀴를 180도 회전시켜 상단의 녹색 램프가 점등되면 아래의 OK 버튼으로 세팅한다.

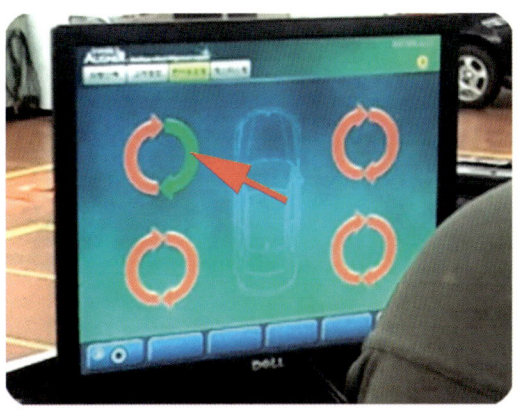

11 세팅이 된 부분은 녹색으로 표시된다.
적색 부분의 반쪽도 세팅을 하여야 한다.

12 앞바퀴를 180도 회전시킨다.
완료되지 않은 반쪽을 세팅하기 위해 회전시킨다.

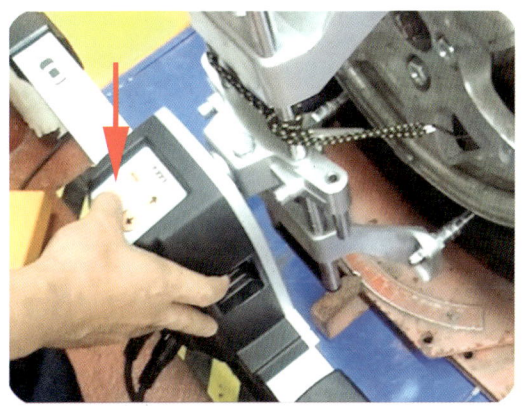

13 수평 세팅
바퀴를 180도 회전시켜 녹색 램프가 점등 되도록 센서의 수평을 유지시킨 후 OK 버튼을 눌러 세팅한다.

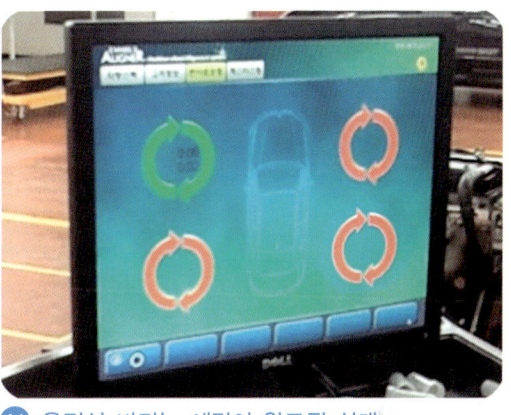

14 운전석 바퀴는 세팅이 완료된 상태
나머지 3바퀴도 이와 같은 방법으로 런 아웃 보정을 세팅하여 4바퀴 모두 녹색으로 표기되어야 완료된 것이다.

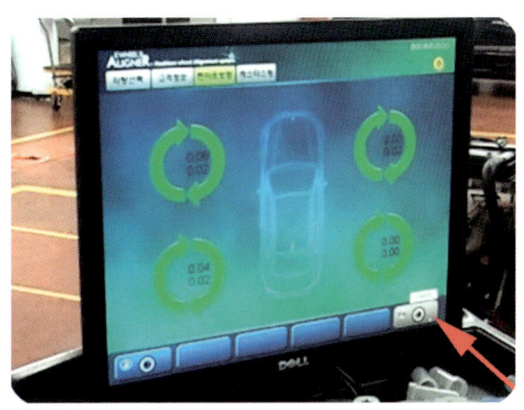

15 4바퀴의 런 아웃 보정이 완료된 상태
보정 순서는 운전석 앞바퀴 → 운전석 뒷바퀴 → 동승석 앞바퀴 → 동승석 뒷바퀴 순서로 런 아웃을 보정한다.

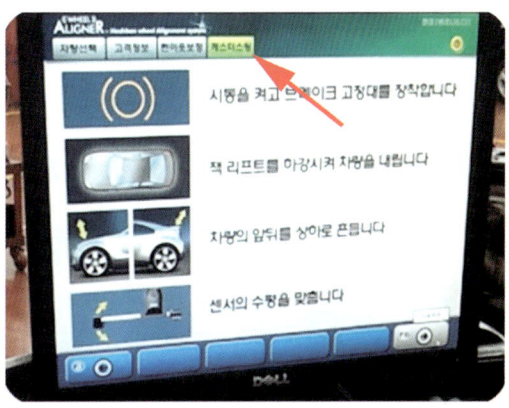

16 캐스터 스윙 모드의 4개 항목 수행
4개의 항목을 순서대로 수행한 후 F6 버튼을 클릭하여 다음 과정을 활성화 한다.

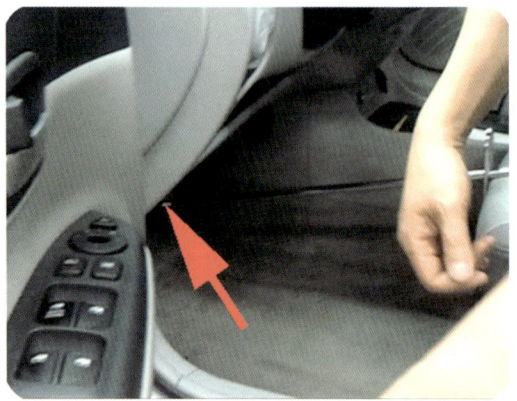

17 브레이크 고정대 장착

엔진 시동을 걸고 브레이크 고정대를 이용하여 브레이크 페달을 고정시킨다.

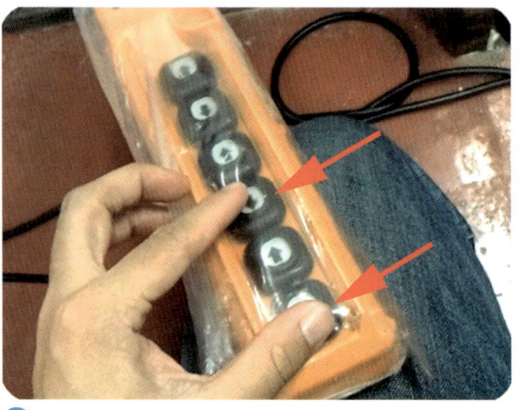

18 리프트를 하강시킨다.

런 아웃 보정 작업이 완료되면 앞뒤 하강 버튼을 동시에 눌러 차량을 턴테이블 위에 내려놓는다.

19 턴테이블의 고정 핀 분리

턴테이블의 좌우 고정 핀을 뽑아서 턴테이블이 자유롭게 움직일 수 있도록 한다.

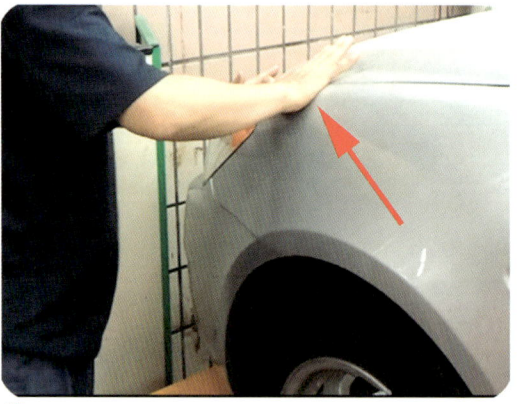

20 앞뒤를 상하로 눌러 조향 링키지 상태 세팅

차량의 앞뒤 차체를 상하로 여러 번 눌러 조향 링키지의 상태를 세팅한다.

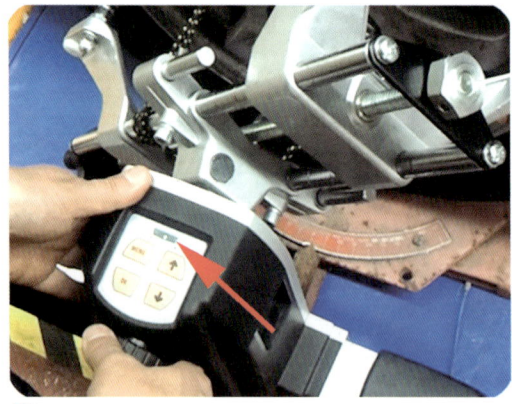

21 센서의 수평을 맞춘다.

4바퀴에 설치되어 있는 센서의 수평을 맞춘다. 이때는 OK 버튼을 누르지 않고 노브를 고정한다.

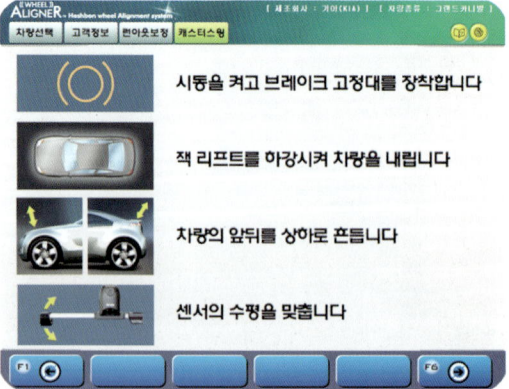

22 F6 버튼을 클릭하여 측정 모드로 이동

캐스터 스윙 모드의 4개 항목의 수행이 완료되면 F6 버튼을 클릭하여 측정 모드를 활성화 한다.

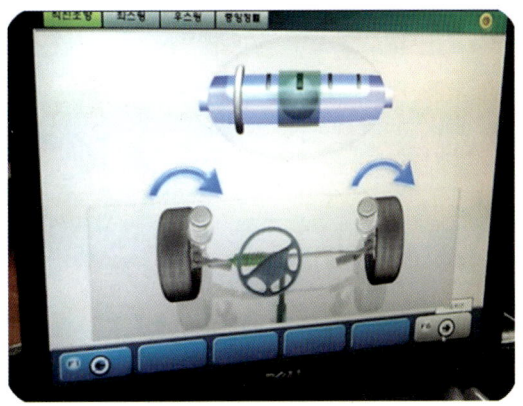

23 직진 조향 세팅
상단 바의 직진조향 버튼을 클릭한 후 조향 핸들을 모니터의 화살표 방향으로 천천히 회전시킨다.

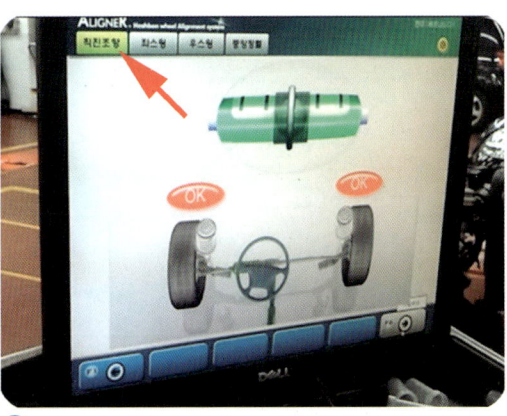

24 직진 조향 모드에서 세팅이 완료된 상태
조향 핸들을 돌려 화면의 바퀴 앞에 OK가 표시되면 세팅이 완료된 상태이다.

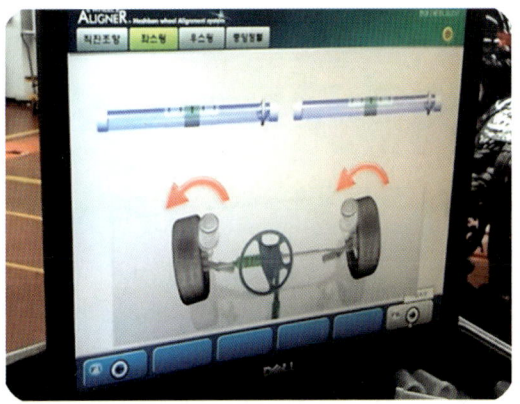

25 좌 스윙을 세팅
상단 바의 좌 스윙 버튼을 클릭한 후 조향 핸들을 모니터의 화살표 방향으로 천천히 회전시킨다.

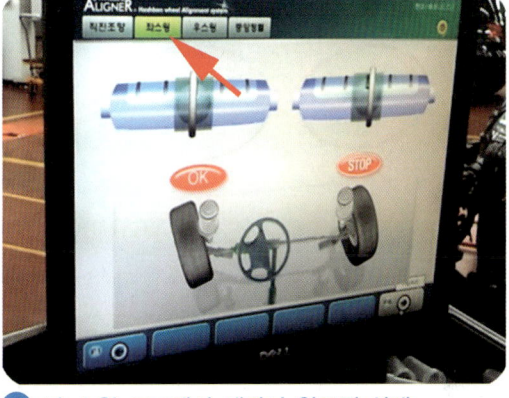

26 좌 스윙 모드에서 세팅이 완료된 상태
조향 핸들을 돌려 화면의 바퀴 앞에 OK가 표시되면 세팅이 완료된 상태이다.

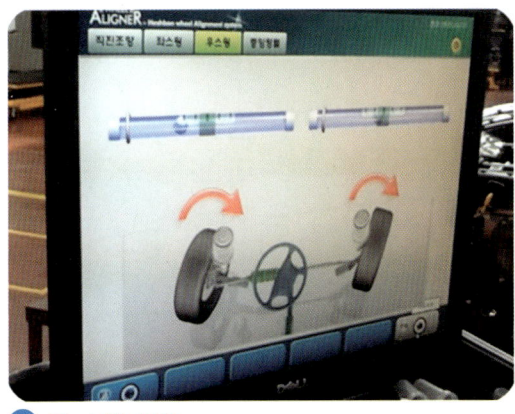

27 우 스윙 세팅
상단 바의 우 스윙 버튼을 클릭한 후 조향 핸들을 모니터의 화살표 방향으로 천천히 회전시킨다.

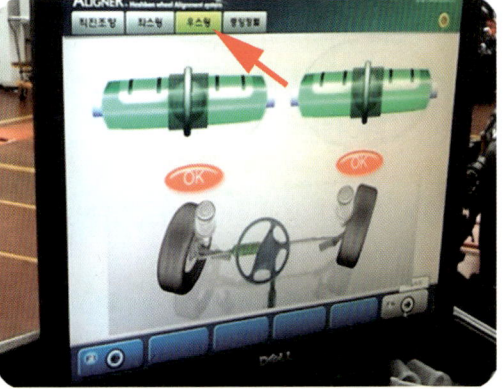

28 우 스윙 모드에서 세팅이 완료된 상태
조향 핸들을 돌려 화면의 바퀴 앞에 OK가 표시되면 세팅이 완료된 상태이다.

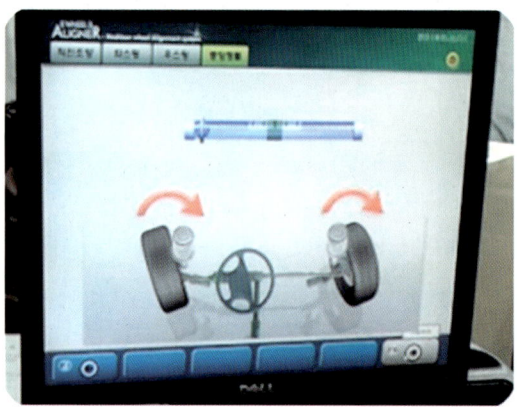

29 중앙 정렬 세팅
상단 바의 중앙 정렬 버튼을 클릭한 후 조향 핸들을 모니터의 화살표 방향으로 천천히 회전시킨다.

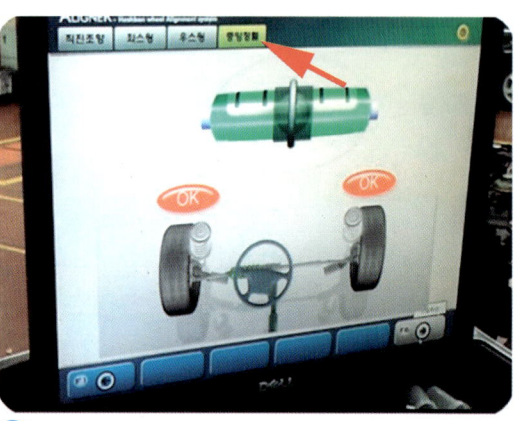

30 중앙 정렬 모드에서 세팅이 완료된 상태
조향 핸들을 돌려 화면의 바퀴 앞에 OK 가 표시되면 세팅이 완료된 상태이다. F6 버튼을 클릭하여 다음 단계로 이동한다.

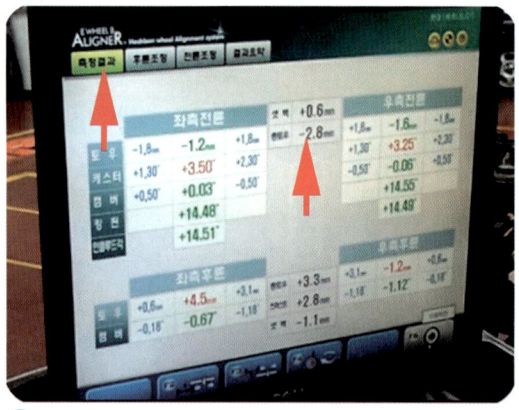

31 측정 결과 버튼 클릭
상단 바의 측정 결과 버튼을 클릭하면 전륜과 후륜의 휠 얼라인먼트 측정값이 표출된다. 측정값을 기록지에 기록한다.

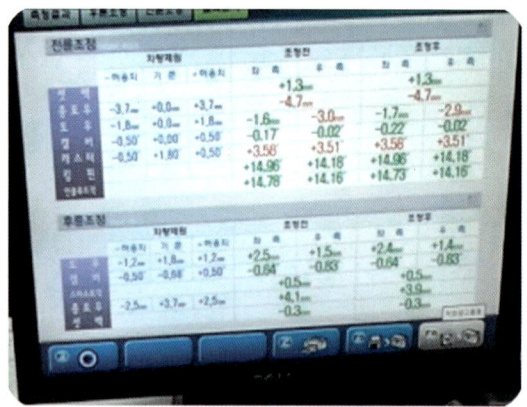

32 전륜 후륜 조정을 완료하고 결과 확인
조정을 하고 상단 바의 결과 요약 버튼을 클릭하면 전륜과 후륜의 휠 얼라인먼트 조정 결과의 요약된 측정값이 표출된다.

02 타이로드 엔드 탈·부착

≫ 자동차 정비 산업기사 2안 ▶ 117페이지 참조

03 토(toe) 조정

≫ 자동차 정비 산업기사 2안 ▶ 119페이지 참조

실기시험 기록지

▶ 섀시 2. 휠 얼라인먼트 점검
자동차 번호:

측정 항목	① 측정(또는 점검)		② 판정 및 정비(또는 조치)사항		득 점
	측정값	규정(정비한계)값	판정(□에 '✔'표)	정비 및 조치할 사항	
캐스터			□ 양 호 □ 불 량		
토(toe)					

비번호: 　　　　감독위원 확인:

【차종별 토 규정값】

차종		토 앞	토 뒤	차종		토 앞	토 뒤
I30 PD 1.6	토탈	0.1°±0.2°	0.2°±0.2°	K3 BD 1.6	토탈	0.1°±0.2°	0.30°±0.3°
	개별	0.05°±0.1°	0.1°±0.1°	K3 BD 1.6	개별	0.05°±0.1°	0.15°±0.15°
I30 PD 1.4	토탈	0.1°±0.2°	0.2°±0.2°	K3 YD 1.6 토탈		0.1°±0.3°	0.4°(+0.6°−0.5°)
	개별	0.05°±0.1°	0.1°±0.1°	K5 JF 1.6 토탈		0.12°±0.2°	0.17°±0.5°
I40 VF 1.7	토탈	0°±0.2°	0.2°±0.2°	K5 JF 2.0 토탈		0.12°±0.2°	0.17°±0.2°
	개별	0°±0.1°	0.1°±0.1°	K7 YG 2.5	토탈	0.12°±0.2°	0.17°±0.2°
I40 VF 2.0	토탈	0°±0.2°	0.2°±0.2°		개별	0.06°±0.1°	0.085°±0.1°
	개별	0°±0.1°	0.1°±0.1°	K7 YG 3.0	토탈	0.12°±0.2°	0.17°±0.2°
벨로스터 JS 1.4	토탈	0.1°±0.2°	0.14°±0.2°		개별	0.06°±0.1°	0.085°±0.1°
	개별	0.05°±0.1°	0.07°±0.1°	레이 TAM 1.0	토탈	0°±0.2°	L−R≤0.23°
벨로스터 JS 1.6	토탈	0.1°±0.2°	0.14°±0.2°		개별	0°±0.1°	0.15°(+0.2° −0.15°)
	개별	0.05°±0.1°	0.07°±0.1°	모닝 TA 1.0	토탈	0.2°±0.2°	L−R≤0.23°
쏸타페 TM 2.0	토탈	0.1°±0.2°	0.2°±0.2°		개별	0.1°±0.1°	0.25°(+0.2° −0.15°)
	개별	0.05°±0.1°	0.1°±0.1°	모하비 HM 3.0 토탈		0°±0.3°	0.15°±0.3°
쏸타페 TM 2.2	토탈	0.1°±0.2°	0.2°±0.2°	스포티지 QL 1.6 토탈		0.1°±0.3°	0.2°±0.3°
	개별	0.05°±0.1°	0.1°±0.1°	스포티지 QL 2.0 토탈		0.1°±0.3°	0.2°±0.3°
쏘나타 YF 2.0	토탈	0.16°±0.2°	0.17°±0.2°	쏘울 PS 1.6 토탈		0.1°±0.3°	0.3°(+0.6° −0.4°)
	개별	0.08°±0.1°	0.085°±0.1°	쏘울 SK3 1.6	토탈	0.12°±0.2°	0.3°±0.3°
쏘나타 LF 2.0	토탈	0.12°±0.2°	0.17°±0.2°		개별	0.06°±0.1°	0.5°±0.15°
	개별	0.06°±0.1°	0.085°±0.1°	프라이드 1.4	토탈	0.2°±0.2°	0.5°(+0.4° −0.5°)
쏘나타 LF 1.7	토탈	0.12°±0.2°	0.17°±0.2°		개별	0.1°±0.1°	0.25°(+0.20° −0.25°)
	개별	0.06°±0.1°	0.085°±0.1°				
쏘나타 LF 1.7	토탈	0.12°±0.2°	0.17°±0.2°	아반떼 MD	토탈	0.1°±0.2°	0.4°(+0.5°−0.4°)
	개별	0.06°±0.1°	0.085°±0.1°		개별	0.05°±0.1°	0.2°(+0.25°−0.2°)
엑센트 RB 1.6	토탈	0.1°±0.2°	0.4°(+0.5°−0.4°)	엑센트 RB 1.4	토탈	0.1°±0.2°	0.4°(+0.5°−0.4°)
	개별	0.05°±0.1°	0.2°(+0.25°−0.2°)		개별	0.05°±0.1°	0.2°(+0.25°−0.2°)

04 브레이크 라이닝 슈 탈·부착 작동 상태 점검
섀시 3

주어진 자동차에서 브레이크 라이닝 슈(또는 패드)를 탈거한 후(감독위원에게 확인) 다시 부착하여 브레이크 작동 상태를 점검하시오.

01 브레이크 라이닝 슈 탈·부착

>>> 자동차 정비 산업기사 3안 ▶ 157페이지 참조

02 브레이크 패드 탈·부착

>>> 자동차 정비 산업기사 1안 ▶ 64페이지 참조

04 전(앞) 또는 후(뒤) 제동력 측정
섀시 4

3항 작업 자동차에서 감독위원의 지시에 따라 전(앞) 또는 후(뒤) 제동력을 측정하여 기록표에 기록하시오.

>>> 자동차 정비 산업기사 1안 ▶ 66페이지 참조

04 ABS 자기진단
섀시 5

주어진 자동차의 ABS에서 자기진단기(스캐너)를 이용하여 각종 센서 및 시스템의 작동 상태를 점검하고 기록표에 기록하시오.

>>> 자동차 정비 산업기사 2안 ▶ 120페이지 참조

04 발전기 다이오드 및 로터 코일의 점검
전기 1

주어진 발전기를 분해한 후 정류 다이오드 및 로터 코일의 상태를 점검하여 기록표에 기록하고 다시 본래대로 조립하여 작동상태를 확인하시오.

01 발전기 분해 조립

01 교류 발전기 어셈블리

02 발전기 풀리 고정 너트 탈거

03 로터 축에서 발전기 풀리 탈거

04 프레임을 고정하는 관통볼트 3개 분리

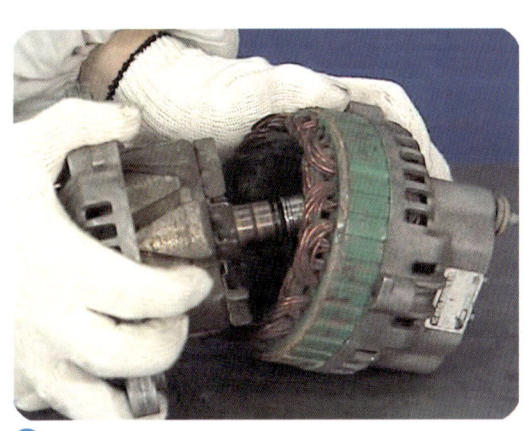
05 로터 어셈블리 탈거

06 다이오드 고정 볼트와 B단자 고정 너트 탈거

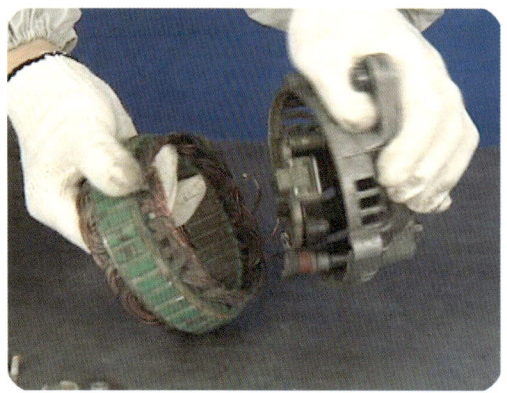

07 스테이터와 리어 브래킷 분리

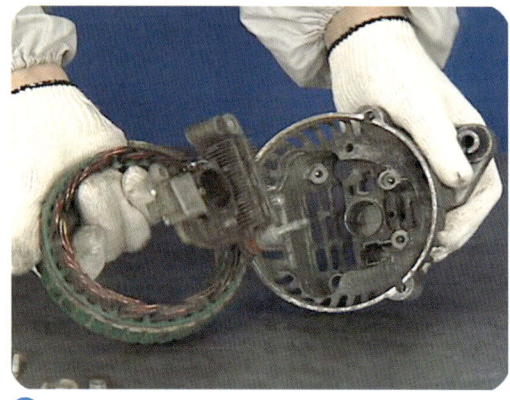

08 스테이터와 다이오드 어셈블리를 함께 분리

09 프런트 베어링 리테이너 고정 스크루 분리

10 프런트 브래킷과 로터 분리(조립은 역순)

02 다이오드 및 로터 코일 점검

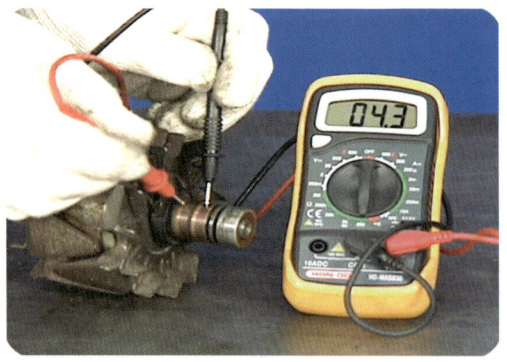

01 로터 코일의 단선 여부 점검

슬립링과 슬립링에 멀티테스터의 적색과 흑색의 테스트 프로드를 접촉시켜 저항을 측정한다. 저항이 규정값 범위에 있으면 정상이다.

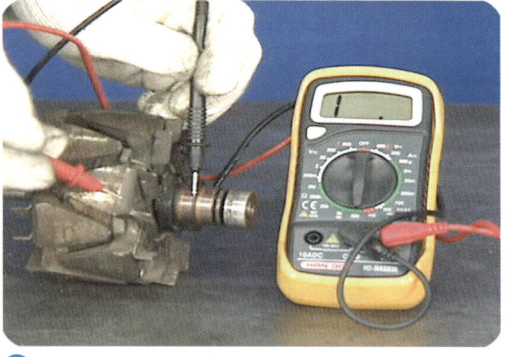

02 로터 코일의 접지 여부 점검

슬립링과 로터에 멀티테스터의 적색과 흑색의 테스트 프로드를 접촉시켜 도통 여부를 점검한다. 도통이 되지 않으면 정상이다.

03 (+) 다이오드 통전 여부 점검
멀티테스터의 적색 프로드 팁을 히트 싱크에, 흑색 프로드 팁을 다이오드 단자에 접촉시켰을 때 통전되지 않으면 정상이다.

04 (+) 다이오드 통전 여부 점검
멀티테스터의 흑색 프로드 팁을 히트 싱크에, 적색 프로드 팁을 다이오드 단자에 접촉시켰을 때 통전되면 정상이다. 3번과 4번의 점검에서 모두 불통 또는 도통이면 불량이다.

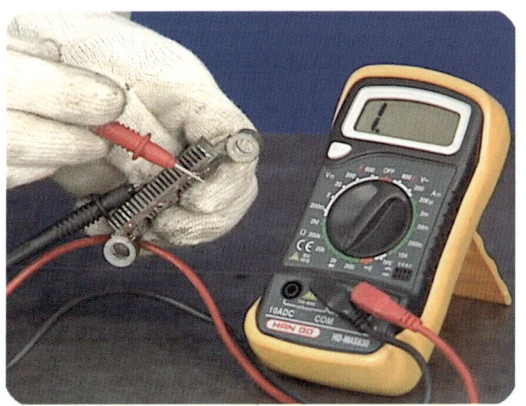

05 (−) 다이오드 통전 여부 점검
멀티테스터의 흑색 프로드 팁을 히트 싱크에, 적색 프로드 팁을 다이오드 단자에 접촉시켰을 때 통전되지 않으면 되면 정상이다.

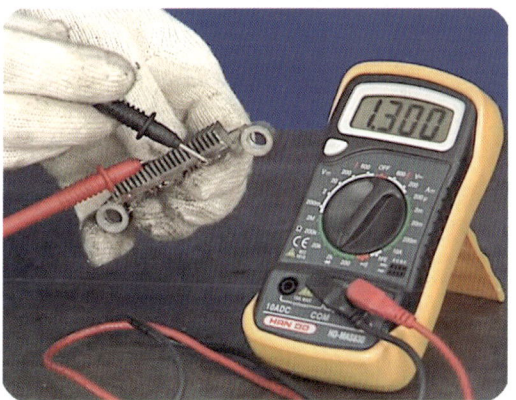

06 (−) 다이오드 통전 여부 점검
멀티테스터의 적색 프로드 팁을 히트 싱크에, 흑색 프로드 팁을 다이오드 단자에 접촉시켰을 때 통전되면 정상이다. 5번과 6번의 점검에서 모두 불통 또는 도통이면 불량이다.

실기시험 기록지

▶ 전기 1. 발전기 점검
자동차 번호 :

측정 항목	① 측정(또는 점검)		② 판정 및 정비(또는 조치)사항		득점
	측정값	규정(정비한계)값	판정(□에 '✔'표)	정비 및 조치할 사항	
(+)다이오드	(양 : 개), (부 : 개)		□ 양 호 □ 불 량		
(−)다이오드	(양 : 개), (부 : 개)				
로터코일 저항					

비번호 :
감독위원 확인 :

【로터 코일의 차종별 규정값】

차 종	로터코일 저항(Ω)	차 종	로터코일 저항(Ω)	차 종	로터코일 저항(Ω)
쏘나타Ⅲ / 투스카니 엘란트라 / 베르나 / 트라제XG / 싼타페	3.1	EF 쏘나타 / 그랜저 XG / 에쿠스 / 테라칸 / 스타렉스	2.75±0.2	아반떼XD / 라비타	2.5~3.0
쏘나타	4~5	세피아	3.5~4.5	포텐샤	2~4

정비산업기사 04

전조등 광도, 광축 점검
전기 2

주어진 자동차에서 전조등 시험기로 전조등을 점검하여 기록표에 기록하시오.

>>> 자동차 정비 산업기사 1안 ▶ 80페이지 참조

정비산업기사 04

ETACS 열선 스위치 입력 신호 점검
전기 3

주어진 자동차에서 열선 스위치 조작시 편의장치(ETACS 또는 ISU) 커넥터에서 스위치 입력신호(전압)를 측정하고 이상여부를 확인하여 기록표에 기록하시오.

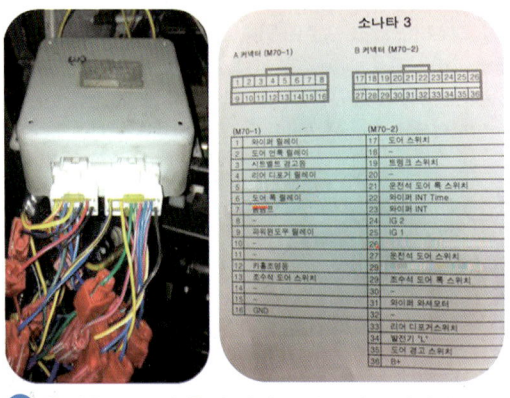

01 측정용 ECU와 측정 단자 복사본이 준비되어 있다.
에탁스 ECU의 각 전선에 측정용 단자가 별도로 만들어져 있으며, 운전석에는 단자 명칭을 복사하여 놓여 있다.

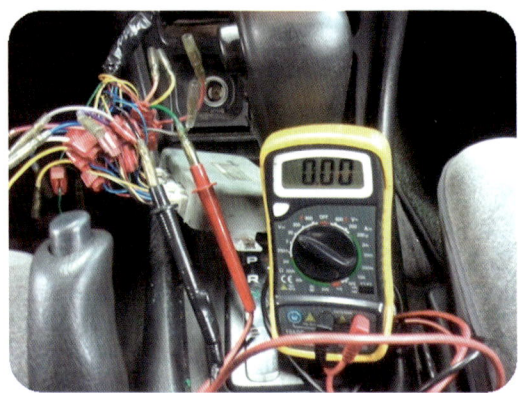

02 멀티테스터의 프로드 팁을 측정 단자에 설치
멀티테스터의 적색프로드 팁을 M70-2 커넥터의 33번 단자에, 흑색프로드 팁을 M70-1 커넥터 16번 단자에 연결한다.

03 키 스위치를 ON에 위치시킨다.

04 열선 스위치 위치 확인

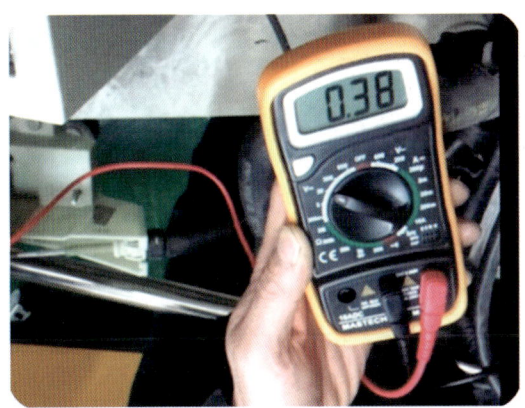

05 열선 스위치를 ON시킨 상태에서 전압 측정

06 열선 스위치 OFF시킨 상태에서 전압 측정

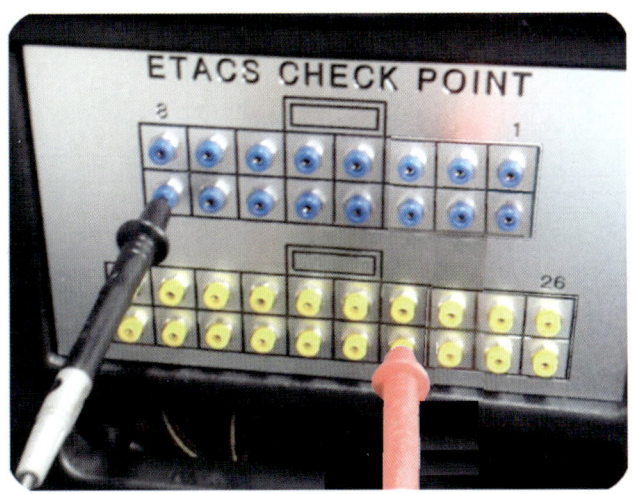

▲ 시뮬레이터(흑색 16번 단자, 적색 33번 단자)

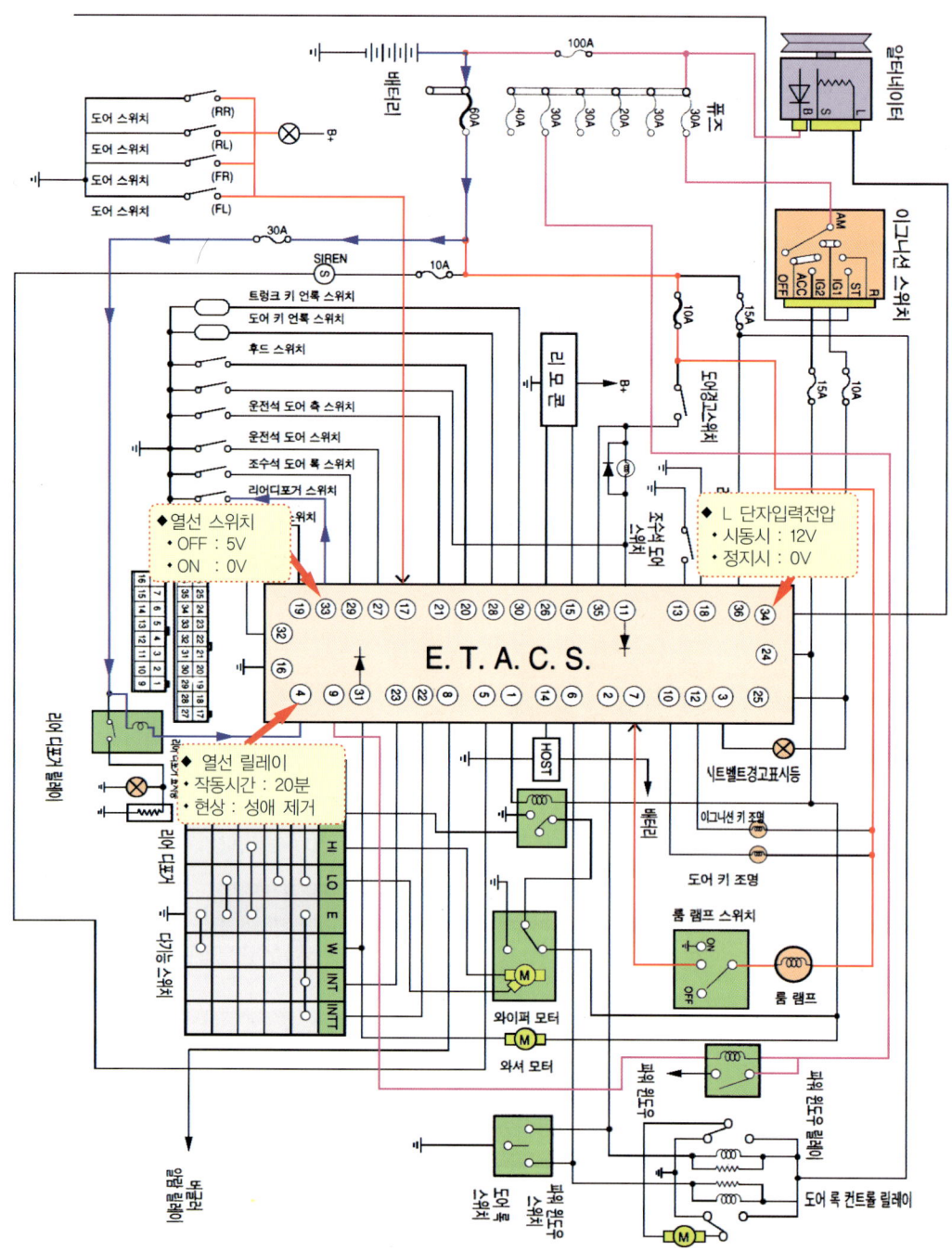

▲ 에탁스 열선 스위치 입력회로 작동전압 점검

실기시험 기록지

▶ 전기 3. 열선 스위치 작동시 전압 점검
자동차 번호 :

비번호		감독위원 확인	

점검 항목	① 측정(또는 점검)		② 판정 및 정비(또는 조치)사항		득 점
	측정값	내용 및 상태	판정(□에 '✔'표)	정비 및 조치할 사항	
열선 스위치 작동시 전압	ON : OFF :		□ 양 호 □ 불 량		

【 열선 스위치 입력회로 작동 전압 규정값 】

	항 목	조 건	전압값	비고
입력 요소	발전기 L 단자	시동할 때 발전기 L 단자 입력 전압	12V	
	열선 스위치	OFF	5V	
		ON	0V	
출력 요소	열선 릴레이	열선 작동 시작부터 열선 릴레이 OFF될 때까지의 시간 측정	20분	
		열선 작동 중 열선 스위치 작동할 때 현상	뒷유리 성애 제거됨	

04 파워 윈도우 회로 점검 수리

전기 4

주어진 자동차에서 파워 윈도우 회로를 점검하여 이상개소(2곳)를 찾아서 수리하시오.

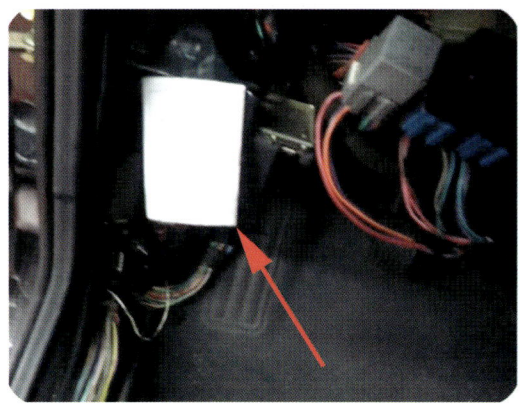

01 실내 퓨즈 박스에서 관련 퓨즈 점검
실내 퓨즈 박스 커버에 퓨즈 배치도를 활용하여 단선 여부를 점검한다.

02 파워 윈도우 릴레이 점검
파워 윈도우 릴레이를 탈거하여 멀티 테스터를 활용하여 이상 여부를 점검한다. 키 스위치 커넥터 연결 상태 점검한다.

03 메인 퓨즈 박스 커버에서 관련 퓨즈 위치 확인

04 파워 윈도우 퓨즈의 단선 여부 점검

05 파워 윈도우 스위치 커넥터 연결 상태 점검

06 파워 윈도우 모터 커넥터 연결 상태 점검

파워 윈도우가 작동하지 않는 원인

고장 위치	원인	조치사항
배터리	불량	교환
	터미널 연결 상태 불량	터미널 재장착
파워 윈도우 퓨즈	탈거	장착
	단선	교환
파워 윈도우 릴레이	탈거	장착
	불량	교환
	핀 부러짐	릴레이 교환
파워 윈도우 스위치	불량	교환
	커넥터 탈거	커넥터 장착
파워 윈도우 라인	단선	연결
파워 윈도우 스위치	커넥터 불량	커넥터 교환
파워 윈도우 모터	불량	교환
	커넥터 불량	커넥터 장착

파워 윈도우 일부가 작동하지 않는 원인

고장 위치	원인	조치사항
파워 윈도우 메인 스위치	커넥터 불량	커넥터 교환
파워 윈도우 모터	불량	교환
	커넥터 불량	커넥터 장착
파워 윈도우 서브 스위치	커넥터 탈거	커넥터 장착
	불량	교환

자동차정비산업기사

안 05

국가기술자격검정 실기시험문제

1. 엔 진

1. 주어진 엔진을 기록표의 측정 항목까지 분해하여 기록표의 요구사항을 측정 및 점검하고 본래 상태로 조립하시오.
2. 주어진 자동차의 전자제어 엔진에서 감독위원의 지시에 따라 1가지 부품을 탈거한 후(감독위원에게 확인) 다시 부착하고 시동에 필요한 관련 부분의 이상개소(시동회로, 점화회로, 연료장치 중 2개소)를 점검 및 수리하여 시동하시오.
3. 2항의 시동된 엔진에서 공회전 상태를 확인하고 감독위원의 지시에 따라 배기가스를 측정하여 기록표에 기록하시오.(단, 시동이 정상적으로 되지 않은 경우 본 항의 작업은 할 수 없음)
4. 주어진 자동차의 엔진에서 점화코일의 1차 파형을 측정하고 그 결과를 출력물에 기록·판정하시오. (측정조건 : 공회전)
5. 주어진 전자제어 디젤엔진에서 연료 압력 센서를 탈거한 후(감독위원에게 확인), 다시 부착하여 시동을 걸고 인젝터 리턴(백리크)량을 측정하여 기록표에 기록하시오.

2. 섀 시

1. 주어진 자동차의 유압 클러치에서 클러치 마스터 실린더를 탈거한 후(감독위원에게 확인) 다시 부착하여 작동상태를 확인하시오.
2. 주어진 자동차에서 휠 얼라인먼트 시험기로 캐스터와 토(toe) 값을 측정하여 기록표에 기록한 후 타이로드 엔드를 탈거한 후(감독위원에게 확인) 다시 부착하여 토(toe)가 규정값이 되도록 조정하시오.
3. 주어진 자동차에서 후륜의 브레이크 휠 실린더를 교환(탈·부착)하고 브레이크 및 허브 베어링의 작동상태를 점검하시오.
4. 3항 작업 자동차에서 감독위원의 지시에 따라 전(앞) 또는 후(뒤) 제동력을 측정하여 기록표에 기록하시오.
5. 주어진 자동변속기에서 자기진단기(스캐너)를 이용하여 각종 센서 및 시스템의 작동 상태를 점검하고 기록표에 기록하시오.

3. 전 기

1. 주어진 자동차에서 에어컨 벨트와 블로워 모터를 탈거한 후(감독위원에게 확인) 다시 부착하여 작동상태를 확인하고 에어컨의 압력을 측정하여 기록표에 기록하시오.
2. 주어진 자동차에서 전조등 시험기로 전조등을 점검하여 기록표에 기록하시오.
3. 주어진 자동차에서 와이퍼 간헐(INT) 시간조정 스위치 조작시 편의장치(ETACS 또는 ISU) 커넥터에서 스위치 신호(전압)를 측정하고 이상여부를 확인하여 기록표에 기록하시오.
4. 주어진 자동차에서 미등 및 제동등(브레이크) 회로를 점검하여 이상개소(2곳)를 찾아서 수리하시오.

국가기술자격검정실기시험문제 5안

| 자격종목 | 자동차 정비산업기사 | 작품명 | 자동차 정비 작업 |

- 비 번호
- 시험시간 : 5시간 30분(엔진 : 140분, 섀시 : 120분, 전기 : 70분)
  ※ 시험 안 및 요구사항 일부내용이 변경될 수 있음

정비산업기사 05 엔진 1 — 오일펌프 사이드 간극 측정

주어진 엔진을 기록표의 측정 항목까지 분해하여 기록표의 요구사항을 측정 및 점검하고 본래 상태로 조립하시오.

01 분해 조립

>>> 공통 엔진 분해 조립 ▶ 16페이지 참조

02 오일펌프 사이드 간극 측정

동영상

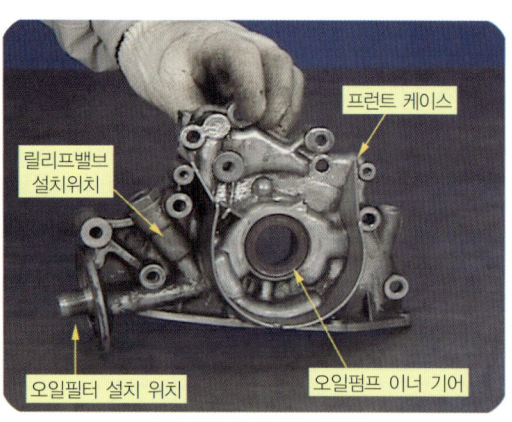
▲ 프런트 케이스 앞면

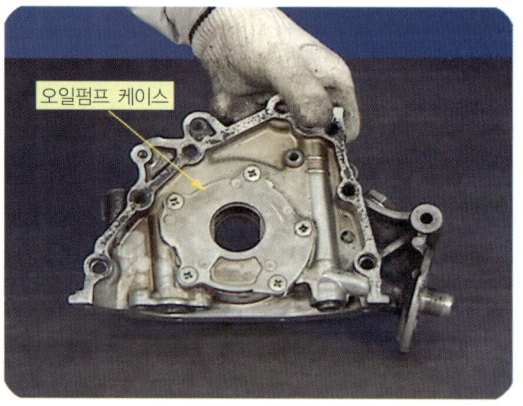
▲ 프런트 케이스 뒷면

01 프런트 케이스의 오일펌프 커버 고정 스크루를 푼다.

02 프런트 케이스에서 오일펌프 커버 탈거

03 오일펌프는 이너 기어, 아우터 기어, 크레센트로 구성되어 있다.

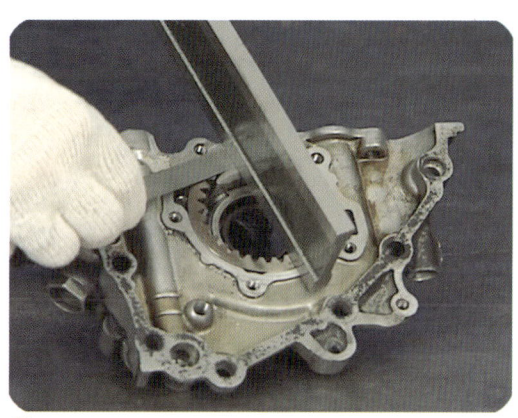

04 보디 위에 평면 자를 올려놓고 시크니스 게이지로 보디와 기어면 사이의 간극 측정

05 펌프 하우징을 깨끗이 닦아낸다.

06 아우터 기어 조립

07 이너 기어 조립

08 오일 펌프 커버 조립

실기시험 기록지

▶ 엔진 1. 오일펌프 점검
  엔진 번호 :

측정 항목	① 측정(또는 점검)		② 판정 및 정비(또는 조치)사항		득 점
	측정값	규정(정비한계)값	판정(□에 '✔'표)	정비 및 조치할 사항	
오일 펌프 사이드 간극			□ 양 호 □ 불 량		

비번호: 　　　　감독위원 확인:

【 차종별 오일펌프 사이드, 보디, 팁 간극 기준값(mm) 】

차 종		사이드 간극		보디간극	팁 간극			종류
		규정값	한계값			규정값	한계값	
엑 셀		0.04~0.10	–	0.1~0.2	외측 내측	0.22~0.34 0.21~0.32	–	내접기어식
쏘나타	구동	0.08~0.14	0.25	–		–	–	내접기어식
	피동	0.06~0.12		–		–	–	
아반떼XD/베르나 (DOHC/SOHC)	외측	0.06~0.11	1.0	0.12~0.18		0.025~0.069	–	내접기어식
	내측	0.04~0.085						
투스카니(2.0)	외측	0.04~0.09		0.12~0.185		0.025~0.069	–	내접기어식
	내측	0.04~0.085						
EF 쏘나타(1.8/ 2.0)	구동	0.08~0.14	0.25	–	구동	0.16~0.21	0.25	기어식
	피동	0.06~0.12	0.25		피동	0.13~0.18	0.25	
그랜저 XG(2.0/2.5/3.0)		0.040~0.095	–	0.100~0.181		–	–	내접기어식
크레도스		0.10	–	–		–	–	내접기어식
세피아		0.14	–	–		–	–	내접기어식
그랜저	구동	0.08~0.14	0.25	–		–	–	기어식
	피동	0.06~0.12		–		–	–	
프라이드	아웃	0.03~0.11	0.14	–		–	–	내접기어식
	이너	0.03~0.11		–		–	–	

정비산업기사 05 — 시동회로, 점화회로, 연료장치 점검 후 시동 (엔진 2)

주어진 자동차의 전자제어 엔진에서 감독위원의 지시에 따라 1가지 부품을 탈거한 후(감독위원에게 확인) 다시 부착하고 시동에 필요한 관련 부분의 이상개소(시동회로, 점화회로, 연료장치 중 2개소)를 점검 및 수리하여 시동하시오.

>>> 자동차 정비 산업기사 1안 ▶ 32페이지 참조

정비산업기사 05 — 공회전 확인, 배기가스 점검 (엔진 3)

2항의 시동된 엔진에서 공회전 상태를 확인하고 감독위원의 지시에 따라 배기가스를 측정하여 기록표에 기록하시오.(단, 시동이 정상적으로 되지 않은 경우 본 항의 작업은 할 수 없음)

01 공회전 확인

>>> 자동차 정비 산업기사 1안 ▶ 38페이지 참조

02 배기가스 측정

>>> 자동차 정비 산업기사 1안 ▶ 40페이지 참조

정비산업기사 05 — 점화 1차 파형 분석 (엔진 4)

주어진 자동차의 엔진에서 점화코일의 1차 파형을 측정하고 그 결과를 출력물에 기록·판정하시오.(측정조건 : 공회전 상태)

동영상

01 점화 1차 파형 측정 방법

01 배터리 전원 선 연결

테스터의 적색 전원 선을 배터리 (+)에, 검은색 선을 (−)에 연결한다.

02 오실로스코프 프로브 연결

컬러 프로브를 1번과 2번 또는 2번과 3번 코일의 (−) 단자에, 흑색 프로브를 차체에 접지시킨다.

03 바탕 화면에서 Hi-DS 아이콘 클릭

엔진을 시동하여 워밍업을 시킨 후 공회전 상태에서 모니터 바탕 화면의 Hi-DS 아이콘을 클릭하여 활성화 한다.

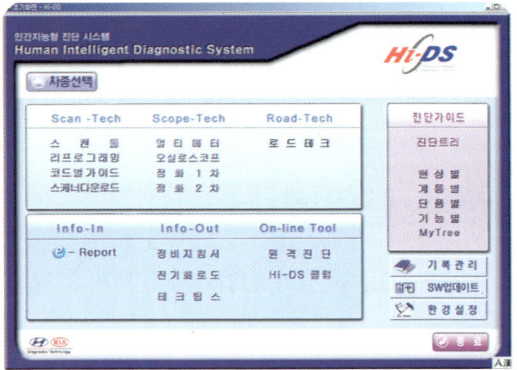

04 초기 화면에서 차종 선택 클릭

초기 화면 왼쪽 위에 있는 차종선택 아이콘을 클릭하여 차종 선택 화면을 활성화 한다.

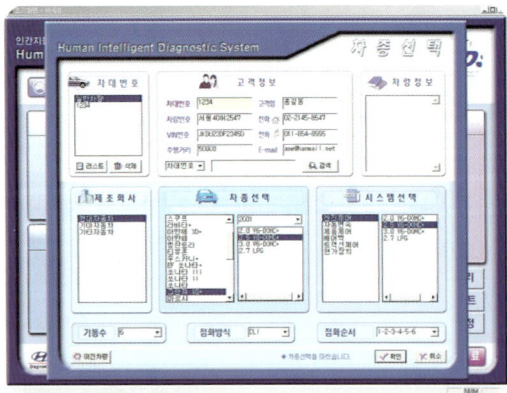

05 차량의 제원 설정

차량의 제조사, 차종, 연식, 시스템 순으로 제원을 설정한 후 확인 버튼을 클릭한다.

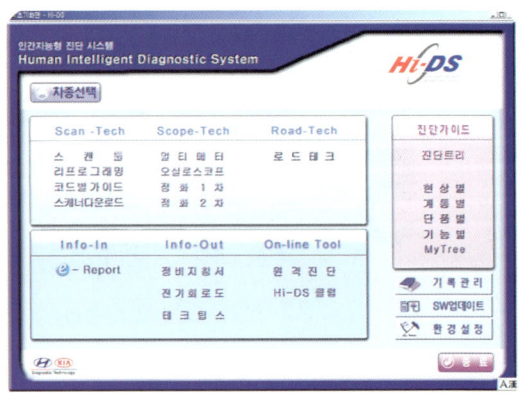

06 Scope-Tech의 점화 1차 선택

Scope-Tech의 오실로스코프 항목을 클릭하여 점화 1차 화면을 활성화 한다.

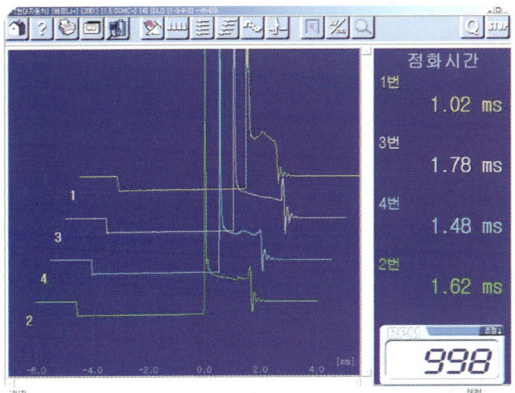

07 점화 1차를 선택하면 3차원 파형이 표출된다.

점화 1차를 선택하면 기본적으로 3차원 파형이 표출된다. 직렬 파형 아이콘 또는 개별 파형 아이콘을 클릭한다.

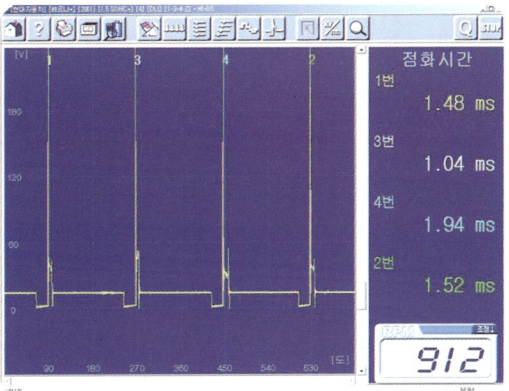

▲ 툴바에서 직렬 파형 아이콘을 선택한 파형

직렬 파형 아이콘을 선택하면 전체 실린더의 점화 파형이 수평으로 표출된다.

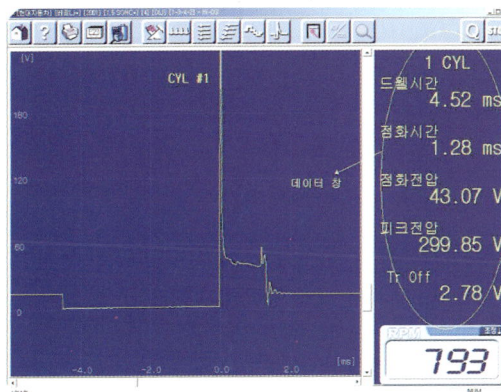

▲ 툴바에서 개별 파형 아이콘을 선택한 파형

개별 파형 아이콘을 선택하면 1개 실린더의 점화 파형이 확대되어 표출된다.

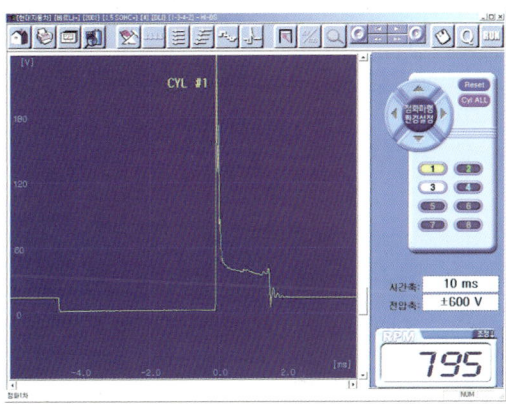

08 개별 파형에서 환경 설정을 한다.

환경 설정 아이콘을 선택하여 시간축을 10ms, 전압축을 ±600V로 설정한 후 환경 설정 아이콘을 클릭한다.

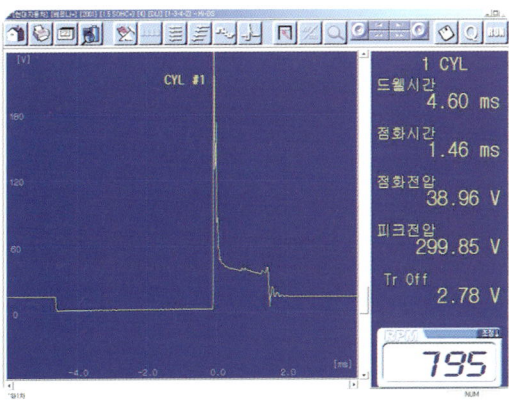

09 감독위원이 지정한 실린더 선택

실시간으로 측정값이 표출되는 상태에서 실린더 선택 아이콘으로 감독위원이 지정한 실린더를 선택한다.

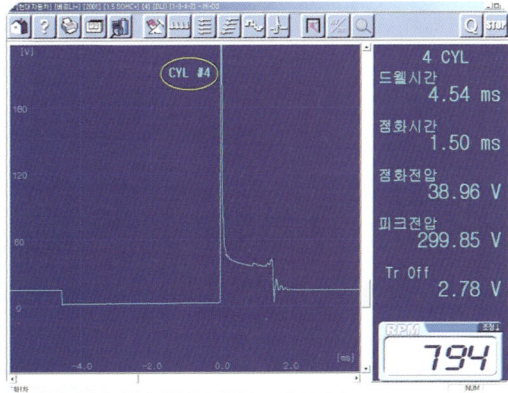

10 실시간으로 표출되는 측정값을 정지시킨다.

측정값을 툴바의 STOP 아이콘을 클릭하여 화면을 정지시키고 툴바에서 프린트 아이콘을 클릭하여 프린트 한다.

02 점화 1차 파형 분석

(1) 정상 파형의 분석

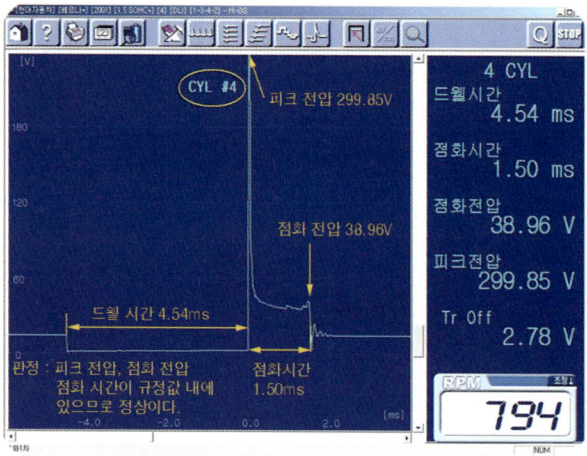

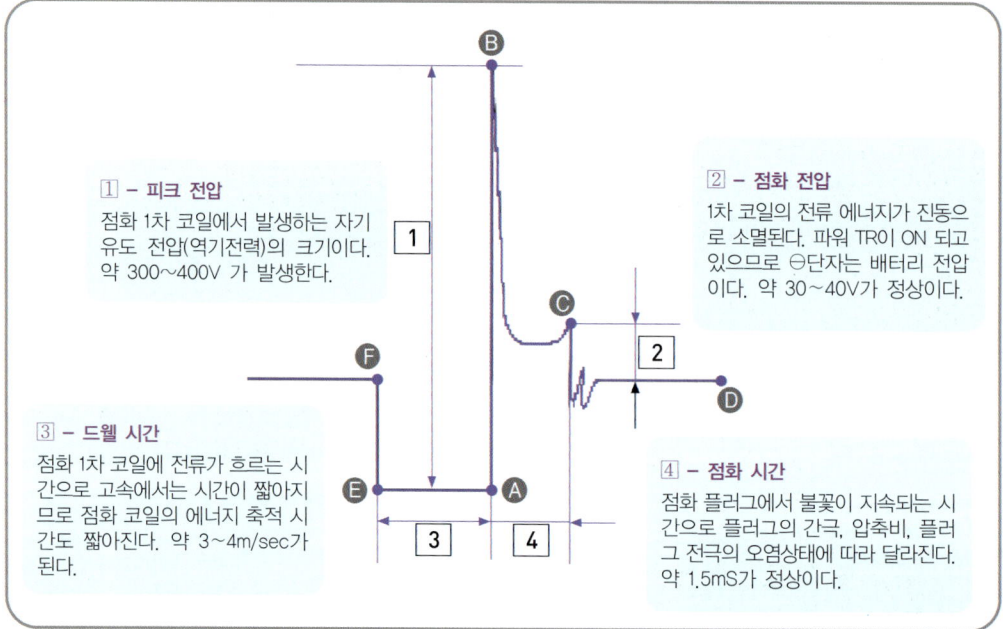

① - 피크 전압
점화 1차 코일에서 발생하는 자기 유도 전압(역기전력)의 크기이다. 약 300~400V 가 발생한다.

② - 점화 전압
1차 코일의 전류 에너지가 진동으로 소멸된다. 파워 TR이 ON 되고 있으므로 ⊖단자는 배터리 전압이다. 약 30~40V가 정상이다.

③ - 드웰 시간
점화 1차 코일에 전류가 흐르는 시간으로 고속에서는 시간이 짧아지므로 점화 코일의 에너지 축적 시간도 짧아진다. 약 3~4m/sec가 된다.

④ - 점화 시간
점화 플러그에서 불꽃이 지속되는 시간으로 플러그의 간극, 압축비, 플러그 전극의 오염상태에 따라 달라진다. 약 1.5mS가 정상이다.

실기시험 기록지

▶ 엔진 4. 점화 코일 파형 분석
  자동차 번호 :

측정 항목	파형 상태		득 점
	비번호	감독위원 확 인	
파형 측정	요구사항 조건에 맞는 파형을 프린트하여 아래 사항을 분석 후 뒷면에 첨부 ① 출력된 파형에 불량 요소가 있는 경우에는 반드시 표기 및 설명 되어야 함 ② 파형의 주요 특징에 대하여 표기 및 설명 되어야 함		

05 연료 압력 센서 탈·부착, 인젝터 리턴량 측정

엔진 5

주어진 전자제어 디젤엔진에서 연료 압력 센서를 탈거한 후(감독위원에게 확인) 다시 부착하여 시동을 걸고 인젝터 리턴(백리크)량을 측정하여 기록표에 기록하시오.

01 연료 압력 센서 탈·부착

>>> 자동차 정비 산업기사 2안 ▶ 100페이지 참조

02 인젝터 리턴(백 리크)량 측정

※ **리크(Back leak)점검**이란 인젝터의 작동과 누유 상태를 파악하는 중요한 테스트로 인젝터의 누유로 인하여 엔진 시동의 지연과 가속시 시동의 꺼짐, 시동의 불능, 매연의 발생 등을 파악할 수 있다.

01 리턴 호스 고정 핀 탈거
인젝터 상단의 리턴 호스 고정 핀을 모두 탈거한다.

02 리턴 호스 탈거
인젝터에서 리턴 호스를 모두 탈거한다.

03 리턴 호스에 플러그 설치
분리된 연료 리턴 호스에 테스터에 부속되어 있는 플러그를 설치하여 폐쇄한다.

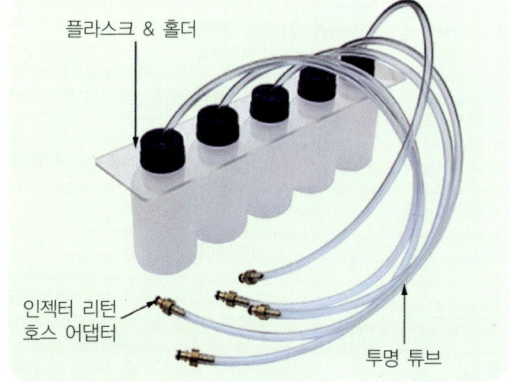

04 테스터에 부속된 기기를 준비
인젝터 리턴 호스 어댑터, 투명 튜브, 플라스크 & 홀더를 조립한 후 인젝터 리턴 홀에 설치할 준비를 한다.

05 테스터에 부속된 기기를 인젝터 리턴 홀에 설치
인젝터 리턴 호스 어댑터, 투명 튜브, 플라스크 & 홀더를 조립한 후 인젝터 리턴 홀에 설치한다.

06 엔진 시동
엔진을 시동하여 공회전 상태로 1분간 유지시켜 안정되도록 한다.

07 엔진을 회전을 3000rpm으로 상승시킨다.
액셀러레이터 페달을 밟아 엔진을 가속하여 3000rpm을 30초 정도 유지시킨 후 엔진을 정지시킨다.

08 플라스크의 연료 리턴량 측정
플라스크 측면에 연료 리턴량을 표시하는 눈금을 판독하여 기록지에 연료의 리턴량을 기록한다.

실기시험 기록지

➡ 엔진 5. 인젝터 리턴량 측정
  엔진 번호 :

측정 항목	① 측정(또는 점검)						규정 (정비한계)값	② 판정 및 정비(또는 조치)사항		득점
	측정값							판정 (□에 '✔'표)	정비 및 조치할 사항	
인젝터	1	2	3	4	5	6		□ 양 호 □ 불 량		

※ 실린더 수에 맞게 측정합니다.

【 백리크량 비교 판정 】

인젝터 백리크	판 정	점검 필요 항목
20mL	정상	
20mL 이상	인젝터 고장(백리크 과도)	백 리크 양이 20mℓ를 초과한 인젝터만 교환
20mL 미만	고압펌프 고장(불충분한 압력 생성)	고압라인 시험 테스트 실시

05 클러치 마스터 실린더 탈·부착 작동상태 확인

섀시 1

주어진 자동차의 유압 클러치 마스터 실린더를 탈거한 후(감독위원에게 확인) 다시 부착하여 작동상태를 확인하시오.

01 엔진 룸에서 클러치 마스터 실린더 위치 확인

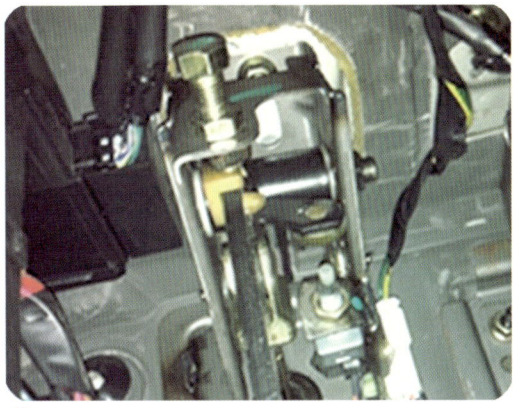

02 운전석에서 푸시로드 고정 핀 탈거

03 오일 파이프를 분리한 후 마스터 실린더 고정 너트 탈거

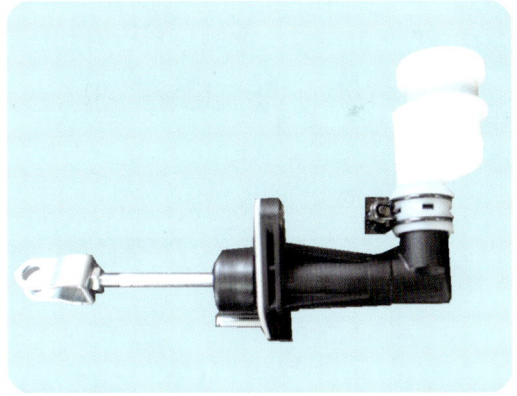

04 클러치 마스터 실린더를 탈거하여 감독위원에게 확인을 받는다.

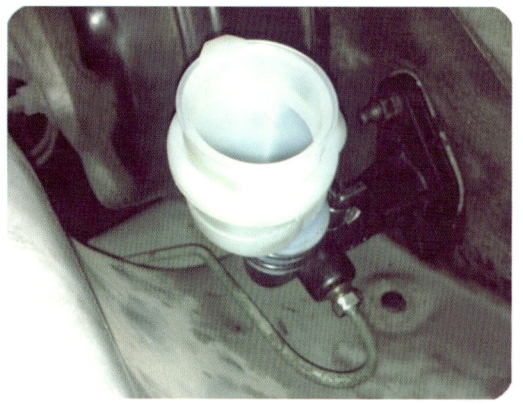
05 마스터 실린더를 장착하고 고정 너트를 조인 다음 오일 파이프 조립

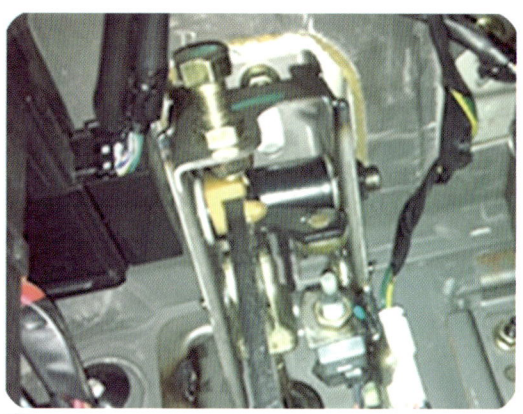
06 마스터 실린더 푸시로드의 고정 핀을 클러치 페달에 장착

릴리스실린더

07 엔진 룸에서 릴리스 실린더 위치 확인

08 마스터 실린더 리저브 탱크에 오일 주입

09 오일 라인의 에어빼기 작업
브리더 스크루에 복스 렌치를 끼운 후 비닐 호스를 브리더에 끼운다. 에어빼기 작업을 한다.

10 작업이 완료되면 감독위원에게 확인을 받는다.
브리더 스크루에서 비닐 호스를 빼내고 복스 렌치를 빼낸 후 감독위원의 확인을 받는다.

정비산업기사 05 섀시 2

캐스터와 토(toe) 측정, 토(toe) 조정

주어진 자동차에서 휠 얼라인먼트 시험기로 캐스터와 토(toe) 값을 측정하여 기록표에 기록한 후 타이로드 엔드를 탈거한 후(감독위원에게 확인) 다시 부착하여 토(toe)가 규정값이 되도록 조정하시오.

01 캐스터와 토 측정

동영상

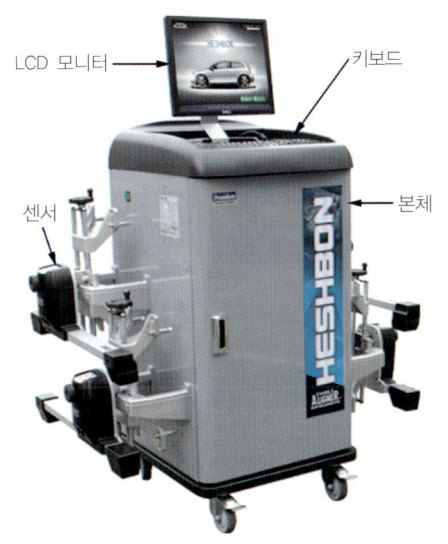

▲ 본체 외형도

▲ 센서 헤드

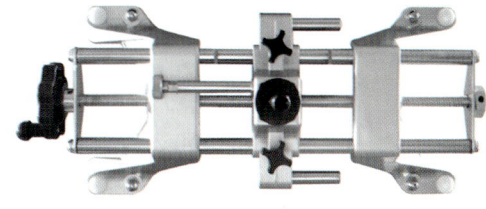

▲ 센서 클램프

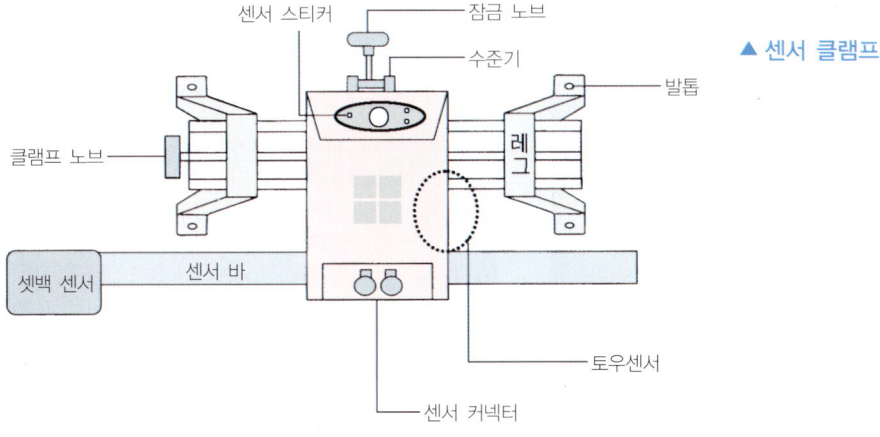

▲ 센서 외형도

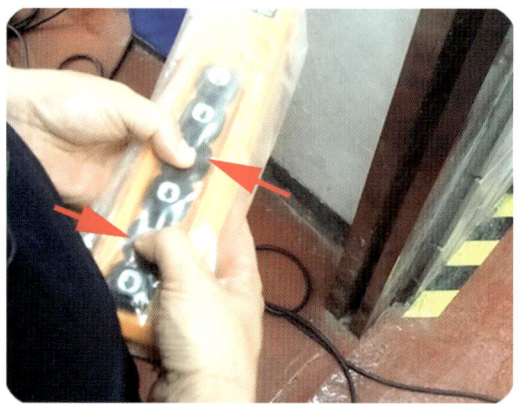

01 차량을 리프팅 한다.
시험 차량을 리프트에 올려놓고 앞뒤 상승 버튼을 동시에 눌러 차량을 리프팅 한다.

02 타이어에 센서 클램프 설치
4바퀴에 센서 클램프를 설치한 후 센서 헤드를 설치하여 측정할 준비를 한다.

03 초기 화면에서 F1 작업시작 버튼 클릭
F1 버튼은 작업을 시작할 때 클릭하며, F2 버튼은 작업을 종료하고 PC의 전원을 OFF시킬 때 클릭한다. F2 버튼을 클릭하면 PC까지 OFF되기 때문에 주의하여야 한다.

04 작업 시작 화면에서 F1 버튼 클릭
F1 버튼은 작업을 시작할 때, F2 버튼은 현재까지 작업된 데이터 검색할 때, F3 버튼은 환경 설정 화면으로 이동할 때, F4 버튼은 초기 화면으로 이동할 때 클릭한다.

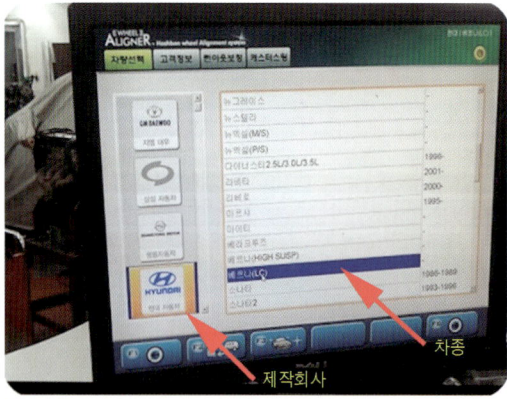

05 차종 선택
차량 선택 버튼을 클릭한 후 제작회사와 차종을 선택하고 하단의 F6 버튼을 클릭한다.

06 고객 정보의 입력을 무시하고 F6 버튼 클릭
고객 정보 입력 창이 표출되면 정보 입력을 무시하고 F6 버튼을 클릭하여 런 아웃 보정 화면을 활성화 한다.

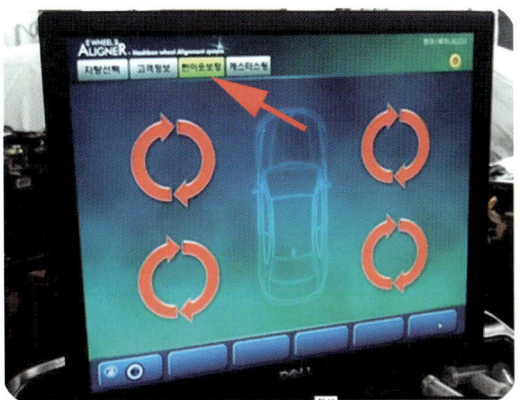

07 런 아웃 보정 버튼 클릭
현재 화면에 4바퀴 모두 세팅이 되지 않았음을 나타내는 반원 모양의 화살표가 붉게 표기되어 있다.

08 앞바퀴를 180도 회전시켜 수평 세팅
센서 헤드가 설치되어 있는 바퀴를 180도 회전시켜 수평이 되도록 세팅한다.

09 수평 세팅
바퀴를 180도 회전시켜 녹색 램프가 점등 되도록 센서의 수평을 유지시킨 후 OK 버튼을 눌러 세팅한다.

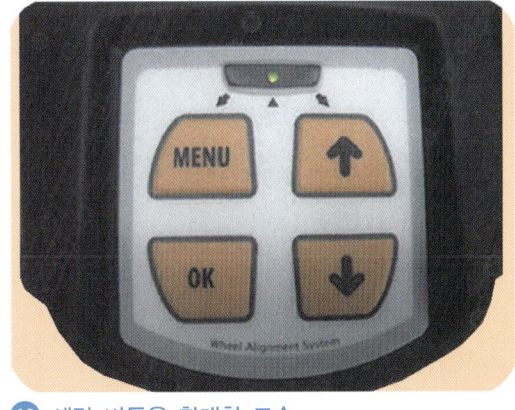

10 세팅 버튼을 확대한 모습
바퀴를 180도 회전시켜 상단의 녹색 램프가 점등되면 아래의 OK 버튼으로 세팅한다.

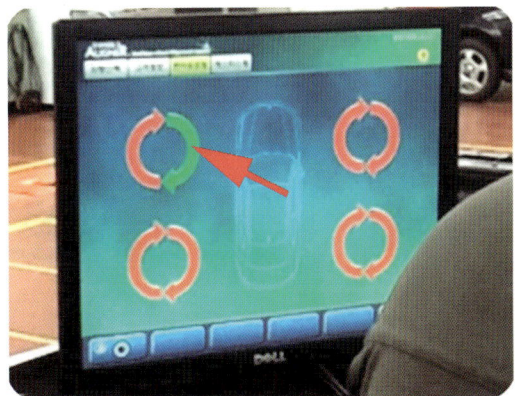

11 세팅이 된 부분은 녹색으로 표시된다.
적색 부분의 반쪽도 세팅을 하여야 한다.

12 앞바퀴를 180도 회전시킨다.
완료되지 않은 반쪽을 세팅하기 위해 회전시킨다.

13 수평 세팅
바퀴를 180도 회전시켜 녹색 램프가 점등 되도록 센서의 수평을 유지시킨 후 OK 버튼을 눌러 세팅한다.

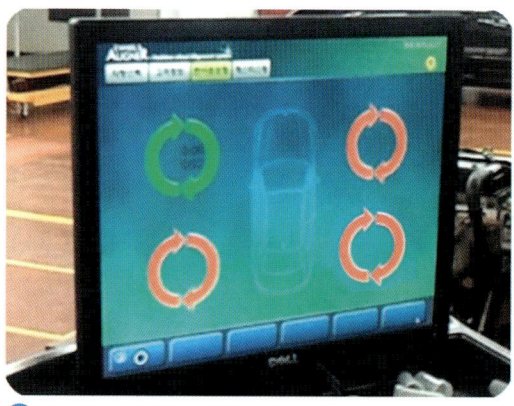

14 운전석 바퀴는 세팅이 완료된 상태
나머지 3바퀴도 이와 같은 방법으로 런 아웃 보정을 세팅하여 4바퀴 모두 녹색으로 표기되어야 완료된 것이다.

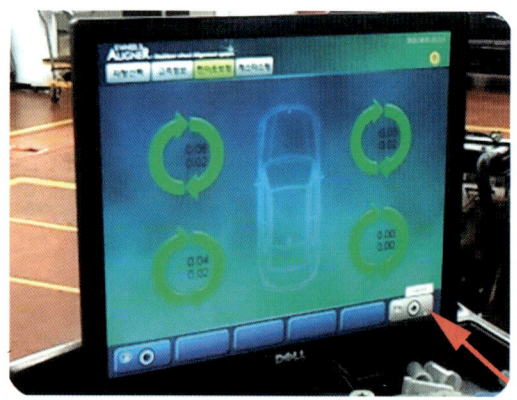

15 4바퀴의 런 아웃 보정이 완료된 상태
보정 순서는 운전석 앞바퀴 → 운전석 뒷바퀴 → 동승석 앞바퀴 → 동승석 뒷바퀴 순서로 런 아웃을 보정한다.

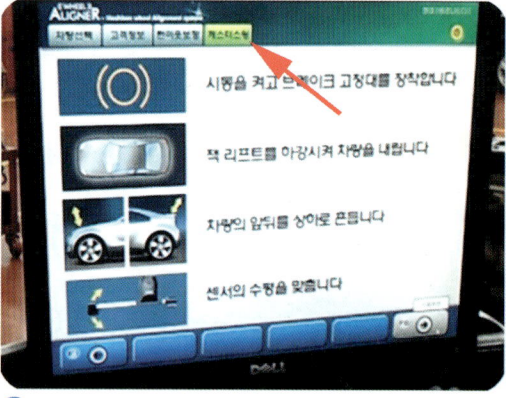

16 캐스터 스윙 모드의 4개 항목 수행
4개의 항목을 순서대로 수행한 후 F6 버튼을 클릭하여 다음 과정을 활성화 한다.

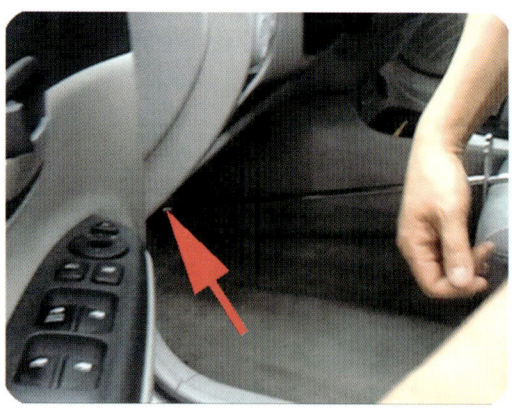

17 브레이크 고정대 장착
엔진 시동을 걸고 브레이크 고정대를 이용하여 브레이크 페달을 고정시킨다.

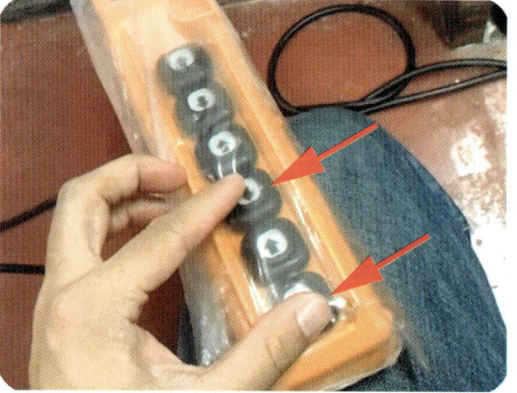

18 리프트를 하강시킨다.
런 아웃 보정 작업이 완료되면 앞뒤 하강 버튼을 동시에 눌러 차량을 턴테이블 위에 내려놓는다.

19 턴테이블의 고정 핀 분리

턴테이블의 좌우 고정 핀을 뽑아서 턴테이블이 자유롭게 움직일 수 있도록 한다.

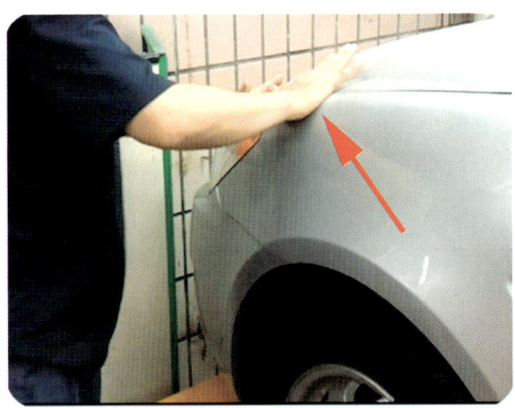

20 앞뒤를 상하로 눌러 조향 링키지 상태 세팅

차량의 앞뒤 차체를 상하로 여러 번 눌러 조향 링키지의 상태를 세팅한다.

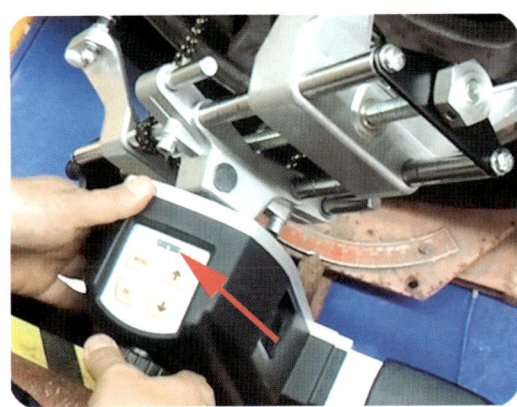

21 센서의 수평을 맞춘다.

4바퀴에 설치되어 있는 센서의 수평을 맞춘다. 이때는 OK 버튼을 누르지 않고 노브를 고정한다.

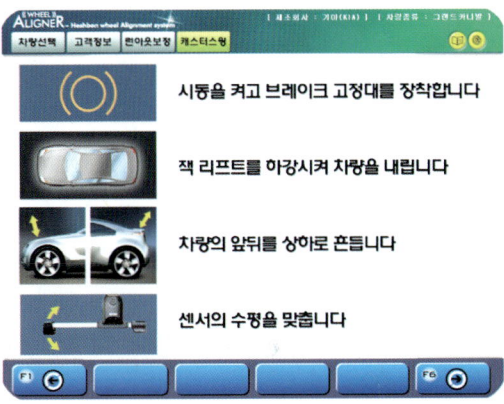

22 F6 버튼을 클릭하여 측정 모드로 이동

캐스터 스윙 모드의 4개 항목의 수행이 완료되면 F6 버튼을 클릭하여 측정 모드를 활성화 한다.

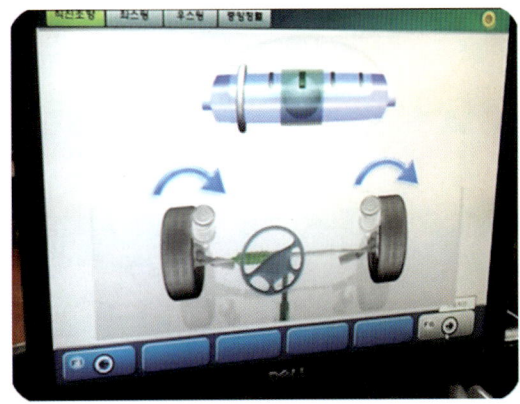

23 직진 조향 세팅

상단 바의 직진조향 버튼을 클릭한 후 조향 핸들을 모니터의 화살표 방향으로 천천히 회전시킨다.

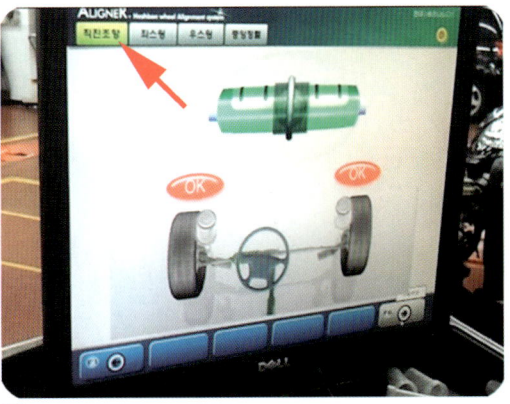

24 직진 조향 모드에서 세팅이 완료된 상태

조향 핸들을 돌려 화면의 바퀴 앞에 OK 가 표시되면 세팅이 완료된 상태이다.

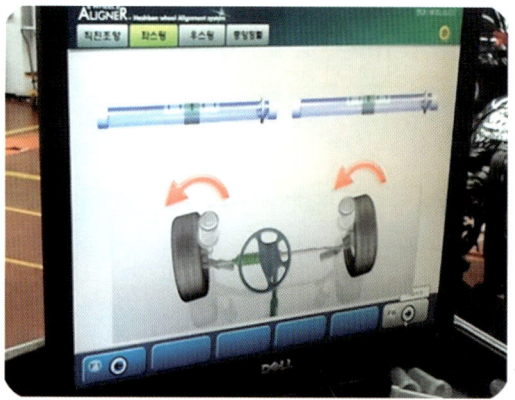

25 좌 스윙 세팅
상단 바의 좌 스윙 버튼을 클릭한 후 조향 핸들을 모니터의 화살표 방향으로 천천히 회전시킨다.

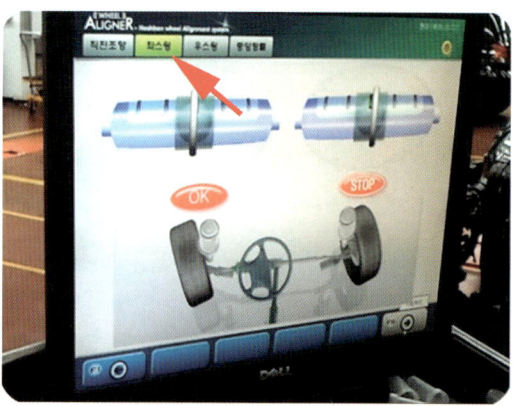

26 좌 스윙 모드에서 세팅이 완료된 상태
조향 핸들을 돌려 화면의 바퀴 앞에 OK가 표시되면 세팅이 완료된 상태이다.

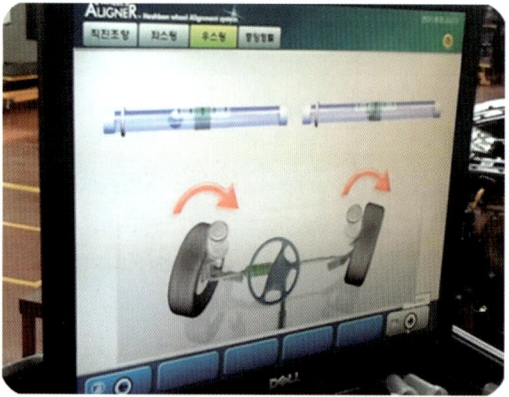

27 우 스윙 세팅
상단 바의 우 스윙 버튼을 클릭한 후 조향 핸들을 모니터의 화살표 방향으로 천천히 회전시킨다.

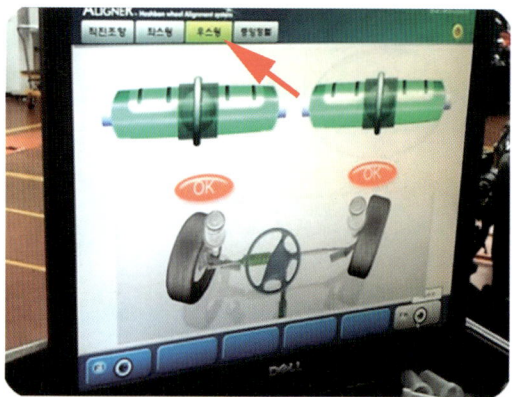

28 우 스윙 모드에서 세팅이 완료된 상태
조향 핸들을 돌려 화면의 바퀴 앞에 OK가 표시되면 세팅이 완료된 상태이다.

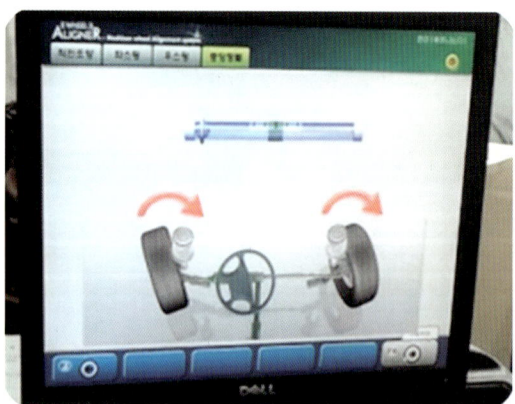

29 중앙 정렬 세팅
상단 바의 중앙 정렬 버튼을 클릭한 후 조향 핸들을 모니터의 화살표 방향으로 천천히 회전시킨다.

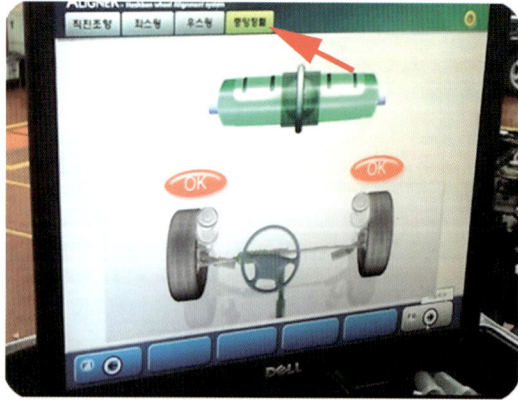

30 중앙 정렬 모드에서 세팅이 완료된 상태
조향 핸들을 돌려 화면의 바퀴 앞에 OK가 표시되면 세팅이 완료된 상태이다. F6 버튼을 클릭하여 다음 단계로 이동한다.

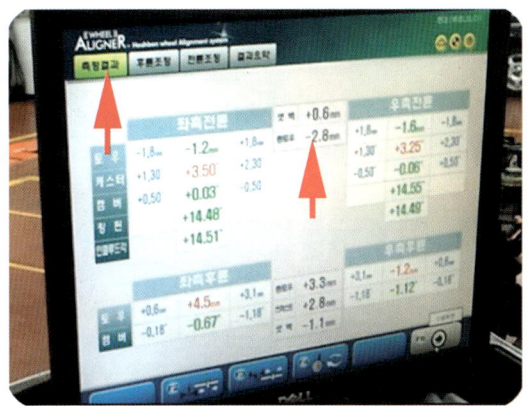

31 측정 결과 버튼 클릭

상단 바의 측정 결과 버튼을 클릭하면 전륜과 후륜의 휠 얼라인먼트 측정값이 표출된다. 측정값을 기록지에 기록한다.

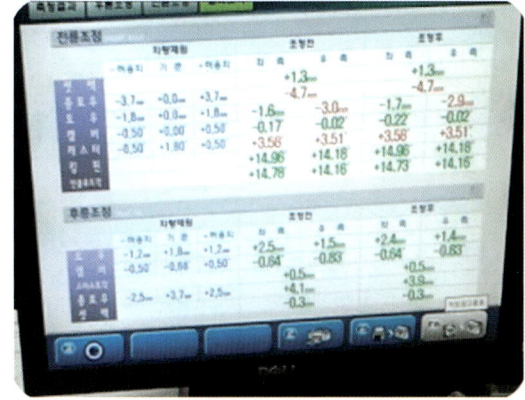

32 전륜 후륜 조정을 완료하고 결과 확인

조정을 하고 상단 바의 결과 요약 버튼을 클릭하면 전륜과 후륜의 휠 얼라인먼트 조정 결과의 요약된 측정값이 표출된다.

02 타이로드 엔드 탈·부착

>>> 자동차 정비 산업기사 2안 ▶ 117페이지 참조

03 토(toe) 조정

>>> 자동차 정비 산업기사 2안 ▶ 119페이지 참조

실기시험 기록지

🔹 섀시 2. 휠 얼라인먼트 점검
  자동차 번호 :

비번호		감독위원 확 인	

측정 항목	① 측정(또는 점검)		② 판정 및 정비(또는 조치)사항		득점
	측정값	규정(정비한계)값	판정(□에 '✔' 표)	정비 및 조치할 사항	
캐스터			□ 양 호		
토(toe)			□ 불 량		

■ 차종별 캐스터 규정값

차종	캐스터	차종	캐스터	차종	캐스터
I30 PD 1.6	4.5°~±0.5°	쏘나타 LF 1.7	4.68°~±0.5°	K7 YG 3.0	4.75°±0.5°
I30 PD 1.4	4.5°~±0.5°	쏘나타 LF 1.6	4.68°~±0.5°	레이 TAM 1.0	3.71°±0.5°
I40 VF 1.7	4.1°~±0.5°	아반떼 MD	4.03°~±0.5°	모닝 TA 1.0	3.6°±0.5°
I40 VF 2.0	4.1°~±0.5°	엑센트 RB 1.6	4.14°~±0.5°	모하비 HM 3.0	3.80°±0.5°
벨로스터 JS 1.4	4.5°~±0.5°	엑센트 RB 1.4	4.09°~±0.5°	스포티지 QL 1.6	4.71°±0.6°
벨로스터 JS 1.6	4.5°~±0.5°	K3 BD 1.6	4.5°~±0.5°	스포티지 QL 2.0	4.71°±0.6°
싼타페 TM 2.0	4.38°~±0.5°	K3 YD 1.6	4.13°±0.6°	쏘울 PS 1.6	5.1°±0.6°
싼타페 TM 2.2	4.38°~±0.5°	K5 JF 1.6	4.68°±0.5°	쏘울 SK3 1.6	4.29°±0.5°
쏘나타 YF 2.0	4.44°~±0.5°	K5 JF 2.0	4.68°±0.5°	프라이드 1.4	4.1°±0.5°
쏘나타 LF 2.0	4.68°~±0.5°	K7 YG 2.5	4.75°±0.5°		

【 차종별 토 규정값 】

차종		토		차종		토	
		앞	뒤			앞	뒤
I30 PD 1.6	토탈	0.1°±0.2°	0.2°±0.2°	K3 BD 1.6	토탈	0.1°±0.2°	0.30°±0.3°
	개별	0.05°±0.1°	0.1°±0.1°	K3 BD 1.6	개별	0.05°±0.1°	0.15°±0.15°
I30 PD 1.4	토탈	0.1°±0.2°	0.2°±0.2°	K3 YD 1.6 토탈		0.1°±0.3°	0.4°(+0.6°−0.5°)
	개별	0.05°±0.1°	0.1°±0.1°	K5 JF 1.6 토탈		0.12°±0.2°	0.17°±0.5°
I40 VF 1.7	토탈	0°±0.2°	0.2°±0.2°	K5 JF 2.0 토탈		0.12°±0.2°	0.17°±0.2°
	개별	0°±0.1°	0.1°±0.1°	K7 YG 2.5	토탈	0.12°±0.2°	0.17°±0.2°
I40 VF 2.0	토탈	0°±0.2°	0.2°±0.2°		개별	0.06°±0.1°	0.085°±0.1°
	개별	0°±0.1°	0.1°±0.1°	K7 YG 3.0	토탈	0.12°±0.2°	0.17°±0.2°
벨로스터 JS 1.4	토탈	0.1°±0.2°	0.14°±0.2°		개별	0.06°±0.1°	0.085°±0.1°
	개별	0.05°±0.1°	0.07°±0.1°	레이 TAM 1.0	토탈	0°±0.2°	L−R≤0.23°
벨로스터 JS 1.6	토탈	0.1°±0.2°	0.14°±0.2°		개별	0°±0.1°	0.15°(+0.2° −0.15°)
	개별	0.05°±0.1°	0.07°±0.1°	모닝 TA 1.0	토탈	0.2°±0.2°	L−R≤0.23°
싼타페 TM 2.0	토탈	0.1°±0.2°	0.2°±0.2°		개별	0.1°±0.1°	0.25° (+0.2° −0.15°)
	개별	0.05°±0.1°	0.1°±0.1°	모하비 HM 3.0 토탈		0°±0.3°	0.15°±0.3°
싼타페 TM 2.2	토탈	0.1°±0.2°	0.2°±0.2°	스포티지 QL 1.6 토탈		0.1°±0.3°	0.2°±0.3°
	개별	0.05°±0.1°	0.1°±0.1°	스포티지 QL 2.0 토탈		0.1°±0.3°	0.2°±0.3°
쏘나타 YF 2.0	토탈	0.16°±0.2°	0.17°±0.2°	쏘울 PS 1.6 토탈		0.1°±0.3°	0.3°(+0.6° −0.4°)
	개별	0.08°±0.1°	0.085°±0.1°	쏘울 SK3 1.6	토탈	0.12°±0.2°	0.3°±0.3°
쏘나타 LF 2.0	토탈	0.12°±0.2°	0.17°±0.2°		개별	0.06°±0.1°	0.5°±0.15°
	개별	0.06°±0.1°	0.085°±0.1°	프라이드 1.4	토탈	0.2°±0.2°	0.5°(+0.4° −0.5°)
쏘나타 LF 1.7	토탈	0.12°±0.2°	0.17°±0.2°		개별	0.1°±0.1°	0.25°(+0.20° −0.25°)
	개별	0.06°±0.1°	0.085°±0.1°	아반떼 MD	토탈	0.1°±0.2°	0.4°(+0.5°−0.4°)
쏘나타 LF 1.7	토탈	0.12°±0.2°	0.17°±0.2°		개별	0.05°±0.1°	0.2°(+0.25°−0.2°)
	개별	0.06°±0.1°	0.085°±0.1°	엑센트 RB 1.4	토탈	0.1°±0.2°	0.4°(+0.5°−0.4°)
엑센트 RB 1.6	토탈	0.1°±0.2°	0.4°(+0.5°−0.4°)		개별	0.05°±0.1°	0.2°(+0.25°−0.2°)
	개별	0.05°±0.1°	0.2°(+0.25°−0.2°)				

정비산업기사 05 — 휠 실린더 탈·부착 브레이크 작동상태 확인

섀시 3

주어진 자동차에서 후륜의 브레이크 휠 실린더를 교환(탈·부측)하고 브레이크 및 허브 베어링의 작동상태를 점검하시오.

>>> 자동차 정비 산업기사 3안 ▶ 157페이지 참조

정비산업기사 05 — 전(앞) 또는 후(뒤) 제동력 측정

섀시 4

3항 작업 자동차에서 감독위원의 지시에 따라 전(앞) 또는 후(뒤) 제동력을 측정하여 기록표에 기록하시오.

>>> 자동차 정비 산업기사 1안 ▶ 66페이지 참조

정비산업기사 05 — 자동변속기 자기진단
섀시 5

주어진 자동차의 자동변속기에서 자기진단기(스캐너)를 이용하여 각종 센서 및 시스템의 작동 상태를 점검하고 기록표에 기록하시오.

▶▶▶ 자동차 정비 산업기사 1안 ▶ 71페이지 참조

정비산업기사 05 — 에어컨의 벨트와 블로워 모터 탈·부착, 압력 측정
전기 1

주어진 자동차에서 에어컨 벨트와 블로워 모터를 탈거한 후(감독위원에게 확인) 다시 부착하여 작동상태를 확인하고 에어컨의 압력을 측정하여 기록표에 기록하시오.

동영상

01 에어컨 벨트 탈·부착

01 에어컨 컴프레서 구동 벨트의 위치 확인
벨트는 크랭크축, 에어컨 컴프레서, 텐셔너에 감겨 있다.

02 텐셔너 고정 너트를 이완시킨다.
텐셔너 고정 너트를 약 2회전 정도 풀어 이완시킨다.

03 구동 벨트 장력 조정 스크루를 풀어준다.
장력 조정스크루를 풀어주면 텐셔너가 크랭크축 풀리 쪽으로 내려간다.

04 구동 벨트 탈거
구동 벨트를 텐셔너와 컴프레서 및 크랭크축 풀리에서 탈거하여 감독위원에게 확인을 받는다.

05 구동 벨트 장착
구동 벨트를 크랭크축 풀리 텐셔너와 컴프레서에 장착한다.

06 장력 조정 스크루 위치 확인
구동 벨트 장력 조정 스크루의 위치를 확인한다.

07 장력 조정 스크루를 조인다.
장력 조정 스크루의 조이면 텐셔너가 위로 올라간다.

08 장력을 점검하면서 조인다.
장력을 확인하면서 조인 후 감독위원에게 확인 받는다.

02 블로워 모터 탈·부착

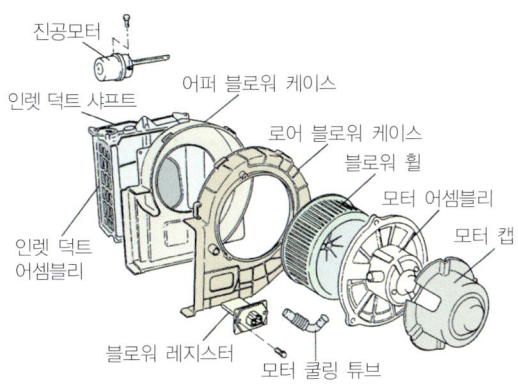

01 블로워 모터의 구성 부품

02 블로워 모터의 위치 확인

03 블로워 모터의 커넥터 분리

04 블로워 모터 고정 스크루 분리

05 블로워 모터 어셈블리 탈거

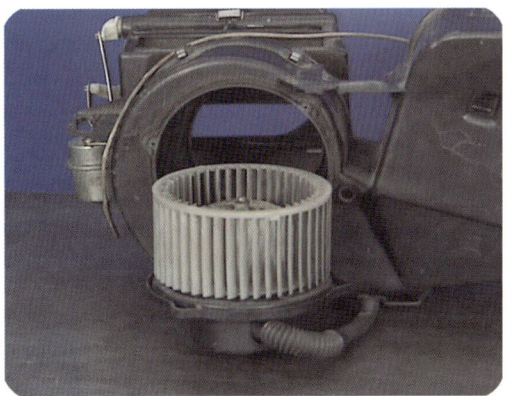

06 감독위원에게 확인을 받고 역순으로 장착

03 에어컨 라인 압력 측정

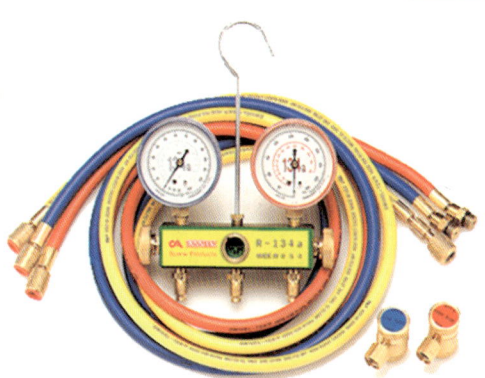

▲ 매니폴드 게이지 세트

적색 게이지와 적색 호스는 고압용, 청색 게이지와 청색 호스는 저압용이며, 황색은 중앙 포트에 연결된다.

▲ 고압 및 저압 서비스 포트 위치 확인

서비스 포트 위치는 차량에 따라서 다르지만 원형으로 표시된 부분이 서비스 포트이다.

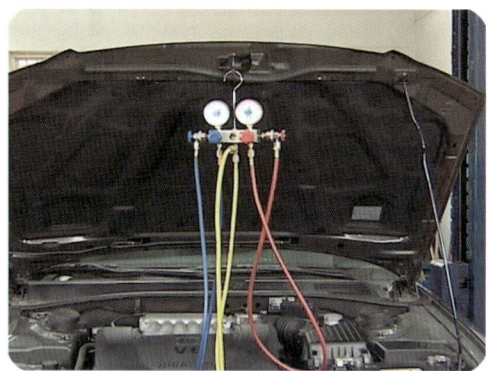

01 매니폴드 게이지 준비

황색 호스는 진공시 진공 탱크 또는 냉매 주입시 냉매 실린더에 연결한다.

02 저압 호스 연결

매니폴드 게이지의 밸브를 잠그고 저압 라인의 저압 서비스 포트 플러그를 열고 청색의 저압 호스를 연결한다.

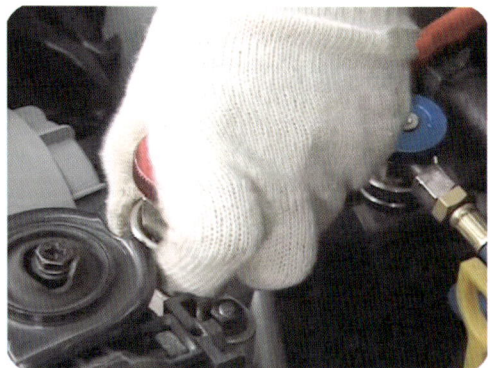

03 고압 호스 연결

매니폴드 게이지의 밸브를 잠그고 고압 라인의 고압 서비스 포트 플러그를 열고 적색의 고압 호스를 연결한다.

04 에어컨을 작동시킨다.

엔진 시동을 걸고 희망 온도를 18℃로 설정한 후 송풍 팬을 4단으로 하여 에어컨을 작동시킨다. 엔진은 2500rpm 정도

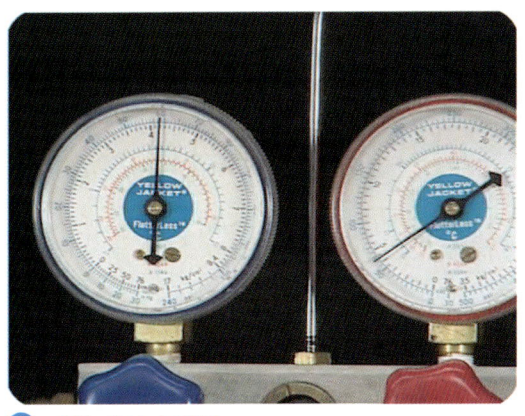

05 저압 게이지 판독
매니폴드 게이지의 저압 밸브를 열고 저압 게이지의 눈금을 판독한다.(4.2kg/cm²)

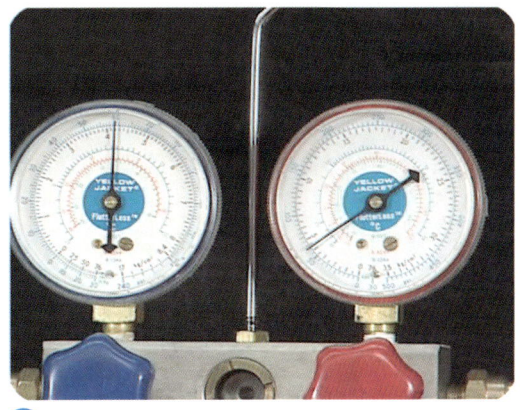

06 고압 게이지 판독
매니폴드 게이지의 고압 밸브를 열고 고압 게이지의 눈금을 판독한다.(4.5kg/cm²)

실기시험 기록지

▶ 전기 1. 에어컨 라인 압력 점검
자동차 번호 :

항 목	① 측정(또는 점검)		② 판정 및 정비(또는 조치)사항		득점
	측정값	규정(정비한계)값	판정(□에 '✔'표)	정비 및 조치할 사항	
저압			□ 양 호 □ 불 량		
고압					

비번호 :   감독위원 확 인 :

【 라인 압력 규정값 】

압력스위치 차종	고압(kgf/cm²)		중압(kgf/cm²)		저압(kgf/cm²)		비고
	ON	OFF	ON	OFF	ON	OFF	
엑셀	15~18		—		2~4		ON-컴프레서 작동 OFF-컴프레서 정지
NF 쏘나타	14~18(200~228psi/ 1.37~1.57MPa)				1.5~2.5(21.8~36.3psi/ 0.15~0.25MPa)		
베르나	32.0	26.0	14.0	18.0	2.0	2.25	ON-컴프레서 작동 OFF-컴프레서 정지
아반떼 XD	32.0	26.0	14.0	18.0	2.0	2.25	
EF 쏘나타	32.0±2.0		15.5±0.8		2.0±0.2		
그랜저 XG	32.0±2.0	26.0±2.0	15.5±0.8	11.5±1.2	2.0±0.2	2.3±0.25	

고압과 저압이 낮게 나오는 원인

고장 위치	원인	조치사항
콘덴서	막힘	교환
리시버 드라이어	막힘	교환
냉각 시스템	냉각 시스템에 수분 함유 (저압측 진공과 정상 반복함)	냉매 재 충전
에어컨 라인	냉매 부족	냉매 보충

고압과 저압이 높게 나오는 원인

고장 위치	원인	조치사항
에어컨 라인	과다 냉매	냉매 배출
에어컨 라인	압력 스위치 불량	압력 스위치 교환
콘덴서	냉각 불량	콘덴서 청소
팽창밸브	막힘	얼어서 막힘 잠시 후 재점검
에어컨 벨트	슬립	장력 조정
공기유입	공기 유입(저압 배관에 차가움이 없다) 및 오일 오염	재충전 및 오일 교환

저압이 높고 고압이 낮게 나오는 원인 (컴프레서 정상)

고장 위치	원인	조치사항
팽창 밸브	과다 열림	교환
냉매	과충전	냉매 회수 및 재충전

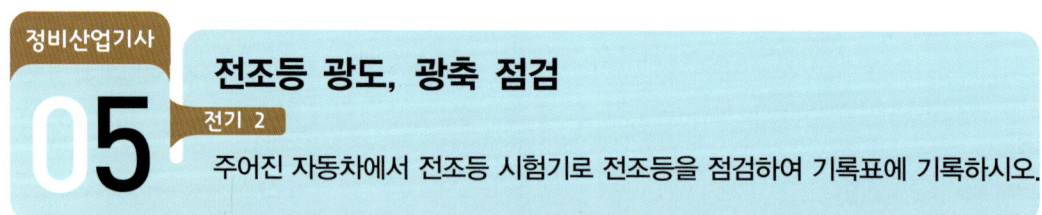

정비산업기사 05 — 전조등 광도, 광축 점검 (전기 2)

주어진 자동차에서 전조등 시험기로 전조등을 점검하여 기록표에 기록하시오.

▶▶▶ 자동차 정비 산업기사 1안 ▶ 80페이지 참조

05 ETACS 와이퍼 간헐 시간조정 스위치 점검

정비산업기사 / 전기 3

주어진 자동차에서 와이퍼 간헐(INT) 시간조정 스위치 조작시 편의장치(ETACS 또는 ISU) 커넥터에서 스위치 신호(전압)를 측정하고 이상여부를 확인하여 기록표에 기록하시오.

01 와이퍼 스위치 위치 확인

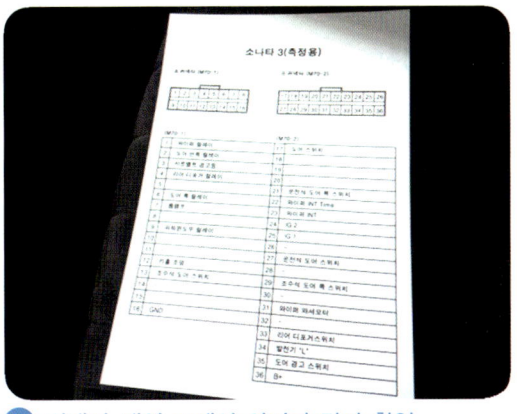

02 커넥터 배열 표에서 와이퍼 단자 확인

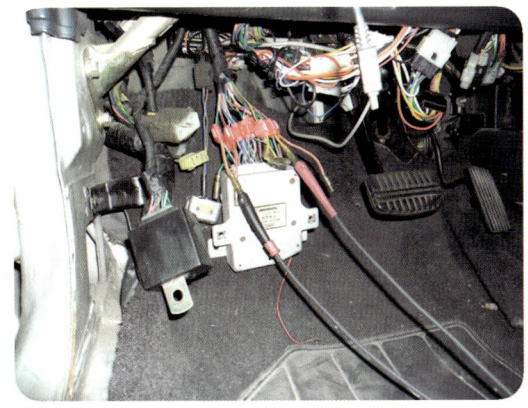

03 INT 모드 전압 측정 프로드 팁 연결
적색 프로드 팁을 B 커넥터 23번 단자에 연결하고 흑색 프로드 팁을 A 커넥터 16번 단자에 연결한다.

04 와이퍼 스위치를 INT 모드로 위치시킨다.
키 스위치를 ON으로 위치시키고 와이퍼 스위치를 아래로 1단계 내려 INT 모드로 진입한다.

05 와이퍼 스위치를 INT 모드로 ON시킨 상태의 전압 측정

06 와이퍼 스위치를 INT 모드에서 OFF시킨 상태의 전압 측정

07 INT 타임 전압 측정 프로드 팁 연결
적색 프로드 팁을 B 커넥터 22번 단자에 연결하고 흑색 프로드 팁을 A 커넥터 16번 단자에 연결한다.

08 와이퍼 스위치 INT 위치별 전압 측정
와이퍼 스위치를 FAST 위치와 SLOW 위치에 위치시켜 전압을 측정한다.

09 와이퍼 스위치를 INT 타임 FAST 위치에서 전압 측정

10 와이퍼 스위치를 INT 타임 SLOW 위치에서 전압 측정

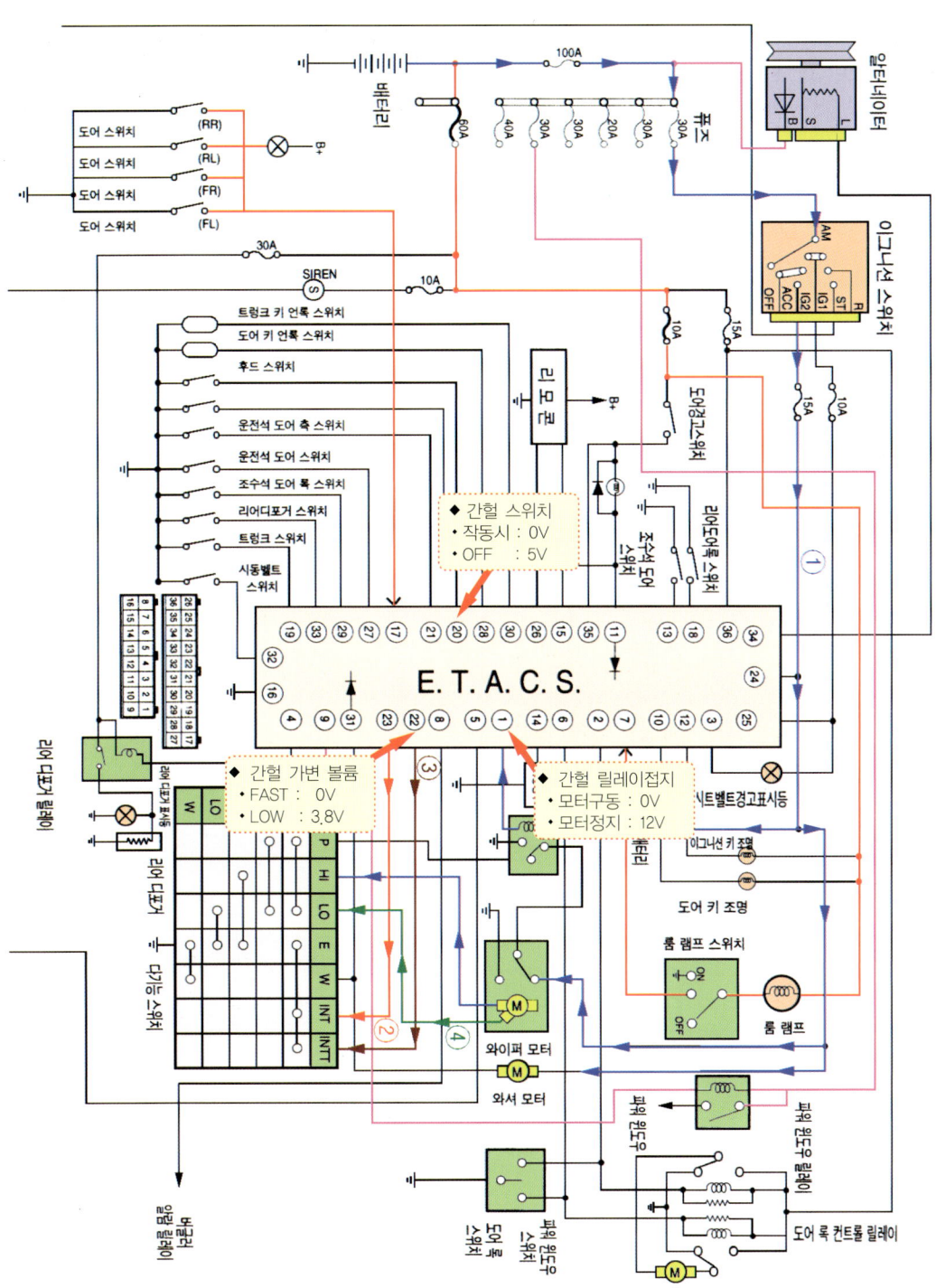

▲ 간헐 와이퍼 스위치별 작동 신호점검 위치

실기시험 기록지

▶ 전기 3. 와이퍼 스위치 신호 점검
  자동차 번호 :

점검항목		① 측정(또는 점검) 상태	② 판정 및 정비(또는 조치)사항		득점
			판정(□에 '✔'표)	정비 및 조치할 사항	
와이퍼 간헐 시간조정 스위치 위치별 작동신호	INT S/W ON시(전압)	ON 시 : OFF시 :	□ 양 호 □ 불 량		
	INT S/W 위치별 전압	Fast(빠름)-Slow(느림) 전압기록 전압 :			

※ 단, 전압으로 측정이 곤란한 경우 감독위원의 지시에 따라 주기 기록

◆ 타임 차트

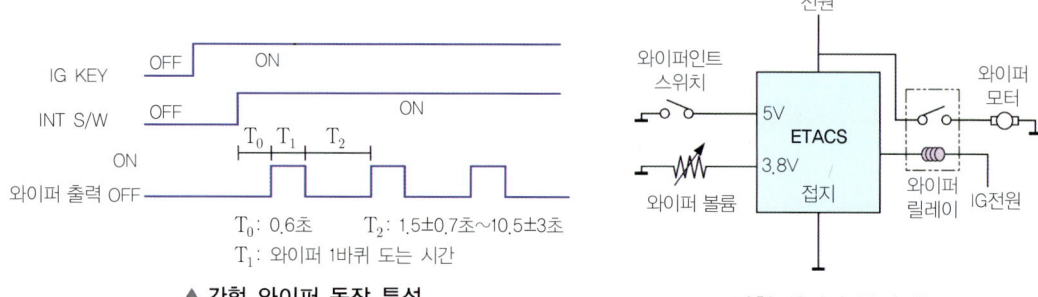

▲ 간헐 와이퍼 동작 특성   ▲ 간헐 와이퍼 동작 회로도

① 점화키 ON시 인트 스위치를 작동시키면 T_1후에 와이퍼 릴레이를 ON 한다.
② 간헐 와이퍼 작동 중 와이퍼가 재 작동하는 주기는 인트 볼륨 설정에 따라 T_3시간만큼 차이가 발생한다.

【 일반적인 규정값 】

차종	제어시간	특징
현대 전차종	T_0 : 0.6초 / T_2 : 1.5±0.7초~ 10.5±3초	인트 볼륨 저항 (저속 : 약 50kΩ/ 고속 약 0kΩ)

【 와이퍼 간헐시간 조정 작동전압 규정값 】

항 목		조 건	전압값	비고
입력 요소	점화 스위치	ON	12V	
		OFF	0V	
	와셔 스위치	OFF	12V	
		와셔 작동시	0V	
	INT(간헐) 스위치	OFF	5V	
		INT 선택	0V	
출력 요소	INT(간헐)가변 볼륨	FAST(빠름)	5V	
		SLOW(느림)	3.8V	
	INT(간헐) 릴레이	모터를 구동할 때	0V	
		모터 정지할 때	12V	

05 미등 및 제동등 회로 점검 수리

정비산업기사 / 전기 4

주어진 자동차에서 미등 및 제동등(브레이크) 회로를 점검하여 이상개소(2곳)를 찾아서 수리하시오.

▲ 아반떼 미등 설치 위치(앞면)

▲ 아반떼 미등 설치 위치(뒷면)

01 앞 미등의 점등 상태 확인

02 뒤 미등 및 제동등의 점등 상태 확인

▲ 미등 릴레이 설치 위치

03 실내에 설치되어 있는 경우도 있으므로 미등 릴레이 및 커넥터 연결 상태 점검

04 엔진 룸에서 미등 및 제동등 관련 릴레이와 퓨즈 점검

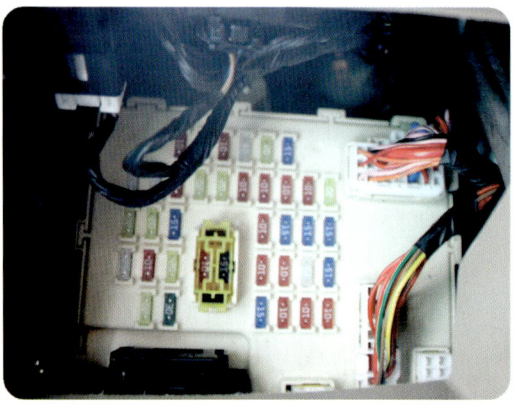

05 커버에서 미등 및 제동등 관련 퓨즈의 위치를 확인하여 점검

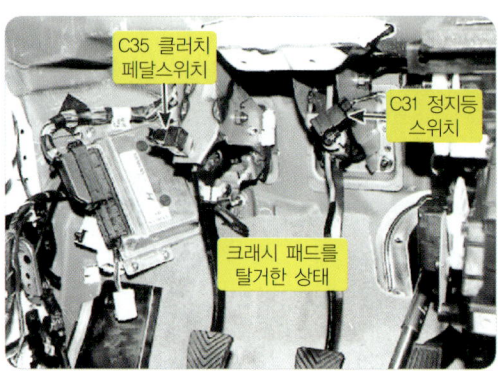

▲ 제동등 스위치 설치위치

06 제동등 스위치의 커넥터 연결 상대 및 스위치를 점검

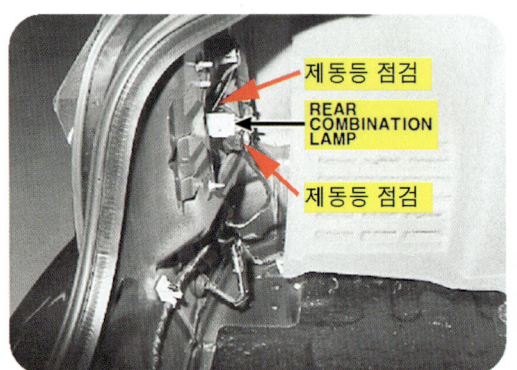

07 제동등 및 미등 커넥터의 연결 상태 점검

08 제동등 및 미등 커넥터의 연결 상태 점검

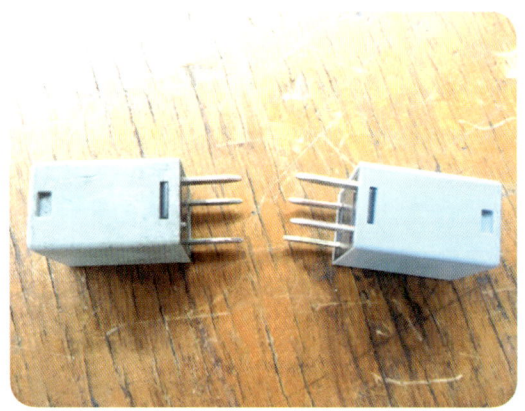

09 릴레이 점검
좌측의 릴레이를 보면 단자가 1개 부러져 있으며, 우측의 릴레이는 정상적이다.

10 퓨즈 점검
2개의 퓨즈 모양은 다르지만 기능은 가다. 좌측의 퓨즈는 정상이지만 우측의 퓨즈는 한쪽이 부러져 있다.

⑪ 전구를 빼내어 단선 여부 점검

⑫ 수리가 완료된 후에는 점등 상태 확인

◯ 미등이 작동하지 않는 원인

고장 위치	원인	조치사항
배터리	불량	교환
배터리 터미널	터미널 연결 상태 불량	터미널 재 장착
미등 퓨즈	탈거	장착
	단선	교환
미등 릴레이	탈거	장착
	불량	교환
	핀 부러짐	교환
미등 전구	탈거	장착
	단선	교환
콤비네이션 스위치	불량	교환
	커넥터 탈거	커넥터 장착
	커넥터 불량	커넥터 교환
미등 라인	단선	연결

⭕ 미등 일부가 작동하지 않는 원인

고장 위치	원인	조치사항
미등 연결 커넥터	불량	교환
미등 전구	녹으로 접지 불량	전구 교환
	탈거	장착
	단선	교환
	연결 커넥터 탈거	연결 커넥터 장착
콤비네이션 스위치	불량	교환
미등 라인	단선	연결

⭕ 제동등이 작동하지 않는 원인

고장 위치	원인	조치사항
배터리	불량	교환
콤비네이션 스위치 커넥터	불량	교환
	탈거	장착
배터리 터미널	연결 상태 불량	터미널 재장착
제동등 퓨즈	탈거	장착
	단선	교환
제동등 스위치	커넥터 탈거	커넥터 장착
	불량	교환
제동등 전구	탈거	장착
제동등	필라멘트 단선	전구 교환

자동차정비산업기사

안 06

국가기술자격검정 실기시험문제

1. 엔 진

1. 주어진 엔진을 기록표의 측정 항목까지 분해하여 기록표의 요구사항을 측정 및 점검하고 본래 상태로 조립하시오.
2. 주어진 자동차의 전자제어 엔진에서 감독위원의 지시에 따라 1가지 부품을 탈거한 후(감독위원에게 확인) 다시 부착하고 시동에 필요한 관련 부분의 이상개소(시동회로, 점화회로, 연료장치 중 2개소)를 점검 및 수리하여 시동하시오.
3. 2항의 시동된 엔진에서 공회전 상태를 확인하고 감독위원의 지시에 따라 연료 공급 시스템의 연료 압력을 측정하여 기록표에 기록하시오.(단, 시동이 정상적으로 되지 않은 경우 본 항의 작업은 할 수 없음)
4. 주어진 자동차의 엔진에서 점화 코일의 1차 파형을 측정하고 그 결과를 분석하여 출력물에 기록·판정하시오.(측정조건 공회전 상태)
5. 주어진 디젤엔진에서 연료 압력 조절 밸브를 탈거한 후(감독위원에게 확인), 다시 부착하여 시동을 걸고 매연을 측정하여 기록표에 기록하시오.

2. 섀 시

1. 주어진 자동변속기에서 밸브보디의 변속조절 솔레노이드 밸브 및 오일펌프와 필터를 탈거한 후(감독위원에게 확인) 다시 부착하고 자기진단기(스캐너)를 이용하여 변속레버의 작동상태를 확인하시오.
2. 주어진 자동차의 브레이크에서 페달 자유간극을 측정하여 기록표에 기록한 후 페달 자유간극과 페달 높이가 규정값이 되도록 조정하시오.
3. 주어진 자동차에서 전륜의 브레이크 캘리퍼를 탈거한 후(감독위원에게 확인) 다시 부착하여 브레이크 작동상태를 점검하시오.
4. 3항의 작업 자동차에서 감독위원의 지시에 따라 전(앞) 또는 후(뒤) 제동력을 측정하여 기록표에 기록하시오.
5. 주어진 자동차의 ABS에서 자기진단기(스캐너)를 이용하여 각종 센서 및 시스템의 작동 상태를 점검하고 기록표에 기록하시오.

3. 전 기

1. 주어진 기동모터를 분해한 후 전기자 코일과 솔레노이드(풀인, 홀드인) 상태를 점검하여 기록표에 기록하고 본래 상태로 조립하여 작동상태를 확인하시오.
2. 주어진 자동차에서 전조등 시험기로 전조등을 점검하여 기록표에 기록하시오.
3. 주어진 자동차에서 점화 키 홀 조명 기능이 작동시 편의장치(ETACS 또는 ISU) 커넥터에서 출력 신호(전압)를 측정하고 이상여부를 확인하여 기록표에 기록하시오.
4. 주어진 자동차에서 경음기 회로를 점검하여 이상개소(2곳)를 찾아서 수리하시오.

국가기술자격검정실기시험문제 6안

자 격 종 목	자동차 정비산업기사	작 품 명	자동차 정비 작업

- 비 번호
- 시험시간 : 5시간 30분(엔진 : 140분, 섀시 : 120분, 전기 : 70분)
  ※ 시험 안 및 요구사항 일부내용이 변경될 수 있음

정비산업기사 06 - 캠축 양정 측정

엔진 1

주어진 엔진을 기록표의 측정 항목까지 분해하여 기록표의 요구사항을 측정 및 점검하고 본래 상태로 조립하시오.

01 분해 조립

>>> 공통 엔진 분해 조립 ▶ 16페이지 참조

동영상

02 캠축 양정 측정

❶ 마이크로미터를 이용하여 감독위원이 지정한 캠축의 캠 높이 측정

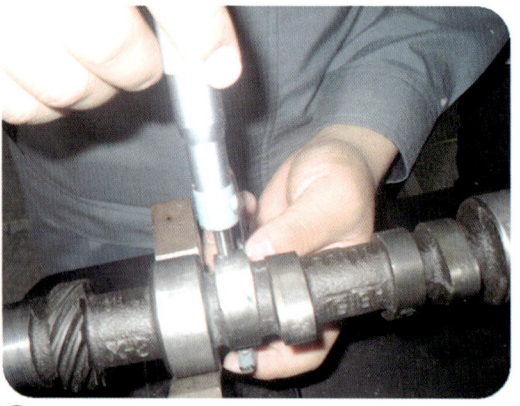

❷ 마이크로미터를 이용하여 감독위원이 지정한 캠축의 캠 기초원 측정

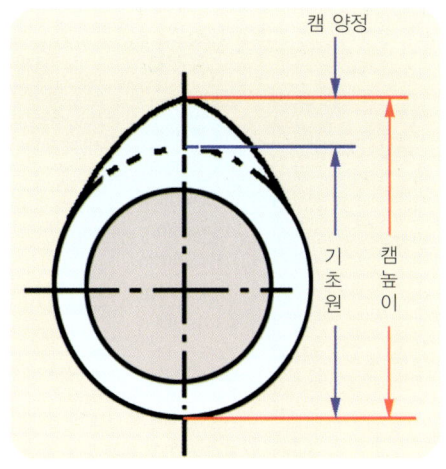

> **TIP** •• **캠 양정**
> 캠 양정 = 캠 높이 측정값 − 캠 기원 측정값

03 버니어캘리퍼스를 이용하여 감독위원이 지정한 캠축의 캠 높이 측정

04 버니어캘리퍼스를 이용하여 감독위원이 지정한 캠축의 캠 기초원 측정

실기시험 기록지

▶ 엔진 1. 캠축 측정
   엔진 번호 :

측정 항목	① 측정(또는 점검)		② 판정 및 정비(또는 조치)사항		득 점
	측정값	규정(정비한계)값	판정(□에 '✔'표)	정비 및 조치할 사항	
캠축 양정			□ 양 호 □ 불 량	정비 및 조치할 사항 없음	

비번호		감독위원 확 인	

※ 감독위원이 지정하는 부위를 측정한다.

【 차종별 캠의 높이(양정) 규정값(mm) 】

차종		규정값	한계값	차종		규정값	한계값
아반떼 MD	흡기	44.15mm		K3 YD	흡기	44.15mm	
	배기	43.55mm			배기	42.90mm	
쏘나타 YF	흡기	39.00mm		K5 JF	흡기	44.15mm	
	배기	39.00mm			배기	42.90mm	
쏘나타 LF	흡기	34.75mm		모닝 TA	흡기	41.798mm	
	배기	39.00mm			배기	41.498mm	
쏠라티 EU	흡기	L40.163mm	R39.782mm	레이 TAM	흡기	41.798mm	
	배기	L40.043mm	R40.456mm		배기	41.498mm	
싼타페 TM	흡기	44.30mm	44.10mm	스포티지 QL	흡기	44.15mm	
	배기	44.90mm	45.10mm		배기	42.90mm	
I40(VF)	흡기	39.00mm		쏘울 SK3	흡기	44.15mm	
	배기	39.00mm			배기	42.90mm	
SM6(K9K)	흡기	44.018mm	44.012mm	SM6(M4R)	흡기	45.455mm	45.265mm
	배기	44.598mm	44.592mm		배기	43.965mm	43.775mm
SM5(M4R)	흡기	45.455mm	45.265mm	SM3(H4M)	흡기	41.895mm	41.705mm
	배기	43.965mm	43.775mm		배기	40.365mm	40.175mm
QM3(K9K)	흡기	44.018mm	44.012mm				
	배기	44.598mm	44.592mm				

06 시동회로, 점화회로, 연료장치 점검 후 시동
엔진 2

주어진 자동차의 전자제어 엔진에서 감독위원의 지시에 따라 1가지 부품을 탈거한 후(감독위원에게 확인) 다시 부착하고 시동에 필요한 관련 부분의 이상개소(시동회로, 점화회로, 연료장치 중 2개소)를 점검 및 수리하여 시동하시오.

▶▶▶ 자동차 정비 산업기사 1안 ▶ 32페이지 참조

06 공회전 확인, 연료 압력 측정
엔진 3

2항의 시동된 엔진에서 공회전 상태를 확인하고 감독위원의 지시에 따라 연료 공급 시스템의 연료 압력을 측정하여 기록표에 기록하시오.(단, 시동이 정상적으로 되지 않은 경우 본 항의 작업은 할 수 없음)

01 공회전 상태 점검

▶▶▶ 자동차 정비 산업기사 1안 ▶ 38페이지 참조

02 연료 압력 측정

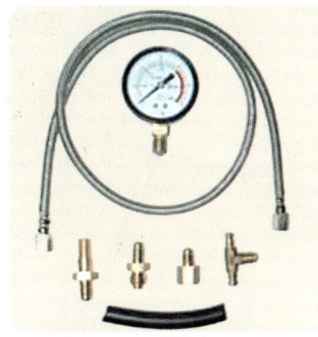
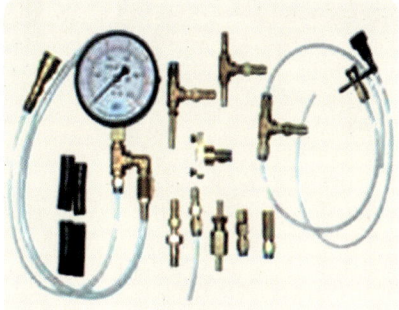

동영상

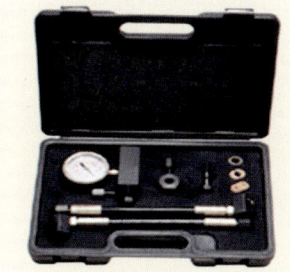
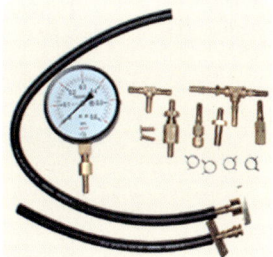

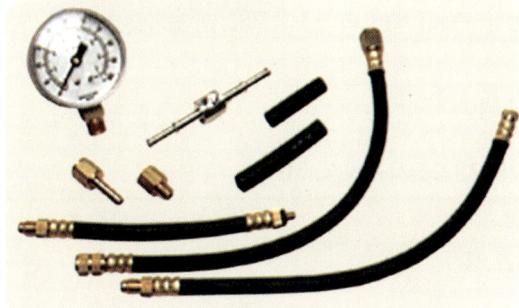
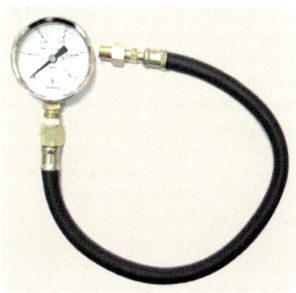

01 연료 압력을 해제 한 후 연료 압력계의 어댑터를 사용하여 딜리버리 파이프와 고압 호스 사이에 연료 압력계기 설치

02 배터리 전압을 연료 펌프 구동단자에 인가하여 연료 펌프를 작동시킨 후 연결부에서 연료 누출 여부 점검

03 연료 압력 조절기의 진공 호스 연결 상태를 확인한 후 엔진을 시동하여 공회전 상태의 압력 측정

04 연료 압력계의 눈금 판독. 일반적으로 2.7~2.75kgf/cm²가 정상.

실기시험 기록지

▶ 엔진 3. 연료 공급 시스템 점검
  자동차 번호 :

측정 항목	① 측정(또는 점검)		② 판정 및 정비(또는 조치)사항		득 점
	측정값	규정(정비한계)값	판정(□에 '✔'표)	정비 및 조치할 사항	
연료 압력			□ 양 호 □ 불 량		

비호 / 감독위원 확인

※ 공회전 상태에서 측정한다.

【 연료 압력 차종별 기준값(공전시-kgf/cm²)】

차 종	진공 호스		차 종		진공 호스	
	탈 거	연 결			탈 거	연 결
베르나 / 아반떼 XD / 투스카니 / 라비타	3.5	—	쏘나타Ⅲ EF 쏘나타	SOHC	3.26~3.47	2.75
그랜저 XG / 에쿠스 / 테라칸	3.3~3.5	2.70		DOHC	3.26~3.47	2.75
트라제 XG / 싼타페	3.06	2.70		2.0	3.26~3.47	2.75

(1) 연료 압력이 낮은 이유
- 인젝터에서의 누설 – 인젝터 교환
- 연료 필터의 막힘이 있다 – 연료 필터 교환
- 연료 압력 조절기 불량(리턴포트 열림) – 연료 압력 조절기 교환
- 배터리 전압 낮음 – 배터리 충전
- 연료 공급라인의 굽음 – 연료 공급라인 수리
- 연료 펌프의 고장 – 연료 펌프 교환
- 딜리버리 파이프에서 연료 누설 – 설치 볼트 재장착

(2) 연료 압력이 높은 이유
- 연료 리턴 파이프가 막힘 – 연료리턴 파이프 펴줌
- 연료 압력 조절기 불량(리턴포트 막힘) – 연료 압력 조절기 교환
- 진공호스의 막힘 – 진공호스 교환
- 진공호스의 이탈 – 진공호스 재 장착
- 진공호스의 노후로 누설 – 진공호스 교환
- 진공 니플의 막힘 – 진공 니플 뚫어줌
- 연료 펌프의 고장 – 연료 펌프 교환

정비산업기사 06 점화 코일 1차 파형 분석

엔진 4

주어진 자동차의 엔진에서 점화 코일의 1차 파형을 측정하고 그 결과를 분석하여 기록·판정하시오.(측정조건 : 공회전 상태)

>>> 자동차 정비 산업기사 5안 ▶ 199페이지 참조

정비산업기사 06 연료 압력 조절 밸브 탈·부착, 매연 측정

엔진 5

주어진 전자제어 디젤엔진에서 연료 압력 조절 밸브를 탈거한 후(감독위원에게 확인) 다시 부착하여 시동을 걸고 매연을 측정하여 기록표에 기록하시오.

01 연료 압력 조절 밸브 탈·부착

>>> 자동차 정비 산업기사 3안 ▶ 147페이지 참조

02 배출가스 매연 측정

>>> 자동차 정비 산업기사 2안 ▶ 101페이지 참조

06 변속조절 솔레노이드 밸브, 오일펌프와 필터 탈·부착

섀시 1

주어진 자동변속기에서 밸브보디의 변속조절 솔레노이드 밸브 및 오일펌프와 필터를 탈거한 후(감독위원에게 확인) 다시 부착하고 자기진단기(스캐너)를 이용하여 변속레버의 작동상태를 확인하시오.

01 드레인 플러그를 풀고 오일을 배출시킨다.

02 오일 팬 탈거

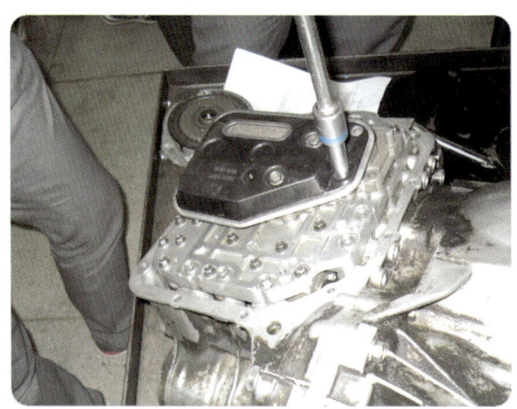

03 밸브 보디에서 오일 필터 탈거

04 유온 센서 브래킷 탈거

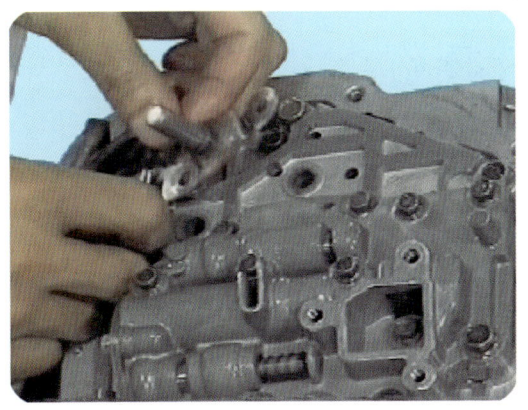
05 브래킷에서 유온 센서 탈거

06 배선 고정 클립 탈거

07 케이스에서 솔레노이드 밸브 커넥터 분리

08 밸브 보디 탈거

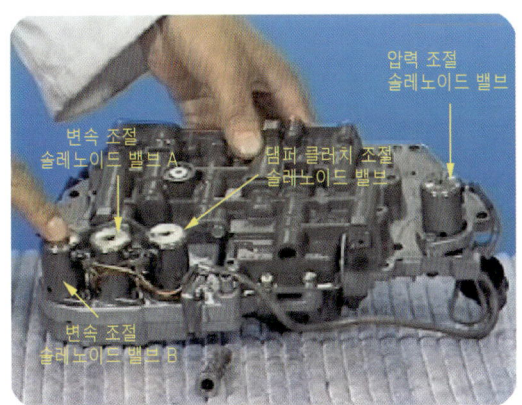
09 각 솔레노이드 밸브의 위치 확인

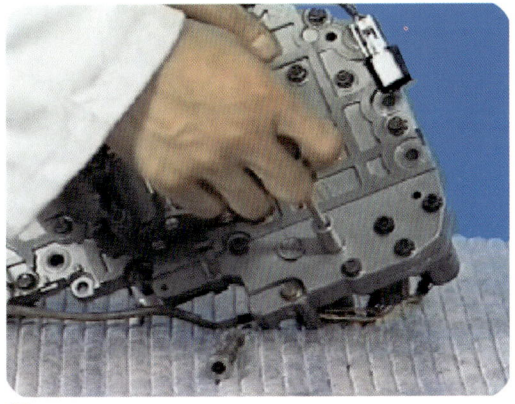
10 솔레노이드 밸브 고정 볼트 탈거

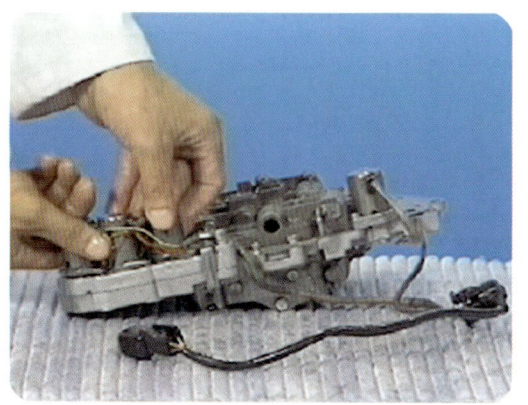
⑪ 변속 조절 솔레노이드 밸브 A, B 탈거

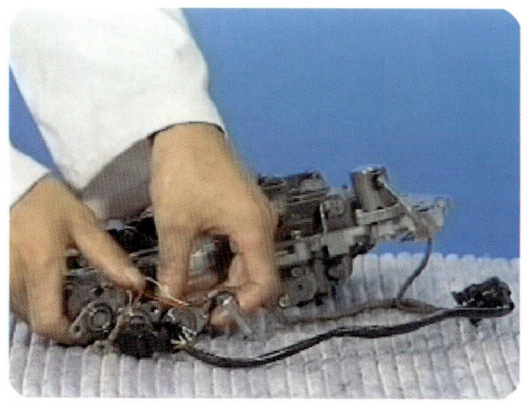
⑫ 탈거된 솔레노이드 밸브를 가지런히 정리

⑬ 프런트 케이스 고정 볼트 탈거

⑭ 프런트 케이스 탈거

⑮ 오일펌프 고정 볼트 탈거

⑯ 오일펌프 탈거

06 브레이크 페달 자유간극과 높이 측정

정비산업기사 / 섀시 2

주어진 자동차의 브레이크에서 페달 자유간극과 페달 높이를 측정하여 기록표에 기록한 후 페달 자유간극과 페달 높이가 규정값이 되도록 조정하시오.

01 페달 자유간극과 높이 측정

동영상

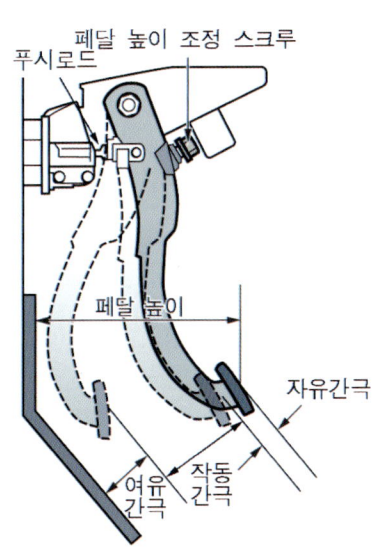

01 엔진 정지상태에서 2~3회 브레이크 페달을 밟는다.
엔진을 정지시킨 상태에서 브레이크 페달을 2~3회 밟아 하이드로백 내의 진공을 없앤다.

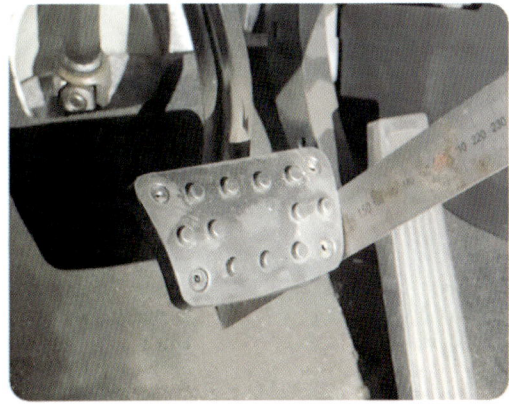

02 시동을 걸고 브레이크 페달의 작동상태를 점검한다.

03 브레이크 페달의 높이를 측정한다.

04 시동을 걸고 브레이크 페달을 끝까지 밟고 작동거리를 측정한다.

05 브레이크 페달을 가볍게 밟고 유격을 측정한다.

02 페달의 자유간극과 높이 조정

(1) 자유간극 조정 방법

로크 너트를 풀고 푸시로드를 돌려 유격을 조정한다.

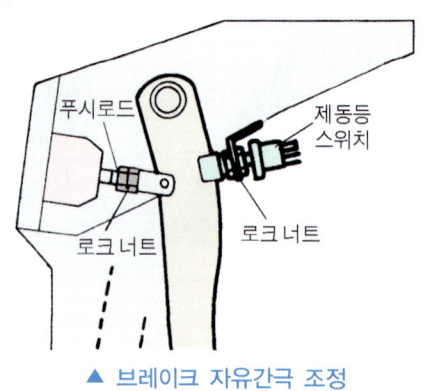

▲ 브레이크 자유간극 조정

▲ 푸시로드 조정

(2) 페달 높이 조정 방법

① 제동등 스위치 커넥터를 분리한다.
② 제동등 스위치 로크 너트를 풀고 브레이크 스위치가 페달에 접촉되지 않을 때까지 푼다.
③ 푸시로드 로크 너트를 풀어준다.
④ 푸시로드를 조이거나 풀어서 페달 높이를 조정한 후 로크 너트를 체결한다.
⑤ 제동등 스위치를 돌려 스토퍼와의 간격이 0.5~1.0mm가 되도록 조정한 후 로크 너트를 체결한다.
⑥ 제동등 스위치의 커넥터를 연결한다.

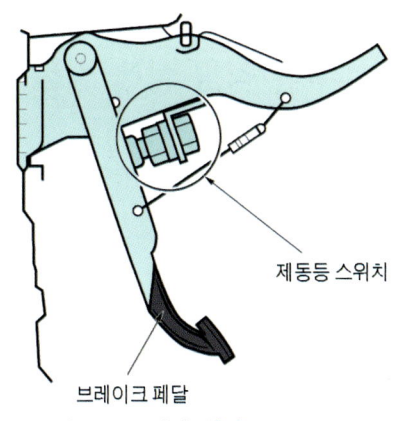
▲ 제동등 스위치 위치

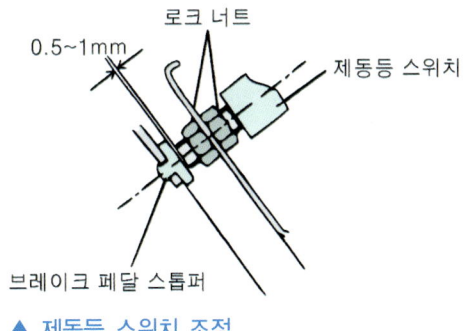
▲ 제동등 스위치 조정

⑦ 브레이크 페달을 작동시키면서 제동등 스위치의 작동 유무를 점검한다.
⑧ 엔진이 정지된 상태에서 2~3회 브레이크 페달을 밟아 부스터의 부압을 제거한 후 손으로 페달을 눌러 유격을 확인한다.

실기시험 기록지

▶ 섀시 1. 브레이크 페달 점검
자동차 번호

점검 항목	① 측정(또는 점검)		② 판정 및 정비(또는 조치)사항		득 점
	측 정 값	규정(정비한계)값	판정(□에 '✔' 표)	정비 및 조치할 사항	
자유 간극			□ 양 호		
페달 높이			□ 불 량		

비 번호 / 감독위원 확 인

【 차종별 브레이크 페달 간극 규정값 】

차종	브레이크 페달(mm)			차종	브레이크 페달(mm)		
	행정	높이	자유간극		행정	높이	자유간극
I30 PD 1.6	135	176	2~4	K3 BD 1.6	135	183	2.5
I30 PD 1.4	135	176	2~4	K3 YD 1.6	135	183	2~4
I40 VF 1.7	135	185	3~8	K5 JF 1.6	133		3~8
I40 VF 2.0	135	185	3~8	K5 JF 2.0	133		3~8
벨로스터 JS 1.4	135	176	2~4	K7 YG 2.5	133.4	168	
벨로스터 JS 1.6	135	176	2~4	K7 YG 3.0	133.4	168	
싼타페 TM 2.0	135	176	2~4	레이 TAM 1.0	91	148.6	2.5
싼타페 TM 2.2	134	176	2~4	모닝 TA 1.0	91	148.6	2.5
쏘나타 YF 2.0	135		3~8	모하비 HM 3.0	128	188	3~8
쏘나타 LF 2.0	135		3~8	스포티지 QL 1.6	130.5	168	3~8
쏘나타 LF 1.7	135		3~8	스포티지 QL 2.0	130.5	168	3~8
쏘나타 LF 1.6	135		3~8	쏘울 PS 1.6	129.4	165	2.5
아반떼 MD	135	181	2~4	쏘울 SK3 1.6	136.5~142.5	188	
엑센트 RB 1.6	108	173	2~4				
엑센트 RB 1.4	108	173	2~4	프라이드 UB 1.4	108	173	2~4

06 전륜 브레이크 캘리퍼 탈·부착 작동 상태 점검

섀시 3

주어진 자동차에서 전륜의 브레이크 캘리퍼를 탈거한 후(감독위원에게 확인) 다시 부착하여 브레이크 작동 상태를 점검하시오.

동영상

▲ 차량에서 앞 브레이크의 캘리퍼 고정 볼트 위치(1)

▲ 탈거된 상태에서의 캘리퍼 고정 볼트 위치(2)

01 휠 너트를 약간씩 풀어 놓는다.

작업을 하기 전에 타이어가 지면에 접촉된 상태에서 휠 너트를 약간씩 풀어 놓는다.

02 휠 및 타이어 탈거

차축을 리프트 업 또는 잭업을 한 후 스탠드로 고정하고 휠 너트를 완전히 풀어 휠 및 타이어를 탈거한다.

03 캘리퍼에서 브레이크 호스 탈거
바이스 플라이어로 브레이크 호스를 물려 오일을 차단한 후 캘리퍼에서 브레이크 호스를 탈거한다.

04 가이드 로드 볼트 탈거
캘리퍼 어셈블리의 하단에서 캘리퍼를 지지하는 가이드 로드 볼트를 탈거한다.

05 캘리퍼 어셈블리를 들어 올린다.
철사를 이용하여 들어 올린 캘리퍼를 지지한다. 패드의 탈거 작업 및 캘리퍼의 고정 볼트를 탈거하기에 편리하다.

06 패드 탈거
현재의 바라보는 상태에서 디스크를 중심으로 좌측 패드를 탈거한다.

07 패드 탈거
현재의 바라보는 상태에서 디스크를 중심으로 우측 패드를 탈거한다.

08 이해하기 쉽게 허브 어셈블리 탈거 상태로 서술
조향 너클에 디스크 브레이크 캘리퍼가 2개의 볼트로 고정되어 있어 조향시에 일체로 방향 변환이 이루어진다.

 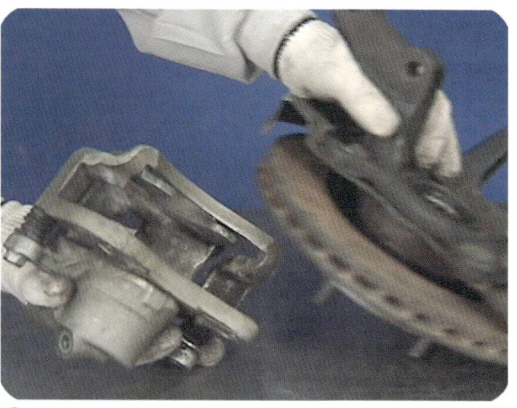

⑨ 디스크 브레이크 캘리퍼 고정 볼트 2개를 탈거하고 조향 너클에서 캘리퍼 탈거

⑩ 감독위원에게 확인받은 후 역순으로 조립하고 공기 빼기 작업을 하여 작동상태 점검

정비산업기사 06 섀시 4
전(앞) 또는 후(뒤) 제동력 측정

3항의 작업 자동차에서 감독위원의 지시에 따라 전(앞) 또는 후(뒤) 제동력을 측정하여 기록표에 기록하시오.

>>> 자동차 정비 산업기사 1안 ▶ 66페이지 참조

정비산업기사 06 섀시 5
ABS 자기진단

주어진 자동차의 ABS에서 자기진단기(스캐너)를 이용하여 각종 센서 및 시스템의 작동상태를 점검하고 기록표에 기록하시오.

>>> 자동차 정비 산업기사 2안 ▶ 120페이지 참조

06 기동 모터 전기자 코일, 솔레노이드 시험

정비산업기사 · 전기 1

주어진 기동 모터를 분해한 후 전기자 코일과 솔레노이드(풀인, 홀드인) 상태를 점검하여 기록표에 기록하고 다시 본래 상태로 조립하여 작동상태를 확인하시오.

동영상

01 기동 모터 분해 조립

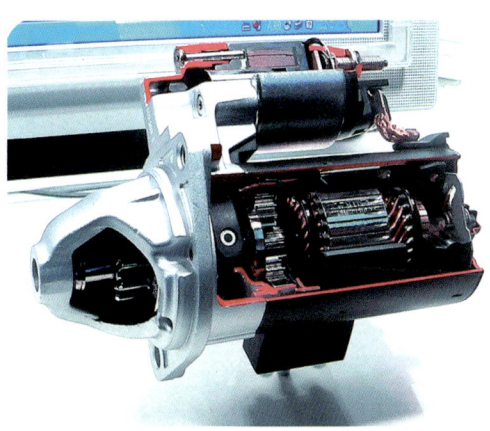
▲ 내부를 볼 수 있도록 한 잘라낸 기동 모터

▲ 기동 전동기 어셈블리

① M단자(또는 F단자) 고정 너트를 약간 풀어 놓는다.

② 볼트에서 M단자(또는 F단자)를 빼내어 분리

03 솔레노이드 탈거
구동 엔드 플레임에서 고정 스크루를 풀고 솔레노이드를 탈거한다.

04 플런저와 리턴 스프링 탈거
솔레노이드를 분리하면서 리턴 스프링이 튀어 나가지 않도록 조심하여 분리한 후 플런저를 탈거한다.

05 브러시 홀더 고정 스크루 탈거
브러시 홀더는 2개의 (+) 브러시와 2개의 (−) 브러시를 지지하며, 정류자 엔드 프레임에 고정되어 있다.

06 관통볼트 탈거
관통볼트는 계철을 관통하여 구동 엔드 프레임과 브러시 엔드 프레임을 고정하는 역할을 한다.

07 정류자 엔드 프레임 탈거

08 계철과 브러시 홀더를 일체로 탈거

09 구동 엔드 프레임에서 전기자 탈거

10 시프트 포크와 홀더 및 스프링 탈거

11 전기자와 솔레노이드의 점검이 완료되면 역순으로 조립

02 전기자 코일 점검

01 멀티 테스터를 이용한 전기자 단선 점검
적색 프로드 팁과 흑색 프로드 팁을 사진과 같이 접속하여 도통이 되면 정상이다.

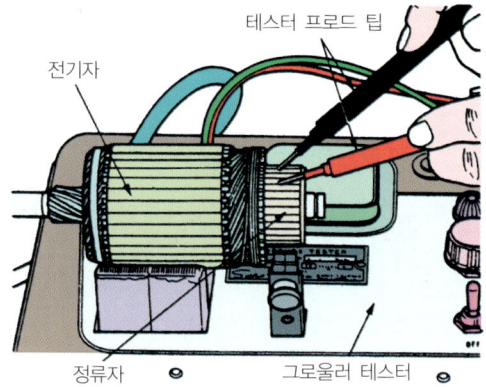

02 그로울러 테스터를 이용한 전기자 단선 점검
전원 스위치를 ON하고 적색과 흑색 테스터 프로드 팁을 그림과 같이 접속하여 램프가 점등되면 정상이다.

03 멀티 테스터를 이용한 전기자 접지 점검
적색 프로드 팁과 흑색 프로드 팁을 사진과 같이 접속하여 도통이 되지 않으면 정상이다.

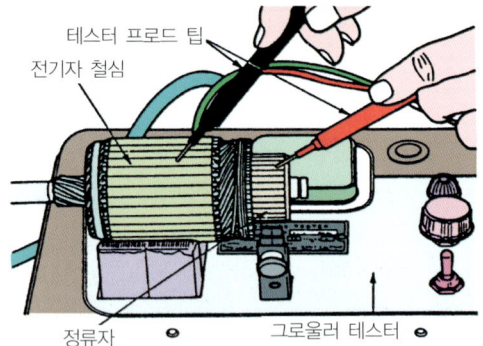

04 그로울러 테스터를 이용한 전기자 접지 점검
전원 스위치를 ON하고 적색과 흑색 테스터 프로드 팁을 그림과 같이 접속하여 램프가 점등되지 않으면 정상이다.

05 그로울러 테스터를 이용한 단락 점검
전원 스위치를 ON하고 쇠톱 날을 전기자 철심에 평행하게 접근시키고 전기자를 천천히 회전시켜 달라붙거나 떨리면 접지된 상태이다.

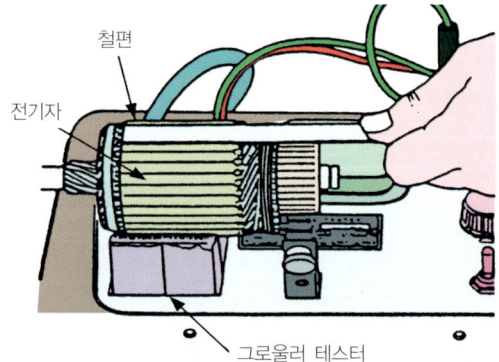

06 그로울러 테스터를 이용한 단락 점검
전원 스위치를 ON하고 필러 게이지를 전기자 철심에 평행하게 접근시키고 전기자를 천천히 회전시켜 달라붙거나 떨리면 접지된 상태이다.

03 솔레노이드(풀인, 홀드인) 상태 점검

01 솔레노이드 스위치 풀인 코일 점검
적색 프로드 팁을 ST 단자에, 흑색 프로드 팁을 M 단자에 접촉시켜 도통이 되면 정상이다.(기록지에는 도통 또는 저항값을 기록한다)

02 솔레노이드 스위치 홀드인 코일 점검
적색 프로드 팁을 ST 단자에, 흑색 프로드 팁을 몸체에 접촉시켜 도통이 되면 정상이다.(기록지에는 도통 또는 저항값을 기록한다)

04 기동 모터 작동 시험

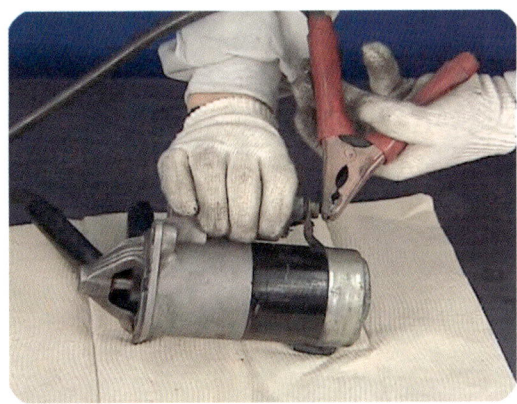

01 배터리 (+) 전원 M 단자에 접촉하여 점검
배터리 전원 (−) 클립을 전동 모터에 물리고 배터리 (+) 전원 클립을 M단자에 접촉시켰을 때 피니언 기어의 이동이 없이 전동기만 회전하면 조립 상태는 양호하다.

02 배터리 (+) 전원 ST 단자와 M 단자에 접촉하여 점검
배터리 전원 (−)클립을 전동 모터에 물리고 배터리 (+)전원 클립을 ST단자와 M단자에 동시 접촉시켰을 때 피니언 기어가 튀어나와 전동기와 회전하면 조립 상태는 양호하다.

실기시험 기록지

▶ 전기 1. 기동 모터 점검
자동차 번호 :

점검항목		① 측정(또는 점검) 상태	② 판정 및 정비(또는 조치)사항		득점
			판정(□에 '✔'표)	정비 및 조치할 사항	
전기자 코일 (단선, 단락, 접지)			□ 양 호 □ 불 량		
솔레노이드 스위치	풀인				
	홀드인				

【규정값】

시험 부품		규 정 값
전기자 코일	단선(개회로) 시험	도통(점등)
	단락 시험	철편에 아무런 변화 없음
	접지(절연 시험)	불통(소등)
솔레노이드 코일	풀인 시험	피니언이 전진한다.(M단자 분리 상태)
	홀드인 시험	피니언이 전진상태로 유지된다.(M단자 분리 상태)

정비산업기사 06 전기 2
전조등 광도, 광축 점검

주어진 자동차에서 전조등 시험기로 전조등을 점검하여 기록표에 기록하시오.

▶▶▶ 자동차 정비 산업기사 1안 ▶ 80페이지 참조

06 ETACS 점화키 홀 조명 출력신호 점검

전기 3

주어진 자동차에서 점화 키 홀 조명 기능이 작동시 편의장치(ETACS 또는 ISU) 커넥터에서 출력 신호(전압)를 측정하고 이상여부를 확인하여 기록표에 기록하시오.

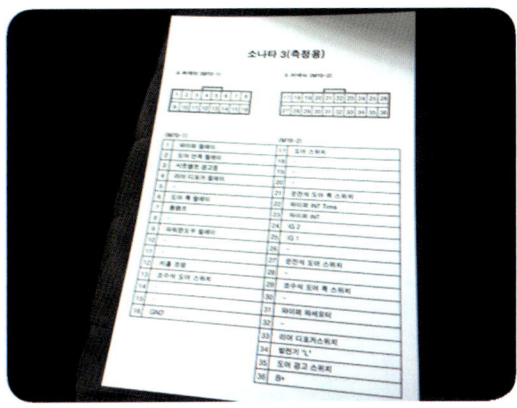

01 키 홀 조명(A 커넥터 12번) 단자 확인

점화 키 홀 조명 기능이 작동시 출력 전압을 측정하는 출력 단자는 A 커넥터 12번 단자, 접지는 A커넥터 16번 단자이다.

02 키 홀 조명 출력 전압 측정 프로드 팁 연결

적색 프로드 팁을 A 커넥터 12번 단자에 연결하고 흑색 프로드 팁을 A 커넥터 16번 단자에 연결한다.

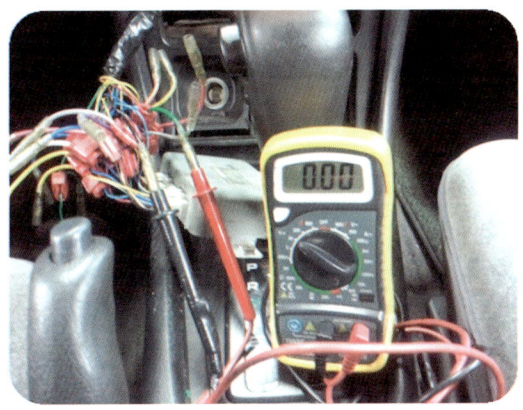

03 키 홀 조명 작동(점등)시 전압 측정 확인

모든 도어를 닫고 점화키를 빼낸 상태에서 운전석 도어를 열어 키 홀 조명이 점등이 된 상태에서 전압을 측정한다.

04 키 홀 조명이 비작동(소등)시 전압 측정

점화키를 ON 위치로 하여 점화키 홀 조명이 소등이 된 상태에서 전압을 측정한다.

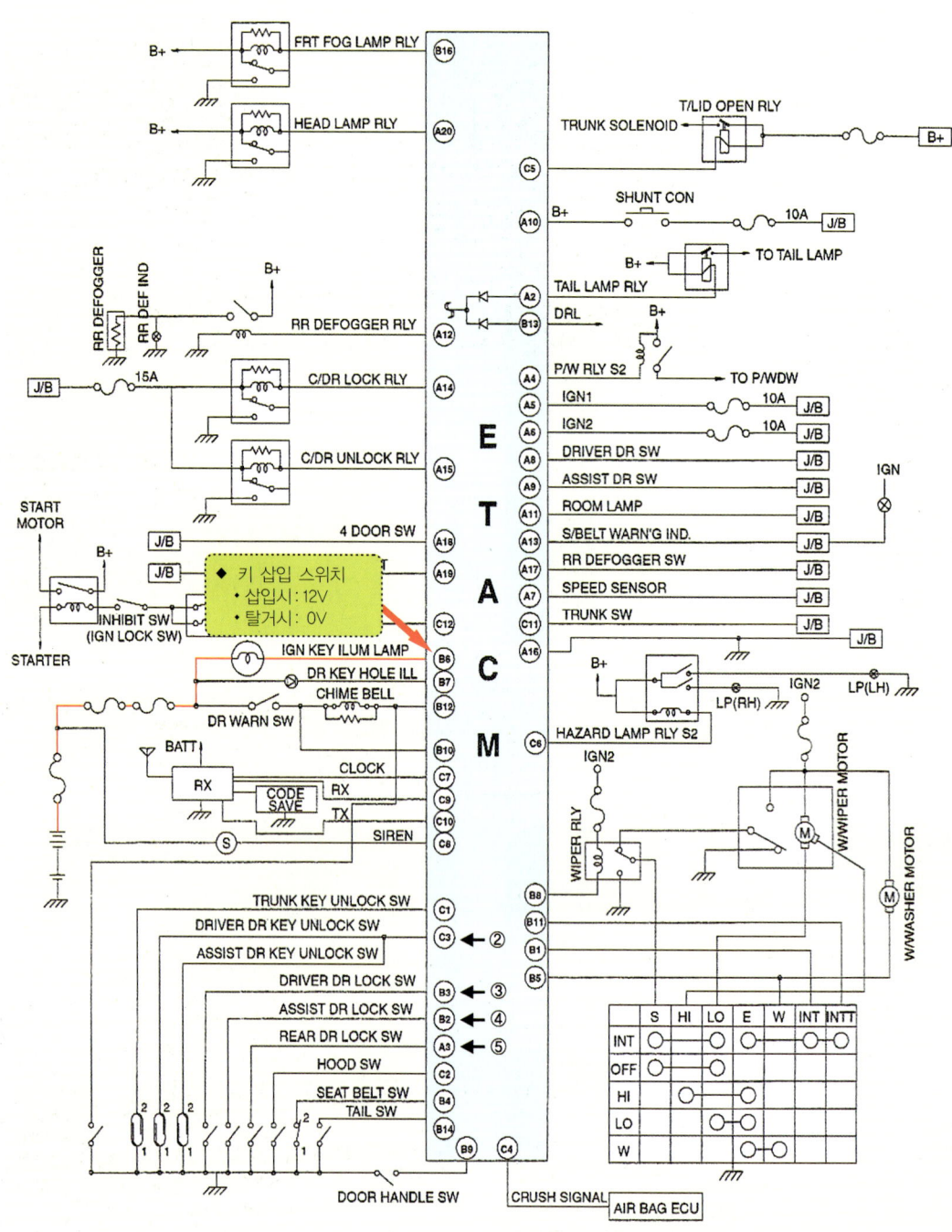

▲ 점화스위치 키 홀 조명 출력신호 점검 위치

실기시험 기록지

▶ 전기 3. 점화 키 홀 조명 회로 점검
　　자동차 번호 :

측정항목	① 점검 내용 및 상태	② 판정 및 정비(또는 조치)사항		득 점
		판정(□에 '✔'표)	정비 및 조치할 사항	
점화키 홀 조명 출력신호(전압)	작동시 : 비작동시 :	□ 양 호 □ 불 량		

비번호 : 　　　　감독위원 확인 :

06 경음기 회로 점검 수리
전기 4

주어진 자동차에서 경음기 회로를 점검하여 이상개소(2곳)를 찾아서 수리하시오.

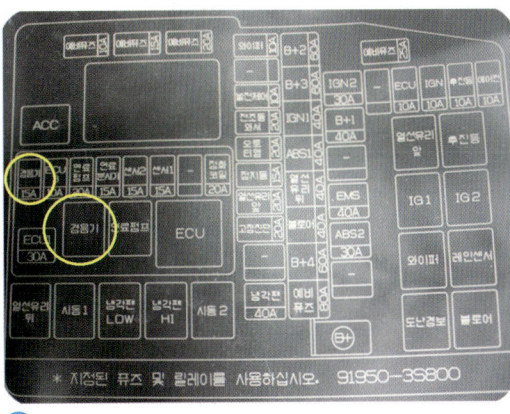

01 커버에서 경음기 릴레이와 퓨즈 위치 확인

02 경음기 릴레이와 퓨즈 상태 점검

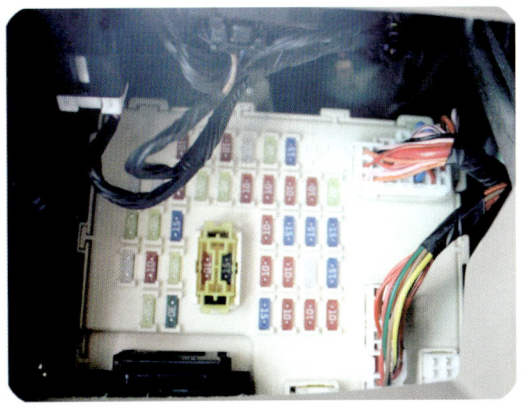

03 커버에서 관련 퓨즈의 위치를 확인하여 점검

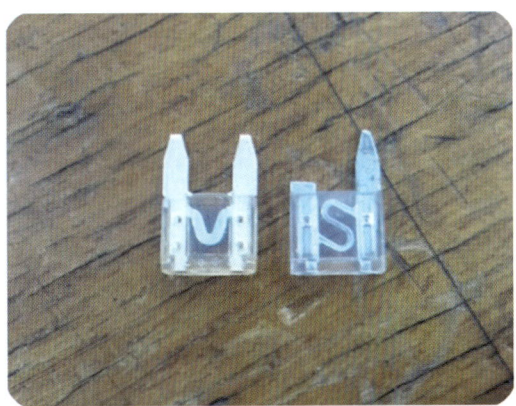

04 관련 퓨즈 점검

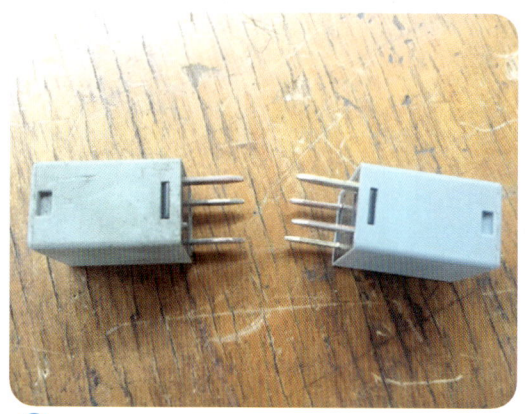

05 관련 릴레이 점검. 좌측의 릴레이는 단자 핀이 1개 파손되어 있는 상태

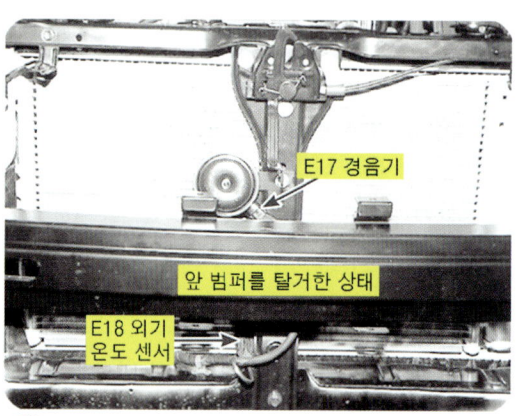

06 혼 커넥터 연결 상태 및 콤비네이션 스위치 커넥터의 연결 상태를 점검.

○ 경음기가 작동하지 않는 원인

고장 위치	원인	조치사항
배터리	불량	교환
	터미널 연결 상태 불량	터미널 재장착
경음기 퓨즈	탈거	장착
	단선	교환
경음기 릴레이	탈거	장착
	불량	교환
	핀 부러짐	릴레이 교환
경음기 커넥터	탈거	장착
콤비네이션 스위치 커넥터	탈거	장착
	불량	교환
경음기 스위치	불량	교환
경음기 라인	단선	연결

○ 경음기 혼 소리가 작은 원인

고장 위치	원인	조치사항
경음기	연결 커넥터 불량	커넥터 교환
	녹으로 접지 불량	접촉부 청소 및 재장착
배터리	불량	교환
	터미널 연결 상태 불량	터미널 재장착
경음기 진동판	불량	교환
경음기 접점	접점 접촉 불량	경음기 조정나사로 조정

자동차정비산업기사

안 07

국가기술자격검정 실기시험문제

1. 엔진

1. 주어진 엔진을 기록표의 측정 항목까지 분해하여 기록표의 요구사항을 측정 및 점검하고 본래 상태로 조립하시오.
2. 주어진 자동차의 전자제어 엔진에서 감독위원의 지시에 따라 1가지 부품을 탈거한 후(감독위원에게 확인) 다시 부착하고 시동에 필요한 관련 부분의 이상개소(시동회로, 점화회로, 연료장치 중 2개소)를 점검 및 수리하여 시동하시오.
3. 2항의 시동된 엔진에서 공회전 상태를 확인하고 감독위원의 지시에 따라 공회전시 배기가스를 측정하여 기록표에 기록하시오.(단, 시동이 정상적으로 되지 않은 경우 본 항의 작업은 할 수 없음)
4. 주어진 자동차의 엔진에서 감독위원의 지시에 따라 흡입공기 유량센서의 파형을 출력·분석하여 그 결과를 기록표에 기록하시오.
5. 주어진 디젤엔진에서 연료 압력 조절 밸브를 탈거한 후(감독위원에게 확인) 다시 부착하여 시동을 걸고 인젝터 리턴(백리크)량을 점검하여 기록표에 기록하시오.

2. 섀시

1. 주어진 엔진에서 클러치 어셈블리를 탈거한 후(감독위원에게 확인) 다시 부착하여 클러치 디스크의 장착 상태를 확인하시오.
2. 주어진 자동차에서 최소 회전반경을 측정하여 기록표에 기록하고 타이로드 엔드를 탈거한 후(감독위원에게 확인) 다시 부착하여 토(toe)가 규정값이 되도록 조정하시오.
3. 주어진 자동차에서 감독위원의 지시에 따라 브레이크 마스터 실린더를 탈거한 후(감독위원에게 확인) 다시 부착하여 브레이크 작동상태를 점검하시오.
4. 3항 작업 자동차에서 감독위원의 지시에 따라 전(앞) 또는 후(뒤) 제동력을 측정하여 기록표에 기록하시오.
5. 주어진 자동차의 자동변속기에서 자기진단기(스캐너)를 이용하여 각종 센서 및 시스템 작동상태를 점검하고 기록표에 기록하시오.

3. 전기

1. 주어진 발전기를 분해한 후 다이오드 및 브러시 상태를 점검하여 기록표에 기록하고 다시 본래 상태로 조립하여 작동상태를 확인하시오.
2. 주어진 자동차에서 전조등 시험기로 전조등을 점검하여 기록표에 기록하시오.
3. 주어진 자동차의 에어컨 컴프레서가 작동중일 때 증발기(evaporator) 온도 센서 출력 값을 점검하여 이상여부를 확인하여 기록표에 기록하시오.
4. 주어진 자동차에서 방향지시등 회로를 점검하여 이상개소(2곳)를 찾아서 수리하시오.

국가기술자격검정실기시험문제 7안

| 자 격 종 목 | 자동차 정비산업기사 | 작 품 명 | 자동차 정비 작업 |

- 비 번호
- 시험시간 : 5시간 30분(엔진 : 140분, 섀시 : 120분, 전기 : 70분)
  ※ 시험 안 및 요구사항 일부내용이 변경될 수 있음

정비산업기사 07 엔진 1

실린더 헤드 변형도 점검

주어진 엔진을 기록표의 측정 항목까지 분해하여 기록표의 요구사항을 측정 및 점검하고 본래 상태로 조립하시오.

01 분해 조립

>>> 공통 엔진 분해 조립 ▶ 16페이지 참조

02 실린더 헤드 변형도 측정

동영상

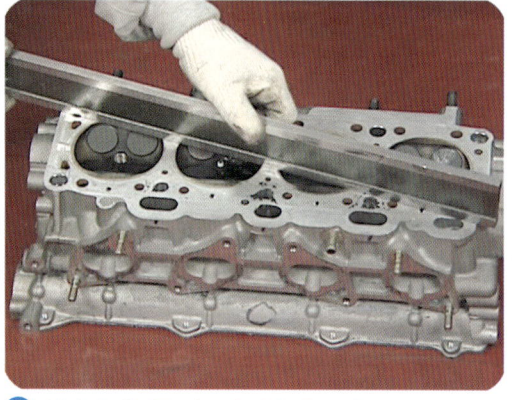
① 실린더 헤드를 깨끗이 닦은 후 곧은 자와 시크니스 게이지 준비

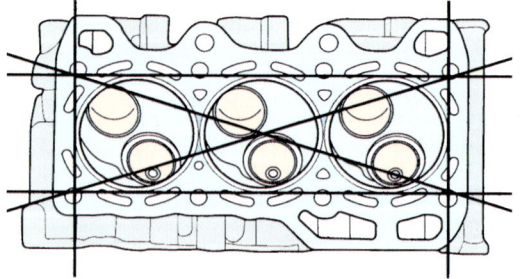
② 점검 개소는 6개소를 점검

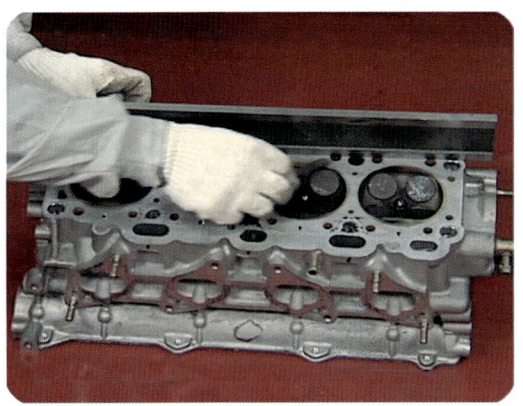
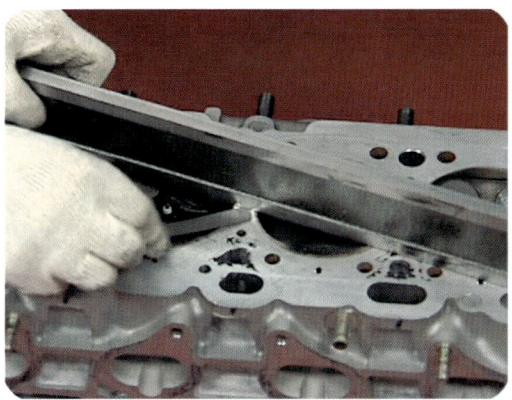

03 실린더 헤드에 곧은 자를 대고 시크니스 게이지를 곧은 자와 헤드 사이에 삽입하여 약간 저항을 느끼는 시크니스 게이지의 치수가 변형값이다.

04 실린더 헤드에 곧은 자를 대고 시크니스 게이지를 곧은 자와 헤드 사이에 삽입하여 약간 저항을 느끼는 시크니스 게이지의 치수가 변형 값이다.

실기시험 기록지

▶ 엔진 1. 실린더 헤드 변형도 점검
  엔진 번호 :

측정 항목	① 측정(또는 점검)		② 판정 및 정비(또는 조치)사항		득점
	측정값	규정(정비한계)값	판정(□에 '✔'표)	정비 및 조치할 사항	
실린더 헤드 변형도			□ 양 호 □ 불 량		

비번호: 　　　감독위원 확인:

【 차종별 실린더 헤드 변형도(mm) 】

차종	규정값	차종	규정값
아반떼 MD	0.05mm 이하	K3 YD	0.05mm 이하
쏘나타 YF	0.05mm 이하	K5 JF	0.05mm 이하
쏘나타 LF	0.05mm 이하	모닝 TA	0.05mm 이하
쏠라티 EU	0.05mm 이하	레이 TAM	0.05mm 이하
싼타페 TM	0.05mm 이하	스포티지 QL	0.05mm 이하
I40(VF)	0.05mm 이하	쏘울 SK3	0.05mm 이하
SM6(K9K)	0.05mm 이하	SM6(M4R)	0.05mm 이하(한계 0.1mm)
SM5(M4R)	0.05mm 이하(한계 0.1mm)	SM3(H4M)	0.05mm 이하(한계 0.1mm)
QM3(K9K)	0.05mm 이하		

정비산업기사 07 — 시동회로, 점화회로, 연료장치 점검 후 시동

엔진 2

주어진 자동차의 전자제어 엔진에서 감독위원의 지시에 따라 1가지 부품을 탈거한 후(감독위원에게 확인) 다시 부착하고 시동에 필요한 관련 부분의 이상개소(시동회로, 점화회로, 연료장치 중 2개소)를 점검 및 수리하여 시동하시오.

>>> 자동차 정비 산업기사 1안 ▶ 32페이지 참조

정비산업기사 07 — 공회전 확인, 배기가스 점검

엔진 3

2항의 시동된 엔진에서 공회전 상태를 확인하고 감독위원의 지시에 따라 공회전시 배기가스를 측정하여 기록표에 기록하시오.(단, 시동이 정상적으로 되지 않은 경우 본 항의 작업은 할 수 없음)

01 공회전 확인

>>> 자동차 정비 산업기사 1안 ▶ 38페이지 참조

02 인젝터 파형 분석

>>> 자동차 정비 산업기사 2안 ▶ 96페이지 참조

정비산업기사 07 — 공기유량 센서 파형 분석

엔진 4

주어진 자동차의 엔진에서 감독위원의 지시에 따라 흡입공기 유량센서의 파형을 출력·분석하여 그 결과를 기록표에 기록하시오.

01 흡입공기 유량센서 파형 측정

01 센서 커넥터의 위치 확인(쏘나타Ⅱ)

02 센서 커넥터 위치 확인(쏘나타Ⅲ)

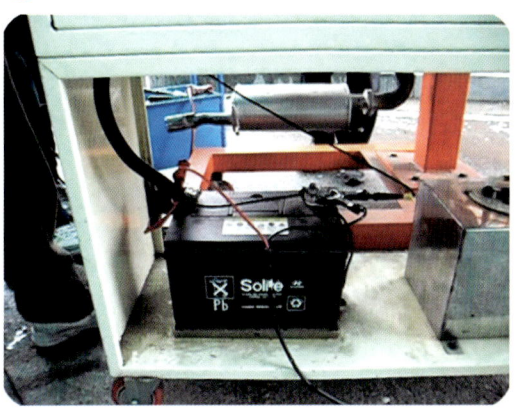
03 배터리 전원 선 연결
테스터의 적색 전원 선을 배터리 (+)단자에, 검은색 선을 배터리 (−) 단자에 연결한다.

04 오실로스코프 프로브 연결
컬러 프로브를 흡입공기 유량 센서 출력(1번) 단자에, 흑색 프로브를 차체에 접지시킨다.

05 바탕 화면에서 Hi-DS 아이콘 클릭
엔진을 시동하여 워밍업을 시킨 후 공회전 상태에서 모니터 바탕 화면의 Hi-DS 아이콘을 클릭하여 활성화 한다.

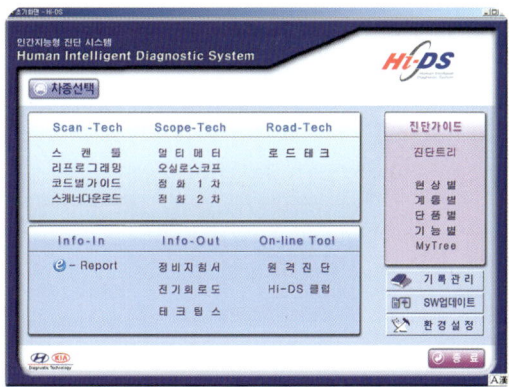
06 초기 화면에서 차종 선택 클릭
초기 화면 왼쪽 위에 있는 차종선택 아이콘을 클릭하여 차종 선택 화면을 활성화 한다.

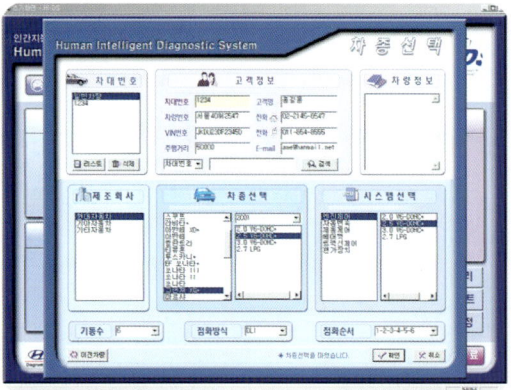

07 차량의 제원 설정

차량의 제조사, 차종, 연식, 시스템 순으로 제원을 설정한 후 확인 버튼을 클릭한다.

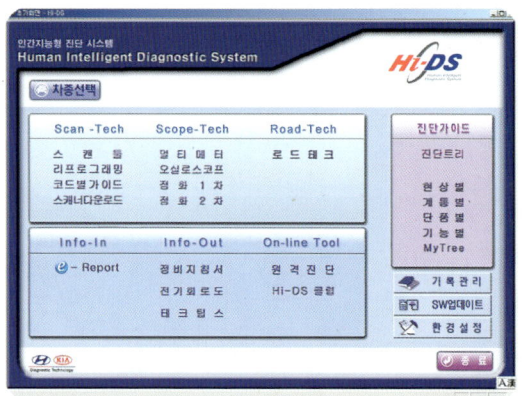

08 오실로스코프 선택

Scope-Tech의 오실로스코프 항목을 클릭하여 오실로스코프 화면을 활성화 한다..

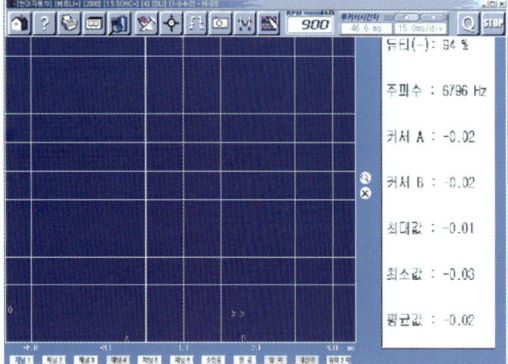

09 오실로스코프 환경 설정 버튼 클릭

오실로스코프 화면의 상단 환경 설정 아이콘을 클릭하면 우측과 같이 측정 범위 설정 화면이 나타난다.

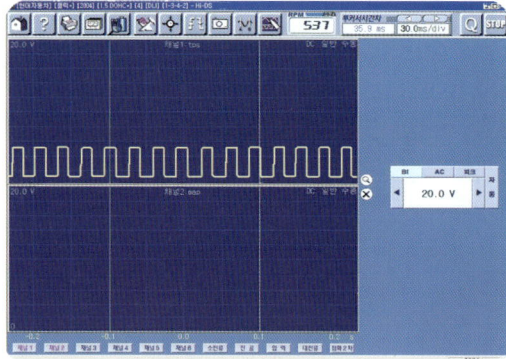

10 측정 범위 설정

시간축 : 30ms/div, 전압축 20.0V로 설정하고 화면 하단에서 흡입공기 유량센서의 출력단자에 연결한 채널 선으로 선택한다.

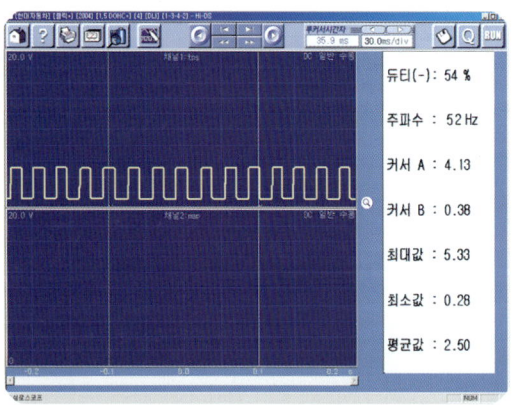

11 상단의 STOP버튼을 눌러 실시간 파형을 정지시킴

프린트 버튼을 눌러 파형을 출력한다.

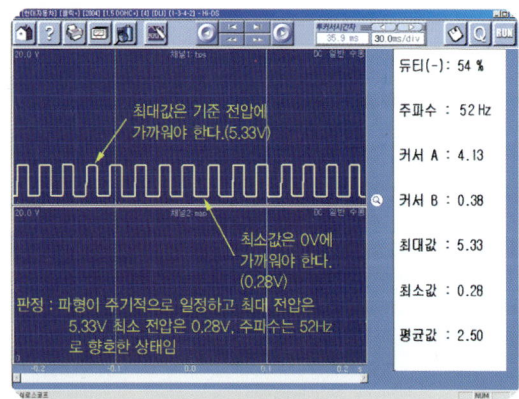

12 기록지의 요구사항을 분석하여 출력물에 기록

기록지의 뒷면에 첨부하여 감독위원에게 제출한다.

02 흡입공기 유량 센서 파형 분석

(1) 아날로그 파형 분석

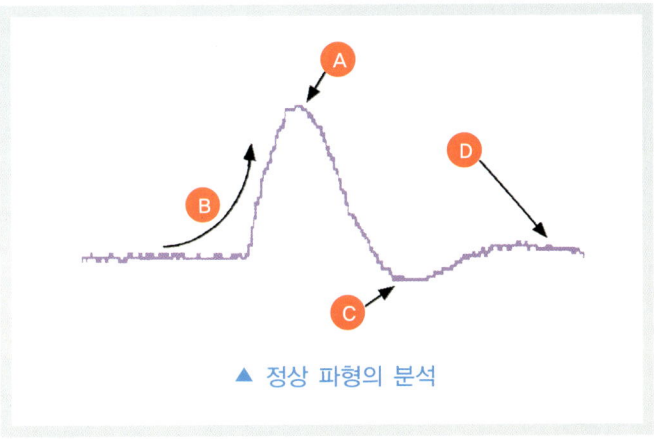

▲ 정상 파형의 분석

① A부분 : 스로틀 밸브가 완전히 열린 상태로 최대 가속을 나타낸다.
② B부분 : 흡입 공기량이 증가되고 있음을 나타낸다.
③ C부분 : 공회전시 공전 보상 흡입 공기의 흐름을 나타낸다.
④ D부분 : 공기 플랩의 움직임에 의한 감쇠 작용을 나타낸다.

(2) 펄스 파형 분석

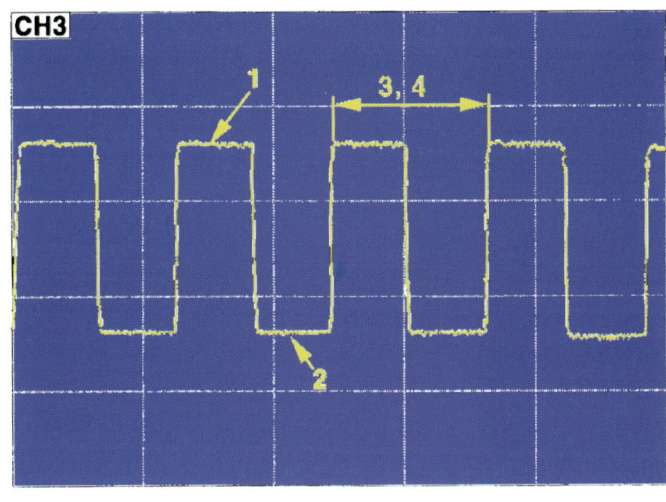

① 최고 전압은 기준 전압에 가까워야 하며, 연속적으로 볼 때 수평이어야 한다.
② 최저전압은 접지전압(0V)에 가까워야 하며 연속적으로 볼 때 수평을 이루어야 한다.
③ 파형의 모양 및 주기는 엔진 회전수가 일정할 때 규칙적이어야 한다.
④ 흡입 공기량에 따라 주기(주파수)가 달라진다.

(3) 불량 파형

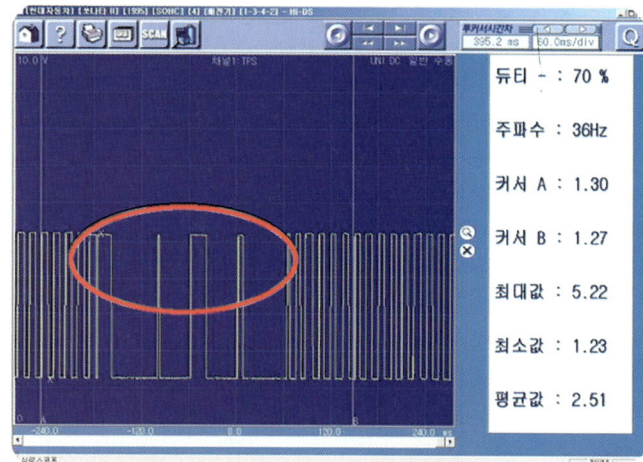

• 파형의 모양과 주기에서 어느 한순간 일정하지 않으며 펄스가 빠짐(칼만 와류식에서 수신기의 고장이 있을 수 있음) 엔진이 부조하고 꺼짐

실기시험 기록지

▶ 엔진 4. 센서 파형 분석
　　자동차 번호 :

측정 항목	파형 상태		비번호		감독위원 확 인	득 점
파형 측정	요구사항 조건에 맞는 파형을 프린트하여 아래 사항을 분석 후 뒷면에 첨부 ① 파형에 불량 요소가 있는 경우에는 반드시 표기 및 설명 하여야 함 ② 파형의 주요 특징에 대하여 표기 및 설명 하여야 함					

정비산업기사 07 — 연료 압력 조절 밸브 탈·부착, 인젝터 리턴량 측정

엔진 5

주어진 전자제어 디젤엔진에서 연료 압력 조절 밸브를 탈거한 후(감독위원에게 확인) 다시 부착하여 시동을 걸고 인젝터 리턴(백리크)량을 측정하여 기록표에 기록하시오.

01 연료 압력 조절 밸브 탈·부착

▶▶▶ 자동차 정비 산업기사 3안 ▶ 147페이지 참조

02 인젝터 리턴(백리크)량 측정

▶▶▶ 자동차 정비 산업기사 5안 ▶ 203페이지 참조

정비산업기사 07 섀시 1

클러치 어셈블리 탈·부착, 디스크 장착 상태 확인

주어진 엔진에서 클러치 어셈블리를 탈거한 후(감독위원에게 확인) 다시 부착하여 클러치 디스크의 장착 상태를 확인하시오.

01 변속기 어셈블리 탈거

02 클러치 커버 어셈블리 탈거

03 클러치 커버 어셈블리 관련 부품 분리

04 릴리스 베어링

동영상

05 클러치 커버

06 클러치 디스크

07 플라이휠을 닦아낸 후 감독위원에게 확인을 받는다.

08 센터 공구를 이용하여 클러치 디스크 설치

09 클러치 커버를 장착한 후 센터 공구를 빼낸다.

10 변속기 장착

정비산업기사 07 섀시 2 — 최소 회전반경 측정, 토(toe) 조정

주어진 자동차에서 최소 회전반경을 측정하여 기록표에 기록하고 타이로드 엔드를 탈거한 후(감독위원에게 확인) 다시 부착하여 토(toe)가 규정값이 되도록 조정하시오.

01 최소 회전반경 측정

>>> 자동차 정비 산업기사 2안 ▶ 115페이지 참조

02 타이로드 엔드 탈·부착

>>> 자동차 정비 산업기사 2안 ▶ 117페이지 참조

03 토 조정

>>> 자동차 정비 산업기사 2안 ▶ 119페이지 참조

동영상

정비산업기사 07 섀시 3

브레이크 마스터 실린더 탈부착 작동상태 점검

주어진 자동차에서 감독위원의 지시에 따라 브레이크 마스터 실린더를 탈거한 후(감독위원에게 확인) 다시 부착하여 브레이크 작동상태를 점검하시오.

01 엔진룸에서 마스터 실린더 설치 위치 확인

02 마스터 실린더와 부스터 부분을 확대한 사진

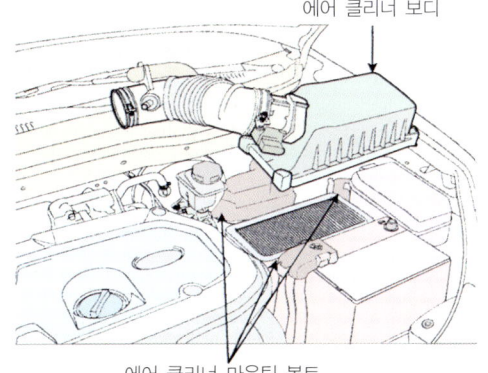
03 작업의 편리성을 위해 에어클리너 보디 탈거

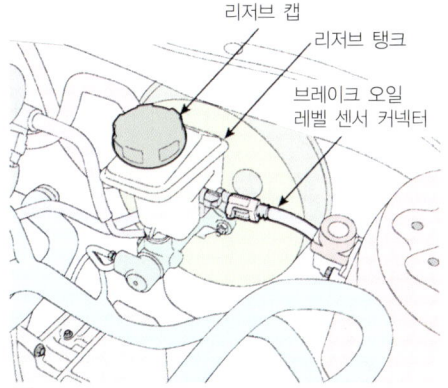
04 브레이크 오일 레벨 센서 커넥터 분리

05 브레이크 파이프 탈거

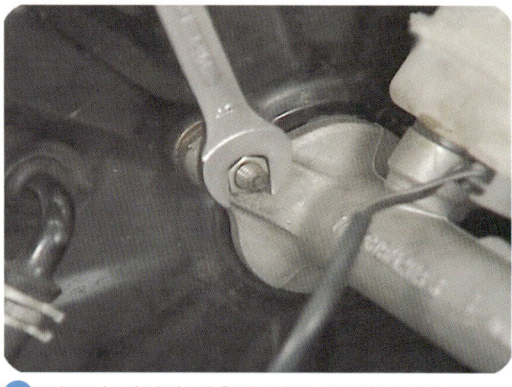
06 마스터 실린더 마운팅 너트를 2개를 푼다.

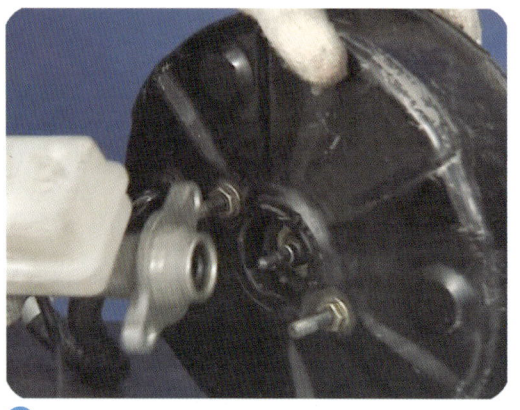
07 브레이크 부스터로부터 마스터 실린더 탈거

08 감독위원에게 확인을 받고 역순으로 장착한 후 에어 빼기 작업을 하여 작동 상태 점검

정비산업기사 07 전(앞) 또는 후(뒤) 제동력 측정
섀시 4

3항 작업 자동차에서 감독위원의 지시에 따라 전(앞) 또는 후(뒤) 제동력을 측정하여 기록표에 기록하시오.

>>> 자동차 정비 산업기사 1안 ▶ 66페이지 참조

정비산업기사 07 자동변속기 자기진단
섀시 5

주어진 자동차의 자동변속기에서 자기진단기(스캐너)를 이용하여 각종 센서 및 시스템의 작동상태를 점검하고 기록표에 기록하시오.

>>> 자동차 정비 산업기사 1안 ▶ 71페이지 참조

07 발전기 다이오드 및 브러시 상태 점검

정비산업기사 / 전기 1

주어진 발전기를 분해한 후 다이오드 및 브러시 상태를 점검하여 기록표에 기록하고 다시 본래 상태로 조립하여 작동상태를 확인하시오.

동영상

01 발전기 분해 조립

① 교류 발전기 어셈블리

② 발전기 풀리 고정 너트 탈거

③ 로터 축에서 발전기 풀리 탈거

④ 프레임을 고정하는 관통볼트 3개 분리

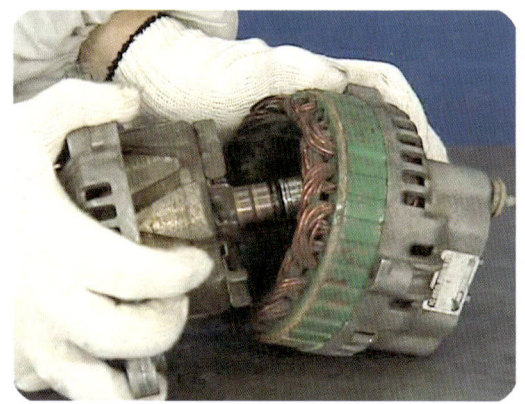
05 로터 어셈블리 탈거

06 다이오드 고정 볼트와 B단자 고정 너트 탈거

07 스테이터와 리어 브래킷 분리

08 스테이터와 다이오드 어셈블리를 함께 분리

09 프런트 베어링 리테이너 고정 스크루 분리

10 프런트 브래킷과 로터 분리(조립은 역순)

02 다이오드 및 브러시 점검

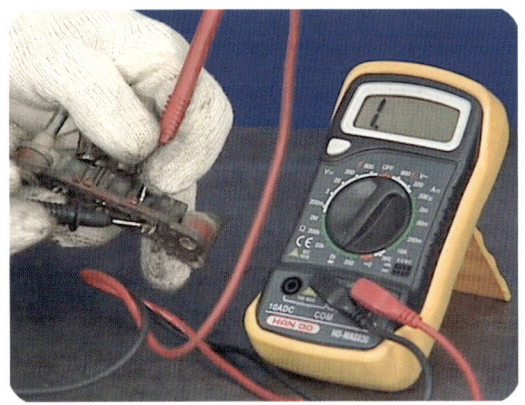

01 (+) 다이오드 통전 여부 점검
멀티테스터의 적색 프로드 팁을 히트 싱크에, 흑색 프로드 팁을 다이오드 단자에 접촉시켰을 때 통전되지 않으면 정상이다.

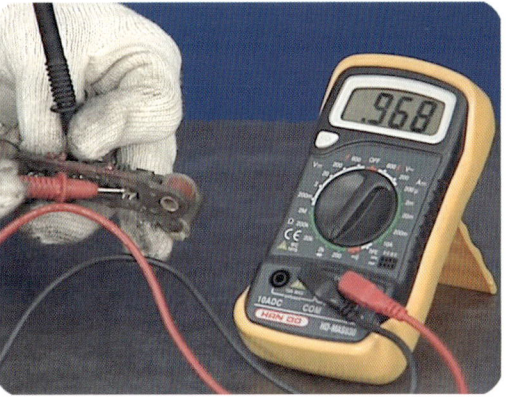

02 (+) 다이오드 통전 여부 점검
멀티테스터의 흑색 프로드 팁을 히트 싱크에, 적색 프로드 팁을 다이오드 단자에 접촉시켰을 때 통전되면 정상이다. 1번과 2번의 점검에서 모두 불통 또는 도통이면 불량이다.

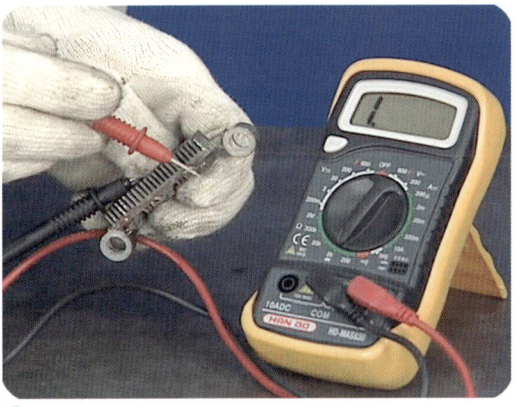

03 (−) 다이오드 통전 여부 점검
멀티테스터의 흑색 프로드 팁을 히트 싱크에, 적색 프로드 팁을 다이오드 단자에 접촉시켰을 때 통전되지 않으면 되면 정상이다.

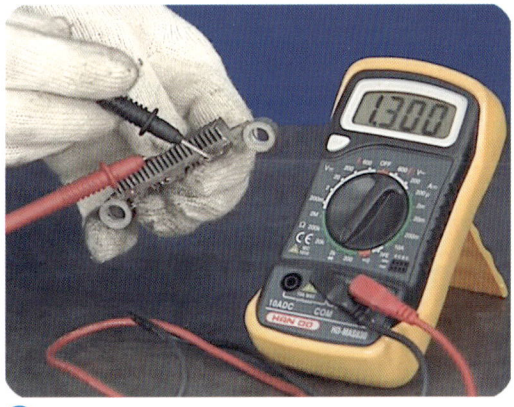

04 (−) 다이오드 통전 여부 점검
멀티테스터의 적색 프로드 팁을 히트 싱크에, 흑색 프로드 팁을 다이오드 단자에 접촉시켰을 때 통전되면 정상이다. 3번과 4번의 점검에서 모두 불통 또는 도통이면 불량이다.

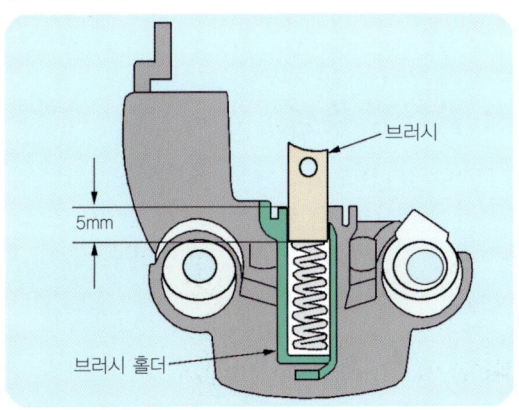

05 브러시 길이를 버니어캘리퍼스를 이용하여 측정
브러시 길이는 마모 한계선까지 또는 기준 길이의 1/3 이상 마모되면 교환하여야 한다.

실기시험 기록지

전기 1. 발전기 점검
자동차 번호 :

측정항목	① 측정(또는 점검) 상태	② 판정 및 정비(또는 조치)사항		득점
		판정(□에 '✔' 표)	정비 및 조치할 사항	
다이오드(+)	(양 : 개), (부 : 개)	□ 양 호 □ 불 량		
다이오드(−)	(양 : 개), (부 : 개)			
다이오드(여자)	(양 : 개), (부 : 개)			
브러시 마모	□ 양 호 □ 불 량			

【 브러시의 길이 차종별 규정값(mm) 】

차 종	브러시 길이(mm)		차종	브러시 길이(mm)	
	기준값	한계값		기준값	한계값
프라이드	16.5	(8.0)	세피아	21.5	(8.0)
일반적인 값	길이는 치수로 나와 있지 않고 브러시에 마모 한계선이 있어 교환 시기를 알 수 있다.				

07 전조등 광도, 광축 점검
전기 2

주어진 자동차에서 전조등 시험기로 전조등을 점검하여 기록표에 기록하시오.

▶▶▶ 자동차 정비 산업기사 2안 ▶ 80페이지 참조

07 에어컨 증발기 온도 센서 출력값 측정
전기 3

주어진 자동차의 에어컨 컴프레서가 작동중일 때 증발기(evaporator) 온도 센서 출력값을 점검하여 이상여부를 확인하여 기록표에 기록하시오.

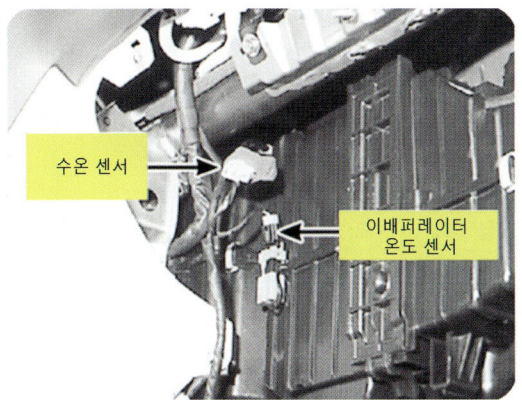

01 이배퍼레이터 온도 센서 설치 위치

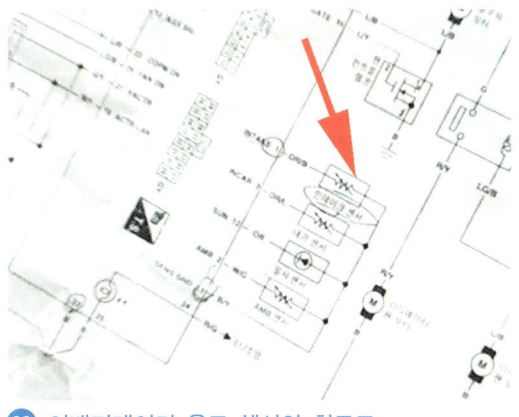

02 이배퍼레이터 온도 센서의 회로도

03 에어컨을 작동시킨다.

엔진을 시동한 후 에어컨의 온도를 18℃로 설정하고 송풍의 세기를 4단으로 하여 에어컨을 작동시킨다.

04 프로드 팁 연결(시뮬레이터가 있는 경우)

센서 회로도에서 확인한 INTAKE 1번 단자에 적색 프로드 팁을, SENSOR GND 11번 단자에 흑색 프로드 팁을 연결한다.

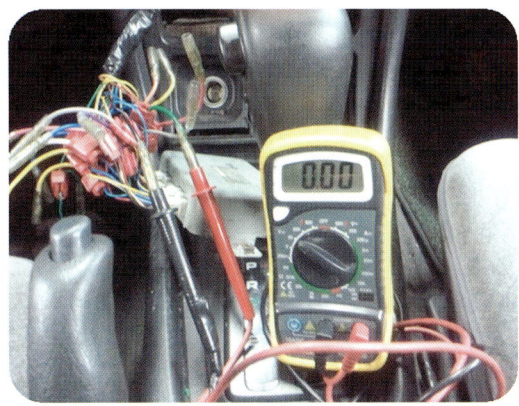

05 프로드 팁 연결(시뮬레이터가 없는 경우)

ECU 배선 A 커넥터의 INTAKE 1번 단자에 적색 프로드 팁을, SENSOR GND 11번 단자에 흑색 프로드 팁을 연결한다.

06 이배퍼레이터 온도 센서 출력 전압 판독

센서의 출력 전압은 4.32V이며, 기록지에는 에어컨의 설정온도 18℃와 함께 4.32V/18℃로 기록하여야 한다.

실기시험 기록지

▶ 전기 3. 에어컨 이배퍼레이터 온도센서 점검
   자동차 번호 :

비번호		감독위원 확 인	

점검항목	① 측정(또는 점검)		② 판정 및 정비(또는 조치)사항		득 점
	측정값	규정(정비한계)값	판정(□에 '✔'표)	정비 및 조치할 사항	
이배퍼레이터 온도 센서 출력값			□ 양 호 □ 불 량		

【 이배퍼레이터 온도센서 저항과 출력 전압 】

온도(℃)	저항(kΩ)	출력전압(V)	온도(℃)	저항(kΩ)	출력전압(V)	측정법
-5	14.23	3.2	15	6	2.14	
-2	12.42	3.04	20	4.91	1.9	
0	11.36	2.93	25	4.03	1.67	
2	10.4	2.83	30	3.34	1.47	
5	9.12	2.66	35	2.78	1.29	
10	7.38	2.4	40	2.28	1.11	

07 방향지시등 회로 점검 수리

전기 4

주어진 자동차에서 방향지시등 회로를 점검하여 이상개소(2곳)를 찾아서 수리하시오.

01 전면 방향지시등 위치(아반떼 XD)

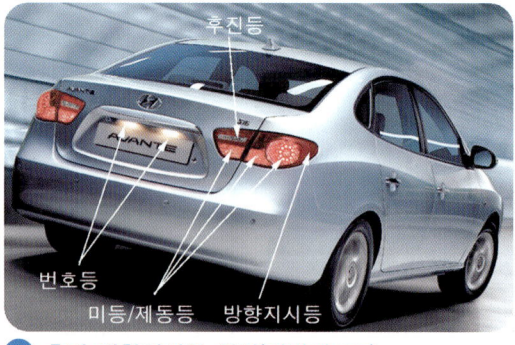

02 후면 방향지시등 위치(아반떼 XD)

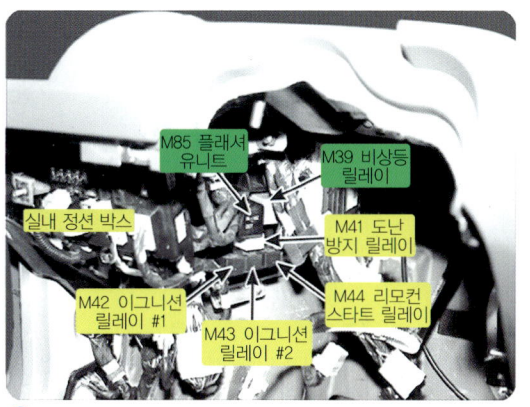

03 플래셔 유니트와 비상등 릴레이 위치(실내)
플래셔 유니트와 비상등 릴레이 및 콤비네이션 스위치 커넥터 연결 상태를 점검한다.

04 실내 퓨즈 박스의 퓨즈
퓨즈 박스 커버에서 좌우 방향지시등 퓨즈 위치를 확인한 후 퓨즈의 간선 유무를 점검한다.

표기	용량	연결 회로
1	10A	후진등, 인히비터 스위치, 비상등 스위치
2	10A	계기판, 제너레이터, ETACM, TACM
3	15A	에어백 컨트롤 모듈
4	10A	비상등 스위치, 사이렌, ECM
5	10A	에어컨 모듈, 블로어 릴레이, 블로어 모터
6	10A	방향등, 콤비 램프, 실내 스위치 조명등, 쇼트 커넥터
7	10A	번호판등, 방향등, 콤비 램프
8	10A	도난 방지 릴레이, 인히비터 스위치, 스타트 릴레이
9	10A	시계, 오디오, 아웃사이드 미러 폴딩
10	10A	TCM, ECM, 차속 센서, 이그니션 코일

실내 퓨즈박스에서의 방향지시등 퓨즈위치

05 앞 좌측 방향시시등 점검
앞 좌측 방향지시등 커넥터의 연결 상태 및 전구의 단선을 점검한다.

06 앞 우측 방향시시등 점검
앞 우측 방향지시등 커넥터의 연결 상태 및 전구의 단선을 점검한다.

좌측 뒤 콤비 램프

07 뒤 좌측 및 우측 방향지시등 점검
뒤 좌측 및 우측 방향지시등 커넥터의 연결 상태 및 전구의 단선을 점검한다.

◆ 방향지시등이 모두 작동하지 않는 원인
- 배터리 불량 – 배터리 교환
- 방향지시등 퓨즈의 탈거
- 플래셔 유닛 탈거·플래셔 유닛 불량
- 방향지시등 퓨즈 핀 부러짐
- 방향지시등 전구 단선
- 콤비네이션 스위치 불량
- 콤비네이션 스위치 커넥터 탈거
- 방향지시등 라인 단선
- 콤비네이션 스위치 커넥터 불량
- 배터리 터미널 연결 상태 불량
- 방향지시등 퓨즈의 단선
- 방향지시등 전구 탈거

◆ 방향지시등 일부가 작동하지 않는 원인
- 방향지시등 연결 커넥터 불량
- 방향지시등 전구 녹으로 접지 불량
- 방향지시등 전구 탈거
- 방향지시등 전구 단선
- 방향지시등 전구 연결 커넥터 탈거
- 방향지시등 라인 단선

◆ 방향지시등 점멸이 느린 원인 : 법규상 매분 60~120회
- 방향지시등 전구 용량이 크다.
- 방향지시등 전구 녹으로 접지 불량
- 방향지시등 플래셔 유닛 불량
- 방향지시등 전구 손상
- 방향지시등 전구 연결 커넥터 연결 상태 불량
- 배터리 불량
- 배터리 터미널 연결 상태 불량

자동차정비산업기사

안 08

국가기술자격검정 실기시험문제

1. 엔 진

1. 주어진 엔진을 기록표의 측정 항목까지 분해하여 기록표의 요구사항을 측정 및 점검하고 본래 상태로 조립하시오.
2. 주어진 자동차의 전자제어 엔진에서 감독위원의 지시에 따라 1가지 부품을 탈거한 후(감독위원에게 확인) 다시 부착하고 시동에 필요한 관련 부분의 이상개소(시동회로, 점화회로, 연료장치 중 2개소)를 점검 및 수리하여 시동하시오.
3. 2항의 시동된 엔진에서 증발가스 제어장치의 퍼지 컨트롤 솔레노이드 밸브를 점검하여 기록표에 기록하시오.(단, 시동이 정상적으로 되지 않은 경우 본 항의 작업은 할 수 없음)
4. 주어진 자동차의 엔진에서 점화 코일의 1차 파형을 측정하고 그 결과를 분석하여 출력물에 기록·판정하시오.(측정조건 : 공회전 상태)
5. 주어진 전자제어 디젤엔진에서 인젝터를 탈거한 후(감독위원에게 확인) 다시 부착하여 시동을 걸고 매연을 측정하여 기록표에 기록하시오.

2. 섀 시

1. 주어진 자동차에서 파워 스티어링 오일펌프 및 벨트를 탈거한 후(감독위원에게 확인) 다시 부착하고 에어빼기 작업을 하여 작동상태를 확인하시오.
2. 주어진 종감속 장치에서 링 기어의 백래시와 런 아웃을 측정하여 기록표에 기록한 후 백래시가 규정값이 되도록 조정하시오..
3. 주어진 자동차에서 후륜의 주차 브레이크 레버(또는 브레이크 슈)를 탈거한 후(감독위원에게 확인) 다시 부착하여 브레이크 작동상태를 점검하시오.
4. 3항 작업 자동차에서 감독위원의 지시에 따라 전(앞) 또는 후(뒤) 제동력을 측정하여 기록표에 기록하시오.
5. 주어진 자동차의 ABS에서 자기진단기(스캐너)를 이용하여 각종 센서 및 시스템의 작동 상태를 점검하고 기록표에 기록하시오.

3. 전 기

1. 주어진 자동차에서 와이퍼 모터를 탈거한 후(감독위원에게 확인) 다시 부착하여 와이퍼 브러시의 작동상태를 확인하고 와이퍼 작동시 소모전류를 점검하여 기록표에 기록하시오.
2. 주어진 자동차에서 전조등 시험기로 전조등을 점검하여 기록표에 기록하시오.
3. 주어진 자동차의 자동 에어컨 회로에서 외기 온도 입력 신호값을 점검하여 이상 여부를 기록표에 기록하시오.
4. 주어진 자동차에서 미등 및 번호등 회로를 점검하여 이상개소(2곳)를 찾아서 수리하시오.

국가기술자격검정실기시험문제 8안

자격종목	자동차 정비산업기사	작품명	자동차 정비 작업

- 비 번호
- 시험시간 : 5시간30분(엔진 : 140분, 섀시 : 120분, 전기 : 70분)
  ※ 시험 안 및 요구사항 일부내용이 변경될 수 있음

정비산업기사 08 엔진 1 — 실린더 마모량 측정

주어진 엔진을 기록표의 측정 항목까지 분해하여 기록표의 요구사항을 측정 및 점검하고 본래 상태로 조립하시오.

01 분해 조립

>>> 공통사항 ▶ 16페이지 참조

동영상

02 실린더 마모량 측정

(1) 실린더 마모량 측정 게이지

❶ 실린더 블록과 실린더 보어 게이지 세트

❷ 눈금의 판독은 눈높이와 게이지가 일치된 높이에서 한다.

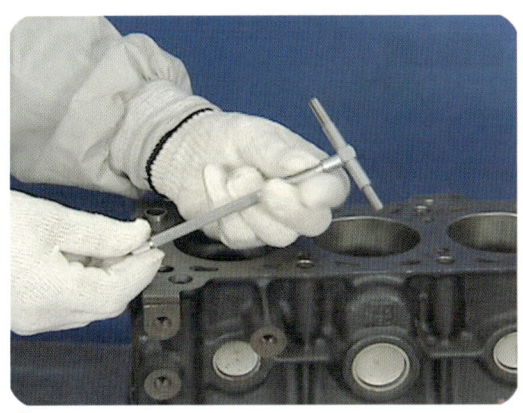

03 눈금이 없는 텔레스코핑 게이지를 실린더에 넣어 확장시켰을 때 텔레스코핑 게이지 바의 길이가 내경이다.

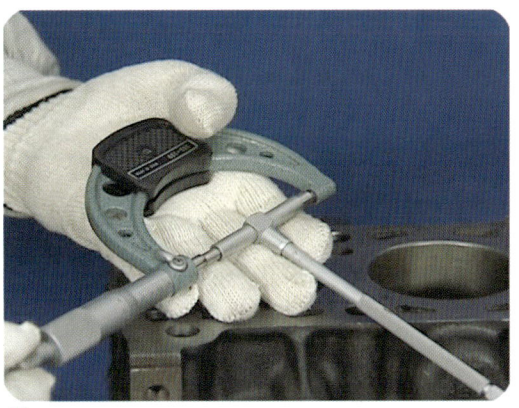

04 텔레스코핑 게이지를 빼내어 텔레스코핑 게이지 바의 길이를 외경 마이크로미터로 측정한 값이 실린더 내경이다.

(2) 칼마형 실린더 보어 게이지를 사용한 측정 방법

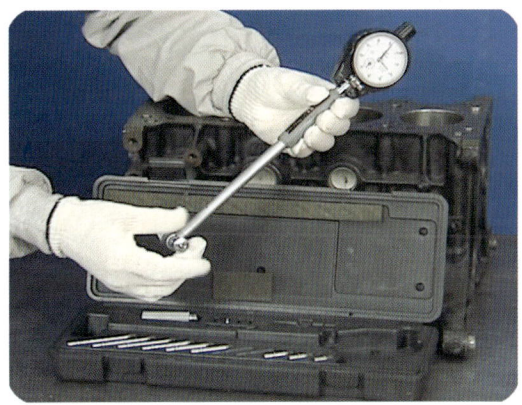

01 실린더 보어 게이지 조립
실린더 벽을 깨끗이 청소한 다음 측정 바의 크기를 실린더 내경보다 2mm 정도 큰 것을 선택하여 조립한다.

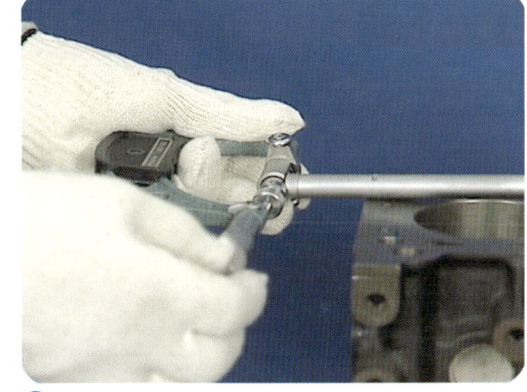

02 칼마형 실린더 보어 게이지 바의 길이 측정
실린더 보어 게이지의 접촉 핀을 눌러 다이얼 게이지의 지침이 움직이는지 확인한 후 측정 바의 길이를 측정한다.

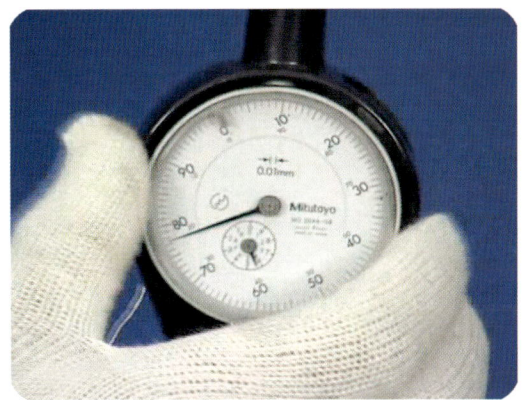

03 다이얼 게이지의 0점 조정
측정 바의 길이를 측정한 후 다이얼 게이지의 눈금판을 회전시켜 지침이 0에 일치되도록 조정한다.

04 다이얼 게이지의 0점 확인
다이얼 게이지의 눈금의 0점이 정확하게 조정 되었는지 확인하여 일치되지 않았으면 다시 조정한다.

05 크랭크축 방향의 상·중·하부의 3곳을 측정
크랭크축 방향의 상부, 중부, 하부의 위치에서 측정하며, 측정 바의 길이에서 가장 큰 측정값을 빼면 실린더 내경이 된다.

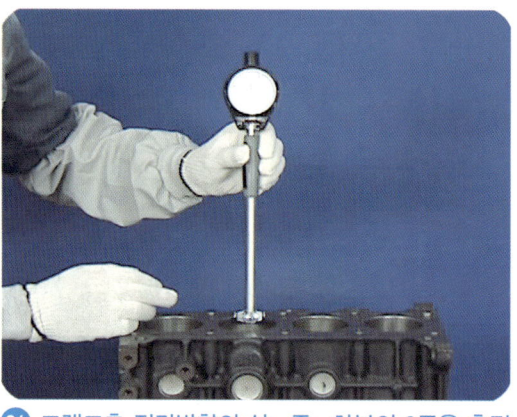

06 크랭크축 직각방향의 상·중·하부의 3곳을 측정
크랭크축 직각방향의 상부, 중부, 하부의 위치에서 측정하며, 측정 바의 길이에서 가장 큰 측정값을 빼면 실린더 내경이 된다.

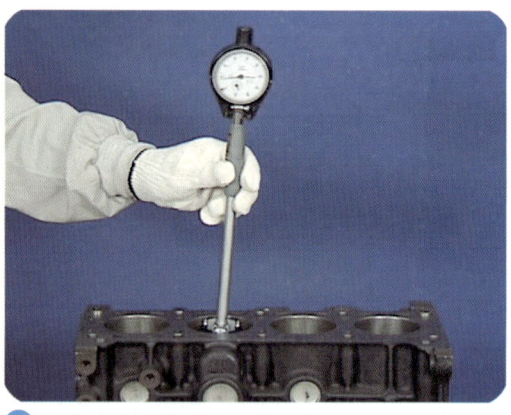

07 좌측에서 우측으로 기울인다.
실린더 보어 게이지를 좌측에서 우측으로 기울이면 다이얼 게이지 지침이 회전하다가 멈춘 후 역회전한다. 지침이 멈춘 장소의 수치가 측정값이다.

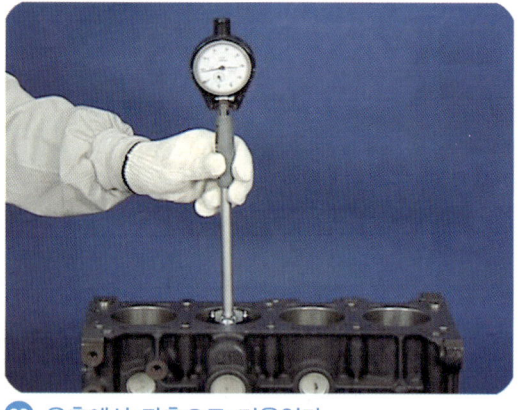

08 우측에서 좌측으로 기울인다.
실린더 보어 게이지를 우측에서 좌측으로 기울이면 다이얼 게이지 지침이 회전하다가 멈춘 후 역회전한다. 지침이 멈춘 장소의 수치가 측정값이다.

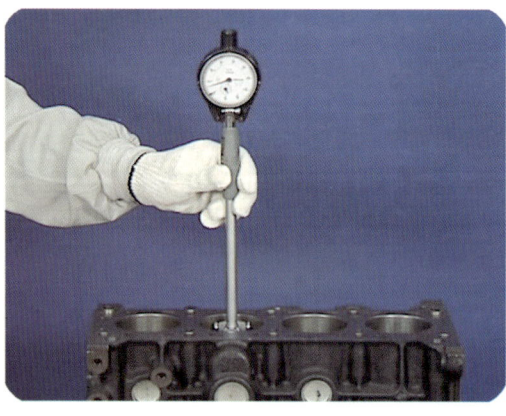

마모량 측정값
 = 측정 바의 길이 − 실린더 내경 규정값

09 지침이 움직임을 멈춘 장소가 측정값
실린더 보어 게이지를 좌측에서 우측으로, 우측에서 좌측으로 기울이면 다이얼 게이지 지침이 멈춘 장소의 수치가 측정값이다.

(3) 텔레스코핑 게이지와 외경 마이크로미터를 사용한 측정 방법

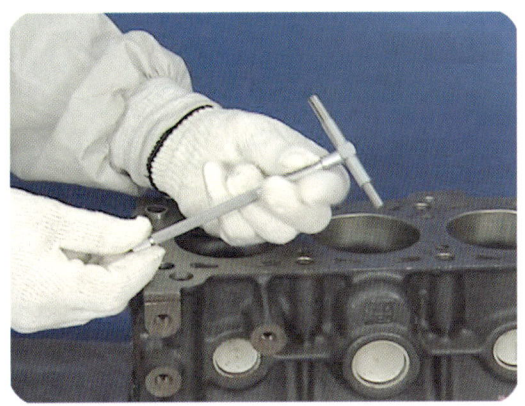

01 텔레스코핑 게이지 선택
측정 대상 실린더의 내경을 측정할 수 있는 게이지를 선택한다.

02 텔레스코핑 게이지 바를 수축시킨다.
좌우 측정 바를 손으로 밀어 넣고 끝부분의 스크루를 조인다.

03 실린더에 텔레스코핑 게이지를 삽입시킨다.
텔레스코핑 게이지를 실린더에 넣고 끝부분의 스크루를 풀어 텔레스코핑 게이지의 바를 확장시킨다.

04 실린더 내경 측정
좌우로 움직여 게이지의 수평이 유지되도록 하여 크랭크 축 방향과 직각방향 총 6곳의 내경을 측정한다.

05 바의 길이가 변화되지 않도록 스크루를 조여 고정시킨다.

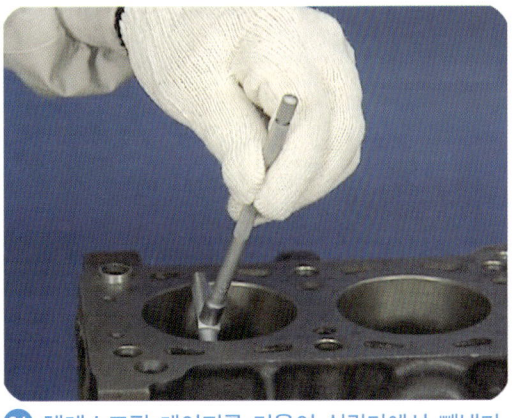

06 텔레스코핑 게이지를 기울여 실린더에서 빼낸다.

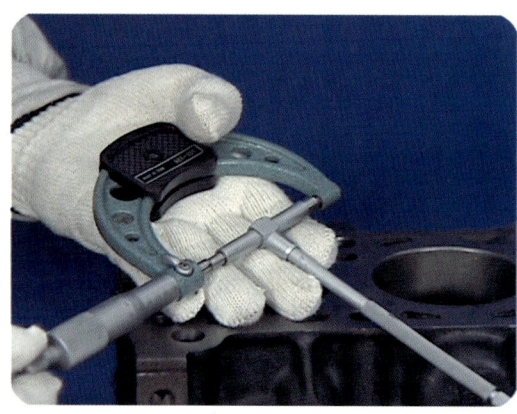

마모량 측정값
= 측정 바의 길이 − 실린더 내경 규정값

07 텔레스코핑 게이지 바의 길이 측정
6곳을 측정한 텔레스코핑 게이지 바의 길이를 외경 마이크로미터로 측정하여 가장 큰 값이 실린더 마모량 측정값이다.

실기시험 기록지

▶ 엔진 1. 실린더 측정
　　　　 엔진 번호 :

측정항목	① 측정(또는 점검)		② 판정 및 정비(또는 조치)사항		득 점
	측정값	규정(정비한계)값	판정(□에 '✔'표)	정비 및 조치할 사항	
실린더 마모량			□ 양 호 □ 불 량		

※ 감독위원이 지정하는 부위를 측정한다.

【차종별 실린더 안지름 표준값】

차종	규정값	차종	규정값
아반떼 MD	77.00~77.03mm	K3 YD	77.00~77.03mm
쏘나타 YF	81.00~81.03mm	K5 JF	80.97~81.00mm
쏘나타 LF	81.00~81.03mm	모닝 TA	71.00~71.03mm
쏠라티 EU	91.00~91.03mm	레이 TAM	71.00~71.03mm
싼타페 TM	86.00~86.03mm	스포티지 QL	77.00~77.03mm
I40(VF)	86.00~86.03mm	쏘울 SK3	77.00~77.03mm
SM6(K9K)	76.00mm	SM6(M4R)	84.00mm
SM5(M4R)	84.00mm	SM3(H4M)	78.00~78.015mm
QM3(K9K)	76.00mm		

※ 수정방법

① 최대 마모값이 수정 한계값 이상일 경우에는 보링을 하여야 하며, 수정 한계값 이하일 경우에는 재사용한다.

■ 수정 한계값과 오버사이즈 한계값

수정 한계값

실린더 안지름	수정 한계값
70mm이상	0.20mm
70mm이하	0.15mm

오버 사이즈(O/S)한계

실린더 안지름	수정 한계값
70mm이상	1.50mm
70mm이하	1.25mm

② 최대 마모값 + 0.2mm(진원 절삭값)한 값을 오버 사이즈에 맞는 큰 치수로 한다.

> [예] 실린더 안지름 표준값이 73.00mm인 엔진에서 최대 측정값이 73.38mm인 때 수정값과 오버 사이즈 값은 각각 얼마인가?
>
> ① 수정값 : 73.38mm+0.2=73.58mm, 오버 사이즈 표준값에는 0.58mm가 없으므로 이 값보다 크면서 가장 가까운 값인 0.75mm를 선택한다.
> 따라서 수정값은 73.75mm가 된다.
> ② 오버 사이즈 값 = 수정값 - 표준값이므로 73.75 - 73.00 = 0.75mm

정비산업기사 08 시동회로, 점화회로, 연료장치 점검 후 시동

엔진 2

주어진 자동차의 전자제어 엔진에서 감독위원의 지시에 따라 1가지 부품을 탈거한 후(감독위원에게 확인) 다시 부착하고 시동에 필요한 관련 부분의 이상개소(시동회로, 점화회로, 연료장치 중 2개소)를 점검 및 수리하여 시동하시오.

>>> 자동차 정비 산업기사 1안 ▶ 32페이지 참조

08 퍼지 컨트롤 솔레노이드 밸브 점검

엔진 3

2항의 시동된 엔진에서 증발가스 제어장치의 퍼지 컨트롤 솔레노이드 밸브를 점검하여 기록표에 기록하시오.(단, 시동이 정상적으로 되지 않은 경우 본 항의 작업은 할 수 없음)

동영상

동영상

▲ 단품의 퍼지 컨트롤 솔레노이드 밸브

▲ 마이티백(1)

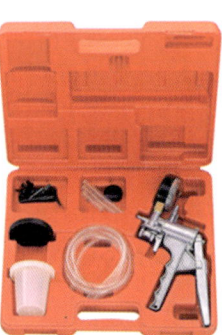
▲ 마이티백(2)

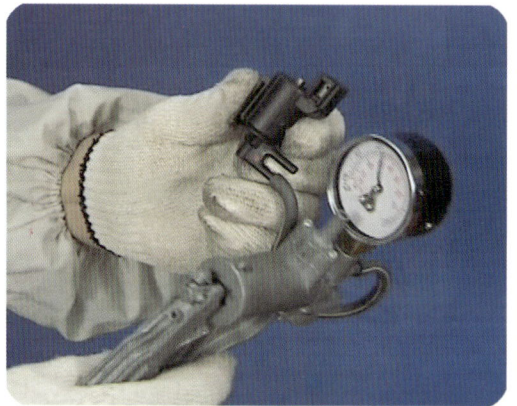

01 퍼지 컨트롤 솔레노이드 밸브에 진공을 가한다.
퍼지 컨트롤 솔레노이드 밸브의 진공 포트에 마이티백 진공 호스를 연결하고 50mmHg를 가한다.

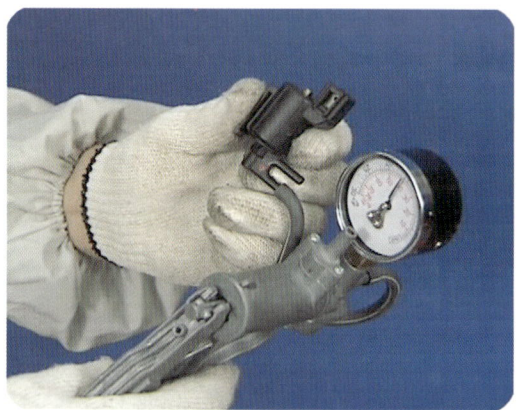

02 퍼지 컨트롤 솔레노이드 밸브의 진공 유지 점검
진공 상태의 게이지 지침이 유지되는지 또는 게이지의 지침이 내려가는지 확인한다. 지침이 유지되면 정상이다.

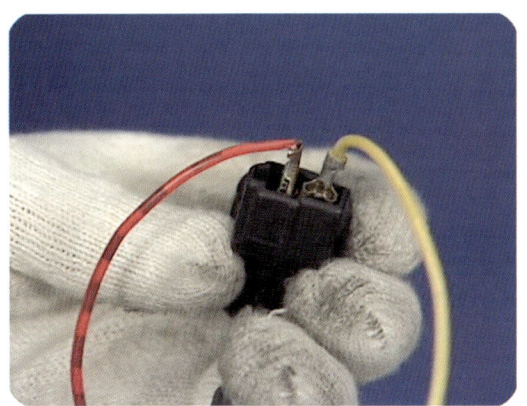

03 퍼지 컨트롤 솔레노이드 밸브에 배선 연결

퍼지 컨트롤 솔레노이드 밸브에 배터리 전원을 공급하여 작동 상태를 점검하기 위해 단자에 배선을 연결한다.

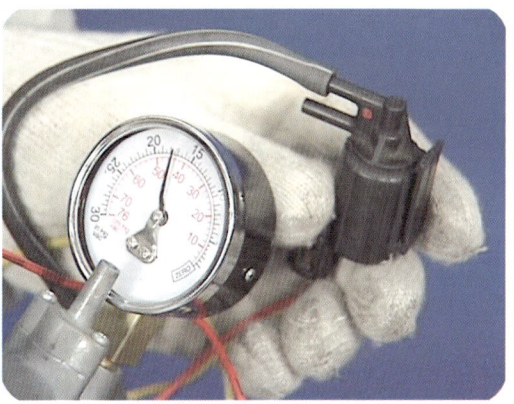

04 퍼지 컨트롤 솔레노이드 밸브에 진공의 유지를 점검

퍼지 컨트롤 솔레노이드 밸브의 진공 포트에 마이티백 진공 호스를 연결하고 50mmHg를 가하여 유지 또는 해제를 점검한다.

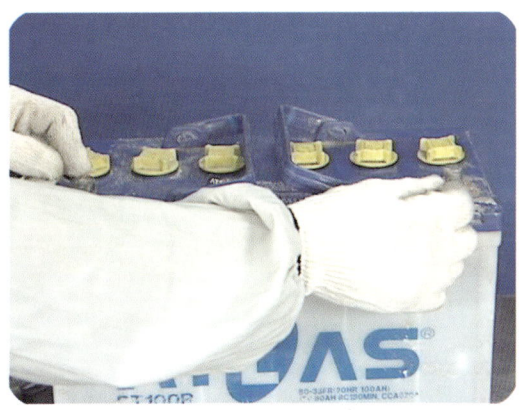

05 퍼지 컨트롤 솔레노이드 밸브에 배터리 전원 공급

퍼지 컨트롤 솔레노이드 밸브에 연결된 배선에 배터리 전원을 공급한다.

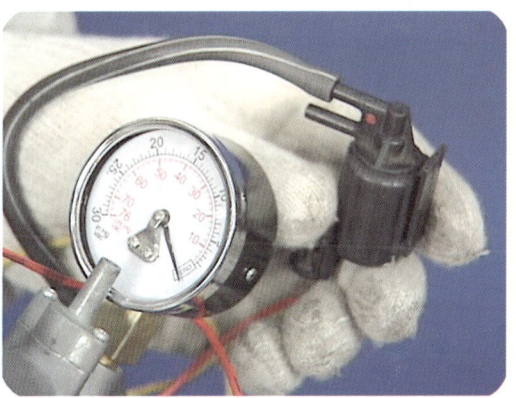

06 퍼지 컨트롤 솔레노이드 밸브에 진공의 해제 점검

퍼지 컨트롤 솔레노이드 밸브에 배터리 전압을 인가한 상태에서 진공의 유지 또는 해제를 점검한다. 진공이 해제되면 정상이다.

실기시험 기록지

■ 엔진 3. 증발가스 제어장치 점검
　　　자동차 번호 :

측정 항목	① 측정(또는 점검)		② 판정 및 정비(또는 조치)사항		득점
	공급 전압	진공유지 또는 진공해제 기록	판정(□에 '✔' 표)	정비 및 조치할 사항	
퍼지 컨트롤 솔레노이드 밸브	작동시 :		□ 양　호 □ 불　량		
	비작동시 :				

비번호　　　감독위원 확인

【 퍼지 컨트롤 솔레노이드 밸브 차종별 규정값 】

차종	조건	엔진상태		진 공	결과
베르나 아반떼XD EF쏘나타 그랜저XG	엔진 냉간시 냉각수 온도 60℃이하	공회전		0.5kg/cm²	진공이 유지됨
		3,000rpm			
	엔진 열간시 냉각수온도 70℃이상 (전원 ON)	공회전		0.5kg/cm² (367.75mmHg-EF쏘나타, 그랜저XG)	진공이 유지됨
		엔진이 3,000rpm이 된 3분 이내		진공을 가함	진공이 해제됨
		엔진이 3,000rpm이 된 3분 이후		0.5kg/cm² (367.75mmHg-EF쏘나타, 그랜저XG)	진공이 순간적으로 유지되다 곧 해제됨
	코일저항	• 26Ω(20℃) - 베르나, 아반떼 XD • 36~44Ω(20℃) - EF 쏘나타 • 24.5~27.5Ω(20℃) - 그랜저XG			

정비산업기사 08 — 점화 코일 1차 파형 분석

엔진 4

주어진 자동차의 엔진에서 점화 코일의 1차 파형을 측정하고 그 결과를 분석하여 출력물에 기록·판정하시오.(측정조건 : 공회전 상태)

>>> 자동차 정비 산업기사 5안 ▶ 200페이지 참조

정비산업기사 08 — 디젤엔진 인젝터 탈·부착, 매연 측정

엔진 5

주어진 전자제어 디젤엔진에서 인젝터를 탈거한 후(감독위원에게 확인) 다시 부착하여 시동을 걸고 매연을 측정하여 기록표에 기록하시오.

01 인젝터 탈·부착

>>> 자동차 정비 산업기사 1안 ▶ 53페이지 참조

02 매연 점검

>>> 자동차 정비 산업기사 2안 ▶ 101페이지 참조

08 파워 스티어링 오일펌프 벨트 탈·부착 에어빼기

섀시 1

주어진 자동차에서 파워 스티어링 오일펌프 및 벨트를 탈거한 후(감독위원에게 확인) 다시 부착하고 에어빼기 작업을 하여 작동 상태를 확인하시오.

동영상

동영상

동영상

01 파워 스티어링 오일펌프 및 벨트 탈·부착

01 실차에 파워 스티어링 오일펌프 설치 위치

02 시뮬레이터의 파워 스티어링 오일펌프 및 구동 벨트 위치

03 파워 스티어링 오일펌프 흡입 호스 탈거
파워 스티어링 오일 리저버 탱크에서 유입되는 오일의 흡입 호스를 탈거한다.

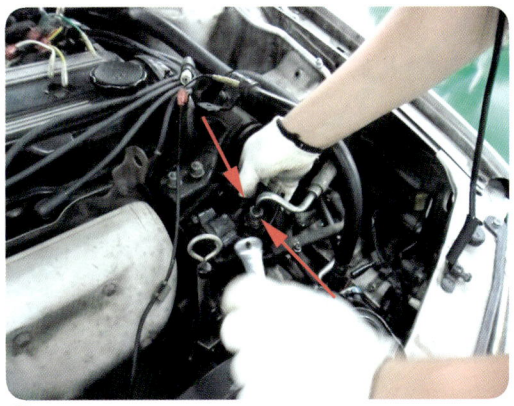

04 파워 스티어링 오일펌프 출구 파이프 탈거
파워 스티어링 오일펌프에서 파워 스티어링 기어로 공급되는 파이프를 탈거한다.

05 파워 스티어링 오일펌프 풀리를 회전시킨다.
파워 스티어링 오일펌프 풀리 볼트를 장력 조정 볼트와 오일펌프 고정 볼트가 보이도록 회전시킨다.

06 오일펌프 구동 벨트 장력 조정 볼트를 약간 풀어 놓는다.
풀리의 홈을 통하여 파워 스티어링 오일펌프 구동 벨트 장력 조정 볼트를 약간 풀어 놓는다.

07 스티어링 오일펌프를 구동 벨트의 장력 해제
파워 스티어링 오일펌프를 캠축 쪽으로 밀어 구동 벨트의 장력을 완전히 해제시킨다.

08 파워 스티어링 오일펌프 구동 벨트 탈거
파워 스티어링 오일펌프를 캠축 쪽으로 밀어 구동 벨트를 풀리에서 벗겨 탈거한다.

09 파워 스티어링 오일펌프 하부 고정 볼트 탈거
파워 스티어링 오일펌프 하부 고정 볼트 및 장력 조절 볼트를 탈거한다.

10 파워 스티어링 오일펌프 탈거
파워 스티어링 오일펌프를 탈거하여 감독위원에게 확인을 받고 역순으로 장착을 한다. 장착이 완료되면 에어빼기 작업을 한다.

02 파워 스티어링 시스템 에어빼기 작업

01 오일펌프 및 구동 벨트 장착이 완료되면 리저버 탱크에 오일 주입

02 조향 핸들을 좌우로 돌리면 자동으로 에어빼기 작업이 이루어진다.

03 리저버 탱크의 오일량을 점검하여 부족하면 보충

04 오일의 보충이 완료되면 감독위원에게 다시 확인을 받는다.

정비산업기사 08 섀시 2

링 기어 백래시와 런 아웃 측정

주어진 종감속 장치에서 링 기어의 백래시와 런 아웃을 측정하여 기록표에 기록한 후 백래시가 규정값이 되도록 조정하시오.

>>> 자동차 정비 산업기사 1안 ▶ 60, 63페이지 참조

정비산업기사 08 섀시 3 — 후륜 주차 브레이크 레버 탈·부착, 작동상태 확인

주어진 자동차에서 후륜의 주차 브레이크 레버(또는 브레이크 슈)를 탈거한 후(감독위원에게 확인) 다시 부착하여 브레이크 작동상태를 확인하시오.

01 주차 브레이크 레버 탈·부착

① 주차 브레이크 레버를 최대한 당긴다.

② 플로어 콘솔 탈거

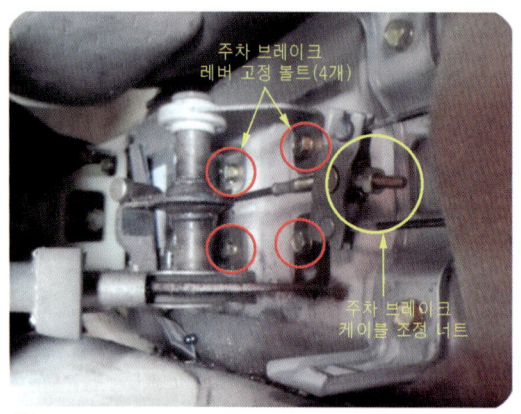

③ 주차 브레이크 케이블 조정 너트 탈거

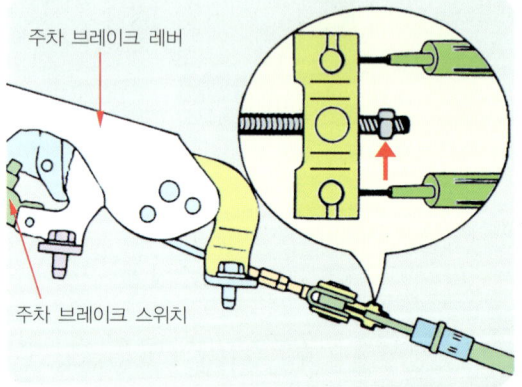

④ 주차 브레이크 레버와 케이블의 연결 상태 상세도

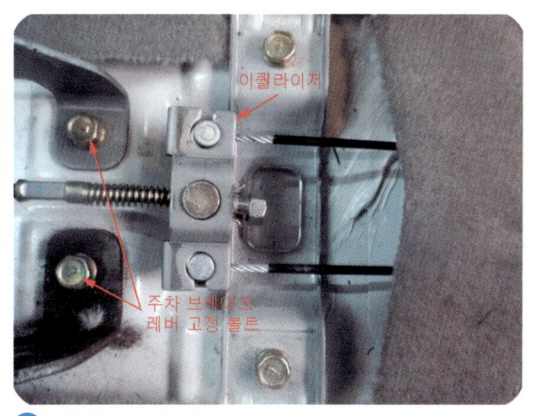

⑤ 케이블 조정 너트를 풀고 이퀄라이저와 분리   ⑥ 4개의 고정 볼트를 풀고 레버 탈거(조립은 역순)

02 후륜 브레이크 슈 탈·부착

>>> 자동차 정비 산업기사 3안 ▶ 157페이지 참조

정비산업기사 08 — 전(앞) 또는 후(뒤) 제동력 측정

섀시 4

3항 작업 자동차에서 감독위원의 지시에 따라 전(앞) 또는 후(뒤) 제동력을 측정하여 기록표에 기록하시오.

>>> 자동차 정비 산업기사 1안 ▶ 66페이지 참조

정비산업기사 08 — ABS 자기진단

섀시 5

주어진 자동차의 ABS에서 자기진단기(스캐너)를 이용하여 각종 센서 및 시스템의 작동 상태를 점검하고 기록표에 기록하시오.

08 와이퍼 모터 탈·부착, 소모 전류의 점검

전기 1

주어진 자동차에서 와이퍼 모터를 탈거한 후(감독위원에게 확인) 다시 부착하여 와이퍼 브러시의 작동상태를 확인하고 와이퍼 작동시 소모전류를 점검하여 기록표에 기록하시오.

동영상

01 와이퍼 모터 탈·부착

01 와이퍼 스위치는 조향 핸들의 우측에 설치

02 모터는 엔진룸의 운전석 또는 동승석쪽에 설치

03 와이퍼 모터의 설치 위치 확인

04 와이퍼 모터의 메인 커넥터 분리

05 와이퍼 모터 고정 볼트 탈거

06 링키지 볼 조인트를 분리하고 와이퍼 모터 탈거

07 볼 조인트가 연결되는 부분. (장착은 역순)

08 탈거 및 장착이 완료되면 감독위원에게 확인을 받음

02 와이퍼 작동시 소모 전류 점검

(1) 멀티 테스터를 이용한 소모 전류 점검

01 장착이 완료되면 각 위치별 작동 상태 점검

02 와이퍼 스위치를 각 위치별로 작동시키면서 확인

03 와이퍼의 작동 상태 점검

04 점검이 완료되면 배터리 (−) 케이블 탈거

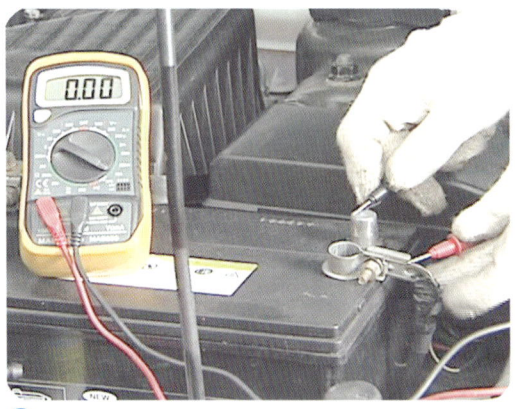
05 측정 대상의 전류 범위로 선택한 후 적색 프로드 팁을 (−) 케이블에, 흑색 프로드 팁을 배터리 커넥터에 접촉시킨다.

06 와이퍼 스위치를 Low 모드와 High 모드로 작동시키면서 소모 전류 점검

07 Low 모드 작동시 소모 전류 측정

08 High 모드 작동시 소모 전류 측정

(2) 훅 미터를 이용한 소모 전류 점검

01 Low 모드 배선과 High 모드 배선 확인

02 Low와 High 모드로 작동시켜 소모 전류 점검

03 Low 모드 작동시 소모 전류 측정

04 High 모드 작동시 소모 전류 측정

실기시험 기록지

■ 전기 1. 와이퍼 모터 소모 전류 점검
자동차 번호 :

측정항목		① 측정(또는 점검)		② 판정 및 정비(또는 조치)사항		득점
		측정값	규정(정비한계)값	판정(□에 '✔'표)	정비 및 조치할 사항	
소모 전류	Low 모드			□ 양 호 □ 불 량		
	High 모드					

비번호 :   감독위원 확인 :

【 차종별 소모전류 규정값 】

차 종	기준 전류(A)	최대 전류(A)
NF 쏘나타/ 아반떼 XD	4.5	28
쏘나타 Ⅲ	3.5	–
싼타페	4	23

1. 와이퍼 회로 전류값이 적게 나오는 원인
    - 배터리 불량 - 배터리 교환
    - 배터리 터미널 연결 상태 불량 - 배터리 터미널 재장착
    - 와이퍼 모터 링키지 탈거 - 링키지 장착
    - 와이퍼 암 설치 부분의 세레이션 마모 - 링키지 어셈블리 교환
2. 와이퍼 회로 전류값이 높게 나오는 원인
    - 와이퍼 모터 링키지 설치 불량 - 링키지 재장착
    - 와이퍼 암 면압 증가 - 블레이드 암을 밖으로 휨
    - 와이퍼 모터 설치 불량 - 와이퍼 모터 재장착

정비산업기사 08 전조등 광도, 광축 점검
전기 2

주어진 자동차에서 전조등 시험기로 전조등을 점검하여 기록표에 기록하시오.

>>> 자동차 정비 산업기사 1안 ▶ 80페이지 참조

정비산업기사 08 자동 에어컨 외기 온도 입력 신호값 점검
전기 3

주어진 자동차의 자동 에어컨 회로에서 외기 온도 입력 신호값을 점검하여 이상 여부를 기록표에 기록하시오.

01 외기 온도(AMB) 및 AQS 센서 설치 위치
외기 온도 센서는 콘덴서 앞 센터 멤버에 설치되어 있는 차량과 사이드 미러에 설치되어 있는 차량이 있다.

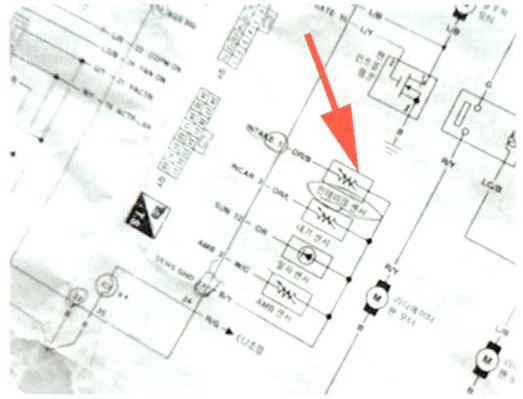

02 외기 온도(AMB) 센서의 회로도
회로도의 1번 단자는 인테이크 센서, 3번 단자는 내기 온도 센서, 12번 단자는 일사 센서, 2번 단자는 외기 온도 센서이다.

03 에어컨을 작동시킨다.

엔진을 시동한 후 에어컨의 온도를 18℃로 설정하고 송풍의 세기를 4단으로 하여 에어컨을 작동시킨다.

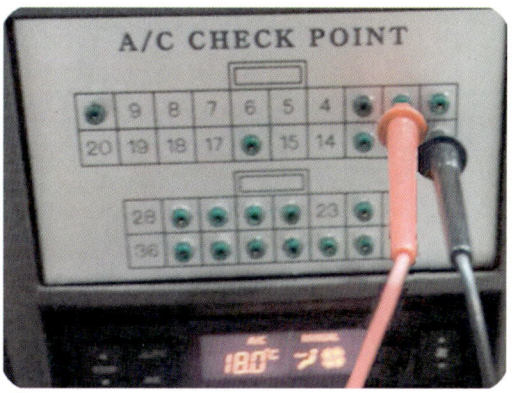

04 프로드 팁 연결(시뮬레이터가 있는 경우)

센서 회로도에서 확인한 AMB 2번 단자에 적색 프로드 팁을, SENSOR GND 11번 단자에 흑색 프로드 팁을 연결한다.

05 프로드 팁 연결(시뮬레이터가 없는 경우)

ECU 배선 A커넥터의 AMB 2번 단자에 적색 프로드 팁을, SENSOR GND 11번 단자에 흑색 프로드 팁을 연결한다.

06 외기 온도 센서의 입력 전압 판독

센서의 입력 전압은 1.02V이며, 기록지에는 에어컨의 설정온도 18℃와 함께 1.02V/18℃로 기록하여야 한다.

실기시험 기록지

▶ 전기 3. 자동 에어컨 외기온도 센서 점검
   자동차 번호 :

점검항목	① 측정(또는 점검)		② 판정 및 정비(또는 조치)사항		득점
	측정값	규정(정비한계)값	판정(□에 '✔'표)	정비 및 조치할 사항	
외기 온도 입력 신호값			□ 양 호 □ 불 량		

비번호 / 감독위원 확인

【 외기온도 센서 저항과 출력 전압 】

온도	저항	출력전압(V)	온도	저항	출력전압(V)
-10℃	157.8kΩ	4.20	10℃	58.8kΩ	4.20
-5℃	122.0kΩ	4.01	20℃	37.3kΩ	4.01
0℃	95.0kΩ	3.80	30℃	24.3kΩ	3.80
5℃	74.5kΩ	3.56	40℃	16.1kΩ	3.56

정비산업기사 08 전기 4

미등 및 번호등 회로 점검 수리

주어진 자동차에서 미등 및 번호등 회로를 점검하여 이상개소(2곳)를 찾아서 수리하시오.

01 전면 미등 설치 위치(아반떼 XD)

02 후면 미등 및 번호등 설치 위치(아반떼 XD)

03 전조등 스위치 커넥터 및 1단 위치의 상태 점검

04 퓨즈가 실내 퓨즈 박스에 설치된 경우 퓨즈 점검

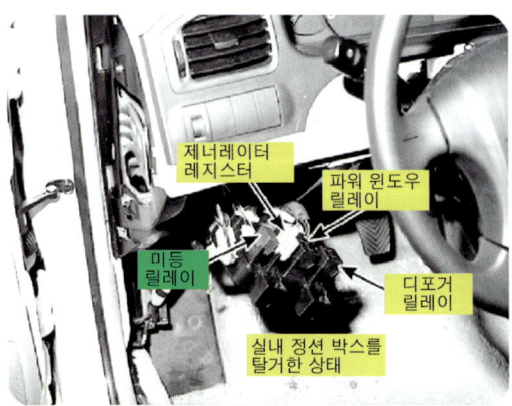
05 미등 릴레이 점검(실내에 설치된 경우)

06 앞뒤·좌우 미등 커넥터 연결 및 전구의 단선 점검

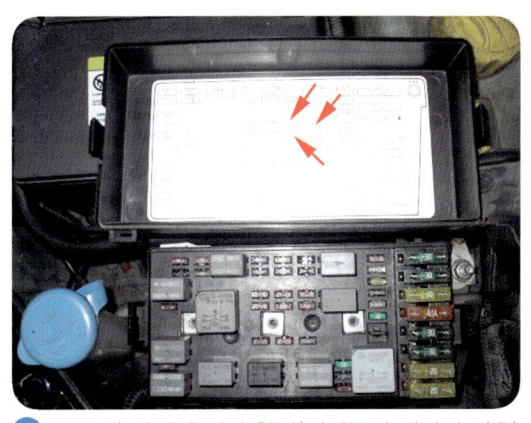

07 퓨즈 및 릴레이 위치 확인(엔진룸에 설치된 경우)　　**08** 좌우 퓨즈 및 릴레이의 상태 점검

○ 미등이 작동하지 않는 원인

고장 위치	원인	조치사항
배터리	불량	교환
배터리 터미널 연결 상태	불량	재장착
미등 퓨즈	탈거	장착
	단선	교환
미등 릴레이	탈거	장착
	불량	교환
	핀 부러짐	교환
미등 전구	탈거	장착
	단선	교환
미등 라인	단선	연결
콤비네이션 스위치	불량	교환
	커넥터 탈거	커넥터 장착
	커넥터 불량	커넥터 교환

○ 미등 일부가 작동하지 않는 원인

고장 위치	원인	조치사항
미등 연결	커넥터 불량	커넥터 교환
미등 전구	녹으로 접지 불량	전구 교환
	탈거	장착
	단선	교환
	연결 커넥터 탈거	연결 커넥터 장착
콤비네이션 스위치	불량	교환
미등 라인	단선	연결

번호등이 작동하지 않는 원인

고장 위치	원인	조치사항
번호등 연결	커넥터 불량	커넥터 교환
번호등 전구	녹으로 접지 불량	전구 교환
	탈거	장착
	단선	교환
	연결 커넥터 탈거	연결 커넥터 장착
	연결 커넥터 불량	연결 커넥터 교환
번호등 라인	단선	연결
콤비네이션 스위치	불량	교환

자동차정비산업기사

안 09

국가기술자격검정 실기시험문제

1. 엔 진

1. 주어진 엔진을 기록표의 측정 항목까지 분해하여 기록표의 요구사항을 측정 및 점검하고 본래 상태로 조립하시오.
2. 주어진 자동차의 전자제어 엔진에서 감독위원의 지시에 따라 1가지 부품을 탈거한 후(감독위원에게 확인) 다시 부착하고 시동에 필요한 관련 부분의 이상개소(시동회로, 점화회로, 연료장치 중 2개소)를 점검 및 수리하여 시동하시오.
3. 2항의 시동된 엔진에서 공회전 상태를 확인하고 공회전시 배기가스를 측정하여 기록표에 기록하시오.(단, 시동이 정상적으로 되지 않은 경우 본 항의 작업은 할 수 없음.)
4. 주어진 자동차의 엔진에서 스텝 모터(또는 ISA)의 파형을 출력·분석하여 그 결과를 기록표에 기록하시오.
5. 주어진 전자제어 디젤엔진에서 연료 압력 센서를 탈거한 후(감독위원에게 확인) 다시 부착하여 시동을 걸고 공전속도를 점검하여 기록표에 기록하시오.

2. 섀 시

1. 주어진 자동차에서 파워 스티어링 오일펌프 및 벨트를 탈거한 후(감독위원에게 확인) 다시 부착하고 에어빼기 작업을 하여 작동상태를 확인하시오.
2. 주어진 종감속 장치에서 링 기어의 백래시와 런 아웃을 측정하여 기록표에 기록한 후 백래시가 규정값이 되도록 조정하시오.
3. 주어진 자동차에서 전륜의 브레이크 캘리퍼를 탈거한 후(감독위원에게 확인) 다시 부착하고 브레이크 작동 상태를 점검하시오.
4. 3항 작업 자동차에서 감독위원의 지시에 따라 전(앞) 또는 후(뒤) 제동력을 측정하여 기록표에 기록하시오.
5. 자동차의 자동변속기에서 자기진단기(스캐너)를 이용하여 각종 센서 및 시스템의 작동 상태를 점검하고 기록표에 기록하시오.

3. 전 기

1. 주어진 자동차에서 다기능(콤비네이션) 스위치를 교환(탈·부착)하여 스위치 작동상태를 확인하고 경음기 음량 상태를 점검하여 기록표에 기록하시오.
2. 주어진 자동차에서 전조등 시험기로 전조등을 점검하여 기록표에 기록하시오.
3. 주어진 자동차에서 도어 센트롤 록킹(도어 중앙 잠금장치) 스위치 조작시 편의장치(ETACS 또는 ISU) 및 운전석 도어 모듈(DDM) 커넥터에서 작동신호를 측정하고 이상여부를 확인하여 기록표에 기록하시오.
4. 주어진 자동차에서 와이퍼 회로를 점검하여 이상개소(2곳)를 찾아서 수리하시오.

국가기술자격검정실기시험문제 9안

자 격 종 목	자동차 정비산업기사	작 품 명	자동차 정비 작업

- 비 번호
- 시험시간 : 5시간30분(엔진 : 140분, 섀시 : 120분, 전기 : 70분)
  ※ 시험 안 및 요구사항 일부내용이 변경될 수 있음

정비산업기사 09 엔진 1

크랭크축 메인저널 마모량 측정

주어진 엔진을 기록표의 측정 항목까지 분해하여 기록표의 요구사항을 측정 및 점검하고 본래 상태로 조립하시오.

01 분해 조립

>>> 공통사항 ▶ 16페이지 참조

동영상

02 크랭크축 메인저널 마모량 측정

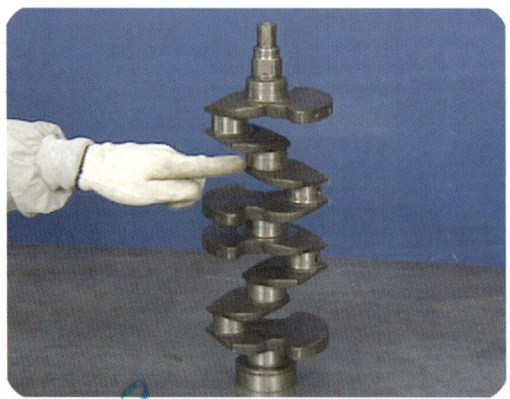
01 감독위원이 지정한 메인저널을 깨끗한 헝겊으로 닦는다.

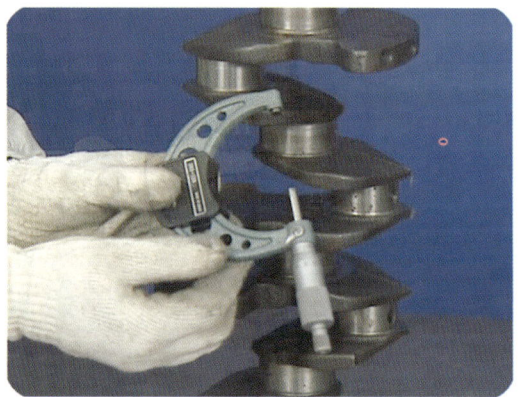
02 외경 마이크로미터의 0점을 확인. 필요시 조정한다.

③ 이 부분의 저널 3곳의 외경 측정   ④ 이 부분의 저널 3곳의 외경 측정

※ 메인저널 마모량 = 메인저널 규정값 – 4곳 저널 외경 중에서 가장 작은 측정값

실기시험 기록지

▶ 엔진 1. 크랭크축 저널 측정
   자동차 번호 : :

측정 항목	① 측정(또는 점검)		② 판정 및 정비(또는 조치)사항		득 점
	측정값	규정(정비한계)값	판정(□에 '✔'표)	정비 및 조치할 사항	
메인저널 마모량			□ 양 호 □ 불 량		

※ 감독위원이 지정하는 부위를 측정한다.

비번호 / **감독위원 확 인**

■ 크랭크축 메인저널 마모량 규정값

차종	규정값	차종	규정값
아반떼 MD	47.942~47.960mm	K3 YD	47.942~47.960mm
쏘나타 YF	54.942~54.960mm	K5 JF	47.942~47.960mm
쏘나타 LF	54.942~54.960mm	모닝 TA	47.942~47.960mm
쏠라티 EU	66.982~67.000mm	레이 TAM	47.942~47.960mm
싼타페 TM	60.000~60.018mm	스포티지 QL	47.942~47.960mm
I40(VF)	54.942~54.960mm	쏘울 SK3	47.942~47.960mm
SM6(K9K)	47.990~48.010mm	SM6(M4R)	51.959~51.979mm
SM5(M4R)	51.959~51.979mm	SM3(H4M)	47.959~47.979mm
QM3(K9K)	47.990~48.010mm		

【수정 한계값과 언더 사이즈 한계값】

마모량 한계값

항 목	저널 지름	수정 한계값
진원 마멸값	50mm 이상	0.20mm
	50mm 이하	0.15mm

언더 사이즈 한계값

저널 지름	언더 사이즈 한계값
50mm 이상	1.50mm
50mm 이하	1.00mm

[예] 어느 엔진의 크랭크 축 메인 저널 지름이 57.00mm이다. 이 엔진을 분해하여 크랭크축 메인 저널의 지름을 측정하였더니 제1번이 56.72mm, 제2번이 56.85mm, 제3번이 56.92mm, 제4번이 56.76mm, 제5번이 56.94mm였다. 이 크랭크축 메인 저널의 수정값과 언더 사이즈 값을 각각 구하시오.

① 계산 방법 : 최소 측정값이 56.72mm이므로 56.72mm-0.2mm(진원 절삭값)=56.52mm, 그러나 언더 사이즈 값에는 0.52mm가 없으므로 이 값보다 작으면서 가장 가까운 값인 0.50mm를 선택한다. 따라서 수정값은 56.50mm이며, 언더 사이즈 기준값은 57.00mm(표준값)-56.50mm(수정값) =0.50mm이다. 이에 따라 이 크랭크축 메인 저널의 지름은 0.50mm가 가늘어지고, 엔진 베어링은 0.50mm가 더 두꺼워진다.

정비산업기사 09 시동회로, 점화회로, 연료장치 점검 후 시동

엔진 2

주어진 자동차의 전자제어 엔진에서 감독위원의 지시에 따라 1가지 부품을 탈거한 후(감독위원에게 확인) 다시 부착하고 시동에 필요한 관련 부분의 이상개소(시동회로, 점화회로, 연료장치 중 2개소)를 점검 및 수리하여 시동하시오.

▶▶▶ 자동차 정비 산업기사 1안 ▶ 32페이지 참조

정비산업기사 09 공회전 확인, 배기가스 점검

엔진 3

2항의 시동된 엔진에서 공회전 상태를 확인하고 공회전시 배기가스를 측정하여 기록표에 기록하시오.(단, 시동이 정상적으로 되지 않은 경우 본 항의 작업은 할 수 없음)

01 공회전 확인

▶▶▶ 자동차 정비 산업기사 1안 ▶ 38페이지 참조

02 배기가스 측정

▶▶▶ 자동차 정비 산업기사 1안 ▶ 40페이지 참조

정비산업기사 09 엔진 4 — 스텝 모터(또는 ISA) 파형 분석

주어진 자동차의 엔진에서 스텝 모터(또는 ISA)의 파형을 출력·분석하여 그 결과를 기록표에 기록하시오.

>>> 자동차 정비 산업기사 4안 ▶ 169페이지 참조

정비산업기사 09 엔진 5 — 디젤엔진 연료 압력 센서 탈·부착, 공전속도 점검

주어진 전자제어 디젤엔진에서 연료 압력 센서를 탈거한 후(감독위원에게 확인) 다시 부착하여 시동을 걸고 공전속도를 점검하여 기록표에 기록하시오.

01 연료 압력 센서 탈·부착

>>> 자동차 정비 산업기사 2안 ▶ 100페이지 참조

02 공전속도 점검

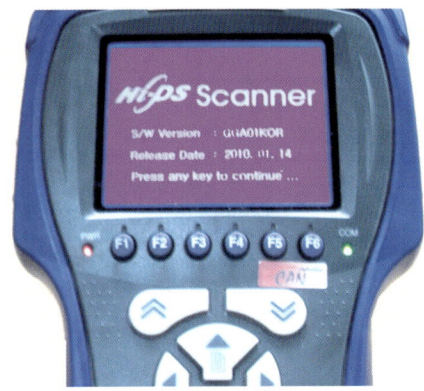

01 자기진단 커넥터 연결
자기진단 커넥터에 접속하고 파워 버튼을 ON시키면 제품명 및 소프트웨어 버전이 표출된다.

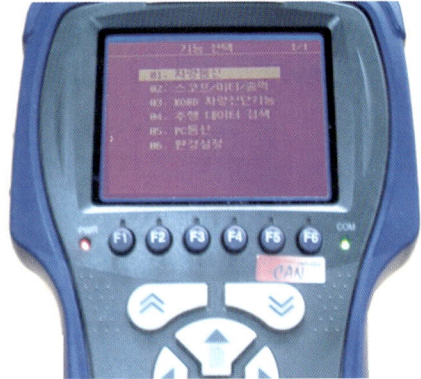

02 차량 통신 기능 선택
소프트웨어 버전 화면 상태에서 ENTER 버튼을 눌러 기능 선택 화면으로 활성화 한다.

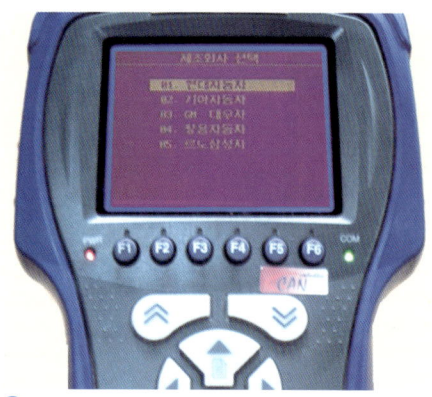

03 점검 대상 차량의 제조회사 선택
점검 대상 차량인 현대자동차를 선택하고 ENTER를 누른다.

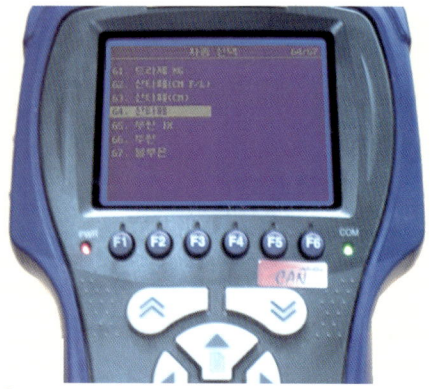

04 점검할 차종 선택
점검 대상 차종인 산타페를 선택한 후 ENTER를 누른다.

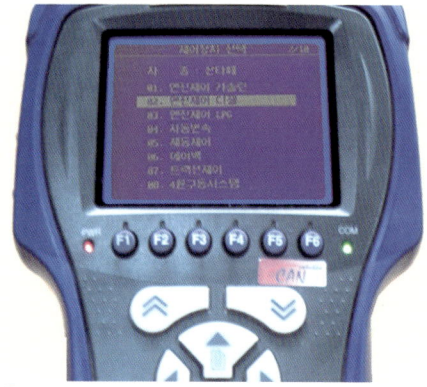

05 점검할 제어 시스템 선택
점검 대상인 엔진제어 디젤을 선택한 후 ENTER를 누른다.

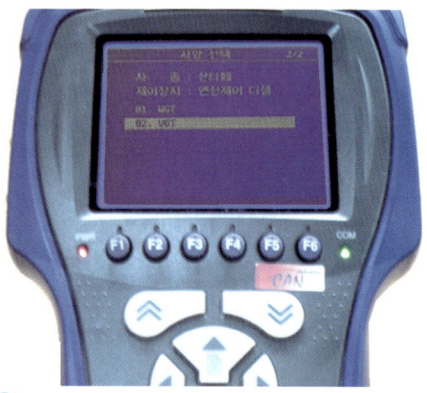

06 엔진의 사양 선택
점검 대상인 엔진의 사양 VGT를 선택한 후 ENTER를 누른다.

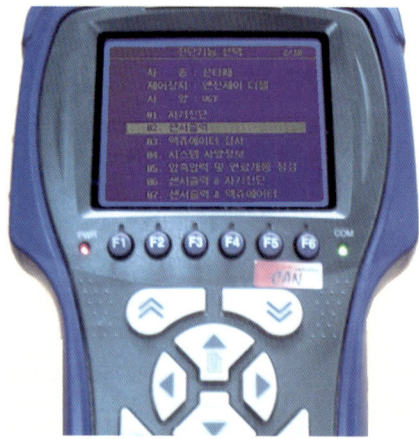

07 센서 출력 선택
점검 대상인 엔진의 센서 출력을 선택한 후 ENTER를 누른다.

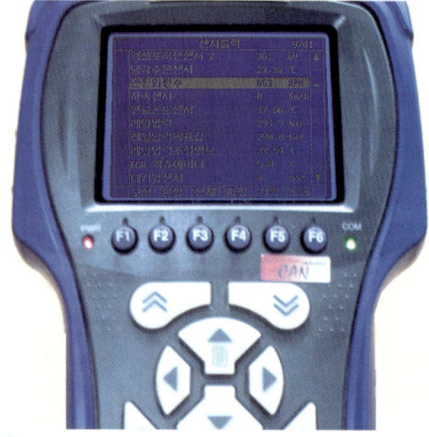

08 스캐너의 창에서 엔진의 회전수 판독
스캐너에 표출되는 엔진의 회전수를 판독하고 스캐너가 지급되지 않는 경우에는 계기판에서 판독한다.

실기시험 기록지

▶ 엔진 5. 공전속도 점검
자동차 번호 :

측정항목	① 측정(또는 점검)		② 판정 및 정비(또는 조치)사항		득 점
	측정값	규정(정비한계)값	판정(□에 ✓ 표)	정비 및 조치할 사항	
공전속도			□ 양 호 □ 불 량		

【 차종별 공전속도 및 분사시기 규정값 】

차 종	엔진형식	배기량(cc)	분사시기	공전속도(rpm)
갤로퍼	D4BF	2,476	ATDC7°	750±30
	B4BA	2,476	ATDC5°	750±30
	D4BX	2,476	ATDC4°	750±30
그레이스	D4BB	2,607	ATDC5°	850±100
	D4BH	2,476	ATDC9°	750±30
스타렉스	D4BB	2,607	ATDC5°	850±100
	D4BF	2,476	ATDC7°	750±30
무쏘 / 코란도	OM601	2,299	BTDC15±1°	700±50
	OM602	2,874	BTDC15±1°	750±50
스포티지	RT-기계식	1,998	ATDC9°	750~800
	MA. HW	2,184	ATDC4°	750~800
	RE-전자식	1,998	ATDC11°	800±25

정비산업기사 09 | 섀시 1
파워 스티어링 오일펌프 벨트 탈·부착 에어빼기

주어진 자동차에서 파워 스티어링 오일펌프 및 벨트를 탈거한 후(감독위원에게 확인) 다시 부착하고 에어빼기 작업을 하여 작동상태를 확인하시오.

>>> 자동차 정비 산업기사 8안 ▶ 285페이지 참조

정비산업기사 09 — 섀시 2
링 기어 백래시와 런 아웃 측정

주어진 종감속 장치에서 링 기어의 백래시와 런 아웃을 측정하여 기록표에 기록한 후 백래시가 규정값이 되도록 조정하시오.

>>> 자동차 정비 산업기사 1안 ▶ 60페이지 참조

정비산업기사 09 — 섀시 3
전륜 브레이크 캘리퍼 탈·부착, 작동 상태 점검

주어진 자동차에서 전륜의 브레이크 캘리퍼를 탈거한 후(감독위원에게 확인) 다시 부착하고 브레이크 작동 상태를 점검하시오.

>>> 자동차 정비 산업기사 6안 ▶ 242페이지 참조

정비산업기사 09 — 섀시 4
전(앞) 또는 후(뒤) 제동력 측정

3항 작업 자동차에서 감독위원의 지시에 따라 전(앞) 또는 후제동력을 측정하여 기록표에 기록하시오.

>>> 자동차 정비 산업기사 1안 ▶ 66페이지 참조

정비산업기사 09 — 섀시 5
자동변속기 자기진단

주어진 자동차의 자동변속기에서 자기진단기(스캐너)를 이용하여 각종 센서 및 시스템의 작동 상태를 점검하고 기록표에 기록하시오.

>>> 자동차 정비 산업기사 1안 ▶ 71페이지 참조

09 다기능 스위치 교환 및 경음기 음량의 측정

정비산업기사 / 전기 1

주어진 자동차에서 다기능(콤비네이션) 스위치를 교환(탈·부착)하여 스위치 작동상태를 확인하고 경음기 음량 상태를 점검하여 기록표에 기록하시오.

01 다기능(콤비네이션) 스위치 교환(탈·부착)

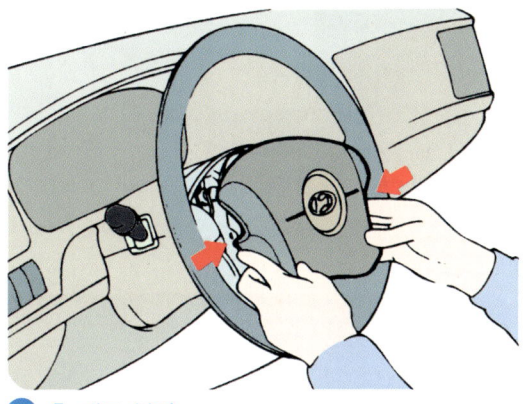
01 혼 패드 분리

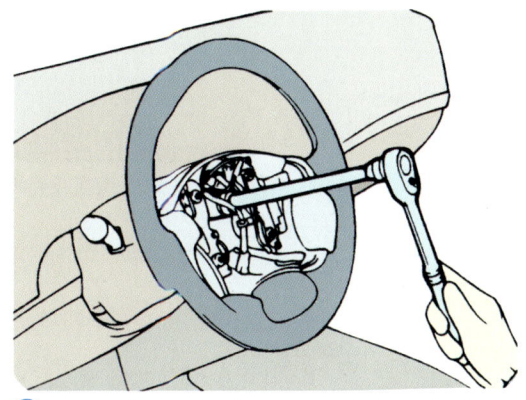
02 조향 핸들 고정 너트를 풀고 조향 핸들 탈거

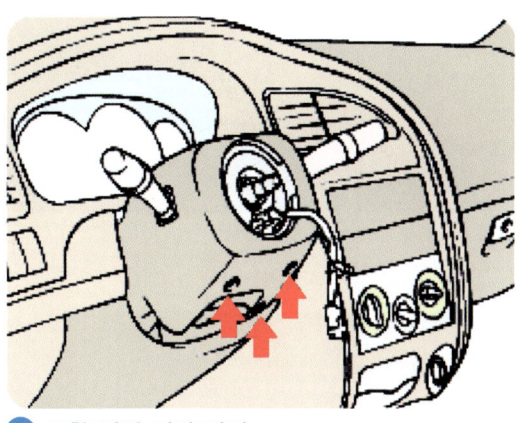
03 조향 칼럼 커버 탈거

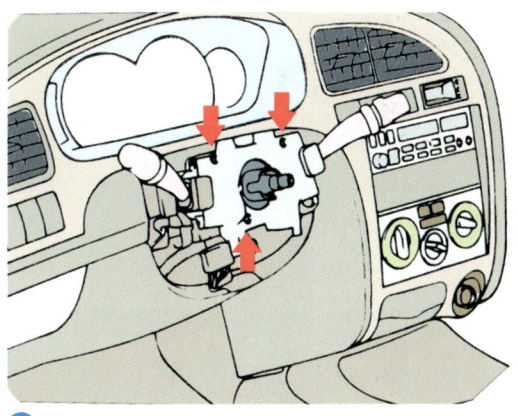
04 커넥터를 분리하고 다기능 스위치 탈거

05 감독위원에게 확인을 받고 역순에 의거 장착

02 경음기 음량 측정

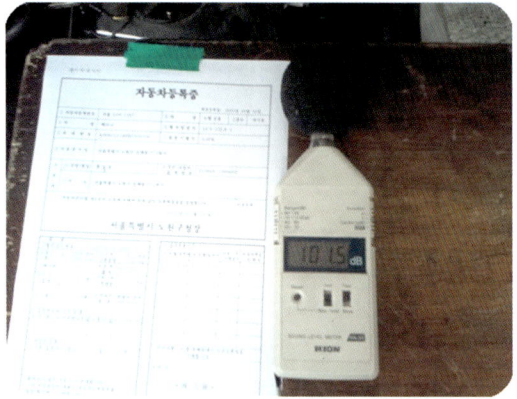

❶ 음량계 옆에 복사된 자동차 등록증과 음량계가 준비되어 있다. 차량의 연식을 확인하여 기록

❷ 자동차 전방 2m 위치에 음량계를 높이 1.2±0.05m 위치가 되도록 설치

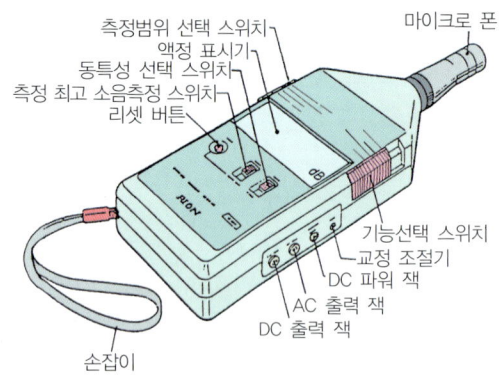

❸ 음량계 구조(1)

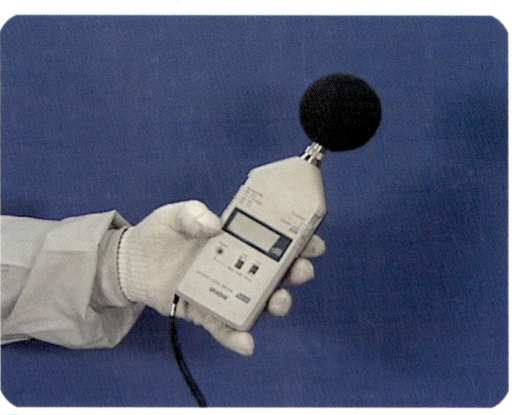

❹ 음량계 구조(2)

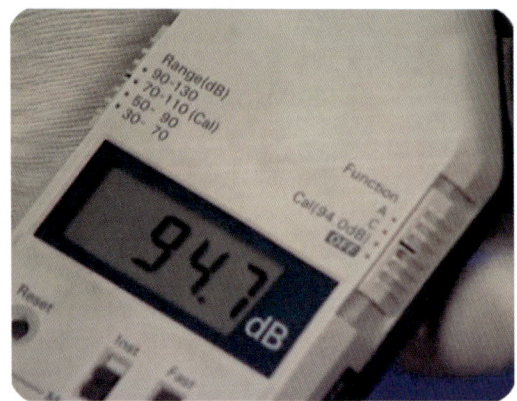

❺ 기능 선택 스위치를 C 특성에 위치시킨다.

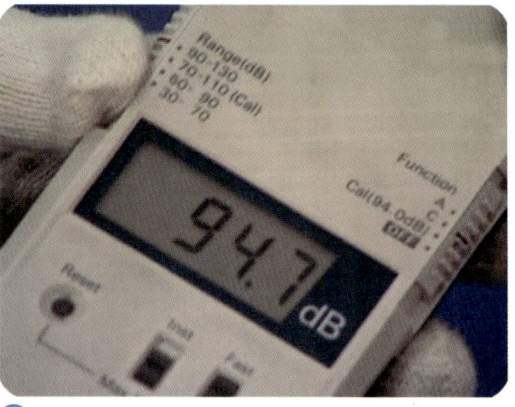

❻ 측정 범위 선택 스위치를 90~130dB에 위치시킨다.

07 동특성 스위치 Fast, 측정 최고 소음정지 스위치 Max Hold, 리셋 버튼을 누른다.

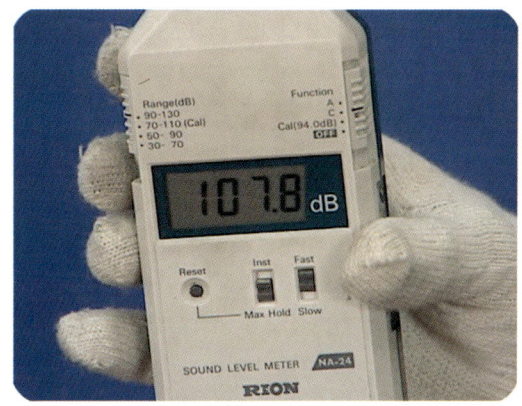
08 수검자 본인이 경음기 스위치를 누른다. 음량 테스터에서 음량을 판독

실기시험 기록지

➡ 전기 1. 경음기 음량 점검
자동차 번호 :

측정 항목	① 측정(또는 점검)		② 판정 및 정비(또는 조치)사항		득 점
	측정값	기준값	판정(□에 '✔'표)	정비 및 조치할 사항	
경음기 음량		____ 이상 ____ 이하	□ 양 호 □ 불 량		

비번호		감독위원 확 인	

※ 감독위원이 제시한 자동차등록증(또는 차대번호)을 활용하여 차종 및 연식을 적용합니다.
※ 자동차 검사기준 및 방법에 의하여 기록 판정합니다.
※ 암소음은 무시합니다.

【 경음기 음량 기준값(2006년 1월 1일 이후) 】

자동차 종류 \ 소음항목		경적소음(dB(C))
경자동차		110 이하
승용 자동차	소형, 중형	110 이하
	중대형, 대형	112 이하
화물 자동차	소형, 중형	110 이하
	대형	112 이하

【 경음기 음량 기준값(2000년 1월 1일 이후) 】

차량 종류 \ 소음 항목		경적 소음(dB(C))	비고
경 자동차		110 이하	이륜 자동차 110 이하
승용 자동차	승용 1, 2	110 이하	
	승용 3, 4	112 이하	
화물 자동차	화물 1, 2	110 이하	
	화물 3	112 이하	

○ 경음기 음량이 높게 나오는 원인

고장 위치	원인	조치사항
경음기	규격품 외 사용	규격품으로 교환
	추가 설치	추가된 경음기 탈거
	음량 조정 불량	음량 조정나사로 조정

경음기 음량이 낮게 나오는 원인

고장 위치	원인	조치사항
경음기	음량 조정 불량	음량 조정 나사로 조정
	연결 커넥터 접촉 불량	연결부 확실히 장착
	접지 불량	접지부 확실히 장착
	고장	교환
배터리	불량	교환
	터미널 연결 상태 불량	터미널 재장착

09 전조등 광도, 광축 점검
전기 2

주어진 자동차에서 전조등 시험기로 전조등을 점검하여 기록표에 기록하시오.

▶▶▶ 자동차 정비 산업기사 1안 ▶ 80페이지 참조

09 ETACS 도어 중앙 잠금장치 작동신호 점검
전기 3

주어진 자동차에서 도어 센트롤 록킹(도어 중앙 잠금장치) 스위치 조작시 편의장치(ETACS 또는 ISU) 및 운전석 도어 모듈(DDM) 커넥터에서 작동신호를 측정하고 이상여부를 확인하여 기록표에 기록하시오.

▶▶▶ 자동차 정비 산업기사 2안 ▶ 132페이지 참조

09 와이퍼 회로 점검 수리
전기 4

주어진 자동차에서 와이퍼 회로를 점검하여 이상 개소(2곳)를 찾아서 수리하시오.

▶▶▶ 자동차 정비 산업기사 1안 ▶ 89페이지 참조

자동차정비산업기사

안 **10**

국가기술자격검정 실기시험문제

1. 엔 진

1. 주어진 엔진을 기록표의 측정 항목까지 분해하여 기록표의 요구사항을 측정 및 점검하고 본래 상태로 조립하시오.
2. 주어진 자동차의 전자제어 엔진에서 감독위원의 지시에 따라 1가지 부품을 탈거한 후(감독위원에게 확인) 다시 부착하고 시동에 필요한 관련 부분의 이상개소(시동회로, 점화회로, 연료장치 중 2개소)를 점검 및 수리하여 시동하시오.
3. 2항의 시동된 엔진에서 공회전 상태를 확인하고 감독위원의 지시에 따라 연료 공급 시스템의 연료 압력을 측정하여 기록표에 기록하시오.(단, 시동이 정상적으로 되지 않은 경우 본 항의 작업은 할 수 없음)
4. 주어진 자동차의 엔진에서 TDC 센서(또는 캠각 센서)의 파형을 출력하고 출력물에 상태를 분석하여 그 결과를 기록표에 기록하시오.(측정조건 : 공회전 상태)
5. 주어진 전자제어 디젤엔진에서 인젝터를 탈거한 후(감독위원에게 확인) 다시 부착하여 시동을 걸고 매연을 측정하여 기록표에 기록하시오.

2. 섀 시

1. 주어진 자동차의 전륜에서 허브 및 너클을 탈거한 후(감독위원에게 확인) 다시 부착하여 작동상태를 확인하시오.
2. 주어진 자동차에서 휠 얼라인먼트 시험기(측정된 준비 사항이 완료된 상태)로 토(toe) 값을 측정하여 기록표에 기록한 후 타이로드를 이용하여 규정에 맞도록 조정하시오.
3. 주어진 자동차에서 후륜의 브레이크 휠 실린더를 탈거한 후(감독위원에게 확인) 다시 부착하여 브레이크의 작동상태를 점검하시오.
4. 3항 작업 차량에서 감독위원의 지시에 따라 전(앞) 또는 후(뒤) 제동력을 측정하여 기록표에 기록하시오.
5. 주어진 자동차의 ABS에서 자기진단기(스캐너)를 이용하여 각종 센서 및 시스템의 작동 상태를 점검하고 기록표에 기록하시오.

3. 전 기

1. 주어진 자동차에서 파워 윈도우 레귤레이터를 탈거한 후(감독위원에게 확인) 다시 부착하여 작동 상태를 확인 후 윈도우 모터의 전류 소모시험을 하여 기록표에 기록하시오.
2. 주어진 자동차에서 전조등 시험기로 전조등을 점검하여 기록표에 기록하시오.
3. 주어진 자동차의 편의장치(ETACS 또는 ISU) 커넥터에서 전원 전압을 점검하여 기록표에 기록하시오.
4. 주어진 자동차에서 실내등 및 도어 오픈 경고등 회로를 점검하여 이상개소(2곳)를 찾아서 수리하시오.

국가기술자격검정실기시험문제 10안

자 격 종 목	자동차 정비산업기사	작 품 명	자동차 정비 작업

- 비 번호
- 시험시간 : 5시간30분(엔진 : 140분, 섀시 : 120분, 전기 : 70분)
  ※ 시험 안 및 요구사항 일부내용이 변경될 수 있음

정비산업기사 10 [엔진 1] 크랭크축 축방향 유격 측정

주어진 엔진을 기록표의 측정 항목까지 분해하여 기록표의 요구사항을 측정 및 점검하고 본래 상태로 조립하시오.

01 분해 조립

▶▶▶ 공통사항 ▶ 16페이지 참조

02 크랭크축 축방향 유격 측정

▶▶▶ 자동차 정비 산업기사 3안 ▶ 140페이지 참조

정비산업기사 10 [엔진 2] 시동회로, 점화회로, 연료장치 점검 후 시동

주어진 자동차의 전자제어 엔진에서 감독위원의 지시에 따라 1가지 부품을 탈거한 후(감독위원에게 확인) 다시 부착하고 시동에 필요한 관련 부분의 이상개소(시동회로, 점화회로, 연료장치 중 2개소)를 점검 및 수리하여 시동하시오.

▶▶▶ 자동차 정비 산업기사 1안 ▶ 32페이지 참조

정비산업기사 10 엔진 3 — 공회전 확인, 연료 압력 측정

2항의 시동된 엔진에서 공회전 상태를 확인하고 감독위원의 지시에 따라 연료 공급 시스템의 연료 압력을 측정하여 기록표에 기록하시오.(단, 시동이 정상적으로 되지 않은 경우 본 항의 작업은 할 수 없음)

01 공회전 상태 확인

>>> 자동차 정비 산업기사 1안 ▶ 38페이지 참조

02 연료 압력 측정

>>> 자동차 정비 산업기사 6안 ▶ 233페이지 참조

동영상  동영상

정비산업기사 10 엔진 4 — #1번 TDC 센서 파형 분석

주어진 자동차의 엔진에서 TDC 센서(또는 캠각 센서)의 파형을 출력하고 출력물에 상태를 분석하여 그 결과를 기록표에 기록하시오.(측정조건 : 공회전 상태)

01 배터리 전원 선 연결
테스터의 적색 전원 선을 배터리 (+)에, 검은색 선을 (−)에 연결한다.

02 오실로스코프 프로브 연결
컬러 프로브를 배전기 커넥터의 TDC 센서 출력 단자에, 흑색 프로브를 차체에 접지시킨다.

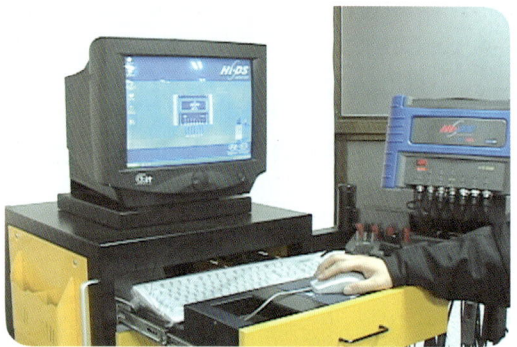

03 바탕 화면에서 Hi-DS 아이콘 클릭

엔진을 시동하여 워밍업을 시킨 후 공회전 상태에서 모니터 바탕 화면의 Hi-DS 아이콘을 클릭하여 활성화 한다.

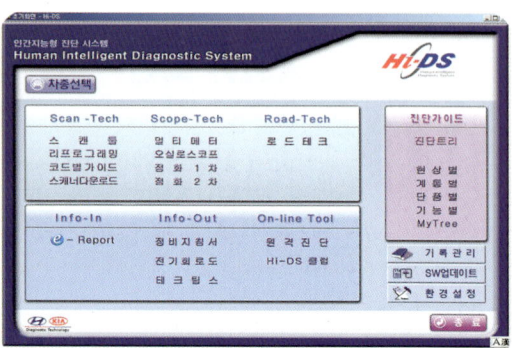

04 초기 화면에서 차종 선택 클릭

초기 화면 왼쪽 위에 있는 차종선택 아이콘을 클릭하여 차종 선택 화면을 활성화 한다.

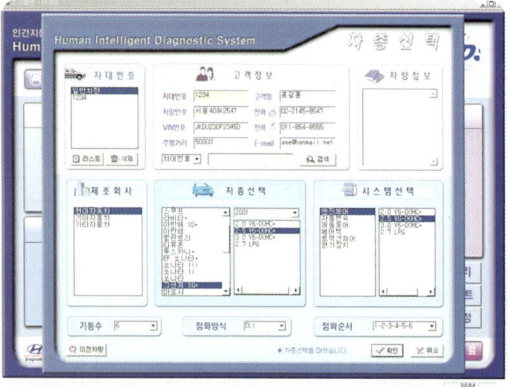

05 차량의 제원 설정

차량의 제조사, 차종, 연식, 시스템 순으로 제원을 설정한 후 확인 버튼을 클릭한다.

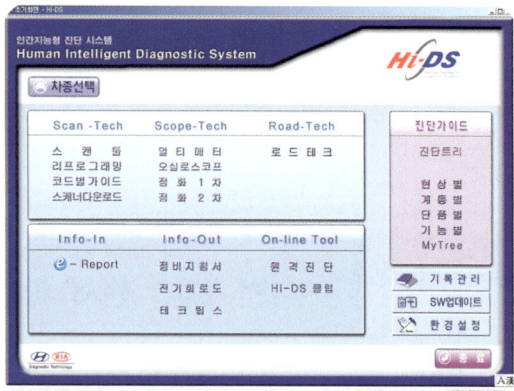

06 오실로스코프 선택

Scope-Tech의 오실로스코프 항목을 클릭하여 오실로스코프 화면을 활성화 한다.

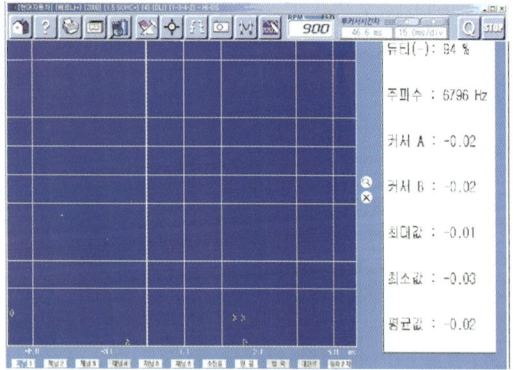

07 오실로스코프 환경 설정 버튼 클릭

오실로스코프 화면의 상단 환경 설정 아이콘을 클릭하면 우측의 측정 범위 설정 화면이 나타난다.

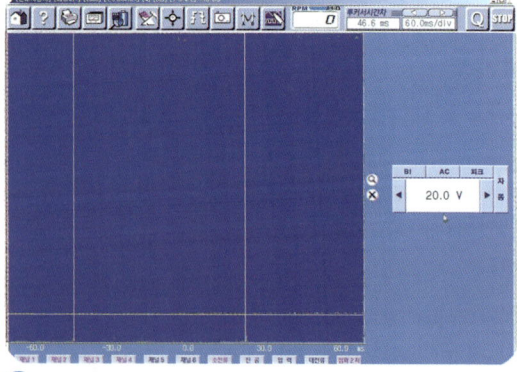

08 측정 범위 설정

시간축 : 60.0ms/div, 20.0V로 설정하고 화면 하단에서 TDC 출력 단자에 연결한 채널 선으로 선택한다.

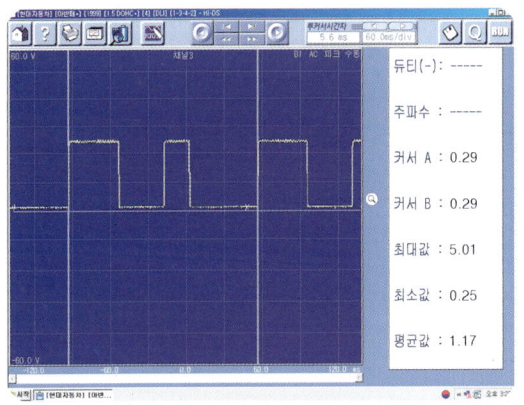
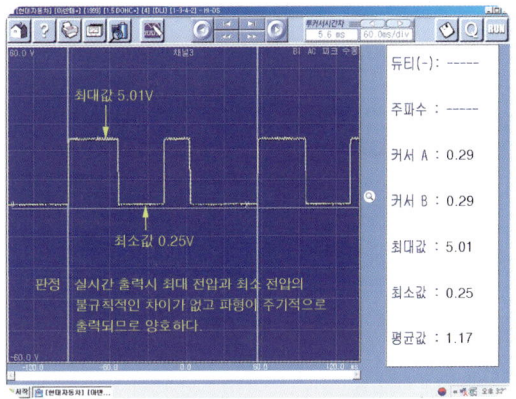

09 스톱 버튼을 클릭하여 파형을 프린트 한다.

A커서와 오른쪽 B커서 사이의 최소값과 최대값이 표시되면 스톱 버튼을 클릭하고 측정된 파형을 프린트 한다. 최대값 5.01V, 최소값 0.25V 이다.

10 파형의 주요 특징을 표기 및 설명

인쇄된 프린트 파형에 불량 요소가 있는 경우에 표기 및 서술하여야 하고 파형의 주요 특성에 대하여 표기 및 서술하여 감독위원에게 제출한다.

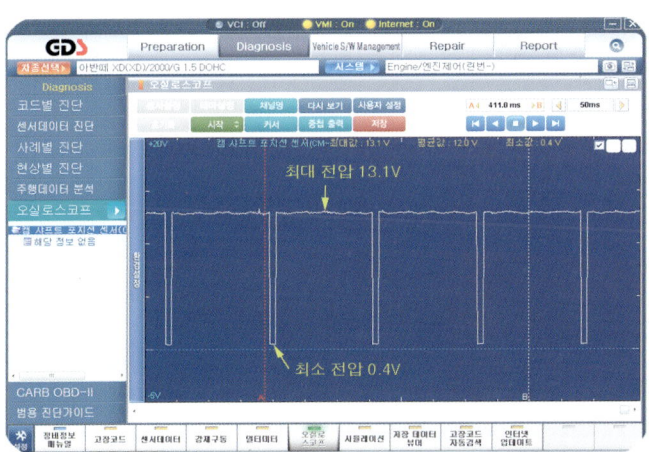

11 아반떼 XD 1.5 엔진 공회전시 CMPS 정상 파형

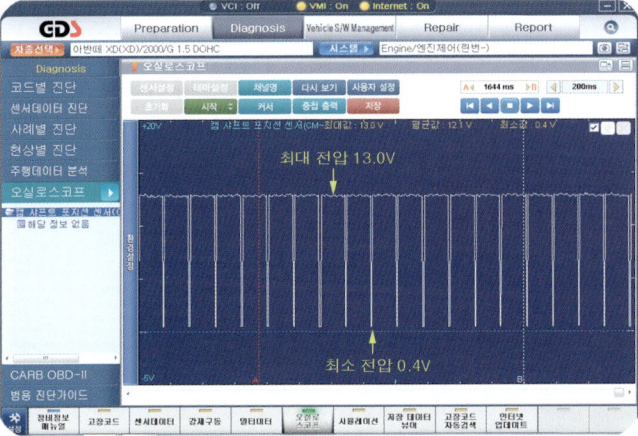

12 아반떼 XD 1.5 엔진 가속시 CMPS 정상 파형

실기시험 기록지

🔹 엔진 4. 센서 파형 분석
자동차 번호 :

측정 항목	파형 상태	득 점
파형 측정	요구사항 조건에 맞는 파형을 프린트하여 아래 사항을 분석 후 뒷면에 첨부 ① 파형에 불량 요소가 있는 경우에는 반드시 표기 및 설명 하여야 함 ② 파형의 주요 특징에 대하여 표기 및 설명 하여야 함	

비번호 / 감독위원 확 인

정비산업기사 10 — 디젤엔진 인젝터 탈부착, 매연 측정
엔진 5

주어진 전자제어 디젤엔진에서 인젝터를 탈거한 후(감독위원에게 확인) 다시 부착하여 시동을 걸고 매연을 측정하여 기록표에 기록하시오.

01 인젝터 탈·부착

▶▶▶ 자동차 정비 산업기사 1안 ▶ 53페이지 참조

02 매연 측정

▶▶▶ 자동차 정비 산업기사 2안 ▶ 101페이지 참조

정비산업기사 10 — 전륜 허브 및 너클 탈·부착 작동 상태 확인
섀시 1

주어진 자동차의 전륜에서 허브 및 너클을 탈거한 후(감독위원에게 확인) 다시 부착하여 작동상태를 확인하시오.

01 전륜 허브 및 너클 탈·부착

동영상

01 타이어 탈거

02 허브의 그리스 캡 및 분할 핀 탈거

03 허브 너트 탈거

주차 브레이크를 작동시킨 상태에서 프런트 허브 너트를 탈거한다.

04 타이로드 엔드 탈거

타이로드 엔드 풀러를 사용하여 조향 너클에서 타이로드 엔드를 탈거한다.

05 조향 너클에서 휠 스피드 센서 탈거

06 조향 너클에서 로어암 고정 너트 탈거

07 고정 너트를 완전히 풀지 않고 약간 남겨 놓은 상태에서 조향 너클과 로어암 사이 분리

08 너트를 분리한 후 조향 너클에서 로어암 고정 볼트를 탈거

09 캘리퍼 가이드 로드 볼트 탈거
캘리퍼 어셈블리의 하단에서 캘리퍼를 지지하는 가이드 로드 볼트를 탈거한다.

10 캘리퍼 어셈블리를 들어 올린다.
철사를 이용하여 들어 올린 캘리퍼를 지지한다. 패드의 탈거 작업 및 캘리퍼의 고정 볼트를 탈거하기에 편리하다.

11 패드 탈거
현재의 바라보는 상태에서 디스크를 중심으로 좌측 패드를 탈거한다.

12 패드 탈거
현재의 바라보는 상태에서 디스크를 중심으로 우측 패드를 탈거한 후 캘리퍼 고정 볼트를 풀고 너클에서 캘리퍼를 탈거한다.

[참고] 조향 너클에 캘리퍼를 고정하는 볼트 위치

⑬ 스트러트에 너클을 고정하는 볼트 및 너트 탈거

⑭ 구동축 스플라인과 허브 스플라인에 결합되어 있는 CV 조인트 분리

⑮ 탈거된 허브와 너클을 감독위원에게 확인시키고 역순으로 장착하여 작동 상태 점검

정비산업기사 10 캠버와 토(toe) 측정, 토(toe) 조정
섀시 2

주어진 자동차에서 휠 얼라인먼트 시험기(측정전 준비 사항이 완료된 상태)로 토(toe) 값을 측정하여 기록표에 기록하고 타이로드를 이용하여 규정에 맞도록 조정하시오.

01 캠버와 토(toe) 측정

>>> 자동차 정비 산업기사 3안 ▶ 149페이지 참조

02 타이로드 엔드 탈·부착

>>> 자동차 정비 산업기사 2안 ▶ 117페이지 참조

03 토(toe) 조정

>>> 자동차 정비 산업기사 2안 ▶ 119페이지 참조

정비산업기사 10 | 휠 실린더 탈·부착 브레이크 작동상태 점검

섀시 3

주어진 자동차에서 후륜의 브레이크 휠 실린더를 탈거한 후(감독위원에게 확인) 다시 부착하여 브레이크의 작동상태를 점검하시오.

>>> 자동차 정비 산업기사 3안 ▶ 157페이지 참조

정비산업기사 10 | 전(앞) 또는 후(뒤) 제동력 측정

섀시 4

3항 작업 자동차에서 감독위원의 지시에 따라 전(앞) 또는 후(뒤) 제동력을 측정하여 기록표에 기록하시오.

>>> 자동차 정비 산업기사 1안 ▶ 66페이지 참조

정비산업기사 10 | ABS 자기진단

섀시 5

주어진 자동차의 ABS에서 자기진단기(스캐너)를 이용하여 각종 센서 및 시스템의 작동 상태를 점검하고 기록표에 기록하시오.

>>> 자동차 정비 산업기사 2안 ▶ 120페이지 참조

10 파워 윈도우 레귤레이터 탈·부착 모터 전류소모 시험

정비산업기사 / 전기 1

주어진 자동차에서 파워 윈도우 레귤레이터를 탈거한 후(감독위원에게 확인) 다시 부착하여 작동 상태를 확인 후 윈도우 모터의 전류 소모시험을 하여 기록표에 기록하시오.

동영상

01 파워 윈도우 레귤레이터 탈·부착

01 도어 트림 탈거

02 노란색 원은 윈도우 모터 설치 볼트를 나타낸 것

03 IG1 상태에서 유리를 고정하는 브래킷이 보일 때까지 유리창을 내린다.

04 모터 커넥터를 분리한 후 유리를 고정하는 브래킷 고정 볼트 탈거

05 유리 탈거

06 파워 윈도우 모터 고정 볼트 탈거

07 레귤레이터(슬라이드) 고정 볼트 탈거

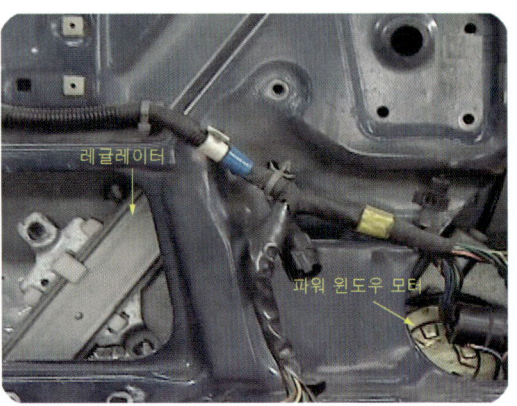
08 레귤레이터와 파워 윈도우 모터 탈거

09 감독위원에게 확인 받고 역순으로 장착

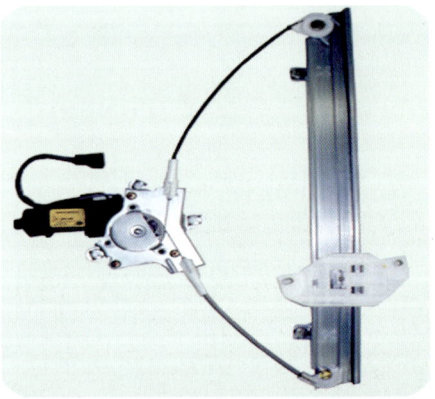
10 신품 레귤레이터 어셈블리

02 파워 윈도우 모터 전류 소모 시험

(1) 파워 윈도우의 조작

① **운전석 창 스위치(A)** : 운전석 윈도우를 올리고(위로 당김) 내리며 (아래로 누름) AUTO위치에는 자동으로 끝까지 내리고 올린다.

② **동승석 창 스위치(B)** : 동승석 윈도우를 올리고(위로 당김) 내린다. (아래로 누름)

③ **뒷좌석 운전석 창 스위치(C)** : 뒷좌석 운전석 창 윈도우를 올리고(위로 당김) 내린다. (아래로 누름)

④ **뒷좌석 동승석 창 스위치(D)** : 뒷좌석 동승석 창 윈도우를 올리고(위로 당김) 내린다. (아래로 누름)

⑤ **유리창 잠금 스위치(E)** : 모든 창을 상하이동을 잠그거나(누르면) 풀어준다.(다시 누르면)

▲ 파워 윈도우 스위치 설치 위치

▲ 파워 윈도우 스위치 구분

(2) 파워 윈도우 모터 작동시 소모 전류 측정

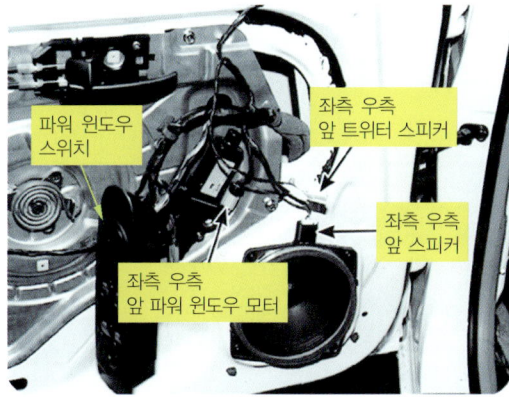

01 탈거된 파워 윈도우 스위치와 모터의 설치 위치

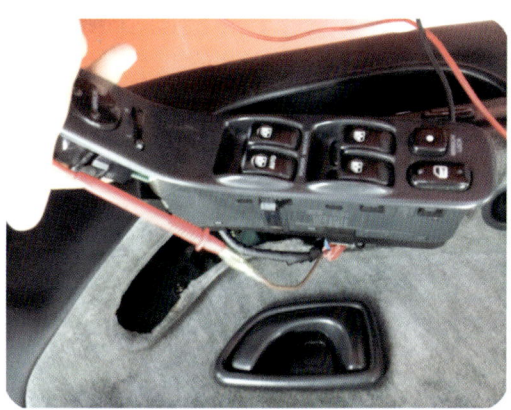

02 멀티 테스터를 모터의 전원 선에 직렬로 연결

③ 파워 윈도우를 내리면서(DOWN) 중간정도 위치에서 측정값 판독

④ 파워 윈도우를 올리면서(UP) 중간정도 위치에서 측정값 판독

실기시험 기록지

▶ 전기 1. 윈도우 모터 점검
   자동차 번호 :

측정항목	① 측정(또는 점검)		② 판정 및 정비(또는 조치)사항		득점
	측정값	규정(정비한계)값	판정(□에 '✔' 표)	정비 및 조치할 사항	
전류 소모 시험	올림 : 내림 :		□ 양 호 □ 불 량		

비번호 / 감독위원 확인

◯ 파워 윈도우 소모 전류값이 적게 나오는 원인

고장 위치	원인	조치사항
배터리	불량	교환
	터미널 연결 상태 불량	터미널 재장착
유리창	가이드 실 마모	가이드 실 교환
파워 윈도우 모터와 레귤레이터	이탈	장착
파워 윈도우 레귤레이터	와이어 단선	파워 윈도우 레귤레이터 교환

◯ 파워 윈도우 소모 전류값이 많이 나오는 원인

고장 위치	원인	조치사항
파워 윈도우 모터와 레귤레이터	장착 불량	재장착
파워 윈도우와 윈도우 레일	마모로 마찰저항 증가	파워 윈도우 레일 교환
파워 윈도우 레귤레이터	와이어 이탈	파워 윈도우 레귤레이터 교환
파워 윈도우 모터	불량	교환

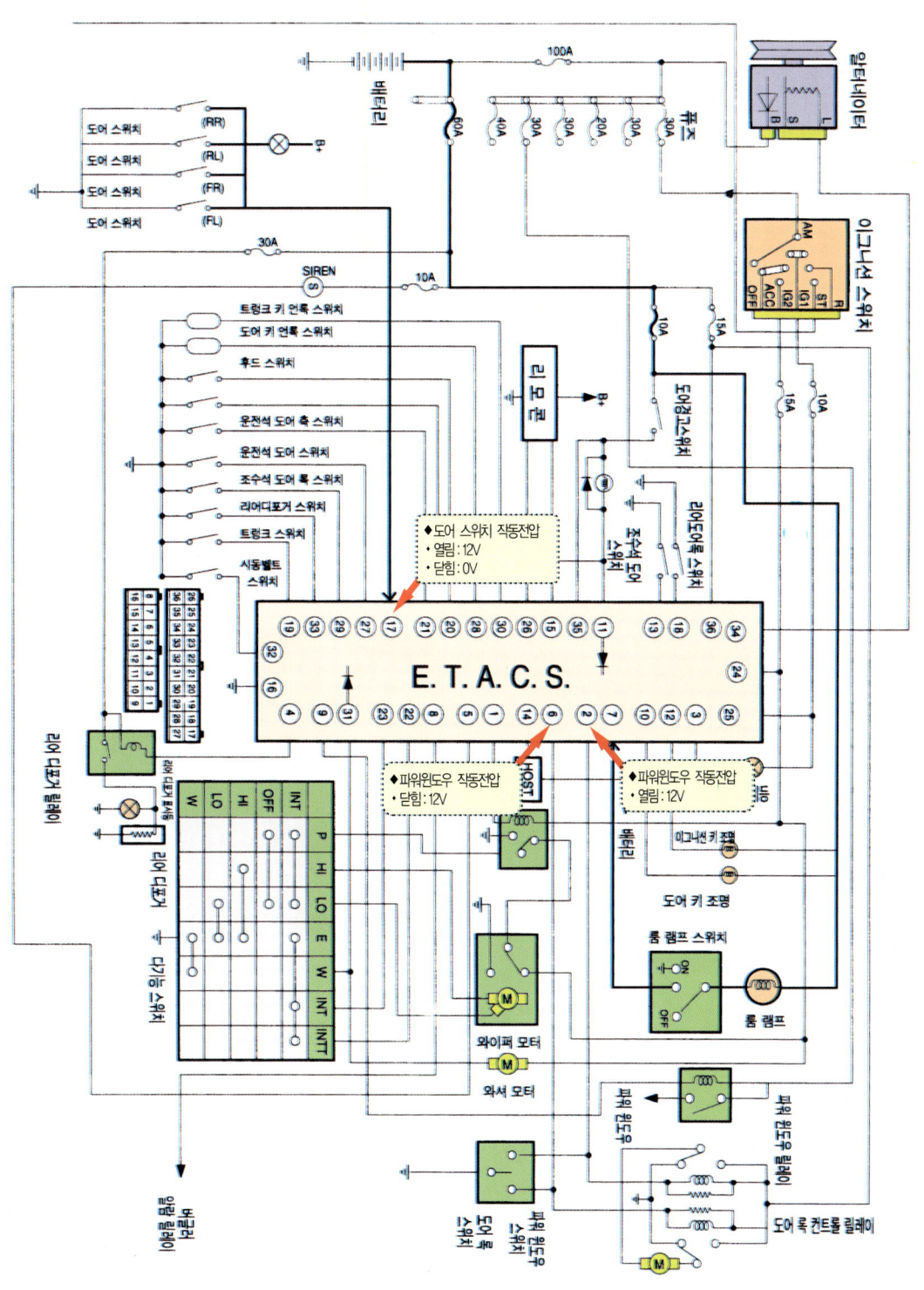

정비산업기사 10 — 전조등 광도, 광축 점검
전기 2

주어진 자동차에서 전조등 시험기로 전조등을 점검하여 기록표에 기록하시오.

>>> 자동차 정비 산업기사 1안 ▶ 80페이지 참조

정비산업기사 10 — ETACS 컨트롤 유닛 전원 전압 점검
전기 3

주어진 자동차의 편의장치 (ETACS 또는 ISU) 커넥터에서 전원 전압을 점검하여 기록표에 기록하시오.

01 전원 전압 점검

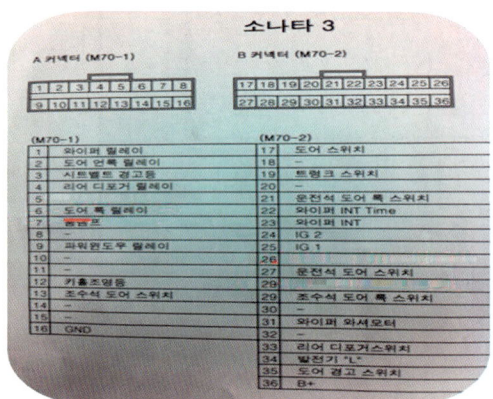

01 ETACS ECU 커넥터와 단자 번호
시험용 차량에 가보면 인쇄된 커넥터의 단자 번호와 배선 명칭이 운전석에 준비되어 있다.

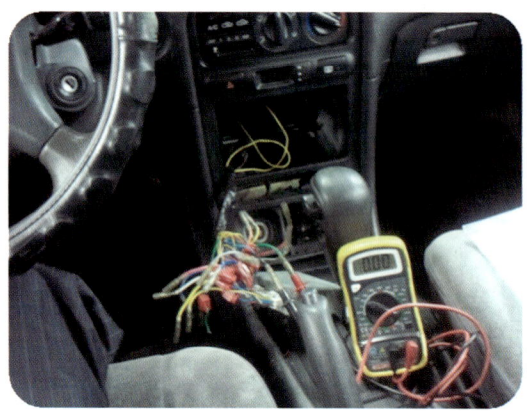

02 ECU의 A 커넥터와 B 커넥터에 테스트용 브리지 단자
시험용 차량의 ECU A 커넥터와 B 커넥터에 측정이 용이하도록 브리지 단자가 별도로 설치되어 있는 경우이다.

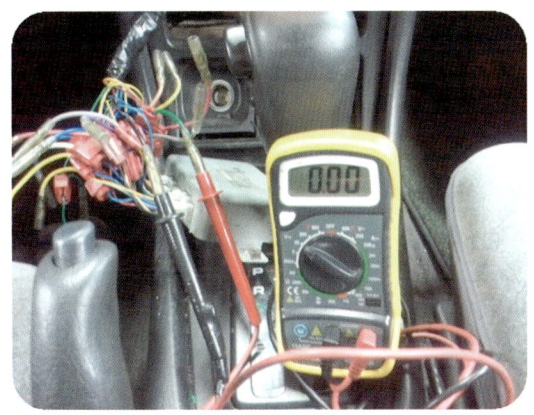

03 B+ 전압 측정(시뮬레이터가 없는 경우)

적색 프로드 팁을 B 커넥터 36번 단자에, 흑색 프로드 팁을 A 커넥터 16번 단자에 연결한 후 전압을 판독한다.

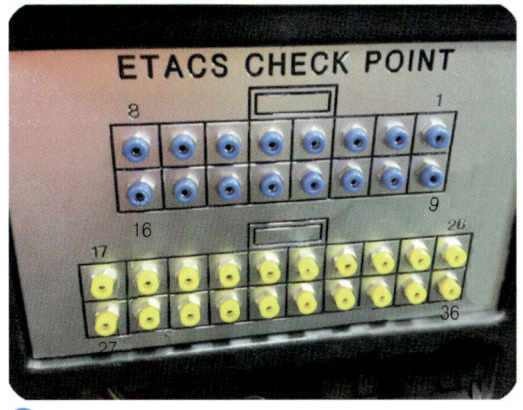

04 B+ 전압 측정(시뮬레이터가 있는 경우)

적색 프로드 팁을 B 커넥터 36번 단자에, 흑색 프로드 팁을 A 커넥터 16번 단자에 연결한 후 전압을 판독한다.

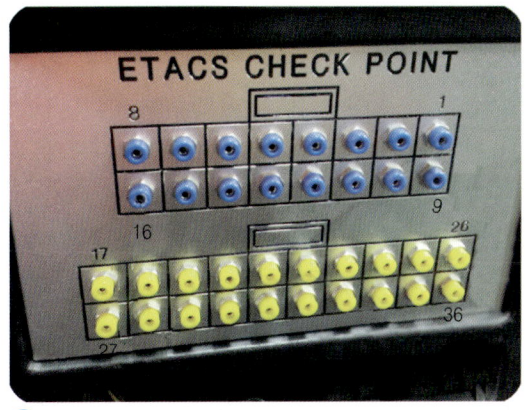

05 - 전압 측정(시뮬레이터가 있는 경우)

멀티 테스터 적색 프로드 팁을 A 커넥터 16번 단자에, 흑색 프로드 팁을 차체에 접지시킨 후 전압을 판독한다.

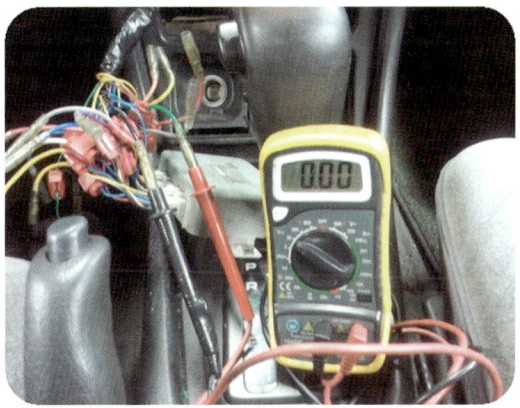

06 - 전압 측정(시뮬레이터가 없는 경우)

멀티 테스터 적색 프로드 팁을 A 커넥터 16번 단자에, 흑색 프로드 팁을 차체에 접지시킨 후 전압을 판독한다.

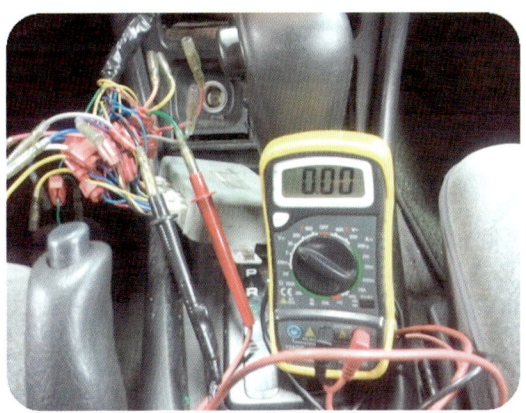

07 IG2 전압 측정(시뮬레이터가 없는 경우)

적색 프로드 팁을 B 커넥터 24번 단자에, 흑색 프로드 팁을 A 커넥터 16번 단자에 연결한 후 전압을 판독한다.

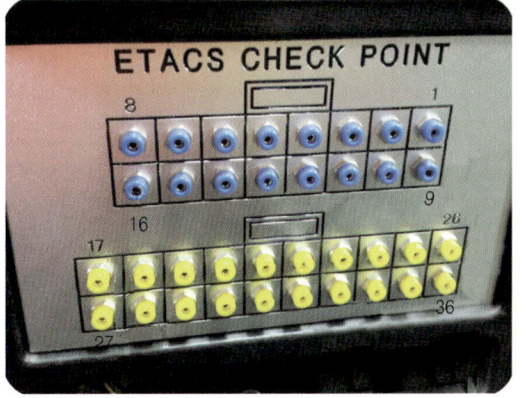

08 IG2 전압 측정(시뮬레이터가 있는 경우)

적색 프로드 팁을 B 커넥터 24번 단자에, 흑색 프로드 팁을 A 커넥터 16번 단자에 연결한 후 전압을 판독한다.

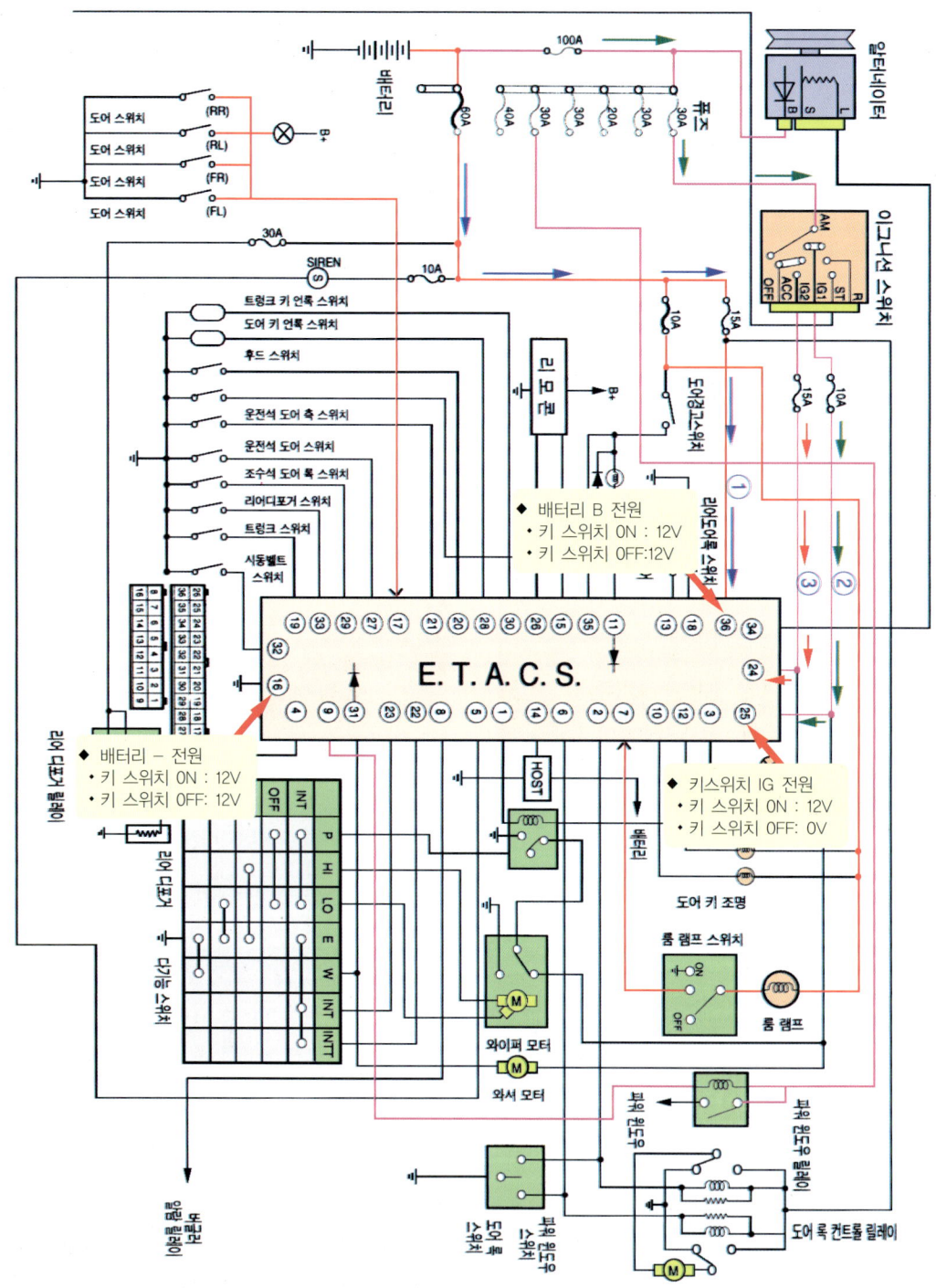

실기시험 기록지

➡ 전기 3. 컨트롤 유닛 회로 점검
자동차 번호 :

측정항목	① 측정(또는 점검)		② 판정 및 정비(또는 조치)사항		득점
	측정값	규정(정비한계)값	판정(□에 '✔' 표)	정비 및 조치할 사항	
컨트롤 유닛의 기본 입력전압	+		□ 양 호 □ 불 량		
	−				
	IG				

비번호		감독위원 확　인	

【 컨트롤 유닛 기본 입력 전압 규정값 】

입력 및 출력 요소		전압 규정값	
기본 전압 입력	배터리 B 단자	키 스위치 ON	12V
		키 스위치 OFF	12V
	IG 단자	키 스위치 ON	12V
		키 스위치 OFF	0V

정비산업기사 10
실내등 및 도어 오픈 경고등 회로 점검 수리
전기 4

주어진 자동차에서 실내등 및 도어 오픈 경고등 회로를 점검하여 이상개소(2곳)를 찾아서 수리하시오.

01 도어 오픈 경고등 위치(1)
차종마다 설치위치는 다르지만 계기판 패널에 설치되어 한쪽의 도어만 열리면 경고등이 점등되어 도어가 열려 있음을 알려준다.

02 도어 오픈 경고등 위치(2)
차종마다 설치위치는 다르지만 계기판 패널에 설치되어 한쪽의 도어만 열리면 경고등이 점등되어 도어가 열려 있음을 알려준다.

03 실내등 점등 상태 점검(1)
실내등 스위치를 ON시켜 점등 상태를 점검한다.

04 실내등 점등 상태 점검(2)
실내등 스위치를 ON시켜 점등 상태를 점검한다.

05 실내 퓨즈 박스 커버를 열고 관련 퓨즈 점검
커버를 열면 커버에 퓨즈의 배치도가 있어 도어 오픈 경고등과 실내등 퓨즈의 위치를 확인한다.

06 도어 오픈 경고등 및 실내등 퓨즈 점검
커버에서 위치를 확인한 도어 오픈 경고등 및 실내등 퓨즈를 빼내어 단선 여부를 확인한다.

※ 아반떼 XD의 도어 열림 경고등 및 실내등 퓨즈

실내 퓨즈 박스의 도어경고등, 실내등 퓨즈의 위치	표기	용량	연결회로
	20	10A	에어컨 릴레이, 전조등 릴레이, AQS 센서
	21	15A	리어 와이퍼 & 와셔
	22	15A	프런트 와이퍼 & 와셔
	23	(20A)	(사용 안함)
	24	10A	에어컨 모듈, 모드 스위치, ETACM, TACM, 블로어 릴레이, 선루프 릴레이
	25	10A	실내등, 트렁크 룸 램프, 도어 오픈 경고등, 자기 진단 점검 단자, 파워 커넥터, ETACM, TACM, 에어컨 모듈, 오디오, 시계
	파워 윈도우	30A	파워 윈도우 릴레이

07 실내등이 점등되지 않는 경우 커버 분리

08 실내등을 빼내어 단선된 경우 교환

⬤ 실내등이 작동하지 않는 원인

고장 위치	원인	조치사항
배터리	불량	교환
	터미널 연결 상태 불량	터미널 재장착
실내등 퓨즈	탈거	장착
	단선	교환
실내등 전구	탈거	장착
	단선	교환
도어 스위치	불량	교환
	커넥터 탈거	커넥터 장착
실내등 라인	단선	연결

자동차정비산업기사

안 11

국가기술자격검정 실기시험문제

1. 엔진

1. 주어진 엔진을 기록표의 측정 항목까지 분해하여 기록표의 요구사항을 측정 및 점검하고 본래 상태로 조립하시오.
2. 주어진 자동차의 전자제어 엔진에서 감독위원의 지시에 따라 1가지 부품을 탈거한 후(감독위원에게 확인) 다시 부착하고 시동에 필요한 관련 부분의 이상개소(시동회로, 점화회로, 연료장치 중 2개소)를 점검 및 수리하여 시동하시오.
3. 2항의 시동된 엔진에서 공전속도를 확인하고 감독위원의 지시에 따라 인젝터 파형을 측정 및 분석하여 기록표에 기록하시오.(단, 시동이 정상적으로 되지 않은 경우 본 항의 작업은 할 수 없다.)
4. 주어진 자동차의 엔진에서 흡입공기 유량센서의 파형을 출력·분석하여 그 결과를 기록표에 기록하시오.(측정조건 : 급 가·감속시)
5. 주어진 전자제어 디젤엔진에서 인젝터를 탈거 후(감독위원에게 확인) 다시 조립하여 시동을 걸고 매연 농도를 측정하여 기록표에 기록하시오.

2. 섀시

1. 주어진 후륜 차량의 종감속 기어 어셈블리에서 사이드 기어의 시임 및 스페이서를 탈거한 후(감독위원에게 확인) 다시 부착하여 링 기어 백래시와 접촉면 상태가 바르게 조정 및 확인하시오.
2. 주어진 자동차에서 휠 얼라인먼트 시험기로 셋백(setback)과 토(toe) 값을 측정하여 기록표에 기록하고 타이로드 엔드를 탈거한 후(감독위원에게 확인) 다시 부착하여 토(toe)가 규정값이 되도록 조정하시오.
3. 주어진 자동차에서 전륜의 브레이크 캘리퍼를 탈거한 후(감독위원에게 확인) 다시 부착하여 브레이크 작동 상태를 점검하시오.
4. 3항 작업 자동차에서 감독위원의 지시에 따라 전(앞) 또는 후(뒤) 제동력을 측정하여 기록표에 기록하시오.
5. 주어진 자동차의 자동변속기에서 자기진단기(스캐너)를 이용하여 각종 센서 및 시스템의 작동 상태를 점검하고 기록표에 기록하시오.

3. 전기

1. 자동차에서 에어컨 벨트와 블로워 모터를 탈거한 후(감독위원에게 확인) 다시 부착하여 작동 상태를 확인하고 에어컨의 압력을 측정하여 기록표에 기록하시오.
2. 주어진 자동차에서 전조등 시험기로 전조등을 점검하여 기록표에 기록하시오.
3. 주어진 자동차에서 와이퍼 간헐(INT) 시간조정 스위치 조작시 편의장치(ETACS 또는 ISU) 커넥터에서 스위치 신호(전압)를 측정하고 이상여부를 확인하여 기록표에 기록하시오.
4. 주어진 자동차에서 파워 윈도우 회로를 점검하여 이상개소(2곳)를 찾아서 수리하시오.

국가기술자격검정실기시험문제 11안

자격종목	자동차 정비산업기사	작품명	자동차 정비 작업

- 비 번호
- 시험시간 : 5시간30분(엔진 : 140분, 섀시 : 120분, 전기 : 70분)
  ※ 시험 안 및 요구사항 일부내용이 변경될 수 있음

정비산업기사 11 엔진 1
크랭크축 핀저널 오일간극 측정

주어진 엔진을 기록표의 측정 항목까지 분해하여 기록표의 요구사항을 측정 및 점검하고 본래 상태로 조립하시오.(핀 저널 오일간극)

01 분해 조립

>>> 공통사항 ▶ 16페이지 참조

02 크랭크축 핀 저널 오일 간극 측정

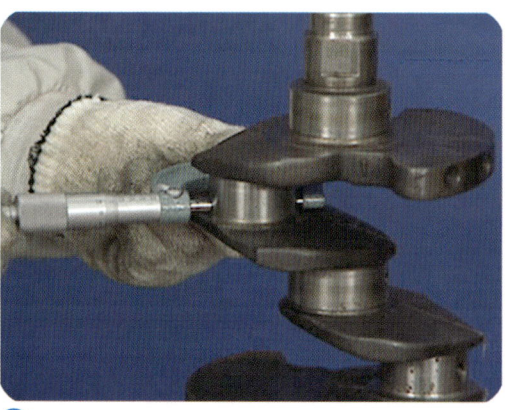

01 크랭크축 핀 저널 외경 측정
외경 마이크로미터를 이용하여 크랭크축 방향 2곳과 직각방향 2곳에서 크랭크축 핀 저널 외경을 측정하여 가장 작은 외경을 측정값으로 한다.

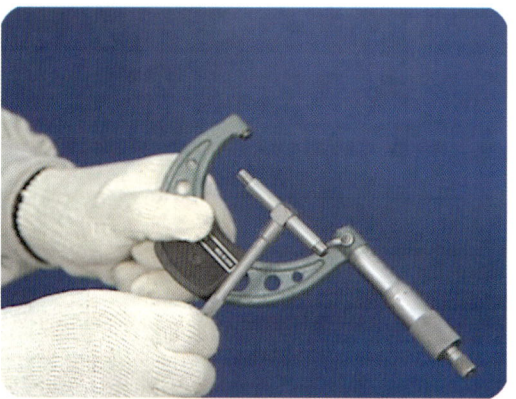

02 텔레스코핑 게이지와 외경 마이크로미터 준비
텔레스코핑 게이지는 수축 및 팽창시켜 내경을 측정하지만 길이를 판독할 수 있는 눈금이 없기 때문에 외경 마이크로미터로 텔레스코핑 게이지의 길이를 측정하여야 한다.

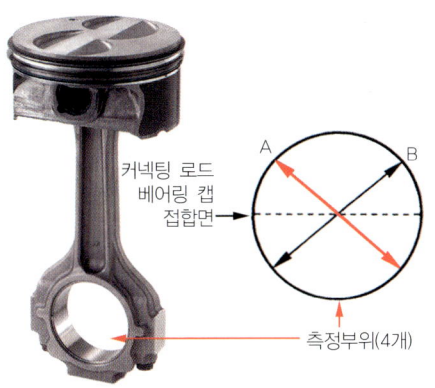
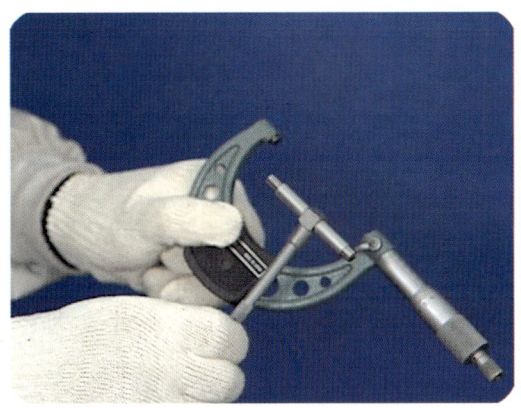

03 커넥팅 로드 베어링 캡 내경 측정
커넥팅 로드 베어링 캡을 조립한 후 텔레스코핑 게이지로 커넥팅 로드 베어링 캡 내경 4곳을 측정하여 가장 큰 내경을 측정값으로 한다.

04 커넥팅 로드 베어링 캡 내경 측정
텔레스코핑 게이지로 커넥팅 로드 베어링 캡 내경의 크기로 조정한 후 외경 마이크로미터로 텔레스코핑 게이지의 길이를 측정한다.

> **TIP**
> 크랭크축 핀 저널 오일 간극 = 커넥팅 로드 베어링 캡 내경 측정값 − 크랭크축 핀 저널 외경 측정값이다.

실기시험 기록지

▶ 엔진 1. 크랭크축 점검
　　　　엔진 번호 :

비번호		감독위원 확 인	

측정항목	① 측정(또는 점검)		② 판정 및 정비(또는 조치)사항		득점
	측 정 값	규정(정비한계)값	판정(□에 '✔'표)	정비 및 조치할 사항	
핀 저널 오일 간극			□ 양 호 □ 불 량		

※ 감독위원이 지정하는 부위를 측정한다.

【 크랭크축 핀 저널 오일 간극 규정값 】

차종	규정값	한계값	차종	규정값	한계값
아반떼 MD 1.6	0.032~0.052mm	0.06mm	K3 YD 1.6	0.03~0.05mm	0.06mm
쏘나타 YF 2.0	0.028~0.046mm		K5 JF 2.0	0.028~0.046mm	
쏘나타 LF 2.0	0.028~0.046mm		모닝 TA	0.018~0.036mm	
쏠라티 EU	0.024~0.042mm	0.1mm	레이 TAM	0.018~0.036mm	
싼타페 TM	0.024~0.052mm		스포티지 QL	0.025~0.043mm	
I40(VF)	0.028~0.046mm		쏘울 SK3	0.030~0.050mm	
SM6(K9K)	0.016~0.070mm		SM6(M4R)	0.037~0.070mm	
SM5(M4R)	0.037~0.070mm		SM3(H4M)	0.029~0.034mm	0.10mm
QM3(K9K)	0.016~0.070mm				

정비산업기사 11 — 시동회로, 점화회로, 연료장치 점검 후 시동

엔진 2

주어진 자동차의 전자제어 엔진에서 감독위원의 지시에 따라 1가지 부품을 탈거한 후(감독위원에게 확인) 다시 부착하고 시동에 필요한 관련 부분의 이상개소(시동회로, 점화회로, 연료장치 중 2개소)를 점검 및 수리하여 시동하시오.

>>> 자동차 정비 산업기사 1안 ▶ 32페이지 참조

정비산업기사 11 — 공전속도 확인, 인젝터 파형 측정

엔진 3

2항의 시동된 엔진에서 공전속도를 확인하고 감독위원의 지시에 따라 인젝터 파형을 측정 및 분석하여 기록표에 기록하시오.(단, 시동이 정상적으로 되지 않은 경우 본 항의 작업은 할 수 없음)

01 공전속도 확인

>>> 자동차 정비 산업기사 1안 ▶ 38페이지 참조

02 인젝터 파형 측정

>>> 자동차 정비 산업기사 2안 ▶ 96페이지 참조

정비산업기사 11 — 흡입공기 유량센서 파형 분석

엔진 4

주어진 자동차의 엔진에서 흡입공기 유량센서의 파형을 출력·분석하여 그 결과를 기록표에 기록하시오.(측정조건 : 급가·감속시)

>>> 자동차 정비 산업기사 7안 ▶ 258페이지 참조

정비산업기사 11 — 디젤엔진 인젝터 탈·부착, 매연 측정

엔진 5

주어진 전자제어 디젤엔진에서 인젝터를 탈거한 후(감독위원에게 확인) 다시 조립하여 시동을 걸고 매연을 측정하여 기록표에 기록하시오.

01 전자제어 디젤 엔진 인젝터 탈·부착

>>> 자동차 정비 산업기사 1안 ▶ 53페이지 참조

02 매연 측정

>>> 자동차 정비 산업기사 2안 ▶ 101페이지 참조

정비산업기사 11 — 링 기어 백래시와 접촉면 상태 조정

섀시 1

주어진 후륜 차량의 종감속 기어 어셈블리에서 사이드 기어의 시임 및 스페이서를 탈거한 후(감독위원에게 확인) 다시 부착하여 링 기어 백래시와 접촉면 상태가 바르게 조정 및 확인하시오.

>>> 자동차 정비 산업기사 1안 ▶ 60페이지 참조

정비산업기사 11 — 셋백과 토(toe) 측정

섀시 2

주어진 자동차에서 휠 얼라인먼트 시험기로 셋백(setback)과 토(toe) 값을 측정하여 기록표에 기록하고 타이로드 엔드를 탈거한 후(감독위원에게 확인), 다시 부착하여 토(toe)가 규정값이 되도록 조정하시오.

01 셋백과 토(toe) 측정

>>> 자동차 정비 산업기사 4안 ▶ 177페이지 참조

02 타이로드 엔드 탈·부착

>>> 자동차 정비 산업기사 2안 ▶ 117페이지 참조

03 토 조정

>>> 자동차 정비 산업기사 2안 ▶ 119페이지 참조

정비산업기사 11 — 섀시 3: 전륜 브레이크 캘리퍼 탈·부착, 작동 상태 점검

주어진 자동차에서 전륜의 브레이크 캘리퍼를 탈거한 후(감독위원에게 확인) 다시 부착하여 브레이크 작동 상태를 점검하시오.

>>> 자동차 정비 산업기사 6안 ▶ 242페이지 참조

정비산업기사 11 — 섀시 4: 전(앞) 또는 후(뒤) 제동력 측정

3항 작업 자동차에서 감독위원의 지시에 따라 전(앞) 또는 후(뒤) 제동력을 측정하여 기록표에 기록하시오.

>>> 자동차 정비 산업기사 1안 ▶ 66페이지 참조

정비산업기사 11 — 섀시 5: 자동변속기 자기진단

주어진 자동차의 자동변속기에서 자기진단기(스캐너)를 이용하여 각종 센서 및 시스템의 작동 상태를 점검하고 기록표에 기록하시오.

>>> 자동차 정비 산업기사 1안 ▶ 71페이지 참조

정비산업기사 11 — 전기 1: 에어컨 벨트와 블로워 모터 탈·부착, 라인 압력 점검

자동차에서 에어컨 벨트와 블로워 모터를 탈거한 후(감독위원에게 확인) 부착하여 작동 상태를 확인하고 에어컨의 압력을 측정하여 기록표에 기록하시오.

>>> 자동차 정비 산업기사 5안 ▶ 215페이지 참조

정비산업기사 11 · 전기 2
전조등 광도, 광축 점검

주어진 자동차에서 전조등 시험기로 전조등을 점검하여 기록표에 기록하시오.

▶▶▶ 자동차 정비 산업기사 1안 ▶ 80페이지 참조

정비산업기사 11 · 전기 3
ETACS 와이퍼 간헐 시간조정 스위치 점검

주어진 자동차에서 와이퍼 간헐(INT) 시간조정 스위치 조작시 편의장치(ETACS 또는 ISU) 커넥터에서 스위치 신호(전압)를 측정하고 이상여부를 확인하여 기록표에 기록하시오.

01 커넥터 신호 전압 측정(시뮬레이터가 없는 경우)

▶▶▶ 자동차 정비 산업기사 5안 ▶ 221페이지 참조

02 커넥터 신호 전압 측정(시뮬레이터가 있는 경우)

01 와이퍼 스위치 위치 확인
스위치 위치는 OFF, INT, Low, Hi, FAST, SLOW, 와셔 위치가 있다.

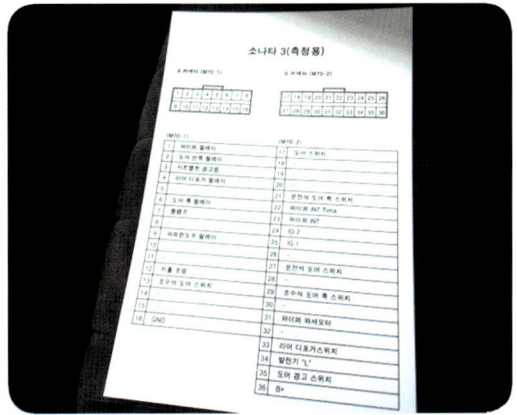

02 커넥터 배열 표에서 와이퍼 단자 확인
와이퍼 INT 단자는 B 커넥터 23번, 와이퍼 INT Time 단자는 B 커넥터 22번 단자, 접지 단자는 A 커넥터 16번이다.

03 와이퍼 스위치를 INT 모드로 위치시킨다.
키 스위치를 ON으로 위치시키고 와이퍼 스위치를 아래로 1단계 내려 INT 모드로 진입한다.

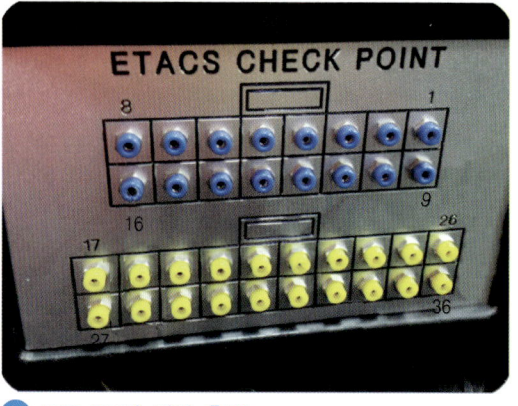

04 INT ON시 전압 측정
적색 프로드 팁을 B 커넥터 23번 단자에 연결하고 흑색 프로드 팁을 A 커넥터 16번 단자에 연결하고 전압을 판독한다.

05 와이퍼 스위치 INT 타임 전압 측정
와이퍼 스위치를 FAST 위치와 SLOW 위치에 위치시켜 전압을 측정한다.

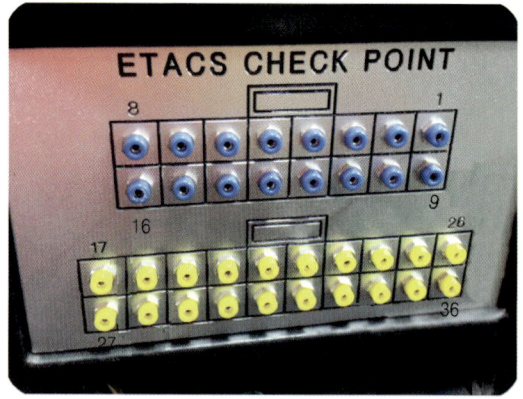

06 INT Time스위치를 FAST와 SLOW위치시켜 측정
적색 프로드 팁을 B 커넥터 22번 단자에 연결하고 흑색 프로드 팁을 A 커넥터 16번 단자에 연결하고 전압을 판독한다.

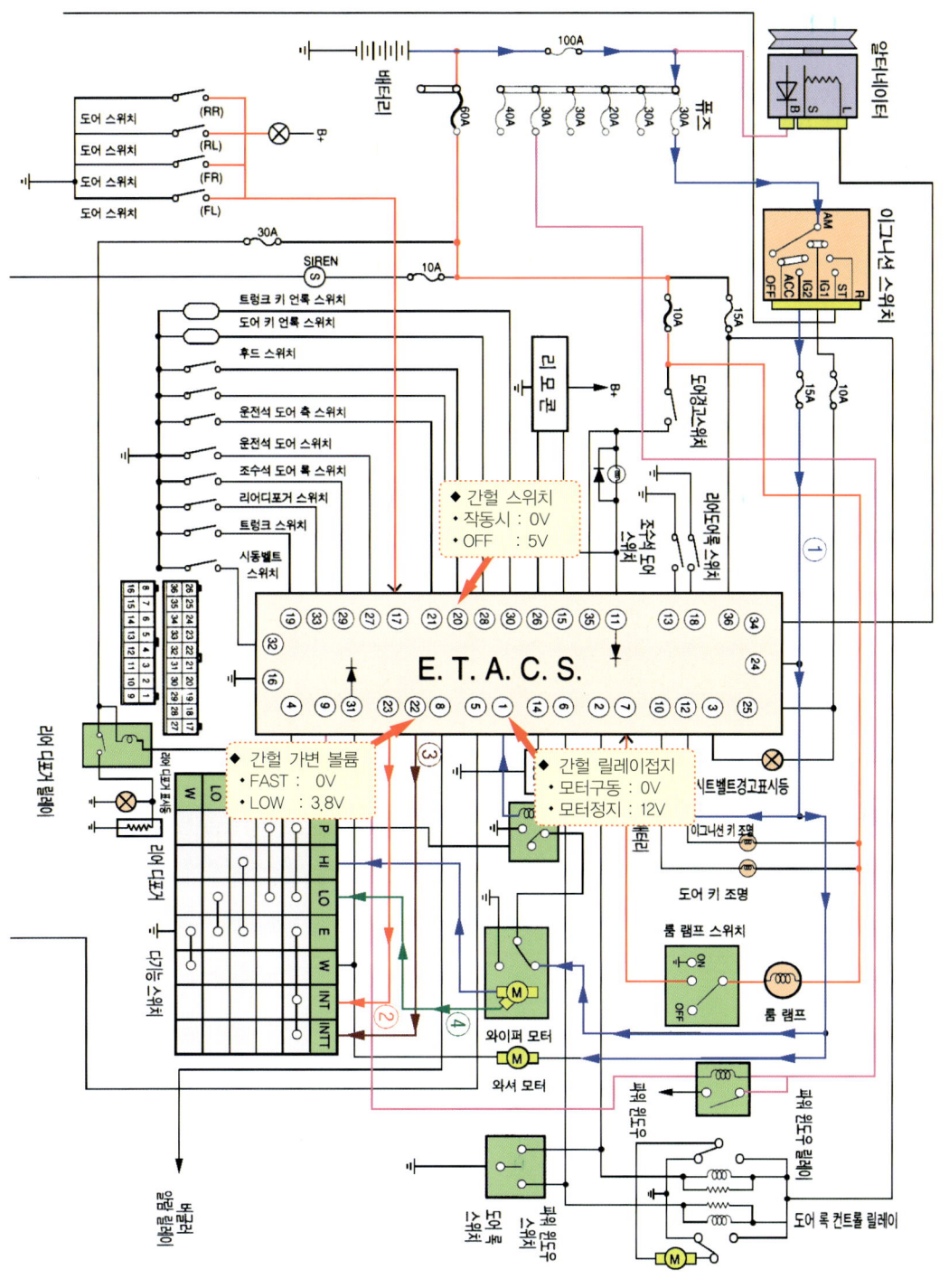

실기시험 기록지

▶ 전기 3. 와이퍼 스위치 신호 점검
　　　자동차 번호 :

비번호		감독위원 확인	

점검항목		① 측정(또는 점검) 상태	② 판정 및 정비(또는 조치)사항		득점
			판정(□에 '✔'표)	정비 및 조치할 사항	
와이퍼 간헐 시 간조정 스위치 위치별 작동신호	INT S/W ON시(전압)	ON 시 : OFF시 :	□ 양 호 □ 불 량		
	INT S/W 위치별 전압	Fast(빠름)-Slow(느림) 전압기록 전압 :			

【 와이퍼 간헐시간 조정 작동전압 규정값 】

	항 목	조 건	전압값	비고
입력 요소	점화 스위치	ON	12V	
		OFF	0V	
	와셔 스위치	OFF	12V	
		와셔 작동시	0V	
	INT(간헐) 스위치	OFF	5V	
		INT 선택	0V	
출력 요소	INT(간헐)가변 볼륨	FAST(빠름)	5V	
		SLOW(느림)	3.8V	
	INT(간헐) 릴레이	모터를 구동할 때	0V	
		모터 정지할 때	12V	

정비산업기사 11 전기 4

파워 윈도우 회로 점검 수리

주어진 자동차에서 파워 윈도우 회로를 점검하여 이상 개소(2곳)를 찾아서 수리하시오.

01 실내 퓨즈 박스에서 관련 퓨즈 점검

실내 퓨즈 박스 커버에 퓨즈 배치도를 활용하여 단선 여부를 점검한다.

02 파워 윈도우 릴레이 점검

파워 윈도우 릴레이를 탈거하여 멀티 테스터를 활용하여 이상 여부를 점검한다. 키 스위치 커넥터 연결 상태 점검한다.

03 메인 퓨즈 박스 커버에서 관련 퓨즈 위치 확인

04 파워 윈도우 퓨즈의 단선 여부 점검

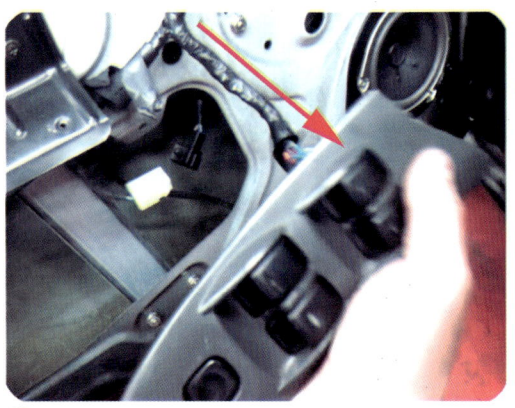 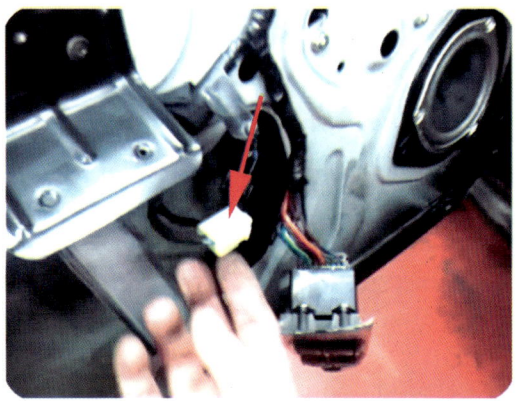

05 파워 윈도우 스위치 커넥터 연결 상태 점검　　06 파워 윈도우 모터 커넥터 연결 상태 점검

○ 파워 윈도우가 작동하지 않는 원인

고장 위치	원인	조치사항
배터리	불량	교환
	터미널 연결 상태 불량	터미널 재장착
파워 윈도우 퓨즈	탈거	장착
	단선	교환
파워 윈도우 릴레이	탈거	장착
	불량	교환
	핀 부러짐	릴레이 교환
파워 윈도우 스위치	불량	교환
	커넥터 탈거	커넥터 장착
파워 윈도우 라인	단선	연결
파워 윈도우 스위치	커넥터 불량	커넥터 교환
파워 윈도우 모터	불량	교환
	커넥터 불량	커넥터 장착

○ 파워 윈도우 일부가 작동하지 않는 원인

고장 위치	원인	조치사항
파워 윈도우 메인 스위치	커넥터 불량	커넥터 교환
파워 윈도우 모터	불량	교환
	커넥터 불량	커넥터 장착
파워 윈도우 서브 스위치	커넥터 탈거	커넥터 장착
	불량	교환

자동차정비산업기사

안 12

국가기술자격검정 실기시험문제

1. 엔진

1. 주어진 엔진을 기록표의 측정 항목까지 분해하여 기록표의 요구사항을 측정 및 점검하고 본래 상태로 조립하시오.
2. 주어진 자동차의 전자제어 엔진에서 감독위원의 지시에 따라 1가지 부품을 탈거한 후(감독위원에게 확인) 다시 부착하고 시동에 필요한 관련 부분의 이상개소(시동회로, 점화회로, 연료장치 중 2개소)를 점검 및 수리하여 시동하시오.
3. 2항의 시동된 엔진에서 공전속도를 확인하고 감독위원의 지시에 따라 공회전시 배기가스를 측정하여 기록표에 기록하시오.(단, 시동이 정상적으로 되지 않은 경우 본 항의 작업은 할 수 없음.)
4. 주어진 자동차의 엔진에서 점화 코일의 1차 파형을 측정하고 그 결과를 분석하여 출력물에 기록·판정하시오.(측정조건 : 공회전 상태)
5. 주어진 전자제어 디젤엔진에서 연료압력 조절밸브를 탈거한 후(감독위원에게 확인), 다시 부착하여 시동을 걸고 공회전시 연료 압력을 점검하여 기록표에 기록하시오.

2. 새 시

1. 주어진 자동차에서 후륜 현가장치의 속업소버 스프링을 탈거한 후(감독위원에게 확인) 다시 부착하여 작동 상태를 확인하시오.
2. 주어진 자동차에서 휠 얼라인먼트 시험기로 캐스터와 토(toe) 값을 측정하여 기록표에 기록한 후 타이로드 엔드를 교환하여 토(tor)가 규정값이 되도록 조정하시오.
3. ABS가 설치된 주어진 자동차에서 브레이크 패드를 탈거한 후(감독위원에게 확인) 다시 부착하여 브레이크 작동 상태를 점검하시오.
4. 3항 작업 자동차에서 감독위원의 지시에 따라 전(앞) 또는 후(뒤) 제동력을 측정하여 기록표에 기록하시오.
5. 주어진 자동차의 ABS에서 자기진단기(스캐너)를 이용하여 각종 센서 및 시스템의 작동 상태를 점검하고 기록표에 기록하시오.

3. 전 기

1. 주어진 자동차에서 시동 모터를 탈거한 후(감독위원에게 확인) 다시 부착하여 작동 상태를 확인하고 크랭킹 시 전류소모 및 전압강하 및 전류소모 시험을 하여 기록표에 기록하시오.
2. 주어진 자동차에서 전등 시험기로 전조등을 점검하여 기록표에 기록하시오.
3. 주어진 자동차에서 열선 스위치 조작시 편의장치(ETACS 또는 ISU) 커넥터에서 스위치 신호(전압)를 측정하고 이상여부를 확인하여 기록표에 기록하시오.
4. 주어진 자동차에서 전조등 회로를 점검하여 이상개소(2곳)를 찾아서 수리하시오.

국가기술자격검정실기시험문제 12안

| 자 격 종 목 | 자동차 정비산업기사 | 작 품 명 | 자동차 정비 작업 |

- 비 번호
- 시험시간 : 5시간 30분(엔진 : 140분, 섀시 : 120분, 전기 : 70분)
  ※ 시험 안 및 요구사항 일부내용이 변경될 수 있음

정비산업기사 12 — 엔진 1: 크랭크축 메인저널 오일간극 측정

주어진 엔진을 기록표의 측정 항목까지 분해하여 기록표의 요구사항을 측정 및 점검하고 본래 상태로 조립하시오.(크랭크축 메인저널 오일간극)

01 분해 조립

>>> 자동차 정비 산업기사 1안 ▶ 28페이지 참조

02 크랭크축 메인 저널 베어링 오일 간극 측정

>>> 자동차 정비 산업기사 1안 ▶ 31페이지 참조

정비산업기사 12 — 엔진 2: 시동회로, 점화회로, 연료장치 점검 후 시동

주어진 자동차의 전자제어 엔진에서 감독위원의 지시에 따라 1가지 부품을 탈거한 후(감독위원에게 확인) 다시 부착하고 시동에 필요한 관련 부분의 이상개소(시동회로, 점화회로, 연료장치 중 2개소)를 점검 및 수리하여 시동하시오.

>>> 자동차 정비 산업기사 1안 ▶ 32페이지 참조

정비산업기사 12 — 엔진 3: 공회전 속도 확인, 배기가스 측정

2항의 시동된 엔진에서 공회전 속도를 확인하고 감독위원의 지시에 따라 공회전시 배기가스를 측정하여 기록표에 기록하시오.(단, 시동이 정상적으로 되지 않은 경우 본 작업은 할 수 없음)

01 엔진 공회전 속도 확인

▶▶▶ 자동차 정비 산업기사 1안 ▶ 38페이지 참조

02 배기가스 측정

▶▶▶ 자동차 정비 산업기사 1안 ▶ 40페이지 참조

정비산업기사 12 — 엔진 4: 점화 코일 1차 파형 분석

주어진 자동차의 엔진에서 점화 코일의 1차 파형을 측정하고 그 결과를 분석하여 출력물에 기록·판정하시오.(측정조건 : 공회전 상태)

▶▶▶ 자동차 정비 산업기사 5안 ▶ 200페이지 참조

정비산업기사 12 — 엔진 5: 연료 압력 조절밸브 탈착, 연료 압력(고압) 점검

주어진 전자제어 디젤엔진에서 연료 압력 조절 밸브를 탈거한 후(감독위원에게 확인) 다시 부착하여 시동을 걸고 공회전시 연료압력을 점검하여 기록표에 기록하시오.

02 연료 압력 측정

>>> 자동차 정비 산업기사 3안 ▶ 147페이지 참조

정비산업기사 12 | 섀시 1 | 후륜 현가장치 쇽업소버 스프링 탈·부착

주어진 자동차에서 후륜 현가장치의 쇽업소버 스프링을 탈거한 후(감독위원에게 확인) 다시 부착하여 작동상태를 확인하시오.

>>> 자동차 정비 산업기사 2안 ▶ 112페이지 참조

정비산업기사 12 | 섀시 2 | 캐스터와 토(toe)의 측정

주어진 자동차에서 휠 얼라인먼트 시험기로 캐스터와 토(toe)값을 측정하여 기록표에 기록한 후 타이로드 엔드를 교환하여 토(toe)가 규정값이 되도록 조정하시오.

01 캐스터와 토 측정

>>> 자동차 정비 산업기사 5안 ▶ 207페이지 참조

02 타이로드 엔드 교환

>>> 자동차 정비 산업기사 2안 ▶ 117페이지 참조

03 토(toe) 조정

>>> 자동차 정비 산업기사 2안 ▶ 119페이지 참조

정비산업기사 12 — **ABS 브레이크 패드 탈·부착**

섀시 3

ABS가 설치된 주어진 자동차에서 브레이크 패드를 탈거한 후(감독위원에게 확인) 다시 부착하여 브레이크 작동 상태를 점검하시오.

>>> 자동차 정비 산업기사 1안 ▶ 64페이지 참조

정비산업기사 12 — **전(앞) 또는 후(뒤) 제동력 측정**

섀시 4

3항의 작업 자동차에서 감독위원의 지시에 따라 전(앞) 또는 후(뒤) 제동력을 측정하여 기록표에 기록하시오.

>>> 자동차 정비 산업기사 1안 ▶ 66페이지 참조

정비산업기사 12 — **ABS 자기진단**

섀시 5

주어진 자동차의 ABS에서 자기진단기(스캐너)를 이용하여 각종 센서 및 시스템 작동 상태를 점검하고 기록표에 기록하시오.

>>> 자동차 정비 산업기사 2안 ▶ 120페이지 참조

정비산업기사 12 — **크랭킹 전압강하, 전류소모 시험**

전기 1

주어진 자동차에서 시동모터를 탈거한 후(감독위원에게 확인) 다시 부착하여 작동상태를 확인하고 크랭킹시 전압강하 및 전류소모 시험을 하여 기록표에 기록하시오.

>>> 자동차 정비 산업기사 1안 ▶ 73페이지 참조

정비산업기사 12 — 전기 2
전조등 광도, 광축 점검

주어진 자동차에서 전조등 시험기로 전조등을 점검하여 기록표에 기록하시오.

>>> 자동차 정비 산업기사 1안 ▶ 80페이지 참조

정비산업기사 12 — 전기 3
EATCS 열선 스위치 입력 회로 점검

주어진 자동차에서 열선 스위치 조작시 편의장치(ETACS 또는 ISU) 커넥터에서 스위치 입력신호(전압)를 측정하고 이상여부를 확인하여 기록표에 기록하시오.

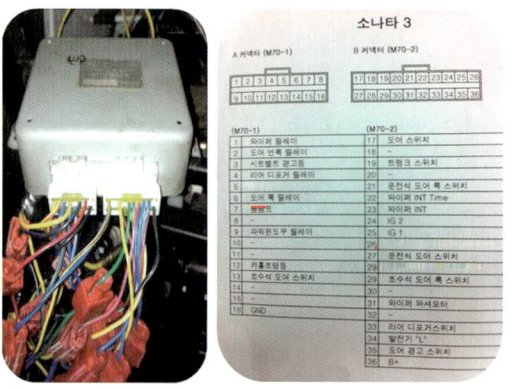

01 측정용 ECU와 측정 단자 복사본이 준비되어 있다.
에탁스 ECU의 각 전선에 측정용 단자가 별도로 만들어져 있으며, 운전석에는 단자 명칭을 복사하여 놓여 있다.

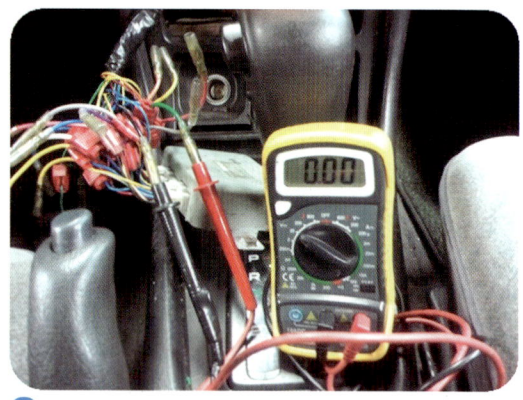

02 멀티테스터의 프로드 팁을 측정 단자에 설치
멀티테스터의 적색프로드 팁을 M70-2 커넥터의 33번 단자에 흑색프로드 팁을 M70-1 커넥터 16번 단자에 연결한다.

03 키 스위치를 ON에 위치시킨다.

04 열선 스위치 위치 확인

05 열선 스위치를 ON시킨 상태에서 전압 측정

06 열선 스위치 OFF시킨 상태에서 전압 측정

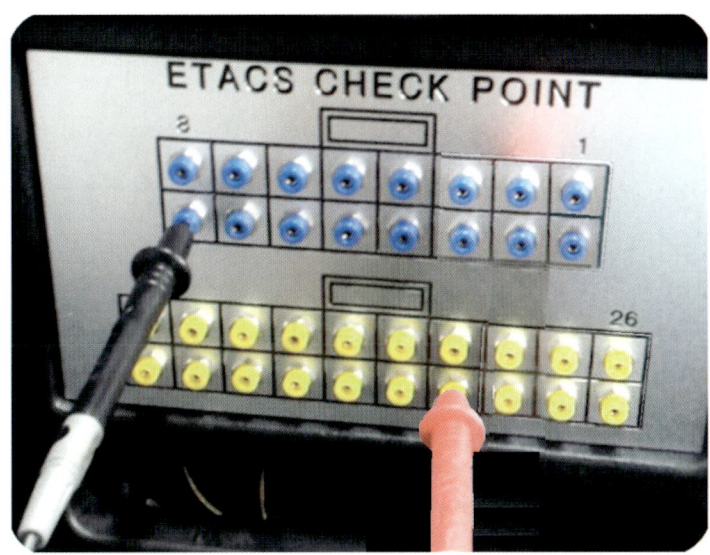
▲ 시뮬레이터(흑색 16번 단자. 적색 33번 단자)

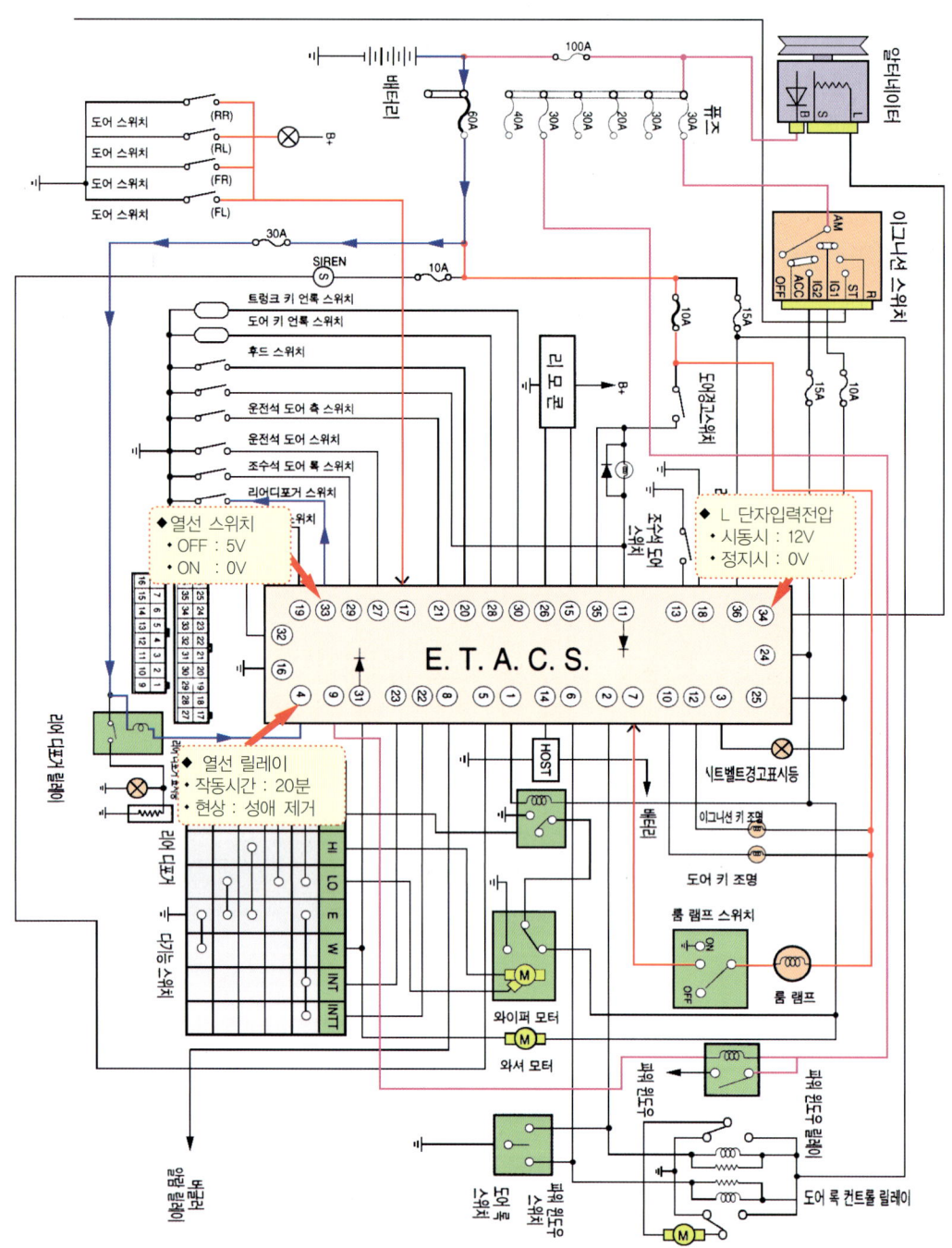

▲ 에탁스 열선 스위치 입력회로 작동전압 점검

실기시험 기록지

■ 전기 3. 열선 스위치 작동시 전압 점검
　　　　자동차 번호 :

점검 항목	① 측정(또는 점검)		② 판정 및 정비(또는 조치)사항		득 점
	측정값	내용 및 상태	판정(□에 '✔'표)	정비 및 조치할 사항	
열선 스위치 작동시 전압	ON : OFF :		□ 양 호 □ 불 량		

비번호 : 　　　　감독위원 확인 :

【 열선 스위치 입력회로 작동 전압 규정값 】

	항 목	조 건	전압값	비고
입력 요소	발전기 L 단자	시동할 때 발전기 L 단자 입력 전압	12V	
	열선 스위치	OFF	5V	
		ON	0V	
출력 요소	열선 릴레이	열선 작동 시작부터 열선 릴레이 OFF될 때까지의 시간 측정	20분	
		열선 작동 중 열선 스위치 작동할 때 현상	뒷유리 성애 제거됨	

정비산업기사 12 전기 4

전조등 회로의 점검 수리

주어진 자동차에서 전조등 회로를 점검하여 이상 개소(2곳)를 찾아서 수리하시오.

▶▶▶ 자동차 정비 산업기사 3안 ▶ 162페이지 참조

자동차정비산업기사

안 13

국가기술자격검정 실기시험문제

1. 엔진

1. 주어진 엔진을 기록표의 측정 항목까지 분해하여 기록표의 요구사항을 측정 및 점검하고 본래 상태로 조립하시오.
2. 주어진 자동차의 전자제어 엔진에서 감독위원의 지시에 따라 1가지 부품을 탈거한 후(감독위원에게 확인) 다시 부착하고 시동에 필요한 관련 부분의 이상개소(시동회로, 점화회로, 연료장치 중 2개소)를 점검 및 수리하여 시동하시오.
3. 2항의 시동된 엔진에서 공전속도를 확인하고 감독위원의 지시에 따라 인젝터 파형을 측정 및 분석하여 기록표에 기록하시오.(단, 시동이 정상적으로 되지 않은 경우 본 항의 작업은 할 수 없음)
4. 주어진 자동차의 엔진에서 맵 센서의 파형을 출력·분석하여 그 결과를 기록표에 기록하시오.(측정조건 : 급가감속 시)
5. 주어진 전자제어 디젤엔진에서 연료 압력 센서를 탈거한 후(감독위원에게 확인) 다시 부착하여 시동을 걸고 매연을 측정하여 기록표에 기록하시오.

2. 섀시

1. 주어진 자동차에서 전륜 현가장치의 스트럿 어셈블리(또는 코일 스프링)를 탈거한 후(감독위원에게 확인) 다시 부착하여 작동상태를 확인하시오.
2. 주어진 자동차의 브레이크에서 페달 자유간극을 측정하여 기록표에 기록한 후 페달 자유간극과 페달 높이가 규정값이 되도록 조정하시오.
3. 주어진 자동차에서 브레이크 휠 실린더(또는 캘리퍼)를 탈거한 후(감독위원에게 확인) 다시 부착하여 브레이크 작동상태를 점검하시오.
4. 3항 작업 자동차에서 감독위원의 지시에 따라 전(앞) 또는 후(뒤) 제동력을 측정하여 기록표에 기록하시오.
5. 주어진 자동차의 자동변속기에서 자기진단기(스캐너)를 이용하여 각종 센서 및 시스템의 작동 상태를 점검하고 기록표에 기록하시오.

3. 전기

1. 주어진 발전기를 분해한 후 정류 다이오드 및 로터 코일의 상태를 점검하여 기록표에 기록하고 다시 본래 상태로 조립하여 작동 상태를 확인하시오.
2. 주어진 자동차에서 전조등 시험기로 전조등을 점검하여 기록표에 기록하시오.
3. 주어진 자동차에서 열선 스위치 조작시 편의장치(ETACS 또는 ISU) 커넥터에서 스위치 입력신호(전압)를 측정하고 이상여부를 확인하여 기록표에 기록하시오.
4. 주어진 자동차에서 방향지시등 회로를 점검하여 이상개소(2곳)를 찾아서 수리하시오.

국가기술자격검정실기시험문제 13안

자 격 종 목	자동차 정비산업기사	작 품 명	자동차 정비 작업

- 비 번호
- 시험시간 : 5시간30분(엔진 : 140분, 섀시 : 120분, 전기 : 70분)
  ※ 시험 안 및 요구사항 일부내용이 변경될 수 있음

정비산업기사 13 엔진 1 — 크랭크축 축방향 유격 측정

주어진 엔진을 기록표의 측정 항목까지 분해하여 기록표의 요구사항을 측정 및 점검하고 본래 상태로 조립하시오.

01 분해 조립

>>> 공통사항 ▶ 16페이지 참조

02 크랭크축 축방향 유격 측정

>>> 자동차 정비 산업기사 3안 ▶ 140페이지 참조

정비산업기사 13 엔진 2 — 시동회로, 점화회로, 연료장치 점검 후 시동

주어진 자동차의 전자제어 엔진에서 감독위원의 지시에 따라 1가지 부품을 탈거한 후(감독위원에게 확인) 다시 부착하고 시동에 필요한 관련 부분의 이상개소 (시동회로, 점화회로, 연료장치 중 2개소)를 점검 및 수리하여 시동하시오.

>>> 자동차 정비 산업기사 1안 ▶ 32페이지 참조

정비산업기사 13 — 공전속도 확인, 인젝터 파형 측정
엔진 3

2항의 시동된 엔진에서 공전속도를 확인하고 감독위원의 지시에 따라 인젝터 파형을 측정 및 분석하여 기록표에 기록하시오.(단, 시동이 정상적으로 되지 않은 경우 본 항의 작업은 할 수 없음)

01 공전속도 확인

>>> 자동차 정비 산업기사 1안 ▶ 38페이지 참조

02 인젝터 파형 측정

>>> 자동차 정비 산업기사 2안 ▶ 96페이지 참조

정비산업기사 13 — 맵 센서 파형 분석
엔진 4

주어진 자동차의 엔진에서 맵 센서의 파형을 출력·분석하여 그 결과를 기록표에 기록하시오.(측정조건 : 급가감속 시)

>>> 자동차 정비 산업기사 1안 ▶ 44페이지 참조

정비산업기사 13 — 연료 압력 센서 탈부착, 매연 측정
엔진 5

주어진 전자제어 디젤엔진에서 연료 압력 센서를 탈거한 후(감독위원에게 확인) 다시 부착하여 시동을 걸고 매연을 측정하여 기록표에 기록하시오.

01 연료 압력 센서 탈·부착

>>> 자동차 정비 산업기사 2안 ▶ 100페이지 참조

02 매연 측정

>>> 자동차 정비 산업기사 2안 ▶ 101페이지 참조

정비산업기사 13 — 섀시 1
전륜 스트럿 어셈블리(또는 코일 스프링) 탈·부착 작동 상태 확인

주어진 자동차에서 전륜 현가장치의 스트럿 어셈블리(또는 코일 스프링)를 탈거한 후(감독위원에게 확인) 다시 부착하여 작동상태를 확인하시오.

>>> 자동차 정비 산업기사 1안 ▶ 57페이지 참조

정비산업기사 13 — 섀시 2
브레이크 페달 자유간극 측정

주어진 자동차의 브레이크에서 페달 자유간극을 측정하여 기록표에 기록한 후 페달 자유간극과 페달 높이가 규정값이 되도록 조정하시오.

>>> 자동차 정비 산업기사 6안 ▶ 239페이지 참조

정비산업기사 13 — 섀시 3
휠 실린더 탈·부착 브레이크 작동상태 점검

주어진 자동차에서 브레이크 휠 실린더(또는 캘리퍼)를 탈거한 후(감독위원에게 확인) 다시 부착하여 브레이크의 작동상태를 점검하시오.

>>> 자동차 정비 산업기사 3안 ▶ 156페이지 참조

정비산업기사 13 — 섀시 4
전(앞) 또는 후(뒤) 제동력 측정

3항 작업 자동차에서 감독위원의 지시에 따라 전(앞) 또는 후(뒤) 제동력을 측정하여 기록표에 기록하시오.

>>> 자동차 정비 산업기사 1안 ▶ 66페이지 참조

정비산업기사 13 — 섀시 5
자동변속기 자기진단

주어진 자동차의 자동변속기에서 자기진단기(스캐너)를 이용하여 각종 센서 및 시스템의 작동 상태를 점검하고 기록표에 기록하시오.

>>> 자동차 정비 산업기사 1안 ▶ 71페이지 참조

정비산업기사 13 전기 1 — 발전기 정류 다이오드 및 로터 코일 점검

주어진 발전기를 분해한 후 정류 다이오드 및 로터 코일의 상태를 점검하여 기록표에 기록하고 다시 본래 상태로 조립하여 작동 상태를 확인하시오.

>>> 자동차 정비 산업기사 4안 ▶ 184페이지 참조

정비산업기사 13 전기 2 — 전조등 광도, 광축 점검

주어진 자동차에서 전조등 시험기로 전조등을 점검하여 기록표에 기록하시오.

>>> 자동차 정비 산업기사 1안 ▶ 80페이지 참조

정비산업기사 13 전기 3 — ETACS 열선 스위치 입력신호(전압) 측정

주어진 자동차의 열선 스위치 조작시 편의장치(ETACS 또는 ISU) 커넥터에서 스위치 입력신호(전압)를 측정하고 이상여부를 확인하여 기록표에 기록하시오.

>>> 자동차 정비 산업기사 12안 ▶ 357페이지 참조

정비산업기사 13 전기 4 — 방향지시등 회로 점검 수리

주어진 자동차에서 방향지시등 회로를 점검하여 이상개소(2곳)를 찾아서 수리하시오.

>>> 자동차 정비 산업기사 7안 ▶ 272페이지 참조

자동차정비산업기사

안 14

국가기술자격검정 실기시험문제

1. 엔진

1. 주어진 엔진을 기록표의 측정 항목까지 분해하여 기록표의 요구사항을 측정 및 점검하고 본래 상태로 조립하시오.
2. 주어진 자동차의 전자제어 엔진에서 감독위원의 지시에 따라 1가지 부품을 탈거한 후(감독위원에게 확인) 다시 부착하고 시동에 필요한 관련 부분의 이상개소(시동회로, 점화회로, 연료장치 중 2개소)를 점검 및 수리하여 시동하시오.
3. 2항의 시동된 엔진에서 공전속도를 확인하고 감독위원의 지시에 따라 공회전시 배기가스를 측정하여 기록표에 기록하시오.(단, 시동이 정상적으로 되지 않은 경우 본 항의 작업은 할 수 없음)
4. 주어진 자동차의 엔진에서 산소센서의 파형을 출력·분석하여 그 결과를 기록표에 기록하시오.(측정조건 : 공회전 상태)
5. 주어진 전자제어 디젤엔진에서 연료 압력 조절 밸브를 탈거한 후(감독위원에게 확인) 다시 부착하여 시동을 걸고 공회전시 연료 압력을 점검하여 기록표에 기록하시오.

2. 섀시

1. 주어진 전륜구동 자동차에서 드라이브 액슬 축을 탈거하여 액슬 축 부트를 탈거한 후(감독위원에게 확인) 다시 부착하여 작동상태를 확인하시오.
2. 주어진 자동차에서 최소 회전반경을 측정하여 기록표에 기록하고 타이로드 엔드를 탈거한 후(감독위원에게 확인) 다시 부착하여 토(toe)가 규정값이 되도록 조정하시오.
3. 주어진 자동차에서 브레이크 라이닝 슈(또는 패드)를 탈거한 후(감독위원에게 확인) 다시 부착하여 브레이크 작동상태를 점검하시오.
4. 3항 작업 자동차에서 감독위원의 지시에 따라 전(앞) 또는 후(뒤) 제동력을 측정하여 기록표에 기록하시오.
5. 주어진 자동차의 ABS에서 자기진단기(스캐너)를 이용하여 각종 센서 및 시스템의 작동 상태를 점검하고 기록표에 기록하시오.

3. 전기

1. 주어진 자동차에서 시동모터를 탈거한 후(감독위원에게 확인) 다시 부착하여 작동상태를 확인하고 크랭킹 시 전류소모 및 전압강하 시험을 하여 기록표에 기록하시오.
2. 주어진 자동차에서 전조등 시험기로 전조등을 점검하여 기록표에 기록하시오.
3. 주어진 자동차에서 와이퍼 간헐(INT) 시간조정 스위치 조작시 편의장치(ETACS 또는 ISU) 커넥터에서 스위치 신호(전압)를 측정하고 이상 여부를 확인하여 기록표에 기록하시오.
4. 주어진 자동차에서 미등 및 제동등 회로를 점검하여 이상개소(2곳)를 찾아서 수리하시오.

국가기술자격검정실기시험문제 14안

| 자격종목 | 자동차 정비산업기사 | 작품명 | 자동차 정비 작업 |

- 비 번호
- 시험시간 : 5시간30분(엔진 : 140분, 섀시 : 120분, 전기 : 70분)

※ 시험 안 및 요구사항 일부내용이 변경될 수 있음

정비산업기사 14 — 엔진 1

캠축 휨 측정

주어진 엔진을 기록표의 측정 항목까지 분해하여 기록표의 요구사항을 측정 및 점검하고 본래 상태로 조립하시오.

01 분해 조립

▶▶▶ 공통사항 ▶ 16페이지 참조

02 캠축 휨 측정

▶▶▶ 자동차 정비 산업기사 2안 ▶ 94페이지 참조

정비산업기사 14 — 엔진 2

시동회로, 점화회로, 연료장치 점검 후 시동

주어진 자동차의 전자제어 엔진에서 감독위원의 지시에 따라 1가지 부품을 탈거한 후(감독위원에게 확인) 다시 부착하고 시동에 필요한 관련 부분의 이상개소 (시동회로, 점화회로, 연료장치 중 2개소)를 점검 및 수리하여 시동하시오.

▶▶▶ 자동차 정비 산업기사 1안 ▶ 32페이지 참조

정비산업기사 14 — 공전속도 확인, 배기가스 측정 (엔진 3)

2항의 시동된 엔진에서 공전속도를 확인하고 감독위원의 지시에 따라 인젝터 파형을 측정 및 분석하여 기록표에 기록하시오.(단, 시동이 정상적으로 되지 않은 경우 본 항의 작업은 할 수 없음)

01 공전속도 확인

>>> 자동차 정비 산업기사 1안 ▶ 38페이지 참조

02 배기가스 측정

>>> 자동차 정비 산업기사 1안 ▶ 40페이지 참조

정비산업기사 14 — 산소 센서 파형 분석 (엔진 4)

주어진 자동차의 엔진에서 산소 센서의 파형을 출력·분석하여 그 결과를 기록표에 기록하시오.(측정조건 : 공회전 상태)

>>> 자동차 정비 산업기사 3안 ▶ 143페이지 참조

정비산업기사 14 — 연료 압력 조절 밸브 탈부착, 연료 압력 측정 (엔진 5)

주어진 전자제어 디젤엔진에서 연료 압력 조절 밸브를 탈거한 후(감독위원에게 확인) 다시 부착하여 시동을 걸고 공회전시 연료 압력을 점검하여 기록표에 기록하시오.

>>> 자동차 정비 산업기사 3안 ▶ 147페이지 참조

정비산업기사 14 — 섀시 1: 드라이브 액슬축 탈·부착 작동 상태 확인

주어진 전륜구동 자동차에서 드라이브 액슬 축을 탈거하여 액슬 축 부트를 탈거한 후(감독위원에게 확인) 다시 부착하여 작동상태를 확인하시오.

>>> 자동차 정비 산업기사 4안 ▶ 173페이지 참조

정비산업기사 14 — 섀시 2: 최소 회전 반경 측정, 토 조정

주어진 자동차에서 최소 회전반경을 측정하여 기록표에 기록하고 타이로드 엔드를 탈거한 후(감독위원에게 확인), 다시 부착하여 토(toe)가 규정값이 되도록 조정하시오.

01 최소 회전반경 측정

>>> 자동차 정비 산업기사 2안 ▶ 115페이지 참조

02 타이로드 엔드 탈·부착

>>> 자동차 정비 산업기사 2안 ▶ 117페이지 참조

03 토(toe) 조정

>>> 자동차 정비 산업기사 2안 ▶ 119페이지 참조

정비산업기사 14 | 섀시 3 — 브레이크 라이닝 슈 탈·부착 작동상태 점검

주어진 자동차에서 브레이크 라이닝 슈(또는 패드)를 탈거한 후(감독위원에게 확인) 다시 부착하여 브레이크의 작동상태를 점검하시오.

01 브레이크 라이닝 슈 탈·부착

>>> 자동차 정비 산업기사 3안 ▶ 157페이지 참조

02 브레이크 패드 탈·부착

>>> 자동차 정비 산업기사 1안 ▶ 64페이지 참조

정비산업기사 14 | 섀시 4 — 전(앞) 또는 후(뒤) 제동력 측정

3항 작업 자동차에서 감독위원의 지시에 따라 전(앞) 또는 후(뒤) 제동력을 측정하여 기록표에 기록하시오.

>>> 자동차 정비 산업기사 1안 ▶ 66페이지 참조

정비산업기사 14 | 섀시 5 — ABS 자기진단

주어진 자동차의 ABS에서 자기진단기(스캐너)를 이용하여 각종 센서 및 시스템의 작동 상태를 점검하고 기록표에 기록하시오.

>>> 자동차 정비 산업기사 2안 ▶ 120페이지 참조

자동차정비산업기사실기

정비산업기사 14 전기 1
크랭킹 전압강하, 전류소모 시험

주어진 자동차에서 시동모터를 탈거한 후(감독위원에게 확인) 다시 부착하여 작동상태를 확인하고 크랭킹시 전류소모 및 전압강하 시험을 하여 기록표에 기록하시오.

>>> 자동차 정비 산업기사 1안 ▶ 73페이지 참조

정비산업기사 14 전기 2
전조등 광도, 광축 점검

주어진 자동차에서 전조등 시험기로 전조등을 점검하여 기록표에 기록하시오.

>>> 자동차 정비 산업기사 1안 ▶ 80페이지 참조

정비산업기사 14 전기 3
ETACS 와이퍼 간헐 시간조정 스위치 점검

주어진 자동차에서 와이퍼 간헐(INT) 시간조정 스위치 조작시 편의장치(ETACS 또는 ISU) 커넥터에서 스위치 신호(전압)를 측정하고 이상여부를 확인하여 기록표에 기록하시오.

>>> 자동차 정비 산업기사 5안 ▶ 221페이지 참조

정비산업기사 14 전기 4
미등 및 제동등 회로 점검 수리

주어진 자동차에서 미등 및 제동등 회로를 점검하여 이상개소(2곳)를 찾아서 수리하시오.

>>> 자동차 정비 산업기사 5안 ▶ 225페이지 참조

국가기술자격검정
실기시험문제

1. 자동차정비 산업기사(1~14안)

※ 시험문제의 요구사항에서 [엔진, 섀시, 전기]과제 중
　세부항목을 조합하여 출제되며,
　일부 내용이 변경될 수 있음

국가기술자격검정**실기시험문제**

자동차**정비산업기사**

자격종목	자동차정비 산업기사	과제명	자동차 정비 작업
비번호		시험일시		시험장명	

※ 시험시간 : 5시간 30분 [엔진 : 140분, 섀시 : 120분, 전기 : 70분]

※ 시험문제 ①~⑭형의 요구사항에서 [엔진, 섀시, 전기]과제 중 세부항목을 조합하여 출제되며, 일부 내용이 변경될 수 있음

1. 엔진

1. 주어진 엔진을 기록표의 측정 항목까지 분해하여 기록표의 요구사항을 측정 및 점검하고 본래 상태로 조립하시오.
2. 주어진 자동차의 전자제어 엔진에서 감독위원의 지시에 따라 1가지 부품을 탈거한 후(감독위원에게 확인), 다시 부착하고 시동에 필요한 관련 부분의 이상개소(시동회로, 점화회로, 연료장치 중 2개소)를 점검 및 수리하여 시동하시오.
3. 2항의 시동된 엔진에서 공회전 속도를 확인하고 감독위원의 지시에 따라 배기가스를 측정하여 기록표에 기록하시오.(단, 시동이 정상적으로 되지 않은 경우 본 항의 작업은 할 수 없음)
4. 주어진 자동차의 엔진에서 맵 센서의 파형을 분석하여 그 결과를 기록표에 기록하시오.(측정조건 : 급가감속 시)
5. 주어진 전자제어 디젤 엔진에서 인젝터를 탈거한 후(감독위원에게 확인), 다시 부착하여 시동을 걸고 공회전시 연료압력을 점검하여 기록표에 기록하시오.

2. 섀시

1. 주어진 자동차에서 전륜 현가장치의 쇽업소버를 탈거한 후(감독위원에게 확인), 다시 부착하여 작동상태를 확인하시오.
2. 주어진 종감속 장치에서 링 기어의 백래시와 런 아웃을 측정하여 기록표에 기록한 후 백래시가 규정값이 되도록 조정하시오.
3. ABS가 설치된 주어진 자동차에서 브레이크 패드를 탈거한 후(감독위원에게 확인), 다시 부착하여 브레이크 작동상태를 점검하시오.
4. 3항의 작업 자동차에서 감독위원의 지시에 따라 전(앞) 또는 후(뒤) 제동력을 측정하여 기록표에 기록하시오.
5. 주어진 자동차의 자동 변속기에서 자기진단기(스캐너)를 이용하여 각종 센서 및 시스템 작동 상태를 점검하고 기록표에 기록하시오.

3. 전기

1. 주어진 자동차에서 시동모터를 탈거한 후(감독위원에게 확인), 다시 부착하여 작동상태를 확인하고 크랭킹시 전류소모 및 전압강하 시험을 하여 기록표에 기록하시오.
2. 주어진 자동차에서 전조등 시험기로 전조등을 점검하여 기록표에 기록하시오.
3. 주어진 자동차에서 감광식 룸램프 기능이 작동시 편의장치(ETACS 또는 ISU) 커넥터에서 작동 전압의 변화를 측정하고 이상여부를 확인하여 기록표에 기록하시오.
4. 주어진 자동차에서 와이퍼 회로를 점검하여 이상 개소(2곳)를 찾아서 수리하시오.

◆ 국가기술자격검정 실기시험 결과기록표(1안) ◆

자 격 종 목	자동차정비 산업기사	과 제 명	자동차 정비 작업

엔 진

▶ 엔진 1. 크랭크축 점검
엔진 번호 :

비 번 호		감독위원 확 인	

측정 항목	① 측정(또는 점검)		② 판정 및 정비(또는 조치)사항		득 점
	측 정 값	규정(정비한계)값	판정(□에 '✔' 표)	정비 및 조치할 사항	
크랭크축 메인저널 오일간극			□ 양 호 □ 불 량		

※ 감독위원이 지정하는 부위를 측정한다.

▶ 엔진 3. 배기가스 점검
자동차 번호 :

비 번 호		감독위원 확 인	

측정 항목	① 측정(또는 점검)		② 판정(□에 '✔' 표)	득 점
	측 정 값	기준값		
CO			□ 양 호 □ 불 량	
HC				

※ 감독위원이 제시한 자동차등록증(또는 차대번호)를 활용하여 차종 및 연식을 적용합니다.
※ 자동차 검사기준 및 방법에 의하여 기록 판정합니다.
※ CO는 소수점 둘째자리 이하는 버리고 0.1% 단위로 기록 합니다.
※ HC는 소수점 둘째자리 이하는 버리고 1ppm 단위로 기록합니다.

▶ 엔진 4. 맵 센서 파형 분석
자동차 번호 :

비 번 호		감독위원 확 인	

측정 항목	파형 상태	득 점
파형 측정	요구사항 조건에 맞는 파형을 프린트하여 아래 사항을 분석 후 뒷면에 첨부 ① 파형에 불량 요소가 있는 경우에는 반드시 표기 및 설명 하여야 함 ② 파형의 주요 특징에 대하여 표기 및 설명 하여야 함	

▶ 엔진 5. 전자제어 디젤엔진 점검
자동차 번호 :

비 번 호		감독위원 확 인	

측정 항목	① 측정(또는 점검)		② 판정 및 정비(또는 조치)사항		득 점
	측 정 값	규정(정비한계)값	판정(□에 '✔' 표)	정비 및 조치할 사항	
연료 압력(고압)			□ 양 호 □ 불 량		

섀 시

▶ 섀시 2. 종감속 장치 링 기어 점검
작업대 번호 :

비 번호		감독위원 확 인	

점검 항목	① 측정(또는 점검)		② 판정 및 정비(또는 조치)사항		득 점
	측 정 값	규정(정비한계)값	판정(□에 '✔'표)	정비 및 조치할 사항	
백래시			□ 양 호 □ 불 량		
런 아웃					

▶ 섀시 4. 제동력 점검
자동차 번호 :

비 번호		감독위원 확 인	

① 측정(또는 점검)				② 판정 및 정비(또는 조치)사항		득 점
위 치	구분	측정값	기준값 (□에 '✔'표)	산출근거	판정 (□에 '✔'표)	
제동력 위치 (□에 '✔'표) □ 앞 □ 뒤	좌		□ 앞 축중의 □ 뒤	편차	□ 양 호 □ 불 량	
	우		제동력 편차	합		
			제동력 합			

※ 측정 위치는 감독위원이 지정하는 위치에 □에 '✔' 표시합니다.
※ 자동차 검사기준 및 방법에 의하여 기록 판정합니다.
※ 측정값의 단위는 시험장비 기준으로 작성합니다.
※ 산출근거에는 단위를 기록하지 않아도 됩니다.

▶ 섀시 5. 자동변속기 점검
작업대 번호 :

비 번호		감독위원 확 인	

점검 항목	① 점검(또는 측정)		② 판정 및 정비(또는 조치)사항	득 점
	고장 부분	내용 및 상태	정비 및 조치할 사항	
자기 진단				

전 기

▶ 전기 1. 시동모터 점검
자동차 번호 :

비 번호		감독위원 확 인	

측정 항목	① 측정(또는 점검)		② 판정 및 정비(또는 조치)사항		득 점
	측정값	규정(정비한계)값	판정(□에 '✔'표)	정비 및 조치할 사항	
전압 강하			□ 양 호 □ 불 량		
전류 소모		전류소모 규정값 산출근거 기록			

▶ 전기 2. 전조등 점검
자동차 번호 :

비 번호		감독위원 확 인	

항목		① 측정(또는 점검)		② 판정	득 점
		측정값	기준값	판정(□에 '✔'표)	
(□에 '✔') 위치 : □ 좌 □ 우 설치 높이 : □ ≤1.0m □ >1.0m	광도		_____이상	□ 양 호 □ 불 량	
	진폭			□ 양 호 □ 불 량	

※ 측정 위치는 감독위원이 지정하는 위치에 □에 '✔' 표시합니다.
※ 자동차 검사기준 및 방법에 의하여 기록 판정합니다.

▶ 전기 3. 감광식 룸 램프 점검
자동차 번호 :

비 번호		감독위원 확 인	

점검 항목	① 측정(또는 점검)		② 판정 및 정비(또는 조치)사항		득 점
	감광 시간	전압(V) 변화	판정(□에 '✔'표)	정비 및 조치할 사항	
작동 변화			□ 양 호 □ 불 량		

※ 파형상태를 가능한 프린트 출력하여 첨부하도록 합니다.

 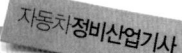

국가기술자격검정실기시험문제

자 격 종 목	자동차정비 산업기사	과 제 명	자동차 정비 작업
비번호		시험일시		시험장명	

※ 시험시간 : 5시간 30분 [엔진 : 140분, 섀시 : 120분, 전기 : 70분]

※ 시험문제 ①~⑭형의 요구사항에서 [엔진, 섀시, 전기]과제 중 세부항목을 조합하여 출제되며, 일부 내용이 변경될 수 있음

1. 엔 진

1. 주어진 엔진을 기록표의 측정 항목까지 분해하여 기록표의 요구사항을 측정 및 점검하고 본래 상태로 조립하시오.
2. 주어진 자동차의 전자제어 엔진에서 감독위원의 지시에 따라 1가지 부품을 탈거한 후(감독위원에게 확인), 다시 부착하고 시동에 필요한 관련 부분의 이상개소(시동회로, 점화회로, 연료장치 중 2개소)를 점검 및 수리하여 시동하시오.
3. 2항의 시동된 엔진에서 공전속도를 확인하고 감독위원의 지시에 따라 인젝터 파형을 측정 및 분석하여 기록표에 기록하시오.(단, 시동이 정상적으로 되지 않은 경우 본 항의 작업은 할 수 없음)
4. 주어진 자동차의 엔진에서 맵 센서의 파형을 분석하여 그 결과를 기록표에 기록하시오.(측정조건 : 급가감속시)
5. 주어진 전자제어 디젤 엔진에서 연료 압력 센서를 탈거한 후(감독위원에게 확인), 다시 부착하여 시동을 걸고 매연을 측정하여 기록표에 기록하시오.

2. 섀 시

1. 주어진 자동차에서 후륜 현가장치의 쇽업소버 스프링을 탈거한 후(감독위원에게 확인), 다시 부착하여 작동상태를 확인하시오.
2. 주어진 자동차에서 최소 회전반경을 측정하여 기록표에 기록하고 타이로드 엔드를 탈거한 후(감독위원에게 확인), 다시 부착하여 토(toe)가 규정값이 되도록 조정하시오.
3. ABS가 설치된 주어진 자동차에서 브레이크 패드를 탈거한 후(감독위원에게 확인), 다시 부착하여 브레이크 작동상태를 점검하시오.
4. 3항의 작업 자동차에서 감독위원의 지시에 따라 전(앞) 후(뒤) 제동력을 측정하여 기록표에 기록하시오.
5. 주어진 자동차의 ABS에서 자기진단기(스캐너)를 이용하여 각종 센서 및 시스템의 작동 상태를 점검하고 기록표에 기록하시오.

3. 전 기

1. 주어진 자동차에서 발전기를 탈거한 후(감독위원에게 확인), 다시 부착하여 작동상태를 확인하고 출력 전압 및 출력 전류를 점검하여 기록표에 기록하시오.
2. 주어진 자동차에서 전조등 시험기로 전조등을 점검하여 기록표에 기록하시오.
3. 주어진 자동차에서 도어 센트롤 록킹(도어 중앙 잠금장치) 스위치 조작시 편의장치(ETACS 또는 ISU) 및 운전석 도어모듈(DDM) 커넥터에서 작동 신호를 측정하고 이상여부를 확인하여 기록표에 기록하시오.
4. 주어진 자동차에서 에어컨 작동 회로를 점검하여 이상 개소(2곳)를 찾아서 수리하시오.

◈ 국가기술자격검정 실기시험 결과기록표(2안) ◈

자 격 종 목	자동차정비 산업기사	과 제 명	자동차 정비 작업

엔 진

▶ 엔진 1. 캠축 점검
엔진 번호 :

비 번호		감독위원 확 인	

측정 항목	① 측정(또는 점검)		② 판정 및 정비(또는 조치)사항		득 점
	측 정 값	규정(정비한계)값	판정(□에 '✔' 표)	정비 및 조치할 사항	
캠축 휨			□ 양 호 □ 불 량		

▶ 엔진 3. 인젝터 파형 점검
자동차 번호 :

비 번호		감독위원 확 인	

측정 항목	① 측정(또는 점검)		② 판정 및 정비(또는 조치)사항		득 점
	측정값	규정(정비한계)값	판정(□에 '✔' 표)	정비 및 조치할 사항	
서지 전압			□ 양 호 □ 불 량		
분사 시간					

※ 공회전 상태에서 측정하고 기준값은 지침서를 찾아 판정한다.

▶ 엔진 4. 맵 센서 파형 분석
자동차 번호 :

비 번호		감독위원 확 인	

측정 항목	파형 상태	득 점
파형 측정	요구사항 조건에 맞는 파형을 프린트하여 아래 사항을 분석 후 뒷면에 첨부 ① 파형에 불량 요소가 있는 경우에는 반드시 표기 및 설명 하여야 함 ② 파형의 주요 특징에 대하여 표기 및 설명 하여야 함	

▶ 엔진 5. 매연 점검
자동차 번호 :

비 번호		감독위원 확 인	

① 측정(또는 점검)				② 판정 및 정비(또는 조치)사항			득 점
차종	연식	기준값	측정값	측정	산출근거(계산) 기록	판정 (□에 '✔' 표)	
				1회 : 2회 : 3회 :		□ 양 호 □ 불 량	

※ 차종 및 연식은 자동차등록증을 활용하여 기재하고 기준값 적용
※ 자동차 검사기준 및 방법에 의하여 기록 판정합니다.

섀 시

▶ **섀시 2. 최소 회전반경 점검**
작업대 번호 :

비 번 호		감독위원 확 인	

점검 항목	① 측정(또는 점검) 및 기준값		② 판정 및 정비(또는 조치)사항		득 점
	측정값	기준값 (최소회전반경)	산출근거	판정 (□에 '✔' 표)	
회전방향 (□에 '✔' 표) □ 좌 □ 우	r			□ 양 호 □ 불 량	
	축거				
	조향각도				
	최소회전반경				

※ 회전 방향 및 바퀴의 접지면 중심과 킹핀과의 거리(r)는 감독위원이 제시합니다.
※ 자동차검사기준 및 방법에 의하여 기록, 판정합니다.
※ 산출근거에는 단위를 기록하지 않아도 됩니다.

▶ **섀시 4. 제동력 점검**
자동차 번호 :

비 번 호		감독위원 확 인	

① 측정(또는 점검)				② 판정 및 정비(또는 조치)사항		득 점
위 치	구분	측정값	기준값 (□에 '✔' 표)	산출근거	판정 (□에 '✔' 표)	
제동력 위치 (□에 '✔' 표) □ 앞 □ 뒤	좌		□ 앞 □ 뒤 축중의	편차	□ 양 호 □ 불 량	
	우		제동력 편차	합		
			제동력 합			

※ 측정 위치는 감독위원이 지정하는 위치에 □에 '✔' 표시합니다.
※ 자동차 검사기준 및 방법에 의하여 기록 판정합니다.
※ 측정값의 단위는 시험장비 기준으로 작성합니다.
※ 산출근거에는 단위를 기록하지 않아도 됩니다.

▶ **섀시 5. ABS 점검**
작업대 번호 :

비 번 호		감독위원 확 인	

점검 항목	① 측정(또는 점검)		② 판정 및 정비(또는 조치)사항	득 점
	고장 부분	내용 및 상태	정비 및 조치할 사항	
자기 진단				

전 기

▶ 전기 1. 발전기 점검
자동차 번호 :

측정 항목	① 측정(또는 점검)		② 판정 및 정비(또는 조치)사항		득 점
	측 정 값	규정(정비한계)값	판정(□에 'ν' 표)	정비 및 조치할 사항	
출력 전압			□ 양 호 □ 불 량		
출력 전류					

비 번호 : 　　　　감독위원 확 인 :

▶ 전기 2. 전조등 점검
자동차 번호 :

비 번호 : 　　　　감독위원 확 인 :

	① 측정(또는 점검)			② 판정	득 점
항목		측정값	기준값	판정(□에 'ν' 표)	
(□에 'ν') 위치 : □ 좌 □ 우	광도		_____이상	□ 양 호 □ 불 량	
설치 높이 : □ ≤1.0m □ >1.0m	진폭			□ 양 호 □ 불 량	

※ 측정 위치는 감독위원이 지정하는 위치에 □에 'ν' 표시합니다.
※ 자동차 검사기준 및 방법에 의하여 기록 판정합니다.

▶ 전기 3. 센트럴 도어 록킹 스위치 회로 점검
자동차 번호 :

비 번호 : 　　　　감독위원 확 인 :

측정 항목	① 측정(또는 점검)			② 판정 및 정비(또는 조치)사항		득 점
		측정값	규정(정비한계)값	판정 (□에 'ν' 표)	정비 및 조치할 사항	
도어 중앙 잠금 장치 신호(전압)	잠김	ON : OFF :		□ 양 호 □ 불 량		
	풀림	ON : OFF :				

국가기술자격검정실기시험문제

자동차정비산업기사

자 격 종 목	자동차정비 산업기사	과 제 명	자동차 정비 작업
비번호		시험일시		시험장명

※ 시험시간 : 5시간 30분 [엔진 : 140분,   섀시 : 120분,   전기 : 70분]

※ 시험문제 ①~⑭형의 요구사항에서 [엔진, 섀시, 전기]과제 중 세부항목을 조합하여 출제되며, 일부 내용이 변경될 수 있음

1. 엔 진

1. 주어진 엔진을 기록표의 측정 항목까지 분해하여 기록표의 요구사항을 측정 및 점검하고 본래 상태로 조립하시오.
2. 주어진 자동차의 전자제어 엔진에서 감독위원의 지시에 따라 1가지 부품을 탈거한 후(감독위원에게 확인), 다시 부착하고 시동에 필요한 관련 부분의 이상개소(시동회로, 점화회로, 연료장치 중 2개소)를 점검 및 수리하여 시동하시오.
3. 2항의 시동된 엔진에서 공전속도를 확인하고 감독위원의 지시에 따라 공회전시 배기가스를 측정하여 기록표에 기록하시오.(단, 시동이 정상적으로 되지 않은 경우 본 항의 작업은 할 수 없음)
4. 주어진 자동차의 엔진에서 산소센서의 파형을 출력·분석하여 그 결과를 기록표에 기록하시오.(측정조건 : 공회전 상태)
5. 주어진 전자제어 디젤엔진에서 연료 압력 조절 밸브를 탈거한 후(감독위원에게 확인) 다시 부착하여 시동을 걸고 공회전시 연료 압력을 점검하여 기록표에 기록하시오.

2. 섀 시

1. 주어진 자동차에서 전륜 현가장치의 스트럿 어셈블리(또는 코일 스프링)를 탈거한 후(감독위원에게 확인), 다시 부착하여 작동상태를 확인하시오.
2. 주어진 자동차에서 휠 얼라인먼트 시험기로 캠버와 토(toe) 값을 측정하여 기록표에 기록한 후 타이로드 엔드를 탈거한 후(감독위원에게 확인), 다시 부착하여 토(toe)가 규정값이 되도록 조정하시오.
3. 주어진 자동차에서 브레이크 휠 실린더(또는 캘리퍼)를 탈거한 후(감독위원에게 확인), 다시 부착하여 브레이크 작동상태를 점검하시오.
4. 3항 작업 자동차에서 감독위원의 지시에 따라 전(앞) 또는 후(뒤) 제동력을 측정하여 기록표에 기록하시오.
5. 주어진 자동차의 자동변속기에서 자기진단기(스캐너)를 이용하여 각종 센서 및 시스템의 작동 상태를 점검하고 기록표에 기록하시오.

3. 전 기

1. 주어진 자동차에서 시동모터를 탈거한 후(감독위원에게 확인), 다시 부착하여 작동상태를 확인하고 크랭킹시 전류소모 및 전압강하 시험하여 기록표에 기록하시오.
2. 주어진 자동차에서 전조등 시험기로 전조등을 점검하여 기록표에 기록하시오.
3. 주어진 자동차의 에어컨 회로에서 외기온도 입력 신호값을 점검하여 이상 여부를 확인하여 기록표에 기록하시오.
4. 주어진 자동차에서 전조등 회로를 점검하여 이상 개소(2곳)를 찾아서 수리하시오.

◆ 국가기술자격검정 실기시험 결과기록표(3안) ◆

자 격 종 목	자동차정비 산업기사	과 제 명	자동차 정비 작업

엔 진

▶ 엔진 1. 엔진 크랭크축 점검
  엔진 번호 :

비 번 호		감독위원 확 인	

측정 항목	① 측정(또는 점검)		② 판정 및 정비(또는 조치)사항		득 점
	측 정 값	규정(정비한계)값	판정(□에 '✔' 표)	정비 및 조치할 사항	
크랭크축 축방향 유격			□ 양 호 □ 불 량		

▶ 엔진 3. 배기가스 점검
  자동차 번호 :

비 번 호		감독위원 확 인	

측정 항목	① 측정(또는 점검)		② 판정(□에 '✔' 표)	득 점
	측 정 값	기준값		
CO			□ 양 호 □ 불 량	
HC				

※ 감독위원이 제시한 자동차등록증(또는 차대번호)를 활용하여 차종 및 연식을 적용합니다.
※ 자동차 검사기준 및 방법에 의하여 기록 판정합니다.
※ CO는 소수점 둘째자리 이하는 버리고 0.1% 단위로 기록 합니다.
※ HC는 소수점 둘째자리 이하는 버리고 1ppm 단위로 기록합니다.

▶ 엔진 4. 산소 센서 파형 분석
  자동차 번호 :

비 번 호		감독위원 확 인	

측정 항목	파형 상태	득 점
파형 측정	요구사항 조건에 맞는 파형을 프린트하여 아래 사항을 분석 후 뒷면에 첨부 ① 파형에 불량 요소가 있는 경우에는 반드시 표기 및 설명 하여야 함 ② 파형의 주요 특징에 대하여 표기 및 설명 하여야 함	

▶ 엔진 5. 전자제어 디젤엔진 점검
  자동차 번호 :

비 번 호		감독위원 확 인	

측정 항목	① 측정(또는 점검)		② 판정 및 정비(또는 조치)사항		득 점
	측 정 값	규정(정비한계)값	판정(□에 '✔' 표)	정비 및 조치할 사항	
연료 압력(고압)			□ 양 호 □ 불 량		

섀 시

▶ 섀시 2. 휠 얼라인먼트 점검
자동차 번호 :

| 비 번 호 | | 감독위원 확 인 | |

점검 항목	① 측정(또는 점검)		② 판정 및 정비(또는 조치)사항		득 점
	측 정 값	규정(정비한계)값	판정(□에 '✔'표)	정비 및 조치할 사항	
캠버			☐ 양 호 ☐ 불 량		
토(toe)					

▶ 섀시 4. 제동력 점검
자동차 번호 :

| 비 번 호 | | 감독위원 확 인 | |

위 치	구분	① 측정(또는 점검)		② 판정 및 정비(또는 조치)사항		득 점
		측정값	기준값 (□에 '✔'표)	산출근거	판정 (□에 '✔'표)	
제동력 위치 (□에 '✔'표) ☐ 앞 ☐ 뒤	좌		☐ 앞 ☐ 뒤 축중의	편차	☐ 양 호 ☐ 불 량	
	우		제동력 편차	합		
			제동력 합			

※ 측정 위치는 감독위원이 지정하는 위치에 □에 '✔' 표시합니다.
※ 자동차 검사기준 및 방법에 의하여 기록 판정합니다.
※ 측정값의 단위는 시험장비 기준으로 작성합니다.
※ 산출근거에는 단위를 기록하지 않아도 됩니다.

▶ 섀시 5. 자동변속기 점검
자동차 번호 :

| 비 번 호 | | 감독위원 확 인 | |

점검 항목	① 점검(또는 측정)		② 판정 및 정비(또는 조치)사항	득 점
	고장 부분	내용 및 상태	정비 및 조치할 사항	
자기 진단				

전 기

▶ 전기 1. 시동모터 점검
자동차 번호 :

측정 항목	① 측정(또는 점검)		② 판정 및 정비(또는 조치)사항		득 점
	측정값	규정(정비한계)값	판정(□에 'V' 표)	정비 및 조치할 사항	
전압 강하			□ 양 호 □ 불 량		
전류 소모		전류소모 규정값 산출근거 기록			

▶ 전기 2. 전조등 점검
자동차 번호 :

항목		① 측정(또는 점검)		② 판정	득 점
		측정값	기준값	판정(□에 'V' 표)	
(□에 'V') 위치 : □ 좌 □ 우	광도		_____이상	□ 양 호 □ 불 량	
설치 높이 : □ ≤1.0m □ >1.0m	진폭			□ 양 호 □ 불 량	

※ 측정 위치는 감독위원이 지정하는 위치에 □에 'V' 표시합니다.
※ 자동차 검사기준 및 방법에 의하여 기록 판정합니다.

▶ 전기 3. 에어컨 외기 온도 입력 신호값 점검
자동차 번호 :

점검 항목	① 측정(또는 점검)		② 판정 및 정비(또는 조치)사항		득 점
	측 정 값	규정(정비한계)값	판정(□에 'V' 표)	정비 및 조치할 사항	
외기 온도 입력 신호 값			□ 양 호 □ 불 량		

국가기술자격검정실기시험문제

자동차정비산업기사

자격종목	자동차정비 산업기사	과제명	자동차 정비 작업
비번호		시험일시		시험장명	

※ 시험시간 : 5시간 30분 [엔진 : 140분,   섀시 : 120분,   전기 : 70분]

※ 시험문제 ①~⑭형의 요구사항에서 [엔진, 섀시, 전기]과제 중 세부항목을 조합하여 출제되며, 일부 내용이 변경될 수 있음

1. 엔 진

1. 주어진 엔진을 기록표의 측정 항목까지 분해하여 기록표의 요구사항을 측정 및 점검하고 본래 상태로 조립하시오.
2. 주어진 자동차의 전자제어 엔진에서 감독위원의 지시에 따라 1가지 부품을 탈거한 후(감독위원에게 확인), 다시 부착하고 시동에 필요한 관련 부분의 이상개소(시동회로, 점화회로, 연료장치 중 2개소)를 점검 및 수리하여 시동하시오.
3. 2항의 시동된 엔진에서 공회전 상태를 확인하고 감독위원의 지시에 따라 인젝터의 파형을 분석하여 기록표에 기록하시오.(단, 시동이 정상적으로 되지 않은 경우 본 항의 작업은 할 수 없다)
4. 주어진 자동차의 엔진에서 스텝모터(또는 ISA)의 파형을 출력·분석하여 그 결과를 기록표에 기록하시오. (측정조건 : 공회전 상태)
5. 주어진 전자제어 디젤 엔진에서 연료 압력 센서를 탈거한 후(감독위원에게 확인), 다시 부착하여 시동을 걸고 매연을 점검하여 기록표에 기록하시오.

2. 섀 시

1. 주어진 전륜구동 자동차에서 드라이브 액슬 축을 탈거하여 액슬 축 부트를 탈거한 후(감독위원에게 확인), 다시 부착하여 작동상태를 확인하시오.
2. 주어진 자동차에서 휠 얼라인먼트 시험기로 셋백(setback)과 토(toe) 값을 측정하여 기록표에 기록하고 타이로드 엔드를 탈거한 후(시험위원에게 확인), 다시 부착하여 토(toe)가 규정값이 되도록 조정하시오.
3. 주어진 자동차에서 브레이크 라이닝 슈(또는 패드)를 탈거한 후(감독위원에게 확인), 다시 부착하여 브레이크 작동상태를 점검하시오.
4. 3항 작업 자동차에서 감독위원의 지시에 따라 전(앞) 또는 후(뒤) 제동력을 측정하여 기록표에 기록하시오.
5. 주어진 자동차의 ABS에서 자기진단기(스캐너)를 이용하여 각종 센서 및 시스템의 작동 상태를 점검하고 기록표에 기록하시오.

3. 전 기

1. 주어진 발전기를 분해한 후 정류 다이오드 및 로터 코일의 상태를 점검하여 기록표에 기록하고 다시 본래대로 조립하여 작동상태를 확인하시오.
2. 주어진 자동차에서 전조등 시험기로 전조등을 점검하여 기록표에 기록하시오.
3. 주어진 자동차에서 열선 스위치 조작시 편의장치(ETACS 또는 ISU) 커넥터에서 스위치 입력신호(전압)를 측정하고 이상여부를 확인하여 기록표에 기록하시오.
4. 주어진 자동차에서 파워 윈도우 회로를 점검하여 이상 개소(2곳)를 찾아서 수리하시오.

◈ 국가기술자격검정 실기시험 결과기록표(4안) ◈

자 격 종 목	자동차정비 산업기사	과 제 명	자동차 정비 작업

엔 진

▶ 엔진 1. 피스톤 링 점검
엔진 번호 :

비 번호		감독위원 확 인	

측정 항목	① 측정(또는 점검)		② 판정 및 정비(또는 조치)사항		득 점
	측 정 값	규정(정비한계)값	판정(□에 '✔' 표)	정비 및 조치할 사항	
피스톤 링 엔드 갭 (이음 간극)			□ 양 호 □ 불 량		

※ 감독위원이 지정하는 부위를 측정한다.

▶ 엔진 3. 인젝터 파형 점검
자동차 번호 :

비 번호		감독위원 확 인	

측정 항목	① 측정(또는 점검)		② 판정 및 정비(또는 조치)사항		득 점
	측정값	규정(정비한계)값	판정(□에 '✔' 표)	정비 및 조치할 사항	
서지 전압			□ 양 호 □ 불 량		
분사 시간					

※공회전 상태에서 측정하고 기준값은 지침서를 찾아 판정한다.

▶ 엔진 4. 스텝 모터(ISA) 파형 분석
자동차 번호 :

비 번호		감독위원 확 인	

측정 항목	파형 상태	득 점
파형 측정	요구사항 조건에 맞는 파형을 프린트하여 아래 사항을 분석 후 뒷면에 첨부 ① 파형에 불량 요소가 있는 경우에는 반드시 표기 및 설명 하여야 함 ② 파형의 주요 특징에 대하여 표기 및 설명 하여야 함	

▶ 엔진 5. 매연 점검
엔진 번호 :

비 번호		감독위원 확 인	

① 측정(또는 점검)				② 판정 및 정비(또는 조치)사항			득 점
차종	연식	기준값	측정값	측정	산출근거(계산) 기록	판정 (□에 '✔' 표)	
				1회 : 2회 : 3회 :		□ 양 호 □ 불 량	

※ 차종, 연식 기준값은 자동차등록증을 활용하여 기재하고 기준값 적용
※ 자동차 검사기준 및 방법에 의하여 기록 판정합니다.

섀 시

➡ 섀시 2. 휠 얼라인먼트 점검
작업대 번호 :

| 비 번호 | | 감독위원 확 인 | |

점검 항목	① 측정(또는 점검)		② 판정 및 정비(또는 조치)사항		득 점
	측 정 값	규정(정비한계)값	판정(□에 '✔' 표)	정비 및 조치할 사항	
셋 백			□ 양 호 □ 불 량		
토(toe)					

➡ 섀시 4. 제동력 점검
자동차 번호 :

| 비 번호 | | 감독위원 확 인 | |

① 측정(또는 점검)				② 판정 및 정비(또는 조치)사항		득 점
위 치	구분	측정값	기준값 (□에 '✔' 표)	산출근거	판정 (□에 '✔' 표)	
제동력 위치 (□에 '✔' 표) □ 앞 □ 뒤	좌		□ 앞 축중의 □ 뒤	편차	□ 양 호 □ 불 량	
	우		제동력 편차	합		
			제동력 합			

※ 측정 위치는 감독위원이 지정하는 위치에 □에 '✔' 표시합니다.
※ 자동차 검사기준 및 방법에 의하여 기록 판정합니다.
※ 측정값의 단위는 시험장비 기준으로 작성합니다.
※ 산출근거에는 단위를 기록하지 않아도 됩니다.

➡ 섀시 5. ABS 점검
자동차 번호 :

| 비 번호 | | 감독위원 확 인 | |

점검 항목	① 측정(또는 점검)		② 판정 및 정비(또는 조치)사항	득 점
	고장 부분	내용 및 상태	정비 및 조치할 사항	
자기 진단				

전 기

▶ 전기 1. 발전기 점검
자동차 번호:

비 번호		감독위원 확인	

측정 항목	① 측정(또는 점검)		② 판정 및 정비(또는 조치)사항		득 점
	측 정 값	규정(정비한계)값	판정(□에 '✔' 표)	정비 및 조치할 사항	
(+) 다이오드	(양 : 개), (부 : 개)		□ 양 호 □ 불 량		
(−) 다이오드	(양 : 개), (부 : 개)				
로터 코일 저항					

▶ 전기 2. 전조등 점검
자동차 번호:

비 번호		감독위원 확인	

① 측정(또는 점검)			② 판정	득 점
항목	측정값	기준값	판정(□에 '✔' 표)	
(□에 '✔') 위치: □ 좌 □ 우	광도	_____이상	□ 양 호 □ 불 량	
설치 높이: □ ≤1.0m □ >1.0m	진폭		□ 양 호 □ 불 량	

※ 측정 위치는 감독위원이 지정하는 위치에 □에 '✔' 표시합니다.
※ 자동차 검사기준 및 방법에 의하여 기록 판정합니다.

▶ 전기 3. 열선 스위치 회로 점검
자동차 번호:

비 번호		감독위원 확인	

측정 항목	① 측정(또는 점검)		② 판정 및 정비(또는 조치)사항		득 점
	측 정 값	내용 및 상태	판정(□에 '✔' 표)	정비 및 조치할 사항	
열선 스위치 작동시 전압	ON : OFF :		□ 양 호 □ 불 량		

국가기술자격검정실기시험문제

자동차정비산업기사

자격종목	자동차정비 산업기사	과제명	자동차 정비 작업
비번호		시험일시		시험장명	

※ 시험시간 : 5시간 30분 [엔진 : 140분, 섀시 : 120분, 전기 : 70분]

※ 시험문제 ①~⑭형의 요구사항에서 [엔진, 섀시, 전기]과제 중 세부항목을 조합하여 출제되며, 일부 내용이 변경될 수 있음

1. 엔 진

1. 주어진 엔진을 기록표의 측정 항목까지 분해하여 기록표의 요구사항을 측정 및 점검하고 본래 상태로 조립하시오.
2. 주어진 자동차의 전자제어 엔진에서 감독위원의 지시에 따라 1가지 부품을 탈거한 후(감독위원에게 확인), 다시 부착하고 시동에 필요한 관련 부분의 이상개소(시동회로, 점화회로, 연료장치 중 2개소)를 점검 및 수리하여 시동하시오.
3. 2항의 시동된 엔진에서 공회전 상태를 확인하고 감독위원의 지시에 따라 배기가스를 측정하고 기록표에 기록하시오.(단, 시동이 정상적으로 되지 않은 경우 본 항의 작업은 할 수 없음)
4. 주어진 자동차의 엔진에서 점화코일의 1차 파형을 측정하고 그 결과를 출력물에 기록·판정하시오.(측정조건 : 공회전 상태)
5. 주어진 전자제어 디젤 엔진에서 연료 압력 센서를 탈거한 후 (감독위원에게 확인), 다시 부착하여 시동을 걸고 인젝터 리턴(백리크)량을 측정하여 기록표에 기록하시오.

2. 섀 시

1. 주어진 자동차의 유압 클러치에서 클러치 마스터 실린더를 탈거한 후(감독위원에게 확인), 다시 부착하여 작동상태를 확인하시오.
2. 주어진 자동차에서 휠 얼라인먼트 시험기로 캐스터와 토(toe) 값을 측정하여 기록표에 기록한 후 타이로드 엔드를 교환하여 토(toe)가 규정값이 되도록 조정하시오.
3. 주어진 자동차에서 후륜의 브레이크 휠 실린더를 교환(탈·부착)하고 브레이크 및 허브 베어링의 작동상태를 점검하시오.
4. 3항 작업 자동차에서 감독위원의 지시에 따라 전(앞) 또는 후(뒤) 제동력을 측정하여 기록표에 기록하시오.
5. 주어진 자동차의 자동변속기에서 자기진단기(스캐너)를 이용하여 각종 센서 및 시스템의 작동 상태를 점검하고 기록표에 기록하시오.

3. 전 기

1. 주어진 자동차에서 에어컨 벨트와 블로워 모터를 탈거한 후(감독위원에게 확인), 다시 부착하여 작동상태를 확인하고 에어컨의 압력을 측정하여 기록표에 기록하시오.
2. 주어진 자동차에서 전조등 시험기로 전조등을 점검하여 기록표에 기록하시오.
3. 주어진 자동차에서 와이퍼 간헐(INT) 시간조정 스위치 조작시 편의장치 (ETACS 또는 ISU) 커넥터에서 스위치 신호(전압)를 측정하고 이상여부를 확인하여 기록표에 기록하시오.
4. 주어진 자동차에서 미등 및 제동등(브레이크) 회로를 점검하여 이상 개소(2곳)를 찾아서 수리하시오.

◈ 국가기술자격검정 실기시험 결과기록표(5안) ◈

자 격 종 목	자동차정비 산업기사	과 제 명	자동차 정비 작업

엔 진

➡ 엔진 1. 오일펌프 점검
엔진 번호 :

비 번호		감독위원 확 인	

측정 항목	① 측정(또는 점검)		② 판정 및 정비(또는 조치)사항		득 점
	측 정 값	규정(정비한계)값	판정(□에 '✔' 표)	정비 및 조치할 사항	
오일 펌프 사이드 간극			□ 양 호 □ 불 량		

➡ 엔진 3. 배기가스 점검
자동차 번호 :

비 번호		감독위원 확 인	

측정 항목	① 측정(또는 점검)		② 판정(□에 '✔' 표)	득 점
	측 정 값	기준값		
CO			□ 양 호 □ 불 량	
HC				

※ 감독위원이 제시한 자동차등록증(또는 차대번호)를 활용하여 차종 및 연식을 적용합니다.
※ 자동차 검사기준 및 방법에 의하여 기록 판정합니다.
※ CO는 소수점 둘째자리 이하는 버리고 0.1% 단위로 기록 합니다.
※ HC는 소수점 둘째자리 이하는 버리고 1ppm 단위로 기록합니다.

➡ 엔진 4. 점화 코일 1차 파형 분석
자동차 번호 :

비 번호		감독위원 확 인	

측정 항목	파형 상태	득 점
파형 측정	요구사항 조건에 맞는 파형을 프린트하여 아래 사항을 분석 후 뒷면에 첨부 ① 파형에 불량 요소가 있는 경우에는 반드시 표기 및 설명 하여야 함 ② 파형의 주요 특징에 대하여 표기 및 설명 하여야 함	

➡ 엔진 5. 인젝터 리턴(백리크)량 측정
엔진 번호 :

비 번호		감독위원 확 인	

측정 항목	① 측정(또는 점검)						규 정 (정비한계)값	② 판정 및 정비(또는 조치)사항		득 점
	측 정 값							판정 (□에 '✔' 표)	정비 및 조치할 사항	
인젝터	1	2	3	4	5	6		□ 양 호 □ 불 량		

※ 실린더 수에 맞게 측정합니다.

섀 시

▶ 섀시 2. 휠 얼라인먼트 점검
자동차 번호 :

비 번호		감독위원 확 인	

점검 항목	① 측정(또는 점검)		② 판정 및 정비(또는 조치)사항		득 점
	측 정 값	규정(정비한계)값	판정(□에 '✔' 표)	정비 및 조치할 사항	
캐스터			□ 양 호 □ 불 량		
토(toe)					

▶ 섀시 4. 제동력 점검
자동차 번호 :

비 번호		감독위원 확 인	

① 측정(또는 점검)				② 판정 및 정비(또는 조치)사항		득 점
위 치	구분	측정값	기준값 (□에 '✔' 표)	산출근거	판정 (□에 '✔' 표)	
제동력 위치 (□에 '✔' 표) □ 앞 □ 뒤	좌		□ 앞 축중의 □ 뒤	편차	□ 양 호 □ 불 량	
	우		제동력 편차	합		
			제동력 합			

※ 측정 위치는 감독위원이 지정하는 위치에 □에 '✔' 표시합니다.
※ 자동차 검사기준 및 방법에 의하여 기록 판정합니다.
※ 측정값의 단위는 시험장비 기준으로 작성합니다.
※ 산출근거에는 단위를 기록하지 않아도 됩니다.

▶ 섀시 5. 자동변속기 점검
작업대 번호 :

비 번호		감독위원 확 인	

점검 항목	① 점검(또는 측정)		② 판정 및 정비(또는 조치)사항	득 점
	고장 부분	내용 및 상태	정비 및 조치할 사항	
자기 진단				

전 기

전기 1. 에어컨 압력 점검
자동차 번호 :

비 번호		감독위원 확 인	

점검 항목	① 측정(또는 점검)		② 판정 및 정비(또는 조치)사항		득 점
	측 정 값	규정(정비한계)값	판정(□에 '✔' 표)	정비 및 조치할 사항	
저 압			□ 양 호 □ 불 량		
고 압					

전기 2. 전조등 점검
자동차 번호 :

비 번호		감독위원 확 인	

① 측정(또는 점검)			② 판정	득 점
항목	측정값	기준값	판정(□에 '✔' 표)	
(□에 '✔') 위치 : □ 좌 □ 우 설치 높이 : □ ≤1.0m □ >1.0m	광도	_____이상	□ 양 호 □ 불 량	
	진폭		□ 양 호 □ 불 량	

※ 측정 위치는 감독위원이 지정하는 위치에 □에 '✔' 표시합니다.
※ 자동차 검사기준 및 방법에 의하여 기록 판정합니다.

전기 3. 와이퍼 스위치 신호 점검
자동차 번호 :

비 번호		감독위원 확 인	

점검 항목		① 측정(또는 점검) 상태	② 판정 및 정비(또는 조치)사항		득 점
			판정 (□에 '✔' 표)	정비 및 조치할 사항	
와이퍼 간헐 시간 조정 스위치 위치별 작동신호	INT S/W 전압	– ON시 : – OFF시 :	□ 양 호 □ 불 량		
	INT S/W 위치별 전압	TFAST(빠름)–SLOW(느림) 전압 기록 전압 : _____ – _____			

※ 단, 전압으로 측정이 곤란한 경우 감독위원의 지시에 따라 주기 기록

국가기술자격검정실기시험문제

자동차정비산업기사

자 격 종 목	자동차정비 산업기사	과 제 명	자동차 정비 작업
비번호		시험일시		시험장명	

※ 시험시간 : 5시간 30분 [엔진 : 140분,   섀시 : 120분,   전기 : 70분]

※ 시험문제 ①~⑭형의 요구사항에서 [엔진, 섀시, 전기]과제 중 세부항목을 조합하여 출제되며, 일부 내용이 변경될 수 있음

1. 엔 진

1. 주어진 엔진을 기록표의 측정 항목까지 분해하여 기록표의 요구사항을 측정 및 점검하고 본래 상태로 조립하시오.
2. 주어진 자동차의 전자제어 엔진에서 감독위원의 지시에 따라 1가지 부품을 탈거한 후(감독위원에게 확인) 다시 부착하고 시동에 필요한 관련 부분의 이상개소(시동회로, 점화회로, 연료장치 중 2개소)를 점검 및 수리하여 시동하시오.
3. 2항의 시동된 엔진에서 공회전 상태를 확인하고 감독위원의 지시에 따라 연료 공급 시스템의 연료 압력을 측정하여 기록표에 기록하시오.(단, 시동이 정상적으로 되지 않은 경우 본 항의 작업은 할 수 없음)
4. 주어진 자동차의 엔진에서 점화 코일의 1차 파형을 측정하고 그 결과를 분석하여 출력물에 기록·판정하시오.(측정조건 : 공회전 상태)
5. 주어진 전자제어 디젤 엔진에서 연료 압력 조절 밸브를 탈거한 후(감독위원에게 확인), 다시 부착하여 시동을 걸고 매연을 측정하여 기록표에 기록하시오.

2. 섀 시

1. 주어진 자동변속기에서 밸브 보디의 변속조절 솔레노이드 밸브, 오일펌프 및 필터를 탈거한 후(감독위원에게 확인), 다시 부착하고 자기진단기(스캐너)를 이용하여 변속레버의 작동상태를 확인하시오.
2. 주어진 자동차의 브레이크에서 페달 자유간극을 측정하여 기록표에 기록한 후 페달 자유간극과 페달 높이가 규정값이 되도록 조정하시오.
3. 주어진 자동차에서 전륜의 브레이크 캘리퍼를 탈거한 후(감독위원에게 확인), 다시 부착하여 브레이크 작동상태를 점검하시오.
4. 3항의 작업 자동차에서 감독위원의 지시에 따라 전(앞) 또는 후(뒤) 제동력을 측정하여 기록표에 기록하시오.
5. 주어진 자동차의 ABS에서 자기진단기(스캐너)를 이용하여 각종 센서 및 시스템의 작동상태를 점검하고 기록표에 기록하시오.

3. 전 기

1. 주어진 기동모터를 분해한 후 전기자 코일과 솔레노이드(풀인, 홀드인) 상태를 점검하여 기록표에 기록하고 본래 상태로 조립하여 작동상태를 확인하시오.
2. 주어진 자동차에서 전조등 시험기로 전조등을 점검하여 기록표에 기록하시오.
3. 주어진 자동차에서 점화 키 홀 조명 기능이 작동시 편의장치(ETACS 또는 ISU) 커넥터에서 출력 신호(전압)를 측정하고 이상여부를 확인하여 기록표에 기록하시오.
4. 주어진 자동차에서 경음기 회로를 점검하여 이상 개소(2곳)를 찾아서 수리하시오.

◈ 국가기술자격검정 실기시험 결과기록표(6안) ◈

| 자 격 종 목 | 자동차정비 산업기사 | 과 제 명 | 자동차 정비 작업 |

엔 진

➡ 엔진 1. 캠축 점검
엔진 번호 :

| 비 번호 | | 감독위원 확 인 | |

측정 항목	① 측정(또는 점검)		② 판정 및 정비(또는 조치)사항		득 점
	측 정 값	규정(정비한계)값	판정(□에 '✔' 표)	정비 및 조치할 사항	
캠축 양정			□ 양 호 □ 불 량		

※ 감독위원이 지정하는 부위를 측정합니다.

➡ 엔진 3. 연료 공급 시스템 점검
자동차 번호 :

| 비 번호 | | 감독위원 확 인 | |

측정 항목	① 측정(또는 점검)		② 판정 및 정비(또는 조치)사항		득 점
	측 정 값	규정(정비한계)값	판정(□에 '✔' 표)	정비 및 조치할 사항	
연료 압력			□ 양 호 □ 불 량		

※ 공회전 상태에서 측정합니다.

➡ 엔진 4. 점화 코일 1차 파형 분석
자동차 번호 :

| 비 번호 | | 감독위원 확 인 | |

측정 항목	파형 상태	득 점
파형 측정	요구사항 조건에 맞는 파형을 프린트하여 아래 사항을 분석 후 뒷면에 첨부 ① 파형에 불량 요소가 있는 경우에는 반드시 표기 및 설명 하여야 함 ② 파형의 주요 특징에 대하여 표기 및 설명 하여야 함	

➡ 엔진 5. 매연 점검
엔진 번호 :

| 비 번호 | | 감독위원 확 인 | |

① 측정(또는 점검)				② 판정 및 정비(또는 조치)사항			득 점
차종	연식	기준값	측정값	측정	산출근거(계산) 기록	판정 (□에 '✔' 표)	
				1회 : 2회 : 3회 :		□ 양 호 □ 불 량	

※ 차종, 연식, 기준값은 자동차등록증을 활용하여 기재하고 기준값 적용
※ 자동차 검사기준 및 방법에 의하여 기록 판정합니다.

섀 시

▶ 섀시 1. 브레이크 페달 점검
자동차 번호

비 번호		감독위원 확 인	

점검 항목	① 측정(또는 점검)		② 판정 및 정비(또는 조치)사항		득 점
	측 정 값	규정(정비한계)값	판정(□에 '✔' 표)	정비 및 조치할 사항	
자유 간극			☐ 양 호 ☐ 불 량		
페달 높이					

▶ 섀시 4. 제동력 점검
자동차 번호 :

비 번호		감독위원 확 인	

위 치	구분	측정값	기준값 (□에 '✔' 표)	산출근거	판정 (□에 '✔' 표)	득 점
제동력 위치 (□에 '✔' 표) ☐ 앞 ☐ 뒤	좌		☐ 앞 ☐ 뒤 축중의	편차	☐ 양 호 ☐ 불 량	
	우		제동력 편차	합		
			제동력 합			

※ 측정 위치는 감독위원이 지정하는 위치에 □에 '✔' 표시합니다.
※ 자동차 검사기준 및 방법에 의하여 기록 판정합니다.
※ 측정값의 단위는 시험장비 기준으로 작성합니다.
※ 산출근거에는 단위를 기록하지 않아도 됩니다.

▶ 섀시 5. ABS 점검
작업대 번호 :

비 번호		감독위원 확 인	

점검 항목	① 측정(또는 점검)		② 판정 및 정비(또는 조치)사항	득 점
	고장 부분	내용 및 상태	정비 및 조치할 사항	
자기 진단				

전 기

▶ 전기 1. 기동 모터 점검
자동차 번호 :

| 비 번호 | | 감독위원 확 인 | |

측정 항목	① 측정(또는 점검) 상태	② 판정 및 정비(또는 조치)사항		득 점
		판정(□에 '✔' 표)	정비 및 조치할 사항	
전기자 코일 (단선, 단락, 접지)		□ 양 호 □ 불 량		
솔레 노이드 풀인				
홀드인				

▶ 전기 2. 전조등 점검
자동차 번호 :

| 비 번호 | | 감독위원 확 인 | |

① 측정(또는 점검)			② 판정	득 점
항목	측정값	기준값	판정(□에 '✔' 표)	
(□에 '✔') 위치 : □ 좌 □ 우	광도	_____이상	□ 양 호 □ 불 량	
설치 높이 : □ ≤1.0m □ >1.0m	진폭		□ 양 호 □ 불 량	

※ 측정 위치는 감독위원이 지정하는 위치에 □에 '✔' 표시합니다.
※ 자동차 검사기준 및 방법에 의하여 기록 판정합니다.

▶ 전기 3. 점화 키 홀 조명 출력 점검
자동차 번호 :

| 비 번호 | | 감독위원 확 인 | |

측정 항목	① 측정(또는 점검) 상태	② 판정 및 정비(또는 조치)사항		득 점
		판정(□에 '✔' 표)	정비 및 조치할 사항	
점화 키 홀 조명 출력 신호(전압)	작동시 : 비작동시 :	□ 양 호 □ 불 량		

국가기술자격검정실기시험문제

자동차정비산업기사

자격종목	자동차정비 산업기사	과제명	자동차 정비 작업
비번호		시험일시		시험장명	

※ 시험시간 : 5시간 30분 [엔진 : 140분,　샤시 : 120분,　전기 : 70분]

※ 시험문제 ①~⑭형의 요구사항에서 [엔진, 샤시, 전기]과제 중 세부항목을 조합하여 출제되며, 일부 내용이 변경될 수 있음

1. 엔 진

1. 주어진 엔진을 기록표의 측정 항목까지 분해하여 기록표의 요구사항을 측정 및 점검하고 본래 상태로 조립하시오.
2. 주어진 자동차의 전자제어 엔진에서 감독위원의 지시에 따라 1가지 부품을 탈거한 후(감독위원에게 확인), 다시 부착하고 시동에 필요한 관련 부분의 이상개소(시동회로, 점화회로, 연료장치 중 2개소)를 점검 및 수리하여 시동하시오.
3. 2항의 시동된 엔진에서 공회전 상태를 확인하고 감독위원의 지시에 따라 공회전시 배기가스를 측정하여 기록표에 기록하시오.(단, 시동이 정상적으로 되지 않은 경우 본 항의 작업은 할 수 없음)
4. 주어진 자동차의 엔진에서 흡입공기 유량센서의 파형을 출력·분석하여 그 결과를 기록표에 기록하시오. (측정조건 : 공회전 상태)
5. 주어진 전자제어 디젤 엔진에서 연료 압력 조절 밸브를 탈거한 후(감독위원에게 확인), 다시 부착하여 시동을 걸고 인젝터 리턴(백리크)량을 점검하여 기록표에 기록하시오.

2. 샤 시

1. 주어진 엔진에서 클러치 어셈블리를 탈거한 후(감독위원에게 확인), 다시 부착하여 클러치 디스크의 장착 상태를 확인하시오.
2. 주어진 자동차에서 최소 회전반경을 측정하여 기록표에 기록하고 타이로드 엔드를 탈거한 후(감독위원에게 확인), 다시 부착하여 토(toe)가 규정값이 되도록 조정하시오.
3. 주어진 자동차에서 감독위원의 지시에 따라 브레이크 마스터 실린더를 탈거한 후(감독위원에게 확인), 다시 부착하여 브레이크 작동상태를 점검하시오.
4. 3항 작업 자동차에서 감독위원의 지시에 따라 전(앞) 또는 후(뒤) 제동력을 측정하여 기록표에 기록하시오.
5. 주어진 자동차의 자동변속기에서 자기진단기(스캐너)를 이용하여 각종 센서 및 시스템의 작동상태를 점검하고 기록표에 기록하시오.

3. 전 기

1. 주어진 발전기를 분해한 후 다이오드 및 브러시 상태를 점검하여 기록표에 기록하고 다시 본래대로 조립하여 작동상태를 확인하시오.
2. 주어진 자동차에서 전조등 시험기로 전조등을 점검하여 기록표에 기록하시오.
3. 주어진 자동차의 에어컨 컴프레서가 작동중일 때 증발기(evaporator) 온도 센서 출력 값을 점검하여 이상 여부를 확인하여 기록표에 기록하시오.
4. 주어진 자동차에서 방향지시등 회로를 점검하여 이상 개소(2곳)를 찾아서 수리하시오.

◈ 국가기술자격검정 실기시험 결과기록표(7안) ◈

자 격 종 목	자동차정비 산업기사	과 제 명	자동차 정비 작업

엔 진

▶ 엔진 1. 실린더 헤드 점검
엔진 번호 :

비 번호		감독위원 확 인	

측정 항목	① 측정(또는 점검)		② 판정 및 정비(또는 조치)사항		득 점
	측 정 값	규정(정비한계)값	판정(□에 '✔' 표)	정비 및 조치할 사항	
실린더 헤드 변형도			□ 양 호 □ 불 량		

▶ 엔진 3. 배기가스 점검
자동차 번호 :

비 번호		감독위원 확 인	

측정 항목	① 측정(또는 점검)		② 판정(□에 '✔' 표)	득 점
	측 정 값	기준값		
CO			□ 양 호 □ 불 량	
HC				

※ 감독위원이 제시한 자동차등록증(또는 차대번호)를 활용하여 차종 및 연식을 적용합니다.
※ 자동차 검사기준 및 방법에 의하여 기록 판정합니다.
※ CO는 소수점 둘째자리 이하는 버리고 0.1% 단위로 기록 합니다.
※ HC는 소수점 둘째자리 이하는 버리고 1ppm 단위로 기록합니다.

▶ 엔진 4. 흡입 공기 유량 센서 파형 분석
자동차 번호 :

비 번호		감독위원 확 인	

측정 항목	파형 상태	득 점
파형 측정	요구사항 조건에 맞는 파형을 프린트하여 아래 사항을 분석 후 뒷면에 첨부 ① 파형에 불량 요소가 있는 경우에는 반드시 표기 및 설명 하여야 함 ② 파형의 주요 특징에 대하여 표기 및 설명 하여야 함	

▶ 엔진 5. 인젝터 리턴(백리크)량 측정
엔진 번호 :

비 번호		감독위원 확 인	

측정 항목	① 측정(또는 점검)						② 판정 및 정비(또는 조치)사항		득 점
	측 정 값					규 정 (정비한계)값	판정 (□에 '✔' 표)	정비 및 조치할 사항	
인젝터	1	2	3	4	5	6		□ 양 호 □ 불 량		

※ 실린더 수에 맞게 측정합니다.

섀 시

▶ 섀시 2. 최소 회전반경 점검
작업대 번호 :

점검 항목	① 측정(또는 점검) 및 기준값		② 판정 및 정비(또는 조치)사항		득 점
	측정값	기준값 (최소회전반경)	산출근거	판정 (□에 '✔' 표)	
회전방향 (□에 '✔' 표) □ 좌 □ 우	r			□ 양 호 □ 불 량	
	축거				
	조향각도				
	최소회전반경				

※ 회전 방향 및 바퀴의 접지면 중심과 킹핀과의 거리(r)는 감독위원이 제시합니다.
※ 자동차검사기준 및 방법에 의하여 기록, 판정합니다.
※ 산출근거에는 단위를 기록하지 않아도 됩니다.

▶ 섀시 4. 제동력 점검
자동차 번호 :

위치	구분	측정값	기준값 (□에 '✔' 표)		산출근거	판정 (□에 '✔' 표)	득 점
제동력 위치 (□에 '✔' 표) □ 앞 □ 뒤	좌		□ 앞 □ 뒤	축중의	편차	□ 양 호 □ 불 량	
	우		제동력 편차		합		
			제동력 합				

※ 측정 위치는 감독위원이 지정하는 위치에 □에 '✔' 표시합니다.
※ 자동차 검사기준 및 방법에 의하여 기록 판정합니다.
※ 측정값의 단위는 시험장비 기준으로 작성합니다.
※ 산출근거에는 단위를 기록하지 않아도 됩니다.

▶ 섀시 5. 자동변속기 점검
작업대 번호 :

점검 항목	① 점검(또는 측정)		② 판정 및 정비(또는 조치)사항	득 점
	고장 부분	내용 및 상태	정비 및 조치할 사항	
자기 진단				

전 기

▶ 전기 1. 발전기 점검
자동차 번호 :

비 번호		감독위원 확 인	

점검 항목	① 측정 (또는 점검) 상태	② 판정 및 정비(또는 조치)사항		득 점
		판정(□에 '✔' 표)	정비 및 조치할 사항	
다이오드(+)	(양 : 개) (부 : 개)	□ 양 호 □ 불 량		
다이오드(−)	(양 : 개) (부 : 개)			
다이오드(여자)	(양 : 개) (부 : 개)			
브러시 마모	□ 양 호 □ 불 량			

▶ 전기 2. 전조등 점검
자동차 번호 :

비 번호		감독위원 확 인	

① 측정(또는 점검)			② 판정	득 점
항목	측정값	기준값	판정(□에 '✔' 표)	
(□에 '✔') 위치 : □ 좌 □ 우 설치 높이 : □ ≤1.0m □ >1.0m	광도	_____ 이상	□ 양 호 □ 불 량	
	진폭		□ 양 호 □ 불 량	

※ 측정 위치는 감독위원이 지정하는 위치에 □에 '✔' 표시합니다.
※ 자동차 검사기준 및 방법에 의하여 기록 판정합니다.

▶ 전기 3. 에어컨 이배퍼레이터 점검
자동차 번호 :

비 번호		감독위원 확 인	

측정 항목	① 측정(또는 점검)		② 판정 및 정비(또는 조치)사항		득 점
	측정값	규정(정비한계)값	판정(□에 '✔' 표)	정비 및 조치할 사항	
이배퍼레이터 온도센서 출력 값			□ 양 호 □ 불 량		

8안 국가기술자격검정실기시험문제

자동차정비산업기사

자 격 종 목	자동차정비 산업기사	과 제 명	자동차 정비 작업
비번호		시험일시		시험장명	

※ 시험시간 : 5시간 30분 [엔진 : 140분,　섀시 : 120분,　전기 : 70분]

※ 시험문제 ①~⑭형의 요구사항에서 [엔진, 섀시, 전기]과제 중 세부항목을 조합하여 출제되며, 일부 내용이 변경될 수 있음

1. 엔 진

1. 주어진 엔진을 기록표의 측정 항목까지 분해하여 기록표의 요구사항을 측정 및 점검하고 본래 상태로 조립하시오.
2. 주어진 자동차의 전자제어 엔진에서 감독위원의 지시에 따라 1가지 부품을 탈거한 후(감독위원에게 확인), 다시 부착하고 시동에 필요한 관련 부분의 이상개소(시동회로, 점화회로, 연료장치 중 2개소)를 점검 및 수리하여 시동하시오.
3. 2항의 시동된 엔진에서 증발가스 제어장치의 퍼지 컨트롤 솔레노이드 밸브를 점검하여 기록표에 기록하시오.(단, 시동이 정상적으로 되지 않은 경우 본 항의 작업은 할 수 없음)
4. 주어진 자동차의 엔진에서 점화 코일의 1차 파형을 측정하고 그 결과를 분석하여 출력물에 기록·판정하시오.(측정조건 : 공회전 상태)
5. 주어진 전자제어 디젤 엔진에서 인젝터를 탈거한 후(감독위원에게 확인), 다시 부착하여 시동을 걸고 매연을 측정하여 기록표에 기록하시오.

2. 섀 시

1. 주어진 자동차에서 파워 스티어링 오일펌프 및 벨트를 탈거한 후(감독위원에게 확인), 다시 부착하고 에어빼기 작업을 하여 작동상태를 확인하시오.
2. 주어진 종감속 장치에서 링 기어의 백래시와 런 아웃을 측정하여 기록표에 기록한 후 백래시가 규정값이 되도록 조정하시오.
3. 주어진 자동차에서 후륜의 주차 브레이크 레버(또는 브레이크 슈)를 탈거한 후(감독위원에게 확인), 다시 부착하여 브레이크 작동상태를 점검하시오.
4. 3항 작업 자동차에서 감독위원의 지시에 따라 전(앞) 또는 후(뒤) 제동력을 측정하여 기록표에 기록하시오.
5. 주어진 자동차의 ABS에서 자기진단기(스캐너)를 이용하여 각종 센서 및 시스템 작동 상태를 점검하고 기록표에 기록하시오.

3. 전 기

1. 주어진 자동차에서 와이퍼 모터를 탈거한 후(감독위원에게 확인), 다시 부착하여 와이퍼 브러시의 작동상태를 확인하고 와이퍼 작동시 소모 전류를 점검하여 기록표에 기록하시오.
2. 주어진 자동차에서 전조등 시험기로 전조등을 점검하여 기록표에 기록하시오.
3. 주어진 자동차의 에어컨 회로에서 외기 온도 입력 신호값을 점검하여 이상 여부를 확인하여 기록표에 기록하시오.
4. 주어진 자동차에서 미등 및 번호등 회로를 점검하여 이상 개소(2곳)를 찾아서 수리하시오.

◈ 국가기술자격검정 실기시험 결과기록표(8안) ◈

자 격 종 목	자동차정비 산업기사	과 제 명	자동차 정비 작업

엔 진

➡ 엔진 1. 실린더 마모량 점검
엔진 번호 :

비 번호		감독위원 확 인	

측정 항목	① 측정(또는 점검)		② 판정 및 정비(또는 조치)사항		득 점
	측 정 값	규정(정비한계)값	판정(□에 '✔' 표)	정비 및 조치할 사항	
실린더 마모량			□ 양 호 □ 불 량		

※ 감독위원이 지정하는 부위를 측정한다.

➡ 엔진 3. 증발가스 제어장치 점검
자동차 번호 :

비 번호		감독위원 확 인	

측정 항목	① 측정(또는 점검) 상태		② 판정 및 정비(또는 조치)사항		득 점
	공급 전압	진공유지 또는 진공해제 기록	판정(□에 '✔' 표)	정비 및 조치할 사항	
퍼지 컨트롤 솔레노이드 밸브	작동시 : 비작동시 :		□ 양 호 □ 불 량		

➡ 엔진 4. 점화 코일 1차 파형 분석
자동차 번호 :

비 번호		감독위원 확 인	

측정 항목	파형 상태	득 점
파형 측정	요구사항 조건에 맞는 파형을 프린트하여 아래 사항을 분석 후 뒷면에 첨부 ① 파형에 불량 요소가 있는 경우에는 반드시 표기 및 설명 하여야 함 ② 파형의 주요 특징에 대하여 표기 및 설명 하여야 함	

➡ 엔진 5. 매연 점검
자동차 번호 :

비 번호		감독위원 확 인	

① 측정(또는 점검)				② 판정 및 정비(또는 조치)사항			득 점
차종	연식	기준값	측정값	측정	산출근거(계산) 기록	판정 (□에 '✔' 표)	
				1회 : 2회 : 3회 :		□ 양 호 □ 불 량	

※ 차종, 연식, 기준값은 자동차등록증을 활용하여 기재하고 기준값 적용
※ 자동차 검사기준 및 방법에 의하여 기록 판정합니다.

섀 시

▶ 섀시 2. 종감속 장치 링 기어 점검
작업대 번호 :

비 번호		감독위원 확 인	

점검 항목	① 측정(또는 점검)		② 판정 및 정비(또는 조치)사항		득 점
	측 정 값	규정(정비한계)값	판정(□에 '✔' 표)	정비 및 조치할 사항	
백래시			□ 양 호 □ 불 량		
런 아웃					

▶ 섀시 4. 제동력 점검
자동차 번호 :

비 번호		감독위원 확 인	

① 측정(또는 점검)				② 판정 및 정비(또는 조치)사항		득 점
위 치	구분	측정값	기준값 (□에 '✔' 표)	산출근거	판정 (□에 '✔' 표)	
제동력 위치 (□에 '✔' 표) □ 앞 □ 뒤	좌		□ 앞 축중의 □ 뒤	편차	□ 양 호 □ 불 량	
	우		제동력 편차	합		
			제동력 합			

※ 측정 위치는 감독위원이 지정하는 위치에 □에 '✔' 표시합니다.
※ 자동차 검사기준 및 방법에 의하여 기록 판정합니다.
※ 측정값의 단위는 시험장비 기준으로 작성합니다.
※ 산출근거에는 단위를 기록하지 않아도 됩니다.

▶ 섀시 5. ABS 점검
작업대 번호 :

비 번호		감독위원 확 인	

점검 항목	① 측정(또는 점검)		② 판정 및 정비(또는 조치)사항	득 점
	고장 부분	내용 및 상태	정비 및 조치할 사항	
자기 진단				

전 기

▶ 전기 1. 와이퍼 모터 소모 전류 점검
자동차 번호 :

| 비 번호 | | 감독위원 확 인 | |

측정 항목		① 측정(또는 점검)		② 판정 및 정비(또는 조치)사항		득 점
		측 정 값	규정(정비한계)값	판정(□에 '✔' 표)	정비 및 조치할 사항	
소모 전류	Low 모드			□ 양 호 □ 불 량		
	High 모드					

▶ 전기 2. 전조등 점검
자동차 번호 :

| 비 번호 | | 감독위원 확 인 | |

① 측정(또는 점검)				② 판정	득 점
항목		측정값	기준값	판정(□에 '✔' 표)	
(□에 '✔') 위치 : □ 좌 □ 우 설치 높이 : □ ≤1.0m □ >1.0m	광도		_____이상	□ 양 호 □ 불 량	
	진폭			□ 양 호 □ 불 량	

※ 측정 위치는 감독위원이 지정하는 위치에 □에 '✔' 표시합니다.
※ 자동차 검사기준 및 방법에 의하여 기록 판정합니다.

▶ 전기 3. 에어컨 외기 온도 입력 신호값 점검
자동차 번호 :

| 비 번호 | | 감독위원 확 인 | |

점검 항목	① 측정(또는 점검)		② 판정 및 정비(또는 조치)사항		득 점
	측 정 값	규정(정비한계)값	판정(□에 '✔' 표)	정비 및 조치할 사항	
외기 온도 입력 신호 값			□ 양 호 □ 불 량		

국가기술자격검정실기시험문제

자동차정비산업기사

자 격 종 목	자동차정비 산업기사	과 제 명	자동차 정비 작업
비번호		시험일시		시험장명	

※ 시험시간 : 5시간 30분 [엔진 : 140분, 섀시 : 120분, 전기 : 70분]

※ 시험문제 ①~⑭형의 요구사항에서 [엔진, 섀시, 전기]과제 중 세부항목을 조합하여 출제되며, 일부 내용이 변경될 수 있음

1. 엔 진

1. 주어진 엔진을 기록표의 측정 항목까지 분해하여 기록표의 요구사항을 측정 및 점검하고 본래 상태로 조립하시오.
2. 주어진 자동차의 전자제어 엔진에서 감독위원의 지시에 따라 1가지 부품을 탈거한 후(감독위원에게 확인) 다시 부착하고 시동에 필요한 관련 부분의 이상개소(시동회로, 점화회로, 연료장치 중 2개소)를 점검 및 수리하여 시동하시오.
3. 2항의 시동된 엔진에서 공회전 상태를 확인하고 공회전시 배기가스를 측정하여 기록표에 기록하시오.(단, 시동이 정상적으로 되지 않은 경우 본 항의 작업은 할 수 없음.)
4. 주어진 자동차의 엔진에서 스텝 모터(또는 ISA)의 파형을 출력·분석하여 그 결과를 기록표에 기록하시오.(측정조건 : 공회전 상태)
5. 주어진 전자제어 디젤 엔진에서 연료 압력 센서를 탈거한 후(감독위원에게 확인), 다시 부착하여 시동을 걸고 공전속도를 점검하여 기록표에 기록하시오.

2. 섀 시

1. 주어진 자동차에서 파워 스티어링 오일펌프 및 벨트를 탈거한 후(감독위원에게 확인), 다시 부착하고 에어빼기 작업을 하여 작동상태를 확인하시오.
2. 주어진 종감속 장치에서 링 기어의 백래시와 런 아웃을 측정하여 기록표에 기록한 후 백래시가 규정값이 되도록 조정하시오.
3. 주어진 자동차에서 전륜의 브레이크 캘리퍼를 탈거한 후(감독위원에게 확인), 다시 부착하고 브레이크 작동상태를 점검하시오.
4. 3항 작업 자동차에서 감독위원의 지시에 따라 전(앞) 또는 후(뒤) 제동력을 측정하여 기록표에 기록하시오.
5. 주어진 자동차의 자동변속기에서 자기진단기(스캐너)를 이용하여 각종 센서 및 시스템 작동 상태를 점검하고 기록표에 기록하시오.

3. 전 기

1. 주어진 자동차에서 다기능(콤비네이션) 스위치를 교환(탈·부착)하여 스위치 작동상태를 확인하고 경음기 음량 상태를 점검하여 기록표에 기록하시오.
2. 주어진 자동차에서 전조등 시험기로 전조등을 점검하여 기록표에 기록하시오.
3. 주어진 자동차에서 도어 센트롤 록킹(도어 중앙 잠금장치) 스위치 조작시 편의장치(ETACS 또는 ISU) 및 운전석 도어 모듈(DDM) 커넥터에서 작동신호를 측정하고 이상여부를 확인하여 기록표에 기록하시오.
4. 주어진 자동차에서 와이퍼 회로를 점검하여 이상 개소(2곳)를 찾아서 수리하시오.

◈ 국가기술자격검정 실기시험 결과기록표(9안) ◈

자격종목	자동차정비 산업기사	과제명	자동차 정비 작업

엔 진

▶ 엔진 1. 크랭크축 저널 측정
자동차 번호 :

비 번 호		감독위원 확 인	

측정 항목	① 측정(또는 점검)		② 판정 및 정비(또는 조치)사항		득 점
	측 정 값	규정(정비한계)값	판정(□에 '✔' 표)	정비 및 조치할 사항	
메인저널 마모량			□ 양 호 □ 불 량		

※ 감독위원이 지정하는 부위를 측정합니다.

▶ 엔진 3. 배기가스 점검
자동차 번호 :

비 번 호		감독위원 확 인	

측정 항목	① 측정(또는 점검)		② 판정(□에 '✔' 표)	득 점
	측 정 값	기준값		
CO			□ 양 호 □ 불 량	
HC				

※ 감독위원이 제시한 자동차등록증(또는 차대번호)를 활용하여 차종 및 연식을 적용합니다.
※ 자동차 검사기준 및 방법에 의하여 기록 판정합니다.
※ CO는 소수점 둘째자리 이하는 버리고 0.1% 단위로 기록 합니다.
※ HC는 소수점 둘째자리 이하는 버리고 1ppm 단위로 기록합니다.

▶ 엔진 4. 스텝 모터 파형 분석
자동차 번호 :

비 번 호		감독위원 확 인	

측정 항목	파형 상태	득 점
파형 측정	요구사항 조건에 맞는 파형을 프린트하여 아래 사항을 분석 후 뒷면에 첨부 ① 파형에 불량 요소가 있는 경우에는 반드시 표기 및 설명 하여야 함 ② 파형의 주요 특징에 대하여 표기 및 설명 하여야 함	

▶ 엔진 5. 디젤 엔진 공전속도 점검
자동차 번호 :

비 번 호		감독위원 확 인	

측정 항목	① 측정(또는 점검)		② 판정 및 정비(또는 조치)사항		득 점
	측 정 값	규정(정비한계)값	판정(□에 '✔' 표)	정비 및 조치할 사항	
공전속도			□ 양 호 □ 불 량		

섀 시

▶ 섀시 2. 종감속 장치 링 기어 점검
　작업대 번호 :

비 번호		감독위원 확 인	

점검 항목	① 측정(또는 점검)		② 판정 및 정비(또는 조치)사항		득 점
	측 정 값	규정(정비한계)값	판정(□에 '✔' 표)	정비 및 조치할 사항	
백래시			□ 양 호 □ 불 량		
런 아웃					

▶ 섀시 4. 제동력 점검
　자동차 번호 :

비 번호		감독위원 확 인	

① 측정(또는 점검)				② 판정 및 정비(또는 조치)사항			득 점
위 치	구분	측정값	기준값 (□에 '✔' 표)	산출근거		판정 (□에 '✔' 표)	
제동력 위치 (□에 '✔' 표) □ 앞 □ 뒤	좌		□ 앞　축중의 □ 뒤	편차		□ 양 호 □ 불 량	
	우		제동력 편차	합			
			제동력 합				

※ 측정 위치는 감독위원이 지정하는 위치에 □에 '✔' 표시합니다.
※ 자동차 검사기준 및 방법에 의하여 기록 판정합니다.
※ 측정값의 단위는 시험장비 기준으로 작성합니다.
※ 산출근거에는 단위를 기록하지 않아도 됩니다.

▶ 섀시 5. 자동변속기 점검
　작업대 번호 :

비 번호		감독위원 확 인	

점검 항목	① 점검(또는 측정)		② 판정 및 정비(또는 조치)사항	득 점
	고장 부분	내용 및 상태	정비 및 조치할 사항	
자기 진단				

전 기

▶ 전기 1. 경음기 음량 점검
자동차 번호 :

비 번호		감독위원 확 인	

측정항목	① 측정(또는 점검)		② 판정 및 정비(또는 조치)사항		득 점
	측 정 값	기준값	판정(□에 '✔' 표)	정비 및 조치할 사항	
경음기 음량		_____ 이상 _____ 이하	□ 양 호 □ 불 량		

※ 감독위원이 제시한 자동차등록증(또는 차대번호)을 활용하여 차종 및 연식을 적용합니다.
※ 자동차검사기준 및 방법에 의하여 기록, 판정합니다.
※ 암소음은 무시합니다.

▶ 전기 2. 전조등 점검
자동차 번호 :

비 번호		감독위원 확 인	

항목	① 측정(또는 점검)			② 판정	득 점
		측정값	기준값	판정(□에 '✔' 표)	
(□에 '✔') 위치 : □ 좌 □ 우	광도		_____ 이상	□ 양 호 □ 불 량	
설치 높이 : □ ≤1.0m □ >1.0m	진폭			□ 양 호 □ 불 량	

※ 측정 위치는 감독위원이 지정하는 위치에 □에 '✔' 표시합니다.
※ 자동차 검사기준 및 방법에 의하여 기록 판정합니다.

▶ 전기 3. 센트럴 도어 록킹 스위치 회로 점검
자동차 번호 :

비 번호		감독위원 확 인	

측정 항목	① 측정(또는 점검)			② 판정 및 정비(또는 조치)사항		득 점
		측 정 값	규정(정비한계)값	판정 (□에 '✔' 표)	정비 및 조치할 사항	
도어 중앙 잠금 장치 신호(전압)	잠김	ON : OFF :		□ 양 호 □ 불 량		
	풀림	ON : OFF :				

국가기술자격검정실기시험문제

자동차정비산업기사

자 격 종 목	자동차정비 산업기사	과 제 명	자동차 정비 작업
비번호		시험일시	시험장명

※ 시험시간 : 5시간 30분 [엔진 : 140분, 섀시 : 120분, 전기 : 70분]

※ 시험문제 ①~⑭형의 요구사항에서 [엔진, 섀시, 전기]과제 중 세부항목을 조합하여 출제되며, 일부 내용이 변경될 수 있음

1. 엔 진

1. 주어진 엔진을 기록표의 측정 항목까지 분해하여 기록표의 요구사항을 측정 및 점검하고 본래 상태로 조립하시오.
2. 주어진 자동차의 전자제어 엔진에서 감독위원의 지시에 따라 1가지 부품을 탈거한 후(감독위원에게 확인), 다시 부착하고 시동에 필요한 관련 부분의 이상개소(시동회로, 점화회로, 연료장치 중 2개소)를 점검 및 수리하여 시동하시오.
3. 2항의 시동된 엔진에서 공회전 상태를 확인하고 감독위원의 지시에 따라 연료 공급 시스템의 연료 압력을 측정하여 기록표에 기록하시오.(단, 시동이 정상적으로 되지 않은 경우 본 항의 작업은 할 수 없음)
4. 주어진 자동차의 엔진에서 TDC 센서(또는 캠각 센서)의 파형을 출력하고 출력물에 상태를 분석하여 그 결과를 기록표에 기록하시오.(측정조건 : 공회전 상태)
5. 주어진 전자제어 디젤 엔진에서 인젝터를 탈거한 후(감독위원에게 확인), 다시 부착하여 시동을 걸고 매연을 측정하여 기록표에 기록하시오.

2. 섀 시

1. 주어진 자동차의 전륜에서 허브 및 너클을 탈거한 후(감독위원에게 확인), 다시 부착하여 작동상태를 확인하시오.
2. 주어진 자동차에서 휠 얼라인먼트 시험기(측정전 준비사항이 완료된 상태)로 토(toe) 값을 측정하여 기록표에 기록한 후 타이로드를 이용하여 규정에 맞도록 조정하시오.
3. 주어진 자동차에서 후륜의 브레이크 휠 실린더를 탈거한 후(감독위원에게 확인), 다시 부착하여 브레이크의 작동상태를 점검하시오.
4. 3항 작업 자동차에서 감독위원의 지시에 따라 전(앞) 또는 후(뒤) 제동력을 측정하여 기록표에 기록하시오.
5. 주어진 자동차의 ABS에서 자기진단기(스캐너)를 이용하여 각종 센서 및 시스템 작동 상태를 점검하고 기록표에 기록하시오.

3. 전 기

1. 주어진 자동차에서 파워 윈도우 레귤레이터를 탈거한 후(감독위원에게 확인), 다시 부착하여 작동 상태를 확인 후 윈도우 모터의 전류 소모시험을 하여 기록표에 기록하시오.
2. 주어진 자동차에서 전조등 시험기로 전조등을 점검하여 기록표에 기록하시오.
3. 주어진 자동차의 편의장치(ETACS 또는 ISU) 커넥터에서 전원 전압을 점검하여 기록표에 기록하시오.
4. 주어진 자동차에서 실내등 및 도어 오픈 경고등 회로를 점검하여 이상 개소(2곳)를 찾아서 수리 후 작동시험하시오.

◈ 국가기술자격검정 실기시험 결과기록표(10안) ◈

자 격 종 목	자동차정비 산업기사	과 제 명	자동차 정비 작업

엔 진

▶ 엔진 1. 크랭크축 축방향 유격 점검
　엔진 번호 :

비 번호		감독위원 확 인	

측정 항목	① 측정(또는 점검)		② 판정 및 정비(또는 조치)사항		득 점
	측 정 값	규정(정비한계)값	판정(□에 '✔' 표)	정비 및 조치할 사항	
크랭크 축 방향 유격			□ 양 호 □ 불 량		

※ 감독위원이 지정하는 부위를 측정한다.

▶ 엔진 3. 연료 공급 시스템 점검
　자동차 번호 :

비 번호		감독위원 확 인	

측정 항목	① 측정(또는 점검)		② 판정 및 정비(또는 조치)사항		득 점
	측 정 값	규정(정비한계)값	판정(□에 '✔' 표)	정비 및 조치할 사항	
연료 압력			□ 양 호 □ 불 량		

※ 공회전 상태에서 측정합니다.

▶ 엔진 4. TDC(또는 캠각) 센서 파형 분석
　자동차 번호 :

비 번호		감독위원 확 인	

측정 항목	파형 상태	득 점
파형 측정	요구사항 조건에 맞는 파형을 프린트하여 아래 사항을 분석 후 뒷면에 첨부 ① 파형에 불량 요소가 있는 경우에는 반드시 표기 및 설명 하여야 함 ② 파형의 주요 특징에 대하여 표기 및 설명 하여야 함	

▶ 엔진 5. 매연 점검
　자동차 번호 :

비 번호		감독위원 확 인	

① 측정(또는 점검)					② 판정 및 정비(또는 조치)사항			득 점
차종	연식	기준값	측정값	측정	산출근거(계산) 기록	판정 (□에 '✔' 표)		
				1회 : 2회 : 3회 :		□ 양 호 □ 불 량		

※ 차종, 연식, 기준값은 자동차등록증을 활용하여 기재하고 기준값 적용
※ 자동차 검사기준 및 방법에 의하여 기록 판정합니다.

섀 시

▶ 섀시 2. 휠 얼라인먼트 점검
자동차 번호 :

비 번호		감독위원 확 인		

점검 항목	① 측정(또는 점검)		② 판정 및 정비(또는 조치)사항		득 점
	측 정 값	규정(정비한계)값	판정(□에 '✔' 표)	정비 및 조치할 사항	
토(toe)			□ 양 호 □ 불 량		

▶ 섀시 4. 제동력 점검
자동차 번호 :

비 번호		감독위원 확 인	

① 측정(또는 점검)				② 판정 및 정비(또는 조치)사항		득 점
위 치	구분	측정값	기준값 (□에 '✔' 표)	산출근거	판정 (□에 '✔' 표)	
제동력 위치 (□에 '✔' 표) □ 앞 □ 뒤	좌		□ 앞 □ 뒤 축중의	편차	□ 양 호 □ 불 량	
	우		제동력 편차	합		
			제동력 합			

※ 측정 위치는 감독위원이 지정하는 위치에 □에 '✔' 표시합니다.
※ 자동차 검사기준 및 방법에 의하여 기록 판정합니다.
※ 측정값의 단위는 시험장비 기준으로 작성합니다.
※ 산출근거에는 단위를 기록하지 않아도 됩니다.

▶ 섀시 5. ABS 점검
작업대 번호 :

비 번호		감독위원 확 인	

점검 항목	① 측정(또는 점검)		② 판정 및 정비(또는 조치)사항	득 점
	고장 부분	내용 및 상태	정비 및 조치할 사항	
자기 진단				

전 기

▶ 전기 1. 윈도 모터 점검
자동차 번호 :

비 번호		감독위원 확 인	

점검 항목		① 측정(또는 점검)		② 판정 및 정비(또는 조치)사항		득 점
		측 정 값	규정(정비한계)값	판정(□에 '✔' 표)	정비 및 조치할 사항	
전류 소모 시험	올림 :			□ 양 호 □ 불 량		
	내림 :					

▶ 전기 2. 전조등 점검
자동차 번호 :

비 번호		감독위원 확 인	

① 측정(또는 점검)				② 판정	득 점
항목		측정값	기준값	판정(□에 '✔' 표)	
(□에 '✔') 위치 : □ 좌 □ 우 설치 높이 : □ ≤1.0m □ >1.0m	광도		_____이상	□ 양 호 □ 불 량	
	진폭			□ 양 호 □ 불 량	

※ 측정 위치는 감독위원이 지정하는 위치에 □에 '✔' 표시합니다.
※ 자동차 검사기준 및 방법에 의하여 기록 판정합니다.

▶ 전기 3. 컨트롤 유닛 회로 점검
자동차 번호 :

비 번호		감독위원 확 인	

점검 항목		① 측정(또는 점검)		② 판정 및 정비(또는 조치)사항		득 점
		측 정 값	규정(정비한계)값	판정(□에 '✔' 표)	정비 및 조치할 사항	
컨트롤 유닛의 기본 입력 전압	+			□ 양 호 □ 불 량		
	-					
	IG					

국가기술자격검정실기시험문제

자동차정비산업기사

자 격 종 목	자동차정비 산업기사	과 제 명	자동차 정비 작업
비번호		시험일시		시험장명	

※ 시험시간 : 5시간 30분 [엔진 : 140분, 섀시 : 120분, 전기 : 70분]

※ 시험문제 ①~⑭형의 요구사항에서 [엔진, 섀시, 전기]과제 중 세부항목을 조합하여 출제되며, 일부 내용이 변경될 수 있음

1. 엔 진

1. 주어진 엔진을 기록표의 측정 항목까지 분해하여 기록표의 요구사항을 측정 및 점검하고 본래 상태로 조립하시오.
2. 주어진 자동차의 전자제어 엔진에서 감독위원의 지시에 따라 1가지 부품을 탈거한 후(감독위원에게 확인), 다시 부착하고 시동에 필요한 관련 부분의 이상개소(시동회로, 점화회로, 연료장치 중 2개소)를 점검 및 수리하여 시동하시오.
3. 2항의 시동된 엔진에서 공전속도를 확인하고 감독위원의 지시에 따라 인젝터 파형을 측정 및 분석하여 기록표에 기록하시오.(단, 시동이 정상적으로 되지 않은 경우 본 항의 작업은 할 수 없다.)
4. 주어진 자동차의 엔진에서 흡입공기 유량센서의 파형을 출력·분석하여 기록표에 기록하시오.(측정조건 : 급가·감속시)
5. 주어진 전자제어 디젤 엔진에서 인젝터를 탈거한 후(감독위원에게 확인), 다시 조립하여 시동을 걸고 매연을 측정하여 기록표에 기록하시오.

2. 섀 시

1. 주어진 후륜 차량의 종감속 기어 어셈블리에서 사이드 기어의 시임 및 스페이서를 탈거한 후(감독위원에게 확인), 다시 부착하여 링 기어 백래시와 접촉면 상태가 바르게 조정 및 확인하시오.
2. 주어진 자동차에서 휠 얼라인먼트 시험기로 셋백(setback)과 토(toe) 값을 측정하여 기록표에 기록하고 타이로드 엔드를 탈거한 후(시험위원에게 확인) 다시 부착하여 토(toe)가 규정값이 되도록 조정하시오.
3. 주어진 자동차에서 전륜의 브레이크 캘리퍼를 탈거한 후(감독위원에게 확인), 다시 부착하여 브레이크 작동 상태를 점검하시오.
4. 3항 작업 자동차에서 감독위원의 지시에 따라 전(앞) 또는 후(뒤) 제동력을 측정하여 기록표에 기록하시오.
5. 주어진 자동차의 자동변속기에서 자기진단기(스캐너)를 이용하여 각종 센서 및 시스템 작동 상태를 점검하고 기록표에 기록하시오.

3. 전 기

1. 자동차에서 에어컨 벨트와 블로워 모터를 탈거한 후(감독위원에게 확인), 다시 부착하여 작동 상태를 확인하고 에어컨의 압력을 측정하여 기록표에 기록하시오.
2. 주어진 자동차에서 전조등 시험기로 전조등을 점검하여 기록표에 기록하시오.
3. 주어진 자동차에서 와이퍼 간헐(INT) 시간조정 스위치 조작시 편의장치(ETACS 또는 ISU) 커넥터에서 스위치 신호(전압)를 측정하고 이상여부를 확인하여 기록표에 기록하시오.
4. 주어진 자동차에서 파워 윈도우 회로를 점검하여 이상 개소(2곳)를 찾아서 수리하시오.

◈ 국가기술자격검정 실기시험 결과기록표(11안) ◈

| 자 격 종 목 | 자동차정비 산업기사 | 과 제 명 | 자동차 정비 작업 |

엔 진

▶ 엔진 1. 크랭크 축 점검
엔진 번호 :

| 비 번호 | | 감독위원 확 인 | |

측정 항목	① 측정(또는 점검)		② 판정 및 정비(또는 조치)사항		득 점
	측 정 값	규정(정비한계)값	판정(□에 '✔' 표)	정비 및 조치할 사항	
핀 저널 오일간극			□ 양 호 □ 불 량		

▶ 엔진 3. 인젝터 파형 점검
자동차 번호 :

| 비 번호 | | 감독위원 확 인 | |

측정 항목	① 측정(또는 점검)		② 판정 및 정비(또는 조치)사항		득 점
	측정값	규정(정비한계)값	판정(□에 '✔' 표)	정비 및 조치할 사항	
서지 전압			□ 양 호 □ 불 량		
분사 시간					

※ 공회전 상태에서 측정하고 기준값은 지침서를 찾아 판정한다.

▶ 엔진 4. 흡입공기 유량센서 파형 분석
자동차 번호 :

| 비 번호 | | 감독위원 확 인 | |

측정 항목	파형 상태	득 점
파형 측정	요구사항 조건에 맞는 파형을 프린트하여 아래 사항을 분석 후 뒷면에 첨부 ① 파형에 불량 요소가 있는 경우에는 반드시 표기 및 설명 하여야 함 ② 파형의 주요 특징에 대하여 표기 및 설명 하여야 함	

▶ 엔진 5. 매연 점검
엔진 번호 :

| 비 번호 | | 감독위원 확 인 | |

① 측정(또는 점검)				② 판정 및 정비(또는 조치)사항			득 점
차종	연식	기준값	측정값	측정	산출근거(계산) 기록	판정 (□에 '✔' 표)	
				1회 : 2회 : 3회 :		□ 양 호 □ 불 량	

※ 차종, 연식, 기준값은 자동차등록증을 활용하여 기재하고, 기준값 적용.
※ 자동차 검사기준 및 방법에 의하여 기록 판정함

섀 시

▶ 섀시 2. 휠 얼라인먼트 점검
자동차 번호 :

| 비 번호 | | 감독위원
확 인 | | |

점검 항목	① 측정(또는 점검)		② 판정 및 정비(또는 조치)사항		득 점
	측 정 값	규정(정비한계)값	판정(□에 '✔' 표)	정비 및 조치할 사항	
셋 백			□ 양 호 □ 불 량		
토(toe)					

▶ 섀시 4. 제동력 점검
자동차 번호 :

| 비 번호 | | 감독위원
확 인 | | |

① 측정(또는 점검)				② 판정 및 정비(또는 조치)사항		득 점
위 치	구분	측정값	기준값 (□에 '✔' 표)	산출근거	판정 (□에 '✔' 표)	
제동력 위치 (□에 '✔' 표) □ 앞 □ 뒤	좌		□ 앞 축중의 □ 뒤	편차	□ 양 호 □ 불 량	
	우		제동력 편차	합		
			제동력 합			

※ 측정 위치는 감독위원이 지정하는 위치에 □에 '✔' 표시합니다.
※ 자동차 검사기준 및 방법에 의하여 기록 판정합니다.
※ 측정값의 단위는 시험장비 기준으로 작성합니다.
※ 산출근거에는 단위를 기록하지 않아도 됩니다.

▶ 섀시 5. 자동변속기 점검
작업대 번호 :

| 비 번호 | | 감독위원
확 인 | | |

점검 항목	① 점검(또는 측정)		② 판정 및 정비(또는 조치)사항	득 점
	이상 부위	내용 및 상태	정비 및 조치할 사항	
자기 진단				

전 기

▶ 전기 1. 에어컨 압력 점검
자동차 번호 :

| 비 번호 | | 감독위원
확 인 | |

점검 항목	① 측정(또는 점검)		② 판정 및 정비(또는 조치)사항		득 점
	측 정 값	규정(정비한계)값	판정(□에 '✔' 표)	정비 및 조치할 사항	
저 압			□ 양 호 □ 불 량		
고 압					

▶ 전기 2. 전조등 점검
자동차 번호 :

| 비 번호 | | 감독위원
확 인 | |

① 측정(또는 점검)			② 판정	득 점
항목		측정값	기준값	판정(□에 '✔' 표)	
(□에 '✔') 위치 : □ 좌 □ 우	광도		_____이상	□ 양 호 □ 불 량	
설치 높이 : □ ≤1.0m □ >1.0m	진폭			□ 양 호 □ 불 량	

※ 측정 위치는 감독위원이 지정하는 위치에 □에 '✔' 표시합니다.
※ 자동차 검사기준 및 방법에 의하여 기록 판정합니다.

▶ 전기 3. 와이퍼 스위치 신호 점검
자동차 번호 :

| 비 번호 | | 감독위원
확 인 | |

점검 항목		① 측정(또는 점검) 상태	② 판정 및 정비(또는 조치)사항		득 점
			판정 (□에 '✔' 표)	정비 및 조치할 사항	
와이퍼 간헐 시간 조정 스위치 위치별 작동신호	INT S/W 전압	– ON시 : – OFF시 :	□ 양 호 □ 불 량		
	INT S/W 위치별 전압	TFAST(빠름)–SLOW(느림) 전압 기록 전압 : _____ – _____			

※ 단, 전압으로 측정이 곤란한 경우 감독위원의 지시에 따라 주기 기록.

국가기술자격검정 실기시험문제

자격종목	자동차정비 산업기사	과제명	자동차 정비 작업
비번호		시험일시		시험장명	

※ 시험시간 : 5시간 30분 [엔진 : 140분,   섀시 : 120분,   전기 : 70분]

※ 시험문제 ①~⑭형의 요구사항에서 [엔진, 섀시, 전기]과제 중 세부항목을 조합하여 출제되며, 일부 내용이 변경될 수 있음

1. 엔진

1. 주어진 엔진을 기록표의 측정 항목까지 분해하여 기록표의 요구사항을 측정 및 점검하고 본래 상태로 조립하시오.
2. 주어진 자동차의 전자제어 엔진에서 감독위원의 지시에 따라 1가지 부품을 탈거한 후(감독위원에게 확인) 다시 부착하고 시동에 필요한 관련 부분의 이상개소(시동회로, 점화회로, 연료장치 중 2개소)를 점검 및 수리하여 시동하시오.
3. 2항의 시동된 엔진에서 공전속도를 확인하고 감독위원의 지시에 따라 공회전시 배기가스를 측정하여 기록표에 기록하시오.(단, 시동이 정상적으로 되지 않은 경우 본 항의 작업은 할 수 없음)
4. 주어진 자동차의 엔진에서 점화코일의 1차 파형을 측정하고 그 결과를 분석하여 출력물에 기록·판정하시오.(측정조건 : 공회전 상태)
5. 주어진 전자제어 디젤 엔진에서 연료압력 조절밸브를 탈거한 후(감독위원에게 확인) 다시 부착하여 시동을 걸고 공회전시 연료 압력을 점검하여 기록표에 기록하시오.

2. 섀시

1. 주어진 자동차에서 후륜 현가장치의 쇽업쇼버 스프링을 탈거한 후(감독위원에게 확인), 다시 부착하여 작동 상태를 확인하시오.
2. 주어진 자동차에서 휠 얼라인먼트 시험기로 캐스터와 토(toe) 값을 측정하여 기록표에 기록한 후 타이로드 엔드를 교환하여 토(toe)가 규정값이 되도록 조정하시오.
3. ABS가 설치된 주어진 자동차에서 브레이크 패드를 탈거한 후(감독위원에게 확인), 다시 부착하여 브레이크 작동상태를 점검하시오.
4. 3항의 작업 자동차에서 감독위원의 지시에 따라 전(앞) 또는 후(뒤) 제동력을 측정하여 기록표에 기록하시오.
5. 주어진 자동차의 ABS에서 자기진단기(스캐너)를 이용하여 각종 센서 및 시스템 작동 상태를 점검하고 기록표에 기록하시오.

3. 전기

1. 주어진 자동차에서 시동모터를 탈거한 후(감독위원에게 확인), 다시 부착하여 작동상태를 확인하고 크랭킹 시 전류소모 및 전압강하 시험을 하여 기록표에 기록하시오.
2. 주어진 자동차에서 전조등 시험기로 전조등을 점검하여 기록표에 기록하시오.
3. 주어진 자동차에서 열선 스위치 조작시 편의장치(ETACS 또는 ISU) 커넥터에서 스위치 입력신호(전압)를 측정하고 이상여부를 확인하여 기록표에 기록하시오.
4. 주어진 자동차에서 전조등 회로를 점검하여 이상 개소(2곳)를 찾아서 수리하시오.

◈ 국가기술자격검정 실기시험 결과기록표(12안) ◈

자 격 종 목	자동차정비 산업기사	과 제 명	자동차 정비 작업

엔 진

▶ 엔진 1. 크랭크축 오일간극 측정
엔진 번호 :

비 번호		감독위원 확 인	

측정 항목	① 측정(또는 점검)		② 판정 및 정비(또는 조치)사항		득 점
	측 정 값	규정(정비한계)값	판정(□에 '✔' 표)	정비 및 조치할 사항	
크랭크축 메인저널 오일간극			□ 양 호 □ 불 량		

※ 감독위원이 지정하는 부위를 측정한다.

▶ 엔진 3. 배기가스 점검
자동차 번호 :

비 번호		감독위원 확 인	

측정 항목	① 측정(또는 점검)		② 판정(□에 '✔' 표)	득 점
	측 정 값	기준값		
CO			□ 양 호 □ 불 량	
HC				

※ 감독위원이 제시한 자동차등록증(또는 차대번호)를 활용하여 차종 및 연식을 적용합니다.
※ 자동차 검사기준 및 방법에 의하여 기록 판정합니다.
※ CO는 소수점 둘째자리 이하는 버리고 0.1% 단위로 기록 합니다.
※ HC는 소수점 둘째자리 이하는 버리고 1ppm 단위로 기록합니다.

▶ 엔진 4. 점화 코일 1차 파형 분석
자동차 번호 :

비 번호		감독위원 확 인	

측정 항목	파형 상태	득 점
파형 측정	요구사항 조건에 맞는 파형을 프린트하여 아래 사항을 분석 후 뒷면에 첨부 ① 파형에 불량 요소가 있는 경우에는 반드시 표기 및 설명 하여야 함 ② 파형의 주요 특징에 대하여 표기 및 설명 하여야 함	

▶ 엔진 5. 전자제어 디젤엔진 점검
자동차 번호 :

비 번호		감독위원 확 인	

측정 항목	① 측정(또는 점검)		② 판정 및 정비(또는 조치)사항		득 점
	측 정 값	규정(정비한계)값	판정(□에 '✔' 표)	정비 및 조치할 사항	
연료 압력(고압)			□ 양 호 □ 불 량		

섀 시

▶ 섀시 2. 휠 얼라인먼트 점검
자동차 번호 :

비 번호		감독위원 확 인	

점검 항목	① 측정(또는 점검)		② 판정 및 정비(또는 조치)사항		득 점
	측 정 값	규정(정비한계)값	판정(□에 '✔' 표)	정비 및 조치할 사항	
캐스터			□ 양 호 □ 불 량		
토(toe)					

▶ 섀시 4. 제동력 점검
자동차 번호 :

비 번호		감독위원 확 인	

위 치	구분	측정값	기준값 (□에 '✔' 표)	산출근거	판정 (□에 '✔' 표)	득 점
제동력 위치 (□에 '✔' 표) □ 앞 □ 뒤	좌		□ 앞 □ 뒤 축중의	편차	□ 양 호 □ 불 량	
	우		제동력 편차	합		
			제동력 합			

※ 측정 위치는 감독위원이 지정하는 위치에 □에 '✔' 표시합니다.
※ 자동차 검사기준 및 방법에 의하여 기록 판정합니다.
※ 측정값의 단위는 시험장비 기준으로 작성합니다.
※ 산출근거에는 단위를 기록하지 않아도 됩니다.

▶ 섀시 5. ABS 점검
작업대 번호 :

비 번호		감독위원 확 인	

점검 항목	① 측정(또는 점검)		② 판정 및 정비(또는 조치)사항	득 점
	고장 부분	내용 및 상태	정비 및 조치할 사항	
자기 진단				

전 기

▶ 전기 1. 시동모터 점검
자동차 번호 :

| 비 번호 | | 감독위원 확 인 | |

측정 항목	① 측정(또는 점검)		② 판정 및 정비(또는 조치)사항		득 점
	측정값	규정(정비한계)값	판정(□에 '✔' 표)	정비 및 조치할 사항	
전압 강하			□ 양 호 □ 불 량		
전류 소모		전류소모 규정값 산출근거 기록			

▶ 전기 2. 전조등 점검
자동차 번호 :

| 비 번호 | | 감독위원 확 인 | |

① 측정(또는 점검)				② 판정	득 점
항목		측정값	기준값	판정(□에 '✔' 표)	
(□에 '✔') 위치 : □ 좌 □ 우	광도		_____이상	□ 양 호 □ 불 량	
설치 높이 : □ ≤1.0m □ >1.0m	진폭			□ 양 호 □ 불 량	

※ 측정 위치는 감독위원이 지정하는 위치에 □에 '✔' 표시합니다.
※ 자동차 검사기준 및 방법에 의하여 기록 판정합니다.

▶ 전기 3. 열선 스위치 회로 점검
자동차 번호 :

| 비 번호 | | 감독위원 확 인 | |

측정 항목	① 측정(또는 점검)		② 판정 및 정비(또는 조치)사항		득 점
	측 정 값	내용 및 상태	판정(□에 '✔' 표)	정비 및 조치할 사항	
열선 스위치 작동시 전압	ON : OFF :		□ 양 호 □ 불 량		

국가기술자격검정실기시험문제

자동차정비산업기사

자격종목	자동차정비 산업기사	과제명	자동차 정비 작업
비번호		시험일시		시험장명	

※ 시험시간 : 5시간 30분 [엔진 : 140분, 섀시 : 120분, 전기 : 70분]

※ 시험문제 ①~⑭형의 요구사항에서 [엔진, 섀시, 전기]과제 중 세부항목을 조합하여 출제되며, 일부 내용이 변경될 수 있음

1. 엔 진

1. 주어진 엔진을 기록표의 측정 항목까지 분해하여 기록표의 요구사항을 측정 및 점검하고 본래 상태로 조립하시오.
2. 주어진 자동차의 전자제어 엔진에서 감독위원의 지시에 따라 1가지 부품을 탈거한 후(감독위원에게 확인) 다시 부착하고 시동에 필요한 관련 부분의 이상개소(시동회로, 점화회로, 연료장치 중 2개소)를 점검 및 수리하여 시동하시오.
3. 2항의 시동된 엔진에서 공전속도를 확인하고 감독위원의 지시에 따라 인젝터 파형을 측정 및 분석하여 기록표에 기록하시오.(단, 시동이 정상적으로 되지 않은 경우 본 항의 작업은 할 수 없음)
4. 주어진 자동차의 엔진에서 맵 센서의 파형을 분석하여 그 결과를 기록표에 기록하시오.(측정조건 : 급가감속 시)
5. 주어진 전자제어 디젤 엔진에서 연료 압력 센서를 탈거한 후(감독위원에게 확인), 다시 부착하여 시동을 걸고 매연을 측정하여 기록표에 기록하시오.

2. 섀 시

1. 주어진 자동차에서 전륜 현가장치의 스트럿 어셈블리(또는 코일 스프링)를 탈거한 후(감독위원에게 확인), 다시 부착하여 작동상태를 확인하시오.
2. 주어진 자동차의 브레이크에서 페달 자유간극을 측정하여 기록표에 기록한 후 페달 자유간극과 페달 높이가 규정값이 되도록 조정하시오.
3. 주어진 자동차에서 브레이크 휠 실린더(또는 캘리퍼)를 탈거한 후(감독위원에게 확인), 다시 부착하여 브레이크 작동상태를 점검하시오.
4. 3항 작업 자동차에서 감독위원의 지시에 따라 전(앞) 또는 후(뒤) 제동력을 측정하여 기록표에 기록하시오.
5. 주어진 자동차의 자동변속기에서 자기진단기(스캐너)를 이용하여 각종 센서 및 시스템의 작동 상태를 점검하고 기록표에 기록하시오.

3. 전 기

1. 주어진 발전기를 분해한 후 정류 다이오드 및 로터 코일의 상태를 점검하여 기록표에 기록하고 다시 본래대로 조립하여 작동상태를 확인하시오.
2. 주어진 자동차에서 전조등 시험기로 전조등을 점검하여 기록표에 기록하시오.
3. 주어진 자동차에서 열선 스위치 조작시 편의장치(ETACS 또는 ISU) 커넥터에서 스위치 입력신호(전압)를 측정하고 이상여부를 확인하여 기록표에 기록하시오.
4. 주어진 자동차에서 방향지시등 회로를 점검하여 이상 개소(2곳)를 찾아서 수리하시오.

◆ 국가기술자격검정 실기시험 결과기록표(13안) ◆

자 격 종 목	자동차정비 산업기사	과 제 명	자동차 정비 작업

엔 진

➡ 엔진 1. 엔진 크랭크축 점검
엔진 번호 :

비 번호		감독위원 확 인	

측정 항목	① 측정(또는 점검)		② 판정 및 정비(또는 조치)사항		득 점
	측 정 값	규정(정비한계)값	판정(□에 '✔' 표)	정비 및 조치할 사항	
크랭크축 축방향 유격			□ 양 호 □ 불 량		

➡ 엔진 3. 인젝터 파형 점검
자동차 번호 :

비 번호		감독위원 확 인	

측정 항목	① 측정(또는 점검)		② 판정 및 정비(또는 조치)사항		득 점
	측정값	규정(정비한계)값	판정(□에 '✔' 표)	정비 및 조치할 사항	
서지 전압			□ 양 호 □ 불 량		
분사 시간					

※공회전 상태에서 측정하고 기준값은 지침서를 찾아 판정한다.

➡ 엔진 4. 맵 센서 파형 분석
자동차 번호 :

비 번호		감독위원 확 인	

측정 항목	파형 상태	득 점
파형 측정	요구사항 조건에 맞는 파형을 프린트하여 아래 사항을 분석 후 뒷면에 첨부 ① 파형에 불량 요소가 있는 경우에는 반드시 표기 및 설명 하여야 함 ② 파형의 주요 특징에 대하여 표기 및 설명 하여야 함	

➡ 엔진 5. 매연 점검
엔진 번호 :

비 번호		감독위원 확 인	

① 측정(또는 점검)				② 판정 및 정비(또는 조치)사항			득 점
차종	연식	기준값	측정값	측정	산출근거(계산) 기록	판정 (□에 '✔' 표)	
				1회 : 2회 : 3회 :		□ 양 호 □ 불 량	

※ 차종, 연식, 기준값은 자동차등록증을 활용하여 기재하고, 기준값 적용.
※ 자동차 검사기준 및 방법에 의하여 기록 판정함

섀 시

➡ 섀시 1. 브레이크 페달 점검
자동차 번호:

| 비 번호 | | 감독위원 확 인 | |

점검 항목	① 측정(또는 점검)		② 판정 및 정비(또는 조치)사항		득 점
	측 정 값	규정(정비한계)값	판정(□에 '✔' 표)	정비 및 조치할 사항	
자유 간극			□ 양 호 □ 불 량		
페달 높이					

➡ 섀시 4. 제동력 점검
자동차 번호 :

| 비 번호 | | 감독위원 확 인 | |

① 측정(또는 점검)				② 판정 및 정비(또는 조치)사항			득 점
위 치	구분	측정값	기준값 (□에 '✔' 표)	산출근거	판정 (□에 '✔' 표)		
제동력 위치 (□에 '✔'표) □ 앞 □ 뒤	좌		□ 앞 □ 뒤 축중의	편차	□ 양 호 □ 불 량		
	우		제동력 편차	합			
			제동력 합				

※ 측정 위치는 감독위원이 지정하는 위치에 □에 '✔' 표시합니다.
※ 자동차 검사기준 및 방법에 의하여 기록 판정합니다.
※ 측정값의 단위는 시험장비 기준으로 작성합니다.
※ 산출근거에는 단위를 기록하지 않아도 됩니다.

➡ 섀시 5. 자동변속기 점검
작업대 번호 :

| 비 번호 | | 감독위원 확 인 | |

점검 항목	① 점검(또는 측정)		② 판정 및 정비(또는 조치)사항	득 점
	고장 부분	내용 및 상태	정비 및 조치할 사항	
자기 진단				

전 기

전기 1. 발전기 점검
자동차 번호 :

| 비 번호 | | 감독위원 확인 | |

측정 항목	① 측정(또는 점검)		② 판정 및 정비(또는 조치)사항		득 점
	측 정 값	규정(정비한계)값	판정(□에 '✔' 표)	정비 및 조치할 사항	
(+) 다이오드	(양 : 개), (부 : 개)		□ 양 호 □ 불 량		
(−) 다이오드	(양 : 개), (부 : 개)				
로터 코일 저항					

전기 2. 전조등 점검
자동차 번호 :

| 비 번호 | | 감독위원 확인 | |

	① 측정(또는 점검)			② 판정	득 점
항목		측정값	기준값	판정(□에 '✔' 표)	
(□에 '✔') 위치 : □ 좌 □ 우	광도		_____이상	□ 양 호 □ 불 량	
설치 높이 : □ ≤1.0m □ >1.0m	진폭			□ 양 호 □ 불 량	

※ 측정 위치는 감독위원이 지정하는 위치에 □에 '✔' 표시합니다.
※ 자동차 검사기준 및 방법에 의하여 기록 판정합니다.

전기 3. 열선 스위치 회로 점검
자동차 번호 :

| 비 번호 | | 감독위원 확인 | |

측정 항목	① 측정(또는 점검)		② 판정 및 정비(또는 조치)사항		득 점
	측 정 값	내용 및 상태	판정(□에 '✔' 표)	정비 및 조치할 사항	
열선 스위치 작동시 전압	ON : OFF :		□ 양 호 □ 불 량		

국가기술자격검정실기시험문제

자동차정비산업기사

자 격 종 목	자동차정비 산업기사	과 제 명	자동차 정비 작업
비번호		시험일시		시험장명	

※ 시험시간 : 5시간 30분 [엔진 : 140분, 섀시 : 120분, 전기 : 70분]

※ 시험문제 ①~⑭형의 요구사항에서 [엔진, 섀시, 전기]과제 중 세부항목을 조합하여 출제되며, 일부 내용이 변경될 수 있음

1. 엔 진

1. 주어진 엔진을 기록표의 측정 항목까지 분해하여 기록표의 요구사항을 측정 및 점검하고 본래 상태로 조립하시오.
2. 주어진 자동차의 전자제어 엔진에서 감독위원의 지시에 따라 1가지 부품을 탈거한 후(감독위원에게 확인), 다시 부착하고 시동에 필요한 관련 부분의 이상개소(시동회로, 점화회로, 연료장치 중 2개소)를 점검 및 수리하여 시동하시오.
3. 2항의 시동된 엔진에서 공전속도를 확인하고 감독위원의 지시에 따라 공회전시 배기가스를 측정하여 기록표에 기록하시오.(단, 시동이 정상적으로 되지 않은 경우 본 항의 작업은 할 수 없음)
4. 주어진 자동차의 엔진에서 산소센서의 파형을 출력·분석하여 그 결과를 기록표에 기록하시오.(측정조건 : 공회전 상태)
5. 주어진 전자제어 디젤 엔진에서 연료 압력 조절 밸브를 탈거한 후(감독위원에게 확인), 다시 부착하여 시동을 걸고 공회전시 연료 압력을 점검하여 기록표에 기록하시오.

2. 섀 시

1. 주어진 전륜구동 자동차에서 드라이브 액슬 축을 탈거하여 액슬 축 부트를 탈거한 후(감독위원에게 확인), 다시 부착하여 작동상태를 확인하시오.
2. 주어진 자동차에서 최소 회전반경을 측정하여 기록표에 기록하고 타이로드 엔드를 탈거한 후(감독위원에게 확인), 다시 부착하여 토(toe)가 규정값이 되도록 조정하시오.
3. 주어진 자동차에서 브레이크 라이닝 슈(또는 패드)를 탈거한 후(감독위원에게 확인), 다시 부착하여 브레이크 작동상태를 점검하시오.
4. 3항 작업 자동차에서 감독위원의 지시에 따라 전(앞) 또는 후(뒤) 제동력을 측정하여 기록표에 기록하시오.
5. 주어진 자동차의 ABS에서 자기진단기(스캐너)를 이용하여 각종 센서 및 시스템의 작동 상태를 점검하고 기록표에 기록하시오.

3. 전 기

1. 주어진 자동차에서 시동모터를 탈거한 후(감독위원에게 확인), 다시 부착하여 작동상태를 확인하고 크랭킹 시 전류소모 및 전압강하 시험하여 기록표에 기록하시오.
2. 주어진 자동차에서 전조등 시험기로 전조등을 점검하여 기록표에 기록하시오.
3. 주어진 자동차에서 와이퍼 간헐(INT) 시간조정 스위치 조작시 편의장치 (ETACS 또는 ISU) 커넥터에서 스위치 신호(전압)를 측정하고 이상여부를 확인하여 기록표에 기록하시오.
4. 주어진 자동차에서 미등 및 제동등 회로를 점검하여 이상 개소(2곳)를 찾아서 수리하시오.

◆ 국가기술자격검정 실기시험 결과기록표(14안) ◆

자 격 종 목	자동차정비 산업기사	과 제 명	자동차 정비 작업

엔 진

▶ 엔진 1. 엔진 캠축 점검
엔진 번호 :

비 번호		감독위원 확 인	

측정 항목	① 측정(또는 점검)		② 판정 및 정비(또는 조치)사항		득 점
	측 정 값	규정(정비한계)값	판정(□에 '✔' 표)	정비 및 조치할 사항	
캠축 휨			□ 양 호 □ 불 량		

▶ 엔진 3. 배기가스 점검
자동차 번호 :

비 번호		감독위원 확 인	

측정 항목	① 측정(또는 점검)		② 판정(□에 '✔' 표)	득 점
	측 정 값	기준값		
CO			□ 양 호 □ 불 량	
HC				

※ 감독위원이 제시한 자동차등록증(또는 차대번호)를 활용하여 차종 및 연식을 적용합니다.
※ 자동차 검사기준 및 방법에 의하여 기록 판정합니다.
※ CO는 소수점 둘째자리 이하는 버리고 0.1% 단위로 기록 합니다.
※ HC는 소수점 둘째자리 이하는 버리고 1ppm 단위로 기록합니다.

▶ 엔진 4. 산소 센서 파형 분석
자동차 번호 :

비 번호		감독위원 확 인	

측정 항목	파형 상태	득 점
파형 측정	요구사항 조건에 맞는 파형을 프린트하여 아래 사항을 분석 후 뒷면에 첨부 ① 파형에 불량 요소가 있는 경우에는 반드시 표기 및 설명 하여야 함 ② 파형의 주요 특징에 대하여 표기 및 설명 하여야 함	

▶ 엔진 5. 전자제어 디젤엔진 점검
자동차 번호 :

비 번호		감독위원 확 인	

측정 항목	① 측정(또는 점검)		② 판정 및 정비(또는 조치)사항		득 점
	측 정 값	규정(정비한계)값	판정(□에 '✔' 표)	정비 및 조치할 사항	
연료 압력(고압)			□ 양 호 □ 불 량		

섀 시

▶ 섀시 2. 최소 회전반경 점검
작업대 번호 :

비 번호		감독위원 확 인	

점검 항목	① 측정(또는 점검) 및 기준값		② 판정 및 정비(또는 조치)사항		득 점
	측정값	기준값 (최소회전반경)	산출근거	판정 (□에 'V' 표)	
회전방향 (□에 'V' 표) □ 좌 □ 우	r			□ 양 호 □ 불 량	
	축거				
	조향각도				
	최소회전반경				

※ 회전 방향 및 바퀴의 접지면 중심과 킹핀과의 거리(r)는 감독위원이 제시합니다.
※ 자동차검사기준 및 방법에 의하여 기록, 판정합니다.
※ 산출근거에는 단위를 기록하지 않아도 됩니다.

▶ 섀시 4. 제동력 점검
자동차 번호 :

비 번호		감독위원 확 인	

위 치	① 측정(또는 점검)			② 판정 및 정비(또는 조치)사항		득 점
	구분	측정값	기준값 (□에 'V' 표)	산출근거	판정 (□에 'V' 표)	
제동력 위치 (□에 'V' 표) □ 앞 □ 뒤	좌		□ 앞 □ 뒤 축중의	편차	□ 양 호 □ 불 량	
	우		제동력 편차	합		
			제동력 합			

※ 측정 위치는 감독위원이 지정하는 위치에 □에 'V' 표시합니다.
※ 자동차 검사기준 및 방법에 의하여 기록 판정합니다.
※ 측정값의 단위는 시험장비 기준으로 작성합니다.
※ 산출근거에는 단위를 기록하지 않아도 됩니다.

▶ 섀시 5. ABS 점검
자동차 번호 :

비 번호		감독위원 확 인	

점검 항목	① 측정(또는 점검)		② 판정 및 정비(또는 조치)사항	득 점
	고장 부분	내용 및 상태	정비 및 조치할 사항	
자기 진단				

전 기

▶ 전기 1. 시동모터 점검
자동차 번호 :

| 비 번호 | | 감독위원 확 인 | |

측정 항목	① 측정(또는 점검)		② 판정 및 정비(또는 조치)사항		득 점
	측정값	규정(정비한계)값	판정(□에 '✔' 표)	정비 및 조치할 사항	
전압 강하			□ 양 호 □ 불 량		
전류 소모		전류소모 규정값 산출근거 기록			

▶ 전기 2. 전조등 점검
자동차 번호 :

| 비 번호 | | 감독위원 확 인 | |

① 측정(또는 점검)			② 판정	득 점
항목	측정값	기준값	판정(□에 '✔' 표)	
(□에 '✔') 위치 : □ 좌 □ 우	광도		_____이상	□ 양 호 □ 불 량	
설치 높이 : □ ≤1.0m □ >1.0m	진폭			□ 양 호 □ 불 량	

※ 측정 위치는 감독위원이 지정하는 위치에 □에 '✔' 표시합니다.
※ 자동차 검사기준 및 방법에 의하여 기록 판정합니다.

▶ 전기 3. 와이퍼 스위치 신호 점검
자동차 번호 :

| 비 번호 | | 감독위원 확 인 | |

점검 항목		① 측정(또는 점검) 상태	② 판정 및 정비(또는 조치)사항		득 점
			판정 (□에 '✔' 표)	정비 및 조치할 사항	
와이퍼 간헐 시간 조정 스위치 위치별 작동신호	INT S/W 전압	− ON시 : − OFF시 :	□ 양 호 □ 불 량		
	INT S/W 위치별 전압	TFAST(빠름)−SLOW(느림) 전압 기록 전압 : _____ − _____			

※ 단, 전압으로 측정이 곤란한 경우 감독위원의 지시에 따라 주기 기록.

저자약력 및 Q&A

김 광 수 〔前〕 신한대학교 자동차과 강사
박 동 수 〔現〕 신진자동차고등학교
박 영 식 〔現〕 한국폴리텍대학 창원캠퍼스
윤 재 곤 〔現〕 서영대학교 광주캠퍼스
이 종 호 〔現〕 동의과학대학교
한 승 철 〔現〕 영남이공대학교

패스자동차정비 산업기사 유형별실기

초 판 발 행 | 2018년 7월 9일
제5판2쇄발행 | 2026년 1월 10일

지 은 이 | 김광수, 박동수, 박영식, 윤재곤, 이종호, 한승철
발 행 인 | 김 길 현
발 행 처 | (주) 골든벨
등   록 | 제 1987—000018호　ⓒ 2018 Golden Bell
I S B N | 979-11-5806-311-5
가   격 | 26,000원

㊤ 04316 서울특별시 용산구 원효로 245(원효로1가 53-1) 골든벨빌딩 6F
• TEL : 도서 주문 및 발송 02-713-4135 / 회계 경리 02-713-4137
　　　기획디자인본부 02-713-7452 / 해외 오퍼 및 광고 02-713-7453
• FAX_ 02-718-5510　• 홈페이지_ www.gbbook.co.kr　• E-mail_ 7134135@naver.com

본 도서의 내용(텍스트, 도해, 도표, 이미지 등)은 저작권자의 사전 서면 승인 없이 아래와 같은 행위는 금지되며, 위반 시 「저작권법」 제125조(손해배상의 청구) 및 관련 조항에 따라 민·형사상 책임을 질 수 있습니다.
① 개인 학습 목적을 넘어 도서의 전부 또는 일부를 무단 복제·배포하는 행위
② 학교·학원·공공기관·기업·단체 등에서 영리 또는 비영리 목적을 불문하고 허락 없이 복제·전송·배포하는 행위
③ 전자책, PDF, 스캔본, 사진 촬영본, 클라우드 공유, 온라인 커뮤니티 게시, SNS 업로드, 파일 공유 서비스 등을 통한 무단 이용
④ 기타 디지털 복제·전송 수단(USB, 디스크, 서버 저장, 스트리밍 등)을 이용한 무단 사용

※ 파본은 구입하신 서점에서 교환해 드립니다.